21 世纪数学教育信息化精品教材

大 学 数 学 立 体 化 教 材

高等数学（下册）

（理工类·第五版）

⊙吴赣昌　主编

U0386143

中国人民大学出版社
·北京·

内容简介

　　本书根据高等院校普通本科理工类专业高等数学课程的最新教学大纲及考研大纲编写而成，并在第四版的基础上进行了重大修订和完善（详见本书前言）。本书包含空间解析几何、多元函数微积分、无穷级数等内容模块，并特别加强了数学建模与数学实验教学环节。

　　本"书"远非传统意义上的书，作为立体化教材，它包含线下的"书"和线上的"服务"两部分。其中线上的"服务"用以下两种形式提供：一是书中各处的二维码，用户通过手机或平板电脑等移动端扫码即可使用；二是在本书的封面上提供的网络账号，用户通过它即可登录与本书配套建设的网络学习空间。

　　网络学习空间中包含与本书配套的在线学习系统，该系统在内容结构上包含教材中每节的教学内容及相关知识扩展、教学例题及综合进阶典型题详解、数学实验及其详解、习题及其详解等，并为每章增加了综合训练，其中包含每章的总结、题型分析及其详解、历届考研真题及其详解等。该系统采用交互式多媒体化建设，并支持用户间在线求助与答疑，为用户自主式高效率地学习奠定基础。

　　本书可作为高等院校理工科及技术学科等非数学专业的高等数学教材，并可作为上述各专业领域读者的教学参考书。

前　言

　　大学数学是自然科学的基本语言，是应用模式探索现实世界物质运动机理的主要手段．对于大学非数学专业的学生而言，大学数学的教育，其意义则远不仅仅是学习一种专业的工具而已．中外大量的教育实践事实充分显示了：优秀的数学教育，乃是一种人的理性的思维品格和思辨能力的培育，是聪明智慧的启迪，是潜在的能动性与创造力的开发，其价值是远非一般的专业技术教育所能相提并论的．

　　随着我国高等教育自1999年开始迅速扩大招生规模，至2009年的短短十年间，我国高等教育实现了从精英教育到大众化教育的过渡，走完了其他国家需要三五十年甚至更长时间才能走完的道路．教育规模的迅速扩张，给我国的高等教育带来了一系列的变化、问题与挑战．大学数学的教育问题首当其冲受到影响．大学数学教育过去是面向少数精英的教育，由于学科的特点，数学教育呈现几十年甚至上百年一贯制，仍处于经典状态．当前大学数学课程的教学效果不尽如人意，概括起来主要表现在以下两方面：一是教材建设仍然停留在传统模式上，未能适应新的社会需求．传统的大学数学教材过分追求逻辑的严密性和理论体系的完整性，重理论而轻实践，剥离了概念、原理和范例的几何背景与现实意义，导致教学内容过于抽象，也不利于与后续课程教学的衔接，进而造成了学生"学不会，用不了"的尴尬局面．二是在信息技术及其终端产品迅猛发展的今天，在大学数学教育领域，信息技术的应用远没有在其他领域活跃，其主要原因是：在教材和教学建设中没能把信息技术及其终端产品与大学数学教学的内容特点有效地整合起来．

　　作者主编的"大学数学立体化教材"，最初脱胎于作者在2000—2004年研发的"大学数学多媒体教学系统"．2006年，作者与中国人民大学出版社达成合作，出版了该系列教材的第一版，合作期间，该系列教材经历多次改版，并于2011年出版了第四版，具体包括：面向普通本科理工类、经管类与纯文科类的完整版系列教材；面向普通本科部分专业和三本院校理工类与经管类的简明版系列教材；面向高职高专院校理工类与经管类的高职高专版系列教材．在上述第四版及相关系列教材中，作者加强了对大学数学相关教学内容中重要概念的引入、重要数学方法的应用、典型数学模型的建立、著名数学家及其贡献等方面的介绍，丰富了教材内涵，初步形成了该系列教材的特色．令人感到欣慰的是，自2006年以来，"大学数学立体化教材"已先后被国内数百所高等院校广泛采用，并对大学数学的教育改革起到了积极的推动作用．

　　2017年，距2011年的改版又过去了6年．而在这6年时间里，随着移动无线通信技术(如3G、4G等)、宽带无线接入技术(如Wi-Fi等)和移动终端设备(如智能手机、平板电脑等)的飞速发展，那些以往必须在电脑上安装运行的计算软件，如今在普通的智能手机和平板电脑上通过移动互联网接入即可流畅运行，这为各类教育信息化产品的服务向前延伸奠定了基础.

作者本次启动的"大学数学立体化教材"(第五版)的改版工作，旨在充分利用移动互联网、移动终端设备与相关信息技术软件为教材用户提供更优质的学习内容、实验案例与交互环境. 顺利实现这一宗旨，还得益于作者主持的数苑团队的另一项工作成果：公式图形可视化在线编辑计算软件. 该软件于 2010 年研发成功时，仅支持在 Win 系统电脑中通过 IE 类浏览器运行. 2014 年 10 月底，万维网联盟 (W3C) 组织正式发布并推荐了跨系统与跨浏览器的 HTML5.0 标准. 为此，数苑团队通过最近几年的努力，也实现了相关技术突破. 如今，数苑团队研发的公式图形可视化在线编辑计算软件已支持在各类操作系统的电脑和移动终端 (包括智能手机、平板电脑等) 上运行于不同的浏览器中，这为我们接下来的教材改版工作奠定了基础.

作者本次"大学数学立体化教材"(第五版)的改版具体包括：面向普通本科院校的"理工类·第五版""经管类·第五版"与"纯文科类·第四版"；面向普通本科少学时或三本院校的"理工类·简明版·第五版""经管类·简明版·第五版"与"综合类·应用型本科版"合订本；面向高职高专院校的"理工类·高职高专版·第四版""经管类·高职高专版·第四版"与"综合类·高职高专版·第三版".

本次改版的指导思想是：为帮助教材用户更好地理解教材中的重要概念、定理、方法及其应用，设计了大量相应的数学实验. 实验内容包括：数值计算实验、函数计算实验、符号计算实验、2D 函数图形实验、3D 函数图形实验、矩阵运算实验、随机数生成实验、统计分布实验、线性回归实验、数学建模实验等. 相比教材正文所举示例，这些实验设计的复杂程度更高、数据规模更大、实用意义也更大. 本系列教材于 2017 年改版修订的各个版本均包含了针对相应课程内容的数学实验，其中的大部分都在教材内容页面上提供了对应的二维码，用户通过微信扫码功能扫描指定的二维码，即可进行相应的数学实验，而完整的数学实验内容则呈现在教材配套的网络学习空间中.

大学数学按课程模块分为高等数学(微积分)、线性代数、概率论与数理统计三大模块，各课程的改版情况简介如下：

高等数学课程：函数是高等数学的主要研究对象，函数的表示法包括解析法、图像法与表格法. 以往受计算分析工具的限制，人们对函数的解析表示、图像表示与数表表示之间的关系往往难以把握，大大影响了学习者对函数概念的理解. 为了弥补这方面的缺失，欧美发达国家的大学数学教材一般都补充了大量流程分析式的图像说明，因而其教材的厚度与内涵也远较国内的厚重. 有鉴于此，在高等数学课程的数学实验中，我们首先就函数计算与函数图形计算方面设计了一系列的数学实验，包括函数值计算实验、不同坐标系下 2D 函数的图形计算实验和 3D 函数的图形计算实验等，实验中的函数模型较教材正文中的示例更复杂，但借助微信扫码功能可即时实现重复实验与修改实验. 其次，针对定积分、重积分与级数的教学内容设计了一系列求和、多重求和、级数展开与逼近的数学实验. 此外，还根据相应教学内容的需求，设计了一系列数值计算实验、符号计算实验与数学建模实验. 这些数学实验有助于用户加深对高等数学中基本概念、定理与思想方法的理解，让他们通过对量变到质变过程的观察，更深刻地理解数学中近似与精确、量变与质变之间的辩证关系.

线性代数课程：矩阵实质上就是一张长方形数表，它是研究线性变换、向量组线性相关性、线性方程组的解、二次型以及线性空间的不可替代的工具. 因此，在线性代数课程的数学实验设计中，首先就矩阵基于行(列)向量组的初等变换运算设计了一系列数学实验，其中矩阵的规模大多为 6~10 阶的，有助于帮助用户更好地理解矩阵与其行阶梯形、行最简形和标准形矩阵间的关系. 进而为矩阵的秩、向量组线性相关性、线性方程组及其应用、矩阵的特征值及其应用、二次型等教学内容分别设计了一系列相应的数学实验. 此外，还根据教学的需要设计了部分数值计算实验和符号计算实验，加强用户对线性代数核心内容的理解，拓展用户解决相关实际应用问题的能力.

概率论与数理统计课程：本课程是从数量化的角度来研究现实世界中的随机现象及其统计规律性的一门学科. 因此，在概率论与数理统计课程的数学实验中，我们首先设计了一系列服从均匀分布、正态分布、0-1 分布与二项分布的随机试验，让用户通过软件的仿真模拟试验更好地理解随机现象及其统计规律性. 其次，基于计算软件设计了常用统计分布表查表实验，包括泊松分布查表、标准正态分布函数查表、标准正态分布查表、t 分布查表、F 分布查表与卡方分布查表等. 再次，还设计了针对数组的排序、分组、直方图与经验分布图的一系列数学实验. 最后，针对经验数据的散点图与线性回归设计了一系列数学实验. 这些数学实验将会在帮助用户加深对概率论与数理统计课程核心内容的理解、拓展解决相关实际应用问题的能力上起到积极作用.

致用户

作者主编的"大学数学立体化教材"(第五版)及 2017 年改版的每本教材，均包含了与相应教材配套的网络学习空间服务. 用户通过教材封面下方提供的网络学习空间的网址、账号和密码，即可登录相应的网络学习空间. 网络学习空间提供了远较纸质教材更为丰富的教学内容、教学动画以及教学内容间的交互链接，提供了教材中所有习题的解答过程. 在所有内容与习题页面的下方，均提供了用户间的在线交互讨论功能，作者主持的数苑团队也将在该网络学习空间中为你服务. 使用微信扫码功能扫描教材封面提供的二维码，绑定微信号，你即可通过扫描教材内容页面提供的二维码进行相关的数学实验.

在你进入高校后即将学习的所有大学课程中，就提高你的学习基础、提升你的学习能力、培养你的科学素质和创新能力而言，大学数学是最有用且最值得你努力的课程. 事实上，像微积分、线性代数、概率论与数理统计这些大学数学基础课程，你无论怎样评价其重要性都不为过,而学好这些大学数学基础课程,你将终生受益.

主动把握好从"学数学"到"做数学"的转变,这一点在大学数学的学习中尤为重要,不要以为你在课堂教学过程中听懂了就等于学到了,事实上,你需要在课后花更多的时间去主动学习、训练与实验,才能真正掌握所学知识.

致教师

使用本系列教材的教师,请登录数苑网"大学数学立体化教材"栏目:

http://www.sciyard.com/dxsx

作者主持的数苑团队在那里为你免费提供与本系列教材配套的教学课件系统及相关的备课资源,它们是作者团队十余年积累与提升的成果.与本系列教材配套建设的信息化系统平台包括在线学习平台、试题库系统、在线考试及其预约管理系统等,感兴趣和有需要的用户可进一步通过数苑网的在线客服联系咨询.

正如美国《托马斯微积分》的作者 G.B.Thomas 教授指出的,"一套教材不能构成一门课;教师和学生在一起才能构成一门课",教材只是支持这门课程的信息资源.教材是死的,课程是活的.课程是教师和学生共同组成的一个相互作用的整体,只有真正做到以学生为中心,处处为学生着想,并充分发挥教师的核心指导作用,才能使之成为富有成效的课程.而本系列教材及其配套的信息化建设将为教学双方在教、学、考各方面提供充分的支持,帮助教师在教学过程中发挥其才华,帮助学生富有成效地学习.

作　者
2017 年 3 月 28 日

目　　录

第8章　空间解析几何与向量代数

空间解析几何的产生是数学史上一个划时代的成就. 17 世纪上半叶, 法国数学家笛卡儿和费马对此作了开创性的工作. 我们知道, 代数学的优越性在于推理方法的程序化, 鉴于这种优越性, 人们产生了用代数方法研究几何问题的思想, 这就是**解析几何的基本思想**. 要用代数方法研究几何问题, 就必须弄清代数与几何的联系, 而代数和几何中最基本的概念分别是数和点. 于是, 首先要找到一种特定的数学结构来建立数与点的联系, 这种结构就是坐标系. 通过坐标系, 建立起数与点的一一对应关系, 就可以把数学研究的两个基本对象 —— 数和形结合起来、统一起来, 使得人们既可以用代数方法来解决几何问题 (这是解析几何的基本内容), 也可以用几何方法来解决代数问题.

本章中我们先介绍向量的概念及向量的某些运算, 然后再介绍空间解析几何, 其主要内容包括平面和直线方程、一些常用的空间曲线和曲面的方程以及关于它们的某些基本问题. 这些方程的建立和问题的解决是以向量作为工具的. 正像平面解析几何的知识对于学习一元函数微积分是不可缺少的一样, 本章的内容对以后学习多元函数的微分学和积分学将起到重要作用.

§8.1　向量及其线性运算

一、向量的概念

人们在日常生活和生产实践中常遇到两类量: 一类如温度、距离、体积、质量等, 这种只有大小没有方向的量称为**数量 (标量)**; 另一类如力、位移、速度、电场强度等, 它们不仅有大小而且还有方向, 这种既有大小又有方向的量称为**向量 (矢量)**.

如何来表示向量呢? 在几何上, 可用空间中的一个带有方向的线段, 即有向线段来表示, 在选定长度单位后, 这个有向线段的长度表示向量的大小, 它的方向表示向量的方向. 如图 8–1–1 所示, 以 A 为起点、B 为终点的向量记作 $\overrightarrow{AB}$. 为简便起见, 常用一个粗体字母来表示向量, 如 $\overrightarrow{AB}$ 可记作 $\boldsymbol{a}$ (也记作 $\vec{a}$).

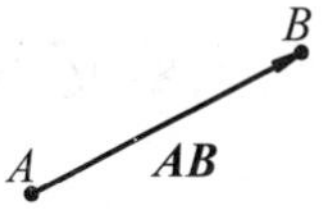

图 8–1–1

向量的大小称为向量的**模**, 记作 $|\overrightarrow{AB}|$ 或 $|\boldsymbol{a}|$. 模等于 1 的向量称为**单位向量**. 模

等于 0 的向量称为**零向量**. 记作 **0**. 零向量的方向不确定, 或者说它的方向是任意的.

两个向量 *a* 与 *b*, 如果它们的方向相同且模相等, 则称这两个向量**相等**, 记作 *a* = *b*. 根据这个规定, 一个向量和它经过平行移动 (方向不变, 起点和终点位置改变) 所得的向量是相等的, 这种向量称为**自由向量**. 以后如无特别说明, 我们所讨论的向量都是自由向量. 由于自由向量只考虑其大小和方向, 因此, 我们可以把一个向量自由平移, 从而使它的起点位置为任意点, 这样, 今后如有必要, 就可以把几个向量移到同一个起点.

记两向量 *a* 与 *b* 之间的夹角为 θ (见图 8-1-2), 规定 $0 \le \theta \le \pi$. 特别地, 当 *a* 与 *b* 同向时, $\theta = 0$; 当 *a* 与 *b* 反向时, $\theta = \pi$.

图 8-1-2

注: 向量的大小和方向是组成向量的不可分割的部分, 也是向量与数量的根本区别所在. 因此, 在讨论向量运算时, 必须把它的大小和方向统一起来考虑.

如果两个非零向量 *a* 与 *b* 的方向相同或相反, 就称这两个向量**平行**. 记作 *a* // *b*. 由于零向量的方向是任意的, 因此可以认为**零向量平行于任何向量**.

当两个平行向量的起点放在同一点时, 它们的终点和公共起点应在同一条直线上. 因此, 两向量平行, 又称为两向量**共线**.

类似地, 还可引入向量共面的概念. 设有 $k (k \ge 3)$ 个向量, 如果把它们的起点放在同一点时, k 个终点和该公共起点在同一个平面上, 就称这 k 个向量**共面**.

二、向量的线性运算

1. 向量的加减法

定义 1　设有两个向量 *a* 与 *b*, 任取一点 A, 作 $\overrightarrow{AB} = a$, 再以 B 为起点, 作 $\overrightarrow{BC} = b$, 连接 AC (见图 8-1-3), 则向量 $\overrightarrow{AC} = c$ 称为向量 *a* 与 *b* 的**和**, 记作 *a* + *b*, 即

$$c = a + b.$$

上述作出两向量之和的方法称为向量相加的**三角形法则**.

在力学上, 我们有作用在一质点上的两个力的合力的平行四边形法则, 类似地, 我们也可按如下方式定义两向量相加的**平行四边形法则**: 当向量 *a* 与 *b* 不平行时, 作 $\overrightarrow{AB} = a$, $\overrightarrow{AD} = b$, 以 AB、AD 为边作平行四边形 $ABCD$, 连接对角线 AC (见图 8-1-4), 显然, 向量 $\overrightarrow{AC}$ 等于向量 *a* 与 *b* 的和 *a* + *b*.

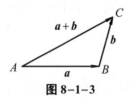

图 8-1-3

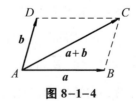

图 8-1-4

向量的加法满足下列运算规律:

(1) 交换律 $\quad a+b=b+a$;

(2) 结合律 $\quad (a+b)+c=a+(b+c)$.

对于 (1), 根据向量相加的三角形法则, 由图 8-1-4, 有

$$a+b=\overrightarrow{AB}+\overrightarrow{BC}=\overrightarrow{AC}=\overrightarrow{AD}+\overrightarrow{DC}=b+a,$$

所以向量的加法满足交换律. 对于 (2), 如图 8-1-5 所示, 先作出 $a+b$, 再将其与 c 相加, 即得和 $(a+b)+c$, 如将 a 与 $b+c$ 相加, 则得同一结果, 所以向量的加法满足结合律.

由于向量的加法满足交换律与结合律, 所以 n 个向量 a_1, a_2, $\cdots$, a_n $(n\geq 3)$ 相加可写成 $a_1+a_2+\cdots+a_n$, 并可按三角形法则相加如下: 使前一向量的终点作为下一向量的起点, 相继作向量 a_1, a_2, $\cdots$, a_n, 再以第一向量的起点为起点, 最后一向量的的终点为终点作一向量, 这个向量即为所求的和. 如图 8-1-6 所示, 有

$$s=a_1+a_2+a_3+a_4+a_5.$$

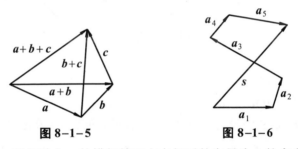

图 8-1-5　　　　　　　图 8-1-6

设有向量 a, 我们称与 a 的模相等而方向相反的向量为 a 的**负向量**, 记作 $-a$. 由此, 我们规定两个向量 b 与 a 的**差**

$$b-a=b+(-a).$$

上式表明, 向量 b 与 a 的差就是向量 b 与 $-a$ 的和 (见图 8-1-7(a)). 特别地, 当 $b=a$ 时, 有 $a-a=a+(-a)=0$.

显然, 对任意向量 $\overrightarrow{AB}$ 及点 O, 有

$$\overrightarrow{AB}=\overrightarrow{AO}+\overrightarrow{OB}=\overrightarrow{OB}-\overrightarrow{OA},$$

因此, 若把向量 a 与 b 移到同一起点 O, 则从 a 的终点 A 向 b 的终点 B 所引向量 $\overrightarrow{AB}$ 便是向量 b 与 a 的差 $b-a$ (见图 8-1-7(b)).

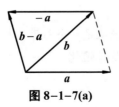

图 8-1-7(a)

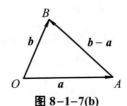

图 8-1-7(b)

由三角形两边之和大于第三边的原理,有

$$|a+b| \le |a|+|b| \quad \text{及} \quad |a-b| \le |a|+|b|,$$

其中等号当且仅当 $a /\!/ b$ 时成立.

2. 向量与数的乘法

定义 2　数 λ 与向量 a 的乘积是一个向量,记为 λa,它按下面的规定来确定: λa 的模是 a 的模的 $|\lambda|$ 倍,即

$$|\lambda a| = |\lambda| \cdot |a|.$$

当 $\lambda > 0$ 时, λa 与 a 的方向相同;当 $\lambda < 0$ 时, λa 与 a 的方向相反;当 $\lambda = 0$ 时, $\lambda a = \mathbf{0}$.

由定义可知, $1a = a$, $(-1)a = -a$.

从几何上看,当 $\lambda > 0$ 时, λa 的大小是 a 的大小的 λ 倍,方向不变;当 $\lambda < 0$ 时, λa 的大小是 a 的大小的 $|\lambda|$ 倍,方向相反(见图 8-1-8).

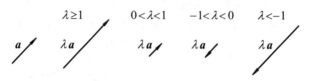

图 8-1-8

数与向量的乘积满足下列运算规律:

(1) 结合律: $\lambda(\mu a) = (\lambda\mu)a$;

(2) 分配律: $(\lambda+\mu)a = \lambda a + \mu a$, $\lambda(a+b) = \lambda a + \lambda b$.

读者可从图 8-1-9 中看出结合律、分配律的几何表示(设 $\lambda > 0$, $\mu > 0$).

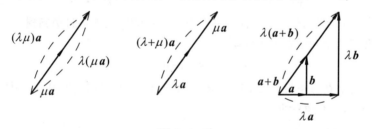

图 8-1-9

向量的相加以及数乘向量统称为向量的**线性运算**.

通常把与 a 同方向的单位向量称为 a 的单位向量,记为 $a°$ (见图 8-1-10). 由数与向量乘积的定义,有

$$a = |a| \cdot a°, \quad a° = \frac{a}{|a|}.$$

注: 上式表明一个非零向量除以它的模的结果是一个与原向量同方向的单位向量,这一过程又称为将向量**单位化**.

图 8-1-10

例 1　化简 $a - b + 5\left(-\dfrac{1}{2}b + \dfrac{b-3a}{5}\right)$.

解 $a-b+5\left(-\dfrac{1}{2}b+\dfrac{b-3a}{5}\right)=(1-3)a+\left(-1-\dfrac{5}{2}+\dfrac{1}{5}\cdot 5\right)b=-2a-\dfrac{5}{2}b.$ ■

例 2 在平行四边形 $ABCD$ 中, 设 $\overrightarrow{AB}=a$, $\overrightarrow{AD}=b$, 试用 a 和 b 表示向量 $\overrightarrow{MA}$, $\overrightarrow{MB}$, $\overrightarrow{MC}$ 和 $\overrightarrow{MD}$, 这里 M 是平行四边形对角线的交点 (见图 8-1-11).

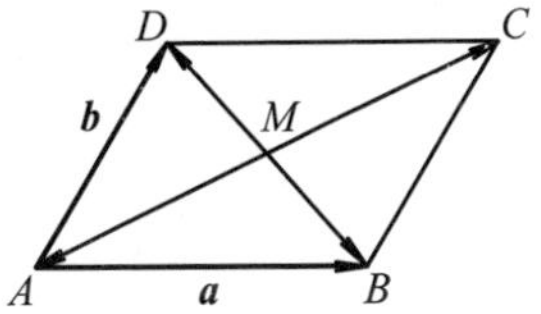

解 因为平行四边形的对角线相互平分, 所以

$$a+b=\overrightarrow{AC}=2\overrightarrow{AM}, \quad 即 -(a+b)=2\overrightarrow{MA}.$$

故 $\qquad \overrightarrow{MA}=-\dfrac{1}{2}(a+b); \qquad \overrightarrow{MC}=-\overrightarrow{MA}=\dfrac{1}{2}(a+b).$

图 8-1-11

同理 $\quad \overrightarrow{MD}=\dfrac{1}{2}\overrightarrow{BD}=\dfrac{1}{2}(-a+b); \qquad \overrightarrow{MB}=-\overrightarrow{MD}=\dfrac{1}{2}(a-b).$ ■

根据数与向量的乘积的定义, λa 与 a 平行, 因此, 我们常用数与向量的乘积来说明两个向量的平行关系.

设 a 为一非零向量, 则与 a 共线 (平行) 的向量 b 都可表示为 $b=\lambda a$, 其中 $\lambda=\pm\dfrac{|b|}{|a|}$, 当 b 与 a 同向时取正号; 反向时取负号. 此外, 在表示式 $b=\lambda a$ 中的数 λ 是唯一的. 如果不然, 存在数 μ 使得 $b=\mu a$, 则两式相减得

$$(\lambda-\mu)a=0, \quad 即 |\lambda-\mu||a|=0,$$

因为 $|a|\neq 0$, 故 $|\lambda-\mu|=0$, 所以必有 $\lambda=\mu$. 由此我们得到:

定理 1 设向量 $a\neq 0$, 那么向量 b 平行于 a 的充分必要条件是: 存在唯一的实数 λ, 使 $b=\lambda a$.

定理 1 是建立数轴的理论依据. 我们知道, 确定一条数轴, 需要给定一个点、一个方向及单位长度. 由于一个单位向量既确定了方向, 又确定了单位长度, 因此, 只需给定一个点及一个单位向量就能确定一条数轴.

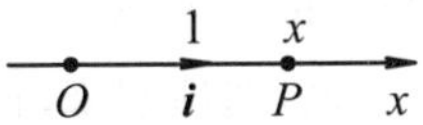

设点 O 及单位向量 i 确定了数轴, 如图 8-1-12 所示, 则对于轴上任意一点 P, 对应一个向量 $\overrightarrow{OP}$, 由于 $\overrightarrow{OP}\ /\!/\ i$, 故必存在唯一的实数 x, 使得

图 8-1-12

$$\overrightarrow{OP}=xi,$$

其中 x 称为数轴上有向线段 $\overrightarrow{OP}$ 的值, 这样, 向量 $\overrightarrow{OP}$ 就与实数 x 一一对应了. 从而

$$点 P \leftrightarrow 向量 \overrightarrow{OP}=xi \leftrightarrow 实数 x,$$

即数轴上的点 P 与实数 x 一一对应. 我们定义实数 x 为数轴上点 P 的**坐标**.

例 3 在 x 轴上取定一点 O 作为坐标原点. 设 A,B 是 x 轴上坐标依次为 x_1, x_2 的两个点, i 是与 x 轴同方向的单位向量, 证明

$$\overrightarrow{AB}=(x_2-x_1)i.$$

证明　因为 $OA = x_1$，所以 $\overrightarrow{OA} = x_1 \boldsymbol{i}$，同理 $\overrightarrow{OB} = x_2 \boldsymbol{i}$，

于是

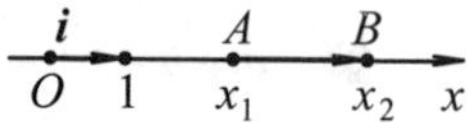

$$\overrightarrow{AB} = \overrightarrow{OB} - \overrightarrow{OA} = x_2 \boldsymbol{i} - x_1 \boldsymbol{i} = (x_2 - x_1)\boldsymbol{i}.$$

图 8-1-13

习题 8-1

1. 填空:

(1) 要使非零向量 $\boldsymbol{a}$, $\boldsymbol{b}$ 满足 $|\boldsymbol{a} + \boldsymbol{b}| = |\boldsymbol{a} - \boldsymbol{b}|$, 向量 $\boldsymbol{a}$, $\boldsymbol{b}$ 应满足 ____;

(2) 要使非零向量 $\boldsymbol{a}$, $\boldsymbol{b}$ 满足 $|\boldsymbol{a} + \boldsymbol{b}| = |\boldsymbol{a}| + |\boldsymbol{b}|$, 向量 $\boldsymbol{a}$, $\boldsymbol{b}$ 应满足 ____.

2. 设 $\boldsymbol{u} = \boldsymbol{a} - \boldsymbol{b} + 2\boldsymbol{c}$, $\boldsymbol{v} = -\boldsymbol{a} + 3\boldsymbol{b} - \boldsymbol{c}$. 试用 $\boldsymbol{a}$, $\boldsymbol{b}$, $\boldsymbol{c}$ 表示向量 $2\boldsymbol{u} - 3\boldsymbol{v}$.

3. 已知菱形 $ABCD$ 的对角线 $\overrightarrow{AC} = \boldsymbol{a}$, $\overrightarrow{BD} = \boldsymbol{b}$, 试用向量 $\boldsymbol{a}$, $\boldsymbol{b}$ 表示 $\overrightarrow{AB}$, $\overrightarrow{BC}$, $\overrightarrow{CD}$, $\overrightarrow{DA}$.

4. 把 $\triangle ABC$ 的 BC 边五等分, 设分点依次为 D_1, D_2, D_3, D_4, 再把各分点与点 A 连接, 试以 $\overrightarrow{AB} = \boldsymbol{c}$, $\overrightarrow{BC} = \boldsymbol{a}$ 表示向量 $\overrightarrow{D_1A}$, $\overrightarrow{D_2A}$, $\overrightarrow{D_3A}$ 和 $\overrightarrow{D_4A}$.

§8.2　空间直角坐标系　向量的坐标

本节将建立空间的点及向量与有序数组的对应关系, 引进研究向量的代数方法, 从而建立代数方法与几何直观的联系.

一、空间直角坐标系

在平面解析几何中, 我们建立了平面直角坐标系, 并通过平面直角坐标系, 把平面上的点与有序数组(即点的坐标 (x, y))对应起来. 同样, 为了把空间的任一点与有序数组对应起来, 我们来建立空间直角坐标系.

过空间一定点 O, 作三个两两垂直的单位向量 $\boldsymbol{i}$, $\boldsymbol{j}$, $\boldsymbol{k}$, 就确定了三条都以 O 为原点、两两垂直的数轴, 依次记为 x 轴(横轴)、y 轴(纵轴)、z 轴(竖轴), 统称为**坐标轴**. 它们构成了一个空间直角坐标系 $Oxyz$ (见图 8-2-1).

空间直角坐标系有右手系和左手系两种. 我们通常采用右手系(见图 8-2-2), 其坐标轴的正向按如下方式规定: 以右手握住 z 轴, 当右手的四个手指从 x 轴正向以 $\pi/2$ 角度转向 y 轴正向时, 大拇指的指向就是 z 轴的正向.

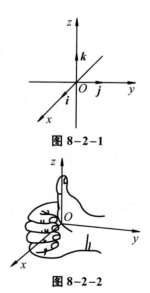

图 8-2-1

图 8-2-2

　　三条坐标轴中每两条坐标轴所在的平面 xOy、yOz、zOx 称为**坐标面**. 三个坐标面把空间分成八个部分, 每个部分称为一个**卦限**, 共八个卦限. 其中, $x>0$, $y>0$, $z>0$ 部分为第 I 卦限, 第 II、III、IV 卦限在 xOy 面的上方, 按逆时针方向确定. 第 V、VI、VII、VIII 卦限在 xOy 面的下方, 由第 I 卦限正下方的第 V 卦限按逆时针方向确定 (见图8-2-3).

　　定义了空间直角坐标系后, 就可以用一组有序实数来确定空间点的位置. 设 M 为空间中任意一点 (见图8-2-4), 过点 M 分别作垂直于 x 轴、y 轴、z 轴的平面, 它们与 x 轴、y 轴、z 轴分别交于 P、Q、R 三点, 这三个点在 x 轴、y 轴、z 轴上的坐标分别为 x、y、z. 这样, 空间的一点 M 就唯一地确定了一个有序数组 x, y, z. 反之, 若给定一有序数组 x, y, z, 就可以分别在 x 轴、y 轴、z 轴找到坐标分别为 x、y、z 的三点 P、Q、R, 过这三点分别作垂直于 x 轴、y 轴、z 轴的平面, 这三个平面的交点就是由有序数组 x, y, z 所确定的唯一的点 M. 这样就建立了空间的点 M 和有序数组 x, y, z 之间的一一对应关系. 这组数 x, y, z 称为**点 M 的坐标**, 并依次称 x, y 和 z 为点 M 的**横坐标**、**纵坐标**和**竖坐标**, 坐标为 x, y, z 的点 M 通常记为 $M(x, y, z)$.

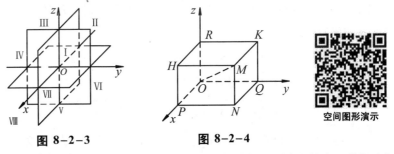

图 8-2-3　　　　　　　图 8-2-4

　　坐标面和坐标轴上的点, 其坐标各有一定的特征. 例如, x 轴上的点, 其纵坐标 $y=0$, 竖坐标 $z=0$, 于是, 其坐标为 $(x,0,0)$. 同理, y 轴上的点的坐标为 $(0,y,0)$; z 轴上的点的坐标为 $(0,0,z)$. xOy 面上的点的坐标为 $(x,y,0)$; yOz 面上的点的坐标为 $(0,y,z)$; zOx 面上的点的坐标为 $(x,0,z)$.

　　设点 $M(x,y,z)$ 为空间一点, 则点 M 关于坐标面 xOy 的对称点为 $A(x,y,-z)$; 关于 x 轴的对称点为 $B(x,-y,-z)$; 关于原点的对称点为 $C(-x,-y,-z)$.

二、空间两点间的距离

　　我们知道, 在平面直角坐标系中, 任意两点 $M_1(x_1,y_1)$, $M_2(x_2,y_2)$ 之间的距离公式为

$$|M_1M_2| = \sqrt{(x_2-x_1)^2 + (y_2-y_1)^2}.$$

现在我们来给出空间直角坐标系中任意两点间的距离公式.

　　设有空间两点 $M_1(x_1,y_1,z_1)$, $M_2(x_2,y_2,z_2)$, 过这两点各作三个分别垂直于坐

标轴的平面, 这六个平面围成一个以 $M_1 M_2$ 为
对角线的长方体(见图8-2-5).

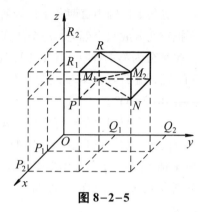

由于 $\Delta M_1 N M_2$、$\Delta M_1 P N$ 为直角三角形,
所以

$$|M_1 M_2|^2 = |M_1 N|^2 + |N M_2|^2$$
$$= |M_1 P|^2 + |PN|^2 + |N M_2|^2,$$

因为　　$|M_1 P| = |P_1 P_2| = |x_2 - x_1|$,

$$|PN| = |Q_1 Q_2| = |y_2 - y_1|,$$

$$|N M_2| = |R_1 R_2| = |z_2 - z_1|,$$

图 8-2-5

所以, 便得到空间两点间的距离公式:

$$|M_1 M_2| = \sqrt{(x_2 - x_1)^2 + (y_2 - y_1)^2 + (z_2 - z_1)^2} . \qquad (2.1)$$

特别地, 点 $M(x, y, z)$ 到坐标原点 $O(0, 0, 0)$ 的距离为

$$|OM| = \sqrt{x^2 + y^2 + z^2} . \qquad (2.2)$$

例 1　设 P 在 x 轴上, 它到 $P_1(0, \sqrt{2}, 3)$ 的距离为到点 $P_2(0, 1, -1)$ 的距离的两倍,
求点 P 的坐标.

解　因为 P 在 x 轴上, 故可设 P 点坐标为 $(x, 0, 0)$, 由于

$$|PP_1| = \sqrt{x^2 + (\sqrt{2})^2 + 3^2} = \sqrt{x^2 + 11},$$

$$|PP_2| = \sqrt{x^2 + (-1)^2 + 1^2} = \sqrt{x^2 + 2},$$

$$|PP_1| = 2|PP_2|, \quad 即 \quad \sqrt{x^2 + 11} = 2\sqrt{x^2 + 2},$$

从而解得 $x = \pm 1$, 所求点为 $(1, 0, 0)$, $(-1, 0, 0)$.

三、向量的坐标表示

前面讨论的向量的各种运算称为几何运算, 只能在
图形上表示, 计算起来不方便. 现在我们要引入向量的
坐标表示, 以便将向量的几何运算转化为代数运算.

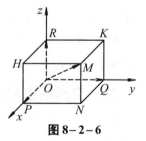

任意给定空间一向量 r, 将向量 r 平行移动, 使其起
点与坐标原点重合, 终点记为 $M(x, y, z)$. 过点 M 作三
坐标轴的垂直平面, 与 x 轴、y 轴、z 轴的交点分别为 P、

图 8-2-6

Q、R (见图8-2-6). 根据向量的加法法则, 有

$$r = \overrightarrow{OM} = \overrightarrow{OP} + \overrightarrow{PN} + \overrightarrow{NM} = \overrightarrow{OP} + \overrightarrow{OQ} + \overrightarrow{OR},$$

以 i, j, k 分别表示沿 x, y, z 轴正向的单位向量, 则有

$$\overrightarrow{OP} = x i, \quad \overrightarrow{OQ} = y j, \quad \overrightarrow{OR} = z k,$$

从而
$$r = \overrightarrow{OM} = x\boldsymbol{i} + y\boldsymbol{j} + z\boldsymbol{k}.$$

上式称为向量 $\boldsymbol{r}$ 的**坐标分解式**. $x\boldsymbol{i}$、$y\boldsymbol{j}$、$z\boldsymbol{k}$ 分别称为向量 $\boldsymbol{r}$ 沿 x 轴、y 轴、z 轴方向的**分向量**.

　　显然,给定向量 $\boldsymbol{r}$,就确定了点 M 及 $\overrightarrow{OP}$、$\overrightarrow{OQ}$、$\overrightarrow{OR}$ 三个分向量,进而确定了 x、y、z 三个有序数;反之,给定三个有序数 x、y、z,也就确定了向量 $\boldsymbol{r}$ 与点 M. 于是,点 M、向量 $\boldsymbol{r}$ 与三个有序数 x、y、z 之间存在一一对应关系. 我们称有序数 x、y、z 为**向量 $\boldsymbol{r}$ 的坐标**,记为
$$r = \{x, \ y, \ z\}.$$

向量 $\boldsymbol{r} = \overrightarrow{OM}$ 称为点 M 关于原点 O 的**向径**.

　　如果在空间直角坐标系 $Oxyz$ 中任意给定两点 $M_1(x_1, y_1, z_1)$,$M_2(x_2, y_2, z_2)$,则有

$$\begin{aligned}
\overrightarrow{M_1 M_2} &= \overrightarrow{OM_2} - \overrightarrow{OM_1} \\
&= (x_2\boldsymbol{i} + y_2\boldsymbol{j} + z_2\boldsymbol{k}) - (x_1\boldsymbol{i} + y_1\boldsymbol{j} + z_1\boldsymbol{k}) \\
&= (x_2 - x_1)\boldsymbol{i} + (y_2 - y_1)\boldsymbol{j} + (z_2 - z_1)\boldsymbol{k} \\
&= \{x_2 - x_1, \ y_2 - y_1, \ z_2 - z_1\}.
\end{aligned} \tag{2.3}$$

四、向量的代数运算

　　利用向量在直角坐标系中的坐标表达式,就可以把向量的几何运算转化为代数运算. 设 $\boldsymbol{a} = a_x\boldsymbol{i} + a_y\boldsymbol{j} + a_z\boldsymbol{k}$,$\boldsymbol{b} = b_x\boldsymbol{i} + b_y\boldsymbol{j} + b_z\boldsymbol{k}$,则

$$\boldsymbol{a} + \boldsymbol{b} = (a_x + b_x)\boldsymbol{i} + (a_y + b_y)\boldsymbol{j} + (a_z + b_z)\boldsymbol{k}, \tag{2.4}$$

$$\boldsymbol{a} - \boldsymbol{b} = (a_x - b_x)\boldsymbol{i} + (a_y - b_y)\boldsymbol{j} + (a_z - b_z)\boldsymbol{k}, \tag{2.5}$$

$$\lambda\boldsymbol{a} = (\lambda a_x)\boldsymbol{i} + (\lambda a_y)\boldsymbol{j} + (\lambda a_z)\boldsymbol{k} \ (\lambda \text{ 为实数}). \tag{2.6}$$

由此可见,对向量进行加、减及数乘运算,只需对向量的各个坐标分别进行相应的数量运算即可.

　　例2　设 $\boldsymbol{m} = 3\boldsymbol{i} + 5\boldsymbol{j} + 8\boldsymbol{k}$,$\boldsymbol{n} = 2\boldsymbol{i} - 4\boldsymbol{j} - 7\boldsymbol{k}$,$\boldsymbol{p} = 5\boldsymbol{i} + \boldsymbol{j} - 4\boldsymbol{k}$,求 $\boldsymbol{a} = 4\boldsymbol{m} + 3\boldsymbol{n} - \boldsymbol{p}$ 在 x 轴上的坐标及在 y 轴上的分向量.

　　解　因为 $\boldsymbol{a} = 4\boldsymbol{m} + 3\boldsymbol{n} - \boldsymbol{p}$
$$\begin{aligned}
&= 4(3\boldsymbol{i} + 5\boldsymbol{j} + 8\boldsymbol{k}) + 3(2\boldsymbol{i} - 4\boldsymbol{j} - 7\boldsymbol{k}) - (5\boldsymbol{i} + \boldsymbol{j} - 4\boldsymbol{k}) \\
&= 13\boldsymbol{i} + 7\boldsymbol{j} + 15\boldsymbol{k}.
\end{aligned}$$

所以,向量 $\boldsymbol{a}$ 在 x 轴上的坐标为 13,在 y 轴上的分向量为 $7\boldsymbol{j}$. ■

　　例3　已知两点 $A(x_1, y_1, z_1)$ 和 $B(x_2, y_2, z_2)$ 以及实数 $\lambda(\lambda \neq -1)$,试在有向线段 $\overrightarrow{AB}$ 上求一点 $M(x, y, z)$,使
$$\overrightarrow{AM} = \lambda\overrightarrow{MB}.$$

解　如图 8-2-7 所示，由于

$$\overrightarrow{AM} = \overrightarrow{OM} - \overrightarrow{OA}, \quad \overrightarrow{MB} = \overrightarrow{OB} - \overrightarrow{OM},$$

因此　　　　$\overrightarrow{OM} - \overrightarrow{OA} = \lambda(\overrightarrow{OB} - \overrightarrow{OM}),$

从而　　　　$\overrightarrow{OM} = \dfrac{1}{1+\lambda}(\overrightarrow{OA} + \lambda\overrightarrow{OB})$

$$= \dfrac{1}{1+\lambda}[\{x_1, y_1, z_1\} + \lambda\{x_2, y_2, z_2\}],$$

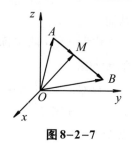

图 8-2-7

于是，所求点为 $M\left(\dfrac{x_1+\lambda x_2}{1+\lambda}, \dfrac{y_1+\lambda y_2}{1+\lambda}, \dfrac{z_1+\lambda z_2}{1+\lambda}\right).$　■

本例中的点 M 称为有向线段 $\overrightarrow{AB}$ 的**定比分点**. 特别地，当 $\lambda = 1$ 时，得线段 $\overrightarrow{AB}$ 的中点

$$M\left(\dfrac{x_1+x_2}{2}, \dfrac{y_1+y_2}{2}, \dfrac{z_1+z_2}{2}\right).$$

五、向量的模与方向余弦

设向量 $\boldsymbol{r} = \{x, y, z\}$，作 $\overrightarrow{OM} = \boldsymbol{r}$（见图 8-2-8），则根据两点间的距离公式可得向量 $\boldsymbol{r}$ 的模

$$|\boldsymbol{r}| = |\overrightarrow{OM}| = \sqrt{x^2+y^2+z^2}.$$

为了表示向量 $\boldsymbol{r}$ 的方向，我们把向量 $\boldsymbol{r}$ 与 x 轴、y 轴、z 轴正向的夹角分别记为 α、β、γ，称为向量 $\boldsymbol{r}$ 的**方向角**（见图 8-2-8）. 同时，我们称 $\cos\alpha, \cos\beta, \cos\gamma$ 为向量 $\boldsymbol{r}$ 的**方向余弦**.

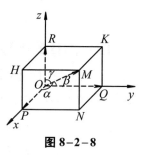

图 8-2-8

在三角形 $\triangle OPM, \triangle OQM, \triangle ORM$ 中，有

$$\cos\alpha = \frac{x}{|\boldsymbol{r}|} = \frac{x}{\sqrt{x^2+y^2+z^2}},$$

$$\cos\beta = \frac{y}{|\boldsymbol{r}|} = \frac{y}{\sqrt{x^2+y^2+z^2}},$$

$$\cos\gamma = \frac{z}{|\boldsymbol{r}|} = \frac{z}{\sqrt{x^2+y^2+z^2}}.$$

易见 $\cos\alpha, \cos\beta, \cos\gamma$ 满足如下关系式

$$\cos^2\alpha + \cos^2\beta + \cos^2\gamma = 1. \tag{2.7}$$

这说明方向余弦 $\cos\alpha, \cos\beta, \cos\gamma$（或方向角 α、β、γ）不是相互独立的.

由 $\boldsymbol{r} = \{x, y, z\}$，有

$$\{\cos\alpha, \cos\beta, \cos\gamma\} = \frac{1}{|\boldsymbol{r}|}\{x, y, z\} = \frac{\boldsymbol{r}}{|\boldsymbol{r}|} = \boldsymbol{r}°,$$

即向量 $\{\cos\alpha, \cos\beta, \cos\gamma\}$ 是一个与非零向量 $\boldsymbol{r}$ 同方向的单位向量.

例4 已知两点 $A(4, 0, 5)$ 和 $B(7, 1, 3)$, 求与向量 $\overrightarrow{AB}$ 平行的单位向量 $\boldsymbol{c}$.

解 所求向量有两个, 一个与 $\overrightarrow{AB}$ 同向, 一个与 $\overrightarrow{AB}$ 反向. 因为

$$\overrightarrow{AB} = \{7-4, 1-0, 3-5\} = \{3, 1, -2\},$$

所以

$$|\overrightarrow{AB}| = \sqrt{3^2 + 1^2 + (-2)^2} = \sqrt{14},$$

故所求向量为

$$\boldsymbol{c} = \pm\frac{\overrightarrow{AB}}{|\overrightarrow{AB}|} = \pm\frac{1}{\sqrt{14}}\{3, 1, -2\}. \qquad\blacksquare$$

例5 已知两点 $M_1(2, 2, \sqrt{2})$ 和 $M_2(1, 3, 0)$, 计算向量 $\overrightarrow{M_1M_2}$ 的模、方向余弦和方向角.

解 $\overrightarrow{M_1M_2} = \{1-2, 3-2, 0-\sqrt{2}\} = \{-1, 1, -\sqrt{2}\}$, 所以

$$|\overrightarrow{M_1M_2}| = \sqrt{(-1)^2 + 1^2 + (-\sqrt{2})^2} = \sqrt{4} = 2;$$

$$\cos\alpha = -\frac{1}{2}, \quad \cos\beta = \frac{1}{2}, \quad \cos\gamma = -\frac{\sqrt{2}}{2};$$

$$\alpha = \frac{2\pi}{3}, \quad \beta = \frac{\pi}{3}, \quad \gamma = \frac{3\pi}{4}. \qquad\blacksquare$$

六、向量在轴上的投影

设点 O 及单位向量 $\boldsymbol{e}$ 确定了 u 轴(见图8-2-9), 任意给定向量 $\boldsymbol{r}$, 作 $\overrightarrow{OM} = \boldsymbol{r}$, 再过点 M 作与 u 轴垂直的平面交 u 轴于点 M' (点 M' **称为点** M **在** $\boldsymbol{u}$ **轴上的投影**), 则向量 $\overrightarrow{OM'}$ 称为向量 $\boldsymbol{r}$ 在 u 轴上的分向量. 设 $\overrightarrow{OM'} = \lambda\boldsymbol{e}$, 则数 λ 称为**向量** $\boldsymbol{r}$ **在** $\boldsymbol{u}$ **轴上的投影**, 记为 $\mathrm{Prj}_u\boldsymbol{r}$ 或 $\boldsymbol{r}_u$.

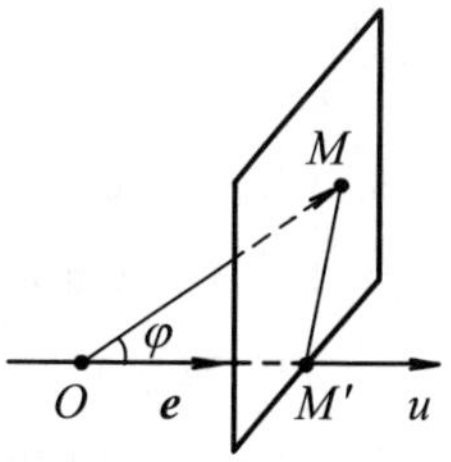

根据这个定义, 向量 $\boldsymbol{a}$ 在直角坐标系 $Oxyz$ 中的坐标 a_x、a_y、a_z 分别是向量在 x 轴、y 轴、z 轴上的投影, 即

图 8-2-9

$$a_x = \mathrm{Prj}_x\boldsymbol{a}, \quad a_y = \mathrm{Prj}_y\boldsymbol{a}, \quad a_z = \mathrm{Prj}_z\boldsymbol{a}.$$

由此可知, 向量的投影具有与坐标相同的性质:

性质1 $\mathrm{Prj}_u\boldsymbol{a} = |\boldsymbol{a}|\cos\varphi$ (φ 为向量 $\boldsymbol{a}$ 与 u 轴的夹角);

性质2 $\mathrm{Prj}_u(\boldsymbol{a}+\boldsymbol{b}) = \mathrm{Prj}_u\boldsymbol{a} + \mathrm{Prj}_u\boldsymbol{b}$;

性质3 $\mathrm{Prj}_u(\lambda\boldsymbol{a}) = \lambda\mathrm{Prj}_u\boldsymbol{a}$ (λ 为实数).

例6 设立方体的一条对角线为 OM, 一条棱为 OA, 且 $|\overrightarrow{OA}| = a$, 求 $\overrightarrow{OA}$ 在 $\overrightarrow{OM}$

方向上的投影 $\mathrm{Prj}_{\overrightarrow{OM}}\overrightarrow{OA}$.

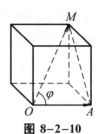

解　如图 8-2-10 所示，记 $\angle MOA = \varphi$，有

$$\cos\varphi = \frac{|\overrightarrow{OA}|}{|\overrightarrow{OM}|} = \frac{1}{\sqrt{3}},$$

于是

图 8-2-10

$$\mathrm{Prj}_{\overrightarrow{OM}}\overrightarrow{OA} = |\overrightarrow{OA}|\cos\varphi = \frac{a}{\sqrt{3}}.$$

习题 8-2

1. 在空间直角坐标系中, 指出下列各点在哪个卦限：

$A(2,-2,3)$;　　　$B(3,3,-5)$;　　　$C(3,-2,-4)$;　　　$D(-4,-3,2)$.

2. 在坐标面上和坐标轴上的点的坐标各有什么特征？指出下列各点的位置：

$A(2,3,0)$;　　　$B(0,3,2)$;　　　$C(2,0,0)$;　　　$D(0,-2,0)$.

3. 求点 (a,b,c) 关于 (1) 各坐标面；(2) 各坐标轴；(3) 坐标原点的对称点的坐标.

4. 过点 $P_0(x_0,y_0,z_0)$ 分别作平行于 z 轴的直线和平行于 xOy 面的平面，问在它们上面的点的坐标各有什么特点？

5. 求点 $M(5,-3,4)$ 到各坐标轴的距离.

6. 在 yOz 面上，求与三点 $A(3,1,2)$，$B(4,-2,-2)$ 和 $C(0,5,1)$ 等距离的点.

7. 设 P, Q 两点的向径分别为 $\boldsymbol{r}_1,\boldsymbol{r}_2$，点 R 在线段 PQ 上，且 $\dfrac{|PR|}{|RQ|} = \dfrac{m}{n}$，证明点 R 的向径为 $\boldsymbol{r} = \dfrac{n\boldsymbol{r}_1 + m\boldsymbol{r}_2}{m + n}$.

8. 已知两点 $M_1(0,1,2)$ 和 $M_2(1,-1,0)$，试用坐标表示式表示向量 $\overrightarrow{M_1M_2}$ 及 $-2\overrightarrow{M_1M_2}$.

9. 求平行于向量 $\boldsymbol{a} = \{6,7,-6\}$ 的单位向量.

10. 已知两点 $M_1(4,\sqrt{2},1)$ 和 $M_2(3,0,2)$，计算向量 $\overrightarrow{M_1M_2}$ 的模、方向余弦和方向角.

11. 已知向量 $\boldsymbol{a}$ 的模为 3, 且其方向角 $\alpha = \gamma = 60°$，$\beta = 45°$，求向量 $\boldsymbol{a}$.

12. 设向量 $\boldsymbol{a}$ 的方向余弦分别满足

(1) $\cos\alpha = 0$;　　　　　(2) $\cos\beta = 1$;　　　　　(3) $\cos\alpha = \cos\beta = 0$.

问这些向量与坐标轴或坐标面的关系如何？

13. 已知 $|\boldsymbol{r}| = 4$，$\boldsymbol{r}$ 与轴 u 的夹角是 $60°$，求 $\mathrm{Prj}_u\boldsymbol{r}$.

14. 一向量的终点为点 $B(2,-1,7)$，它在 x 轴，y 轴和 z 轴上的投影依次为 4,-4 和 7，求该向量的起点 A 的坐标.

15. 求与向量 $\boldsymbol{a} = \{16,-15,12\}$ 平行，方向相反，且长度为 75 的向量 $\boldsymbol{b}$.

§8.3 数量积 向量积 *混合积

一、两向量的数量积

在中学物理中,我们已经知道,如果物体沿着某一直线移动,其位移为s(见图8-3-1),则作用在物体上的常力$\boldsymbol{F}$所作的功W等于力$\boldsymbol{F}$在位移方向上的分力$|\boldsymbol{F}|\cdot\cos\theta$($\theta$为作用力方向与位移方向之间的夹角)乘以位移的大小$|s|$,即

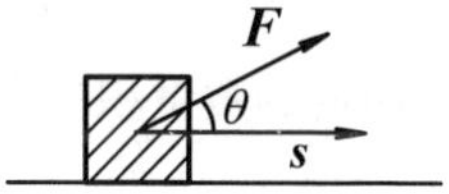

图 8-3-1

$$W = |\boldsymbol{F}||s|\cos\theta.$$

由此可见,功的数量是由$\boldsymbol{F}$与s这两个向量唯一确定的. 在物理学和力学的其他问题中,也常常会遇到此类情况. 为此,在数学中,我们把这种运算抽象成两个向量的数量积的概念.

定义1 设有向量$\boldsymbol{a}$、$\boldsymbol{b}$,它们的夹角为θ,乘积$|\boldsymbol{a}||\boldsymbol{b}|\cos\theta$称为向量$\boldsymbol{a}$与$\boldsymbol{b}$的**数量积**(或称为**内积**、**点积**),记为$\boldsymbol{a}\cdot\boldsymbol{b}$,即

$$\boldsymbol{a}\cdot\boldsymbol{b} = |\boldsymbol{a}||\boldsymbol{b}|\cos\theta.$$

这样,上述常力所作的功就是力$\boldsymbol{F}$与位移s的数量积,即

$$W = \boldsymbol{F}\cdot\boldsymbol{s}.$$

根据数量积的定义,可以推得:

(1) $\boldsymbol{a}\cdot\boldsymbol{b} = |\boldsymbol{b}|\operatorname{Prj}_{\boldsymbol{b}}\boldsymbol{a} = |\boldsymbol{a}|\operatorname{Prj}_{\boldsymbol{a}}\boldsymbol{b}$;

(2) $\boldsymbol{a}\cdot\boldsymbol{a} = |\boldsymbol{a}|^2$;

(3) 设$\boldsymbol{a}$、$\boldsymbol{b}$为两非零向量,则$\boldsymbol{a}\perp\boldsymbol{b}$的充分必要条件是

$$\boldsymbol{a}\cdot\boldsymbol{b} = 0.$$

证明 因为如果$\boldsymbol{a}\cdot\boldsymbol{b}=0$,由$|\boldsymbol{a}|\neq0$,$|\boldsymbol{b}|\neq0$,则有$\cos\theta=0$,从而$\theta=\dfrac{\pi}{2}$,即$\boldsymbol{a}\perp\boldsymbol{b}$;反之,如果$\boldsymbol{a}\perp\boldsymbol{b}$,则有$\theta=\dfrac{\pi}{2}$,$\cos\theta=0$,于是

$$\boldsymbol{a}\cdot\boldsymbol{b} = |\boldsymbol{a}||\boldsymbol{b}|\cos\theta = 0. \blacksquare$$

数量积满足下列运算规律:

(1) 交换律 $\boldsymbol{a}\cdot\boldsymbol{b} = \boldsymbol{b}\cdot\boldsymbol{a}$;

(2) 分配律 $(\boldsymbol{a}+\boldsymbol{b})\cdot\boldsymbol{c} = \boldsymbol{a}\cdot\boldsymbol{c} + \boldsymbol{b}\cdot\boldsymbol{c}$;

(3) 结合律 $\lambda(\boldsymbol{a}\cdot\boldsymbol{b}) = (\lambda\boldsymbol{a})\cdot\boldsymbol{b} = \boldsymbol{a}\cdot(\lambda\boldsymbol{b})$ (λ为实数).

利用数量积的定义即可以证明上述运算规律.

下面我们利用数量积的性质和运算规律来推导数量积的坐标表达式.

设$\boldsymbol{a} = a_x\boldsymbol{i} + a_y\boldsymbol{j} + a_z\boldsymbol{k}$,$\boldsymbol{b} = b_x\boldsymbol{i} + b_y\boldsymbol{j} + b_z\boldsymbol{k}$,则

$$\begin{aligned}
\boldsymbol{a}\cdot\boldsymbol{b} &= (a_x\boldsymbol{i}+a_y\boldsymbol{j}+a_z\boldsymbol{k})\cdot(b_x\boldsymbol{i}+b_y\boldsymbol{j}+b_z\boldsymbol{k}) \\
&= a_xb_x\boldsymbol{i}\cdot\boldsymbol{i}+a_xb_y\boldsymbol{i}\cdot\boldsymbol{j}+a_xb_z\boldsymbol{i}\cdot\boldsymbol{k} \\
&\quad +a_yb_x\boldsymbol{j}\cdot\boldsymbol{i}+a_yb_y\boldsymbol{j}\cdot\boldsymbol{j}+a_yb_z\boldsymbol{j}\cdot\boldsymbol{k} \\
&\quad +a_zb_x\boldsymbol{k}\cdot\boldsymbol{i}+a_zb_y\boldsymbol{k}\cdot\boldsymbol{j}+a_zb_z\boldsymbol{k}\cdot\boldsymbol{k},
\end{aligned}$$

因为 $\boldsymbol{i}$、$\boldsymbol{j}$、$\boldsymbol{k}$ 是两两垂直的单位向量，所以有

$$\boldsymbol{i}\cdot\boldsymbol{j}=\boldsymbol{j}\cdot\boldsymbol{k}=\boldsymbol{k}\cdot\boldsymbol{i}=0,\quad \boldsymbol{i}\cdot\boldsymbol{i}=\boldsymbol{j}\cdot\boldsymbol{j}=\boldsymbol{k}\cdot\boldsymbol{k}=1.$$

从而得到数量积的坐标表达式

$$\boldsymbol{a}\cdot\boldsymbol{b}=a_xb_x+a_yb_y+a_zb_z. \tag{3.1}$$

因 $\boldsymbol{a}\cdot\boldsymbol{b}=|\boldsymbol{a}||\boldsymbol{b}|\cos\theta$，所以当 $\boldsymbol{a}$、$\boldsymbol{b}$ 为两非零向量时，有

$$\cos\theta=\cos(\boldsymbol{a}\overset{\wedge}{,}\boldsymbol{b})=\frac{\boldsymbol{a}\cdot\boldsymbol{b}}{|\boldsymbol{a}||\boldsymbol{b}|}=\frac{a_xb_x+a_yb_y+a_zb_z}{\sqrt{a_x^2+a_y^2+a_z^2}\sqrt{b_x^2+b_y^2+b_z^2}}. \tag{3.2}$$

由此进一步得到，$\boldsymbol{a}\perp\boldsymbol{b}$ 的充分必要条件是

$$a_xb_x+a_yb_y+a_zb_z=0.$$

例 1 已知 $\boldsymbol{a}=\{1,1,-4\}$，$\boldsymbol{b}=\{1,-2,2\}$，求

(1) $\boldsymbol{a}\cdot\boldsymbol{b}$;　　(2) $\boldsymbol{a}$ 与 $\boldsymbol{b}$ 的夹角 θ;　　(3) $\boldsymbol{a}$ 在 $\boldsymbol{b}$ 上的投影.

解　(1) $\boldsymbol{a}\cdot\boldsymbol{b}=1\cdot1+1\cdot(-2)+(-4)\cdot2=-9.$

(2) 因为 $\cos\theta=\dfrac{a_xb_x+a_yb_y+a_zb_z}{\sqrt{a_x^2+a_y^2+a_z^2}\sqrt{b_x^2+b_y^2+b_z^2}}=-\dfrac{1}{\sqrt{2}}$，所以 $\theta=\dfrac{3\pi}{4}.$

(3) 由 $\boldsymbol{a}\cdot\boldsymbol{b}=|\boldsymbol{b}|\mathrm{Prj}_b\boldsymbol{a}$，得 $\mathrm{Prj}_b\boldsymbol{a}=\dfrac{\boldsymbol{a}\cdot\boldsymbol{b}}{|\boldsymbol{b}|}=-3.$　■

例 2 设 $\boldsymbol{a}+3\boldsymbol{b}$ 与 $7\boldsymbol{a}-5\boldsymbol{b}$ 垂直，$\boldsymbol{a}-4\boldsymbol{b}$ 与 $7\boldsymbol{a}-2\boldsymbol{b}$ 垂直，求 $\boldsymbol{a}$ 与 $\boldsymbol{b}$ 之间的夹角 θ.

解　因为 $(\boldsymbol{a}+3\boldsymbol{b})\perp(7\boldsymbol{a}-5\boldsymbol{b})$，所以 $(\boldsymbol{a}+3\boldsymbol{b})\cdot(7\boldsymbol{a}-5\boldsymbol{b})=0$，即

$$7|\boldsymbol{a}|^2-15|\boldsymbol{b}|^2+16\boldsymbol{a}\cdot\boldsymbol{b}=0. \tag{3.3}$$

又 $(\boldsymbol{a}-4\boldsymbol{b})\perp(7\boldsymbol{a}-2\boldsymbol{b})$，所以 $(\boldsymbol{a}-4\boldsymbol{b})\cdot(7\boldsymbol{a}-2\boldsymbol{b})=0$，即

$$7|\boldsymbol{a}|^2+8|\boldsymbol{b}|^2-30\boldsymbol{a}\cdot\boldsymbol{b}=0. \tag{3.4}$$

解联立方程 (3.3)，(3.4)，得

$$|\boldsymbol{a}|^2=|\boldsymbol{b}|^2=2\boldsymbol{a}\cdot\boldsymbol{b}.$$

所以 $\cos\theta=\dfrac{\boldsymbol{a}\cdot\boldsymbol{b}}{|\boldsymbol{a}||\boldsymbol{b}|}=\dfrac{1}{2}$，即 $\theta=\dfrac{\pi}{3}.$　■

例 3 设液体流过平面 S 上面积为 A 的一个区域，液体在该区域上各点处的流速均为(常向量)$\boldsymbol{v}$. 设 $\boldsymbol{n}$ 为垂直于 S 的单位向量(见图 8-3-2(a))，计算单位时间内经过该区域流向 $\boldsymbol{n}$ 所指方向的液体的质量 P (液体的密度为 ρ).

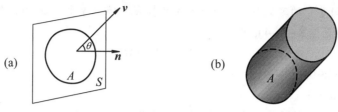

图8-3-2

解 单位时间内流过该区域的液体构成一个底面积为A、斜高为$|v|$的斜柱体(见图8-3-2(b)). 该柱体的斜高与底面的垂线的夹角就是v与n的夹角θ, 所以该柱体的高为$|v|\cos\theta$, 体积为

$$A|v|\cos\theta = Av \cdot n.$$

从而, 单位时间内经过该区域流向n所指方向的液体的质量为

$$P = \rho Av \cdot n.$$

二、两向量的向量积

如同两向量的数量积一样, 两向量的向量积的概念也是从力学及物理学中的某些概念中抽象出来的. 例如, 在研究物体的转动问题时, 不但要考虑此物体所受的力, 还要分析这些力所产生的力矩. 设O为一根杠杆L的支点, 有一力F作用于该杠杆上点P处. 力F与$\overrightarrow{OP}$的夹角为θ, 力F对支点O的力矩是一向量M, 它的大小为

$$|M| = |OQ||F| = |\overrightarrow{OP}||F|\sin\theta,$$

而力矩M的方向垂直于$\overrightarrow{OP}$与F所决定的平面, 指向符合右手系(见图8-3-3).

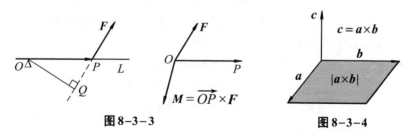

图8-3-3   **图8-3-4**

由此, 在数学中我们根据这种运算抽象出两向量的向量积的概念.

定义2 若由向量a与b所确定的一个向量c满足下列条件:

(1) c的方向既垂直于a又垂直于b, c的指向按右手规则从a转向b来确定(见图8-3-4);

(2) c的模$|c| = |a||b|\sin\theta$(其中θ为a与b的夹角), 则称向量c为向量a与b的**向量积**(或称**外积**、**叉积**), 记为

$$c = a \times b.$$

注：由向量积的定义可知，$c = a \times b$ 的模在数值上等于以 a、b 为邻边的平行四边形的面积(见图 8-3-4)，即

$$|a \times b| = |a| \, |b| \sin\theta. \tag{3.5}$$

根据向量积的定义，即可推得

(1) $a \times a = 0$；

(2) 设 a、b 为两非零向量，则 $a /\!/ b$ 的充分必要条件是

$$a \times b = 0.$$

证明　因为如果 $a \times b = 0$，由 $|a| \neq 0$，$|b| \neq 0$，则有 $\sin\theta = 0$，从而 $\theta = 0$ 或 $\theta = \pi$，即 $a /\!/ b$；反之，如果 $a /\!/ b$，则有 $\theta = 0$ 或 $\theta = \pi$，从而 $\sin\theta = 0$，于是

$$|a \times b| = |a| \, |b| \sin\theta = 0, \text{ 即 } a \times b = 0. \qquad \blacksquare$$

向量积满足下列运算规律：

(1) $a \times b = -(b \times a)$；

因为按右手规则，从 a 转向 b 确定的方向恰好与按右手规则从 b 转向 a 确定的方向相反．它表明交换律对向量积不成立．

(2) 分配律　$(a + b) \times c = a \times c + b \times c$；

(3) 结合律　$\lambda(a \times b) = (\lambda a) \times b = a \times (\lambda b)$（$\lambda$ 为实数）．

利用向量积的定义即可以证明上述运算规律．

下面我们利用向量积的性质和运算规律来推导向量积的坐标表达式．

设 $a = a_x i + a_y j + a_z k$，$b = b_x i + b_y j + b_z k$，则

$$
\begin{aligned}
a \times b &= (a_x i + a_y j + a_z k) \times (b_x i + b_y j + b_z k) \\
&= a_x b_x i \times i + a_x b_y i \times j + a_x b_z i \times k \\
&\quad + a_y b_x j \times i + a_y b_y j \times j + a_y b_z j \times k \\
&\quad + a_z b_x k \times i + a_z b_y k \times j + a_z b_z k \times k.
\end{aligned}
$$

因为 i、j、k 是两两垂直的单位向量，所以有

$$i \times i = j \times j = k \times k = 0,$$

$$i \times j = k, \quad j \times k = i, \quad k \times i = j,$$

$$j \times i = -k, \quad k \times j = -i, \quad i \times k = -j.$$

从而得到向量积的坐标表达式

$$a \times b = (a_y b_z - a_z b_y) i + (a_z b_x - a_x b_z) j + (a_x b_y - a_y b_x) k.$$

利用三阶行列式可将上式表示成方便记忆的形式：

$$
\begin{aligned}
a \times b &= \begin{vmatrix} a_y & a_z \\ b_y & b_z \end{vmatrix} i + \begin{vmatrix} a_z & a_x \\ b_z & b_x \end{vmatrix} j + \begin{vmatrix} a_x & a_y \\ b_x & b_y \end{vmatrix} k \\
&= \begin{vmatrix} i & j & k \\ a_x & a_y & a_z \\ b_x & b_y & b_z \end{vmatrix}.
\end{aligned} \tag{3.6}
$$

由此进一步得到, $a /\!/ b$ 的充分必要条件是

$$\frac{a_x}{b_x} = \frac{a_y}{b_y} = \frac{a_z}{b_z},$$ (3.7)

其中 b_x, b_y, b_z 不能同时为零.

例4 求与 $a = 3i - 2j + 4k$, $b = i + j - 2k$ 都垂直的单位向量.

解 因为

$$c = a \times b = \begin{vmatrix} i & j & k \\ a_x & a_y & a_z \\ b_x & b_y & b_z \end{vmatrix} = \begin{vmatrix} i & j & k \\ 3 & -2 & 4 \\ 1 & 1 & -2 \end{vmatrix} = 10j + 5k,$$

$$|c| = \sqrt{10^2 + 5^2} = 5\sqrt{5},$$

所以 $c^{\circ} = \pm \dfrac{c}{|c|} = \pm \left(\dfrac{2}{\sqrt{5}} j + \dfrac{1}{\sqrt{5}} k \right).$

例5 设刚体以等角速度 ω 绕 l 轴旋转,计算刚体上一点 M 的线速度.

解 刚体绕 l 轴旋转时,我们可以用在 l 轴上的一个向量 ω 表示角速度,它的大小等于角速度的大小,它的方向由右手规则写出:即以右手握住 l 轴,当右手的四个手指的转向与刚体的旋转方向一致时,大拇指的指向就是 ω 的方向,见图 8-3-5,设点 M 到旋转轴 l 的距离为 a,再在 l 轴上任取一点 O 作向量 $r = \overrightarrow{OM}$,并以 θ 表示 ω 与 r 的夹角,则

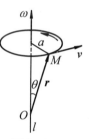

图 8-3-5

$$a = |r| \sin \theta.$$

设线速度为 v,那么由物理学上线速度与角速度间的关系可知,v 的大小为

$$|v| = |\omega| a = |\omega| |r| \sin \theta.$$

v 的方向垂直于通过点 M 与 l 轴的平面,即 v 垂直于 ω 与 r;而且 v 的指向要使 ω, r, v 符合右手规则,因此有

$$v = \omega \times r.$$

*三、向量的混合积

定义3 设有三个向量 a、b、c,数量 $(a \times b) \cdot c$ 称为向量 a、b、c 的**混合积**.

下面我们来推导向量混合积的坐标表示式.

设 $a = \{a_x, a_y, a_z\}$, $b = \{b_x, b_y, b_z\}$, $c = \{c_x, c_y, c_z\}$,因为

$$a \times b = \begin{vmatrix} i & j & k \\ a_x & a_y & a_z \\ b_x & b_y & b_z \end{vmatrix} = \begin{vmatrix} a_y & a_z \\ b_y & b_z \end{vmatrix} i + \begin{vmatrix} a_z & a_x \\ b_z & b_x \end{vmatrix} j + \begin{vmatrix} a_x & a_y \\ b_x & b_y \end{vmatrix} k,$$

所以
$$(\boldsymbol{a} \times \boldsymbol{b}) \cdot \boldsymbol{c} = c_x \begin{vmatrix} a_y & a_z \\ b_y & b_z \end{vmatrix} + c_y \begin{vmatrix} a_z & a_x \\ b_z & b_x \end{vmatrix} + c_z \begin{vmatrix} a_x & a_y \\ b_x & b_y \end{vmatrix}$$

$$= \begin{vmatrix} a_x & a_y & a_z \\ b_x & b_y & b_z \\ c_x & c_y & c_z \end{vmatrix}.$$

根据向量混合积的定义,可以推出(见本节习题)

$$(\boldsymbol{a} \times \boldsymbol{b}) \cdot \boldsymbol{c} = (\boldsymbol{b} \times \boldsymbol{c}) \cdot \boldsymbol{a} = (\boldsymbol{c} \times \boldsymbol{a}) \cdot \boldsymbol{b}.$$

向量的混合积有下述几何意义:

以向量 $\boldsymbol{a}$、$\boldsymbol{b}$、$\boldsymbol{c}$ 为棱作一个平行六面体,并记此六面体的高为 h,底面积为 A,再记 $\boldsymbol{a} \times \boldsymbol{b} = \boldsymbol{d}$,向量 $\boldsymbol{c}$ 与 $\boldsymbol{d}$ 的夹角为 θ.

当 $\boldsymbol{d}$ 与 $\boldsymbol{c}$ 指向底面的同侧($0 < \theta < \pi/2$)时(见图 8-3-6(a)),

$$h = |\boldsymbol{c}| \cos \theta;$$

当 $\boldsymbol{d}$ 与 $\boldsymbol{c}$ 指向底面的异侧($\pi/2 < \theta < \pi$)时(见图 8-3-6(b)),

$$h = |\boldsymbol{c}| \cos(\pi - \theta) = -|\boldsymbol{c}| \cos \theta.$$

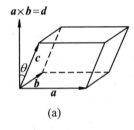 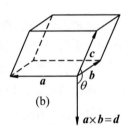

(a)   (b)

图 8-3-6

综合以上两种情况,得到 $h = |\boldsymbol{c}| |\cos \theta|$,而底面积 $A = |\boldsymbol{a} \times \boldsymbol{b}|$. 这样,平行六面体的体积

$$V = A \cdot h = |\boldsymbol{a} \times \boldsymbol{b}| |\boldsymbol{c}| |\cos \theta| = |(\boldsymbol{a} \times \boldsymbol{b}) \cdot \boldsymbol{c}|.$$

即向量的混合积 $(\boldsymbol{a} \times \boldsymbol{b}) \cdot \boldsymbol{c}$ 是这样的一个数:它的绝对值表示以向量 $\boldsymbol{a}$、$\boldsymbol{b}$、$\boldsymbol{c}$ 为棱的平行六面体的体积(见图 8-3-7).

根据向量混合积的几何意义,可以推出以下结论:

(1) 三向量 $\boldsymbol{a}, \boldsymbol{b}, \boldsymbol{c}$ 共面的充分必要条件是

$$(\boldsymbol{a} \times \boldsymbol{b}) \cdot \boldsymbol{c} = 0;$$

(2) 空间四点 $M_i (x_i, y_i, z_i)$($i = 1, 2, 3, 4$)共面的充分必要条件是

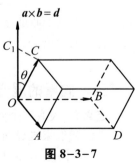

图 8-3-7

$$(\overrightarrow{M_1 M_2} \times \overrightarrow{M_1 M_3}) \cdot \overrightarrow{M_1 M_4} = \begin{vmatrix} x_2 - x_1 & y_2 - y_1 & z_2 - z_1 \\ x_3 - x_1 & y_3 - y_1 & z_3 - z_1 \\ x_4 - x_1 & y_4 - y_1 & z_4 - z_1 \end{vmatrix} = 0.$$

例 6 已知 $(a \times b) \cdot c = 2$，计算 $[(a+b) \times (b+c)] \cdot (c+a)$。

解 $[(a+b) \times (b+c)] \cdot (c+a)$

$$= [a \times b + a \times c + b \times b + b \times c] \cdot (c+a)$$
$$= (a \times b) \cdot c + (a \times c) \cdot c + 0 \cdot c + (b \times c) \cdot c$$
$$\qquad + (a \times b) \cdot a + (a \times c) \cdot a + 0 \cdot a + (b \times c) \cdot a$$
$$= (a \times b) \cdot c + (b \times c) \cdot a$$
$$= 2(a \times b) \cdot c = 4.$$

例 7 已知空间内不在同一平面上的四点

$$A(x_1, y_1, z_1), \ B(x_2, y_2, z_2), \ C(x_3, y_3, z_3), \ D(x_4, y_4, z_4),$$

求四面体的体积。

解 由立体几何知，四面体的体积等于以向量 $\overrightarrow{AB}, \overrightarrow{AC}, \overrightarrow{AD}$ 为棱的平行六面体的体积的六分之一，即

$$V = \frac{1}{6} \left| (\overrightarrow{AB} \times \overrightarrow{AC}) \cdot \overrightarrow{AD} \right|.$$

因为

$$\overrightarrow{AB} = \{x_2 - x_1, \ y_2 - y_1, \ z_2 - z_1\},$$
$$\overrightarrow{AC} = \{x_3 - x_1, \ y_3 - y_1, \ z_3 - z_1\},$$
$$\overrightarrow{AD} = \{x_4 - x_1, \ y_4 - y_1, \ z_4 - z_1\},$$

所以

$$V = \pm \frac{1}{6} \begin{vmatrix} x_2 - x_1 & y_2 - y_1 & z_2 - z_1 \\ x_3 - x_1 & y_3 - y_1 & z_3 - z_1 \\ x_4 - x_1 & y_4 - y_1 & z_4 - z_1 \end{vmatrix}.$$

(其中正负号的选取必须和行列式的符号一致.)

习题 8-3

1. 设 $|a| = 3, |b| = 5$，且两向量的夹角 $\theta = \dfrac{\pi}{3}$，试求 $(a - 2b) \cdot (3a + 2b)$.

2. 已知 $M_1(1, -1, 2)$，$M_2(3, 3, 1)$ 和 $M_3(3, 1, 3)$，求同时与 $\overrightarrow{M_1 M_2}$，$\overrightarrow{M_2 M_3}$ 垂直的单位向量.

3. 设力 $f = 2i - 3j + 5k$ 作用在一质点上，质点由 $M_1(1, 1, 2)$ 沿直线移动到 $M_2(3, 4, 5)$，求此力所作的功（设力的单位为 N，位移的单位为 m）.

4. 求向量 $a = \{4, -3, 4\}$ 在向量 $b = \{2, 2, 1\}$ 上的投影.

5. 设 $a = \{3, 5, -2\}$，$b = \{2, 1, 4\}$，问 λ 与 μ 有怎样的关系才能使 $\lambda a + \mu b$ 与 z 轴垂直？

6. 在杠杆上支点 O 的一侧与点 O 的距离为 x_1 的点 P_1 处，有一与 $\overrightarrow{OP_1}$ 成角 θ_1 的力 F_1 作用着，在点 O 的另一侧与点 O 距离为 x_2 的点 P_2 处，有一与 $\overrightarrow{OP_2}$ 成角 θ_2 的力 F_2 作用着，见下图，

问 θ_1, θ_2, x_1, x_2, $|F_1|$, $|F_2|$ 符合怎样的条件才能使杠杆保持平衡?

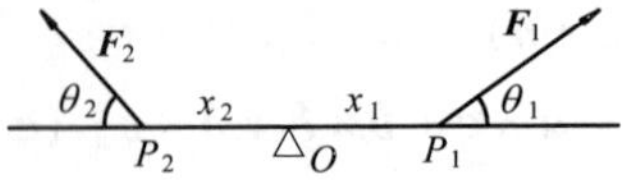

题 6 图

7. 设 $a = 2i - 3j + k$, $b = i - j + 3k$ 和 $c = i - 2j$, 求

(1) $(a \cdot b)c - (a \cdot c)b$;　　　　(2) $(a + b) \times (b + c)$;　　　　(3) $(a \times b) \cdot c$.

8. 直线 L 通过点 $A(-2, 1, 3)$ 和 $B(0, -1, 2)$, 求点 $C(10, 5, 10)$ 到直线 L 的距离.

9. 试证向量 $\dfrac{a|b| + b|a|}{|a| + |b|}$ 表示向量 a 与 b 夹角的分角线向量的方向.

10. 设 $m = 2a + b$, $n = ka + b$, 其中 $|a| = 1$, $|b| = 2$, 且 $a \perp b$.

(1) k 为何值时, $m \perp n$?

(2) k 为何值时, 以 m 与 n 为邻边的平行四边形的面积为 6?

11. 设 a, b, c 均为非零向量, 其中任意两个向量不共线, 但 $a + b$ 与 c 共线, $b + c$ 与 a 共线, 试证 $a + b + c = 0$.

12. 试证向量 $a = -i + 3j + 2k$, $b = 2i - 3j - 4k$, $c = -3i + 12j + 6k$ 在同一平面上, 并沿 a 和 b 分解 c.

13. 设点 A, B, C 的向径分别为 $r_1 = 2i + 4j + k$, $r_2 = 3i + 7j + 5k$, $r_3 = 4i + 10j + 9k$, 试证 A, B, C 三点在一条直线上.

14. 已知 $a = \{a_1, a_2, a_3\}$, $b = \{b_1, b_2, b_3\}$, $c = \{c_1, c_2, c_3\}$, 试利用行列式的性质证明
$$(a \times b) \cdot c = (b \times c) \cdot a = (c \times a) \cdot b.$$

15. 试用向量证明不等式:
$$\sqrt{a_1^2 + a_2^2 + a_3^2} \sqrt{b_1^2 + b_2^2 + b_3^2} \geq |a_1 b_1 + a_2 b_2 + a_3 b_3|,$$
其中 a_1, a_2, a_3, b_1, b_2, b_3 为任意实数, 并指出等号成立的条件.

§8.4　曲面及其方程

一、曲面方程的概念

在日常生活中, 我们常常会看到各种曲面, 例如, 反光镜面、一些建筑物的表面、球面等. 与在平面解析几何中把平面曲线看作是动点的轨迹类似, 在空间解析几何中, 曲面也可被看作是具有某种性质的动点的轨迹.

定义 1　在空间直角坐标系中, 若曲面 S 上任一点坐标都满足方程 $F(x, y, z) = 0$, 而不在曲面 S 上的任何点的坐标都不满足该方程, 则方程 $F(x, y, z) = 0$ 称为**曲面 S 的方程**, 而曲面 S 就称为方程 $F(x, y, z) = 0$ 的图形 (见图 8-4-1).

建立了空间曲面与其方程的联系后, 我们就可以通过研究方程的解析性质来研

究曲面的几何性质.

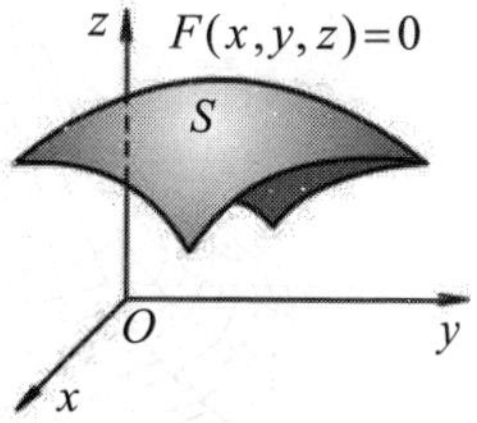

空间曲面研究的两个基本问题是:

(1) 已知曲面上的点所满足的几何条件, 建立曲面的方程;

(2) 已知曲面方程, 研究曲面的几何形状.

例1 建立球心在点 $M_0(x_0, y_0, z_0)$、半径为 R 的球面的方程.

解 设 $M(x, y, z)$ 是球面上任一点(见图8-4-2), 根据题意有

$$|MM_0| = R,$$

由于

$$\sqrt{(x-x_0)^2 + (y-y_0)^2 + (z-z_0)^2} = R,$$

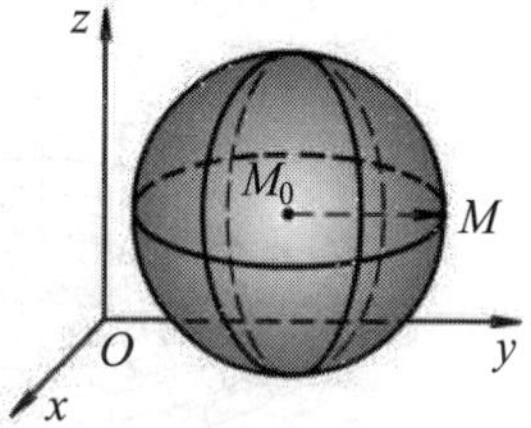

所以

$$(x-x_0)^2 + (y-y_0)^2 + (z-z_0)^2 = R^2.$$

特别地, 球心在原点时, 球面的方程为

$$x^2 + y^2 + z^2 = R^2.$$

图 8-4-1

图 8-4-2

例2 求与原点 O 及点 $M_0(2, 3, 4)$ 的距离之比为 $1:2$ 的点的全体所构成的曲面的方程.

解 设 $M(x, y, z)$ 是曲面上任一点, 根据题意, 有

$$\frac{|MO|}{|MM_0|} = \frac{1}{2}, \quad 即 \quad \frac{\sqrt{x^2+y^2+z^2}}{\sqrt{(x-2)^2+(y-3)^2+(z-4)^2}} = \frac{1}{2},$$

所求方程为

$$\left(x+\frac{2}{3}\right)^2 + (y+1)^2 + \left(z+\frac{4}{3}\right)^2 = \frac{116}{9}.$$

例3 方程 $x^2 + y^2 + z^2 - 2x + 4y = 0$ 表示怎样的曲面?

解 对原方程配方, 得

$$(x-1)^2 + (y+2)^2 + z^2 = 5,$$

所以, 原方程表示球心在 $M_0(1, -2, 0)$、半径为 $R = \sqrt{5}$ 的球面.

*数学实验

实验8.1 试用计算软件绘制下列方程所表示的曲面:

(1) $z(1 + x^2 + y^2) = 4$;

(2) $xy(x^2 - y^2) - z(x^2 + y^2) = 0$;

(3) $z = \sin\sqrt{x^2 + y^2 + 2\pi}$;

(4) $xyz \ln(1 + x^2 + y^2 + z^2) - 1 = 0$.

详见教材配套的网络学习空间.

空间曲面图形

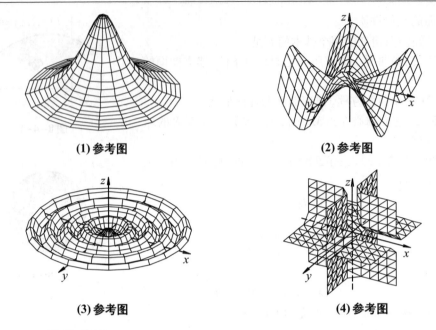

(1) 参考图　　　　　　　　　**(2) 参考图**

(3) 参考图　　　　　　　　　**(4) 参考图**

二、旋转曲面

定义 2　以一条平面曲线绕其平面上的一条定直线旋转一周所成的曲面称为**旋转曲面**. 这条平面曲线和定直线分别称为旋转曲面的**母线**和**轴**.

设在 yOz 坐标面上有一曲线 C, 其方程为

$$f(y, z) = 0,$$

把这条曲线绕 z 轴旋转一周, 就得到一个以 z 轴为轴的旋转曲面 (见图 8-4-3), 下面我们来推导这个旋转曲面的方程.

设 $M_1(0, y_1, z_1)$ 为曲线 C 上一点, 则有

$$f(y_1, z_1) = 0, \tag{4.1}$$

且点 M_1 到 z 轴的距离为 $|y_1|$. 设曲线 C 绕 z 轴旋转时, 点 M_1 随着曲线转到点 $M(x, y, z)$ 的位置. 而点 $M(x, y, z)$ 到 z 轴的距离为 $\sqrt{x^2 + y^2}$, 因此有

$$z = z_1, \quad \sqrt{x^2 + y^2} = |y_1|,$$

将其代入式 (4.1), 就得到所求的旋转曲面的方程

$$f(\pm\sqrt{x^2 + y^2}, z) = 0. \tag{4.2}$$

由此可知, 在平面曲线 C 的方程 $f(y, z) = 0$ 中, 将 y 改成 $\pm\sqrt{x^2 + y^2}$, 便得曲线 C 绕 z 轴旋转一周所得的旋转曲面的方程.

同理, 曲线 C 绕 y 轴旋转一周所得的旋转曲面的方程为

$$f(y, \pm\sqrt{x^2+z^2}) = 0. \tag{4.3}$$

xOy 坐标面上的曲线绕 x 轴或 y 轴旋转，zOx 坐标面上的曲线绕 x 轴或 z 轴旋转，都可以用类似的方法进行讨论.

例4 将 zOx 坐标面上的曲线 $\dfrac{x^2}{a^2} - \dfrac{z^2}{c^2} = 1$ 分别绕 x 轴和 z 轴旋转一周，求所生成的旋转曲面的方程.

解 绕 z 轴旋转一周所生成的旋转曲面的方程为

$$\frac{x^2+y^2}{a^2} - \frac{z^2}{c^2} = 1,$$

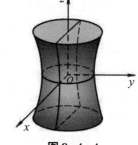

图 8-4-4

这个旋转曲面称为**旋转单叶双曲面**(见图8-4-4).

绕 x 轴旋转一周所生成的旋转曲面的方程为

$$\frac{x^2}{a^2} - \frac{y^2+z^2}{c^2} = 1.$$

这个旋转曲面称为**旋转双叶双曲面**(见图8-4-5).■

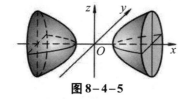

图 8-4-5

例5 直线 L 绕另一条与 L 相交的定直线旋转一周所得的旋转曲面称为**圆锥面**(见图8-4-6). 两直线的交点称为圆锥面的**顶点**，两直线的夹角 α $(0 < \alpha < \pi/2)$ 称为圆锥面的**半顶角**. 试建立顶点在坐标原点，旋转轴为 z 轴，半顶角为 α 的圆锥面方程.

解 在 yOz 面上，与 z 轴相交于原点，且与 z 轴的夹角为 α 的直线方程为

$$z = y\cot\alpha,$$

此直线绕 z 轴旋转所生成的圆锥面方程为

$$z = \pm\sqrt{x^2+y^2}\cot\alpha$$

或

$$z^2 = a^2(x^2+y^2) \quad (a = \cot\alpha).\ ■$$

图 8-4-6

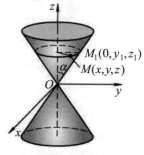

空间曲面图形

三、柱面

定义3 平行于某定直线的直线 L 沿定曲线 C 移动所形成的轨迹称为**柱面**. 这条定曲线 C 称为柱面的**准线**，直线 L 称为柱面的**母线**.

　　这里我们只讨论母线平行于坐标轴的柱面.

　　先来考察方程 $x^2+y^2=R^2$ 在空间中表示怎样的曲面.

　　在 xOy 面上, 它表示圆心在原点 O、半径为 R 的圆; 在空间直角坐标系中, 注意到方程不含竖坐标 z, 因此, 对空间一点 (x, y, z), 不论其竖坐标 z 是什么, 只要它的横坐标 x 和纵坐标 y 能满足方程, 这一点就落在曲面上, 即凡是通过 xOy 面内圆 $x^2+y^2=R^2$ 上一点 $M(x, y, 0)$, 且平行于 z 轴的直线 L 都在该曲面上, 因此, 该曲面可以看作是平行于 z 轴的直线 L (母线) 沿着 xOy 面上的圆 $x^2+y^2=R^2$ (准线) 移动而形成的, 称该曲面为**圆柱面** (见图 8-4-7).

　　一般地, 在空间解析几何中, 不含 z 而仅含 x、y 的方程 $F(x, y)=0$ 表示一条母线平行于 z 轴的柱面, xOy 面上的曲线 $F(x, y)=0$ 是这个柱面的一条准线 (见图 8-4-8).

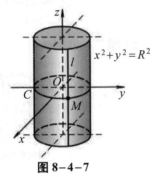

图 8-4-7

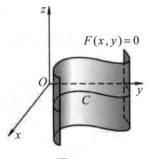

图 8-4-8

　　同理, 不含 y 而仅含 x, z 的方程 $G(x, z)=0$ 表示母线平行于 y 轴的柱面; 不含 x 仅含 y, z 的方程 $H(y, z)=0$ 表示母线平行于 x 轴的柱面.

　　例如, 方程 $y^2=2x$ 表示母线平行于 z 轴、准线为 xOy 面上的抛物线 $y^2=2x$ 的柱面, 这个柱面称为**抛物柱面** (见图 8-4-9).

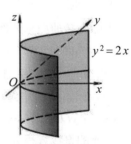

图 8-4-9

　　方程 $y=1-x$ 表示母线平行于 z 轴、准线为 xOy 面上的直线 $y=1-x$ 的柱面, 这个柱面是一个平面 (见图 8-4-10).

　　下面两个也是常见的母线平行于 z 轴的柱面:

椭圆柱面: $\dfrac{x^2}{a^2}+\dfrac{y^2}{b^2}=1$.

双曲柱面: $\dfrac{x^2}{a^2}-\dfrac{y^2}{b^2}=1$.

空间曲面图形

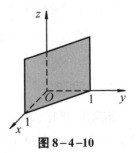

图 8-4-10

圆柱面、抛物柱面、椭圆柱面和双曲柱面的方程都是二次的，所以这些柱面统称为**二次柱面**.

*数学实验

实验 8.2 试用计算软件绘制下列方程所表示的柱面：

(1) $y^2 - 2ax = 0$；

(2) $ax^3 + bx^2 + cx - z = 0$；

(3) $a\cos y\sin z + byz = 0$.

详见教材配套的网络学习空间.

空间柱面图形

习题 8-4

1. 求以点 $O(1, -2, 2)$ 为球心，且通过坐标原点的球面方程.

2. 一动点与两定点 $(2, 3, 1)$ 和 $(4, 5, 6)$ 等距离，求该动点的轨迹方程.

3. 方程 $x^2 + y^2 + z^2 - 2x + 4y - 4z - 7 = 0$ 表示什么曲面？

4. 将 xOz 坐标面上的抛物线 $z^2 = 5x$ 绕 x 轴旋转一周，求所生成的旋转曲面的方程.

5. 将 xOz 坐标面上的圆 $x^2 + z^2 = 9$ 绕 z 轴旋转一周，求所生成的旋转曲面的方程.

6. 指出下列方程在平面解析几何中和空间解析几何中分别表示什么图形：

(1) $x = 0$； (2) $y = x + 1$； (3) $x^2 + y^2 = 4$； (4) $x^2 - y^2 = 1$.

7. 说明下列旋转曲面是怎样形成的：

(1) $\dfrac{x^2}{4} + \dfrac{y^2}{9} + \dfrac{z^2}{9} = 1$； (2) $x^2 - \dfrac{y^2}{4} + z^2 = 1$； (3) $x^2 - y^2 - z^2 = 1$.

8. 指出下列各方程表示哪种曲面：

(1) $x^2 + y^2 - 2z = 0$； (2) $x^2 - y^2 = 0$； (3) $x^2 + y^2 = 0$；

(4) $y - \sqrt{3}z = 0$； (5) $y^2 - 4y + 3 = 0$； (6) $\dfrac{x^2}{9} + \dfrac{y^2}{16} = 1$；

(7) $x^2 - \dfrac{y^2}{9} = 1$； (8) $x^2 = 4y$； (9) $z^2 - x^2 - y^2 = 0$.

§8.5 空间曲线及其方程

一、空间曲线的一般方程

任何空间曲线总可以看作空间两曲面的交线. 设

$$F(x, y, z) = 0 \quad 和 \quad G(x, y, z) = 0$$

是两个曲面的方程，它们相交且交线为 C. 因为曲线 C 上的任一点都同时在这两个曲面上，所以曲线 C 上的所有点的坐标都满足这两个曲面方程. 反之，坐标同时满足这两个曲面方程的点一定在它们的交线上. 从而把这两个方程联立起来，所得到的方程组

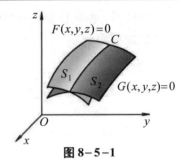

图 8-5-1

$$C: \begin{cases} F(x, y, z) = 0 \\ G(x, y, z) = 0 \end{cases}$$

就称为空间曲线 C 的**一般方程**(见图 8-5-1).

例1　方程组 $\begin{cases} x^2 + y^2 = 1 \\ 2x + 3z = 6 \end{cases}$ 表示怎样的曲线?

解　方程组中第一个方程表示母线平行于 z 轴的圆柱面，其准线是 xOy 面上的圆，圆心在原点 O，半径为 1. 第二个方程表示母线平行于 y 轴的柱面，由于它的准线是 zOx 面上的直线，因此，它是一个平面. 题设方程组就表示上述平面与圆柱面的交线(见图 8-5-2).　■

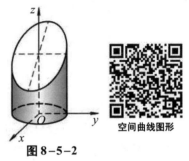

图 8-5-2

空间曲线图形

例2　方程组 $\begin{cases} z = \sqrt{a^2 - x^2 - y^2} \\ \left(x - \dfrac{a}{2}\right)^2 + y^2 = \dfrac{a^2}{4} \end{cases}$ 表示怎样的曲线?

解　方程组中第一个方程表示球心在原点 O、半径为 a 的上半球面;第二个方程表示母线平行于 z 轴的圆柱面，它的准线为 xOy 面上的圆，这个圆的圆心在点 $(a/2, 0)$，半径为 $a/2$. 于是，题设方程组表示上述半球面与柱面的交线(见图 8-5-3).　■

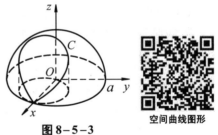

图 8-5-3

空间曲线图形

二、空间曲线的参数方程

在平面解析几何中，平面曲线可以用参数方程表示. 同样，在空间直角坐标系中，空间曲线也可以用参数方程来表示，即把曲线上的点的直角坐标 x, y, z 分别表示为 t 的函数，其一般形式是

$$\begin{cases} x = x(t) \\ y = y(t), \\ z = z(t) \end{cases} \tag{5.1}$$

这个方程组称为空间曲线的**参数方程**. 当给定 $t = t_1$ 时，就得到曲线上的一个点 (x_1, y_1, z_1)，随着参数 t 的变化就可得到曲线上全部的点. 下面以螺旋曲线为例进行说明.

例3　若空间一点 M 在圆柱面 $x^2 + y^2 = a^2$ 上以角速度 ω 绕 z 轴旋转，同时又以

线速度 v 沿平行于 z 轴的正方向上升（其中 ω、v 是常数），则点 M 构成的图形称为
螺旋线（见图 8-5-4）. 试建立其参数方程.

解 设动点 M 从点 $A(a, 0, 0)$ 开始运动，经过时间 t 后，动点到达 $M(x, y, z)$ 的
位置. 记点 M 在 xOy 面上的投影为 M'，则 M' 的坐标为 $(x, y, 0)$. 因为动点在圆柱
面上以角速度 ω 绕 z 轴旋转，所以经过时间 t 后，$\angle AOM' = \omega t$，从而

$$x = |OM'| \cos \omega t = a \cos \omega t,$$
$$y = |OM'| \sin \omega t = a \sin \omega t.$$

同时，动点 M 以线速度 v 沿平行于 z 轴的方向上升，所以

$$z = |MM'| = vt.$$

这样，就得到动点的运动轨迹，即螺旋线的参数方程

$$\begin{cases} x = a \cos \omega t \\ y = a \sin \omega t \\ z = vt \end{cases}$$

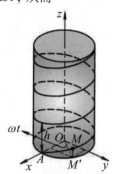

图 8-5-4

空间曲线图形

螺旋线是生产实践中常用的曲线. 例如，螺丝钉的外
缘曲线就是螺旋线.

如果取 $\theta = \omega t$ 作为参数，便有

$$\begin{cases} x = a \cos \theta \\ y = a \sin \theta, \\ z = k\theta \end{cases}$$

其中 $k = v/\omega$.

螺旋线有一个重要性质：当 $\theta = 2\pi$ 时，$z = 2\pi k$，这表示点 M 从点 A 开始绕 z 轴
运动一周后在 z 轴方向上所移动的距离，这个距离 $h = 2\pi k$ 称为**螺距**.

三、空间曲线在坐标面上的投影

设空间曲线 C 的一般方程为

$$\begin{cases} F(x, y, z) = 0 \\ G(x, y, z) = 0 \end{cases} \tag{5.2}$$

如果我们能从方程组 (5.2) 中消去 z 而得到方程

$$H(x, y) = 0, \tag{5.3}$$

则点 M 的坐标值 x, y, z 满足方程组 (5.2) 时，也一定会满足式 (5.3)，这说明曲线 C
完全落在式 (5.3) 所表示的曲面上. 式 (5.3) 表示的是一个母线平行于 z 轴的柱面，这
个柱面包含曲线 C.

以曲线 C 为准线、母线平行于 z 轴的柱面称为曲线关于 xOy 面的**投影柱面**. 这
个投影柱面与 xOy 面的交线称为空间曲线 C 在 xOy 面上的**投影**（曲线）.

因为方程 (5.3) 所表示的曲面上包含曲线 C，因而，它就一定包含 C（关于 xOy

面)的**投影柱面**, 所以

$$\begin{cases} H(x,\ y)=0 \\ z=0 \end{cases} \tag{5.4}$$

所表示的曲线必定包含 C 在 xOy 面上的投影.

要注意的是, C 在 xOy 面上的投影可能只是方程组(5.4)所表示的曲线中的一部分, 而不一定是全部. 对于这一点, 具体问题要具体分析.

类似地, 从方程组(5.2)中消去 x 或 y, 再分别和 $x=0$ 或 $y=0$ 联立, 就可以分别得到包含曲线 C 在 yOz 面或 zOx 面上的投影的曲线

$$\begin{cases} R(y,z)=0 \\ x=0 \end{cases} \quad \text{或} \quad \begin{cases} T(x,z)=0 \\ y=0 \end{cases}.$$

例4　求曲线 $C:\begin{cases} x^2+y^2+z^2=1 \\ z=1/2 \end{cases}$ 在三坐标面上的投影方程.

解　从题设方程组中消去变量 z 后, 得 $x^2+y^2=\dfrac{3}{4}$,

于是, $\begin{cases} x^2+y^2=\dfrac{3}{4} \\ z=0 \end{cases}$ 就是曲线 C 在 xOy 面上的投影曲线的方程.

空间曲线图形

因为曲线 C 在平面 $z=\dfrac{1}{2}$ 上, 故在 zOx 面上的投影为线段:

$$\begin{cases} z=1/2 \\ y=0 \end{cases}, \qquad |x|\leqslant \frac{\sqrt{3}}{2};$$

同理, 在 yOz 面上的投影也为线段:

$$\begin{cases} z=1/2 \\ x=0 \end{cases}, \qquad |y|\leqslant \frac{\sqrt{3}}{2}. \blacksquare$$

例5　设一个立体由上半球面 $z=\sqrt{4-x^2-y^2}$ 和锥面 $z=\sqrt{3(x^2+y^2)}$ 围成(见图8-5-5), 求它在 xOy 面上的投影.

解　半球面和锥面的交线为

$$C:\begin{cases} z=\sqrt{4-x^2-y^2} \\ z=\sqrt{3(x^2+y^2)} \end{cases},$$

从这个方程组中消去 z 得投影柱面的方程

$$x^2+y^2=1,$$

因此, 交线 C 在 xOy 面上的投影曲线为

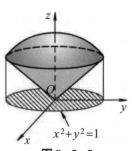

图 8-5-5

空间曲线图形

$$\begin{cases} x^2+y^2=1, \\ z=0 \end{cases},$$

这是一个 xOy 面上的单位圆，故所求立体在 xOy 面上的投影即为该圆在 xOy 面上所围的部分: $x^2+y^2 \le 1$. ∎

习题 8-5

1. 画出下列曲线在第 I 卦限内的图形:

(1) $\begin{cases} x=2; \\ y=4 \end{cases}$;
(2) $\begin{cases} z=\sqrt{9-x^2-y^2}; \\ x-y=0 \end{cases}$;
(3) $\begin{cases} x^2+y^2=a^2 \\ x^2+z^2=a^2 \end{cases}$.

2. 方程组 $\begin{cases} y=5x+2 \\ y=2x-5 \end{cases}$ 在平面解析几何与空间解析几何中各表示什么?

3. 方程组 $\begin{cases} \dfrac{x^2}{4}+\dfrac{y^2}{9}=1 \\ x=2 \end{cases}$ 在平面解析几何与空间解析几何中各表示什么?

4. 求曲面 $x^2+9y^2=10z$ 与 yOz 平面的交线.

5. 分别求母线平行于 x 轴及 y 轴而且通过曲线 $\begin{cases} 2x^2+y^2+z^2=16 \\ x^2+z^2-y^2=0 \end{cases}$ 的柱面方程.

6. 求曲线 $\begin{cases} x+z=1 \\ x^2+y^2+z^2=9 \end{cases}$ 在 xOy 平面上的投影方程.

7. 求曲线 $x^2+z^2+3yz-2x+3z-3=0$, $y-z+1=0$ 在 xOz 平面上的投影方程.

8. 将曲线 $\begin{cases} x^2+y^2+z^2=9 \\ y=x \end{cases}$ 化为参数方程.

9. 将曲线的一般方程 $\begin{cases} (x-1)^2+y^2+(z+1)^2=4 \\ z=0 \end{cases}$ 化为参数方程.

10. 指出下列各方程组表示什么曲线:

(1) $\begin{cases} x+2=0 \\ y-3=0 \end{cases}$;
(2) $\begin{cases} x^2+y^2+z^2=20 \\ z-2=0 \end{cases}$;
(3) $\begin{cases} x^2-4y^2+9z^2=36 \\ y=1 \end{cases}$;

(4) $\begin{cases} x^2-4y^2=4z \\ y=-2 \end{cases}$;
(5) $\begin{cases} x^2-4y^2=8z \\ z=8 \end{cases}$.

11. 求旋转抛物面 $z=x^2+y^2$ $(0 \le z \le 4)$ 在三坐标面上的投影.

12. 假定直线 L 在 yOz 平面上的投影方程为 $\begin{cases} 2y-3z=1 \\ x=0 \end{cases}$,而在 zOx 平面上的投影方程为 $\begin{cases} x+z=2 \\ y=0 \end{cases}$,求直线 L 在 xOy 面上的投影方程.

§8.6　平面及其方程

平面是空间中最简单而且最重要的曲面. 本节我们将以向量为工具, 在空间直角坐标系中建立其方程, 并进一步讨论有关平面的一些基本性质.

一、平面的点法式方程

平面在空间中的位置是由一定的几何条件决定的. 例如, 通过某定点的平面有无穷多个, 但若再限定平面与一已知非零向量垂直, 则这个平面就可以被完全确定. 下面我们就从这个角度来建立平面的点法式方程.

一般地, 如果一非零向量垂直于一平面, 则称此向量为该平面的**法线向量**, 简称**法向量**.

设平面 Π 过点 $M_0(x_0, y_0, z_0)$, 且以 $\boldsymbol{n} = \{A, B, C\}$ 为法向量, 在平面 Π 上任取一点 $M(x, y, z)$ (见图8–6–1), 则有 $\overrightarrow{M_0M} \perp \boldsymbol{n}$, 即 $\overrightarrow{M_0M} \cdot \boldsymbol{n} = 0$. 因为

$$\overrightarrow{M_0M} = \{x - x_0, \ y - y_0, \ z - z_0\},$$

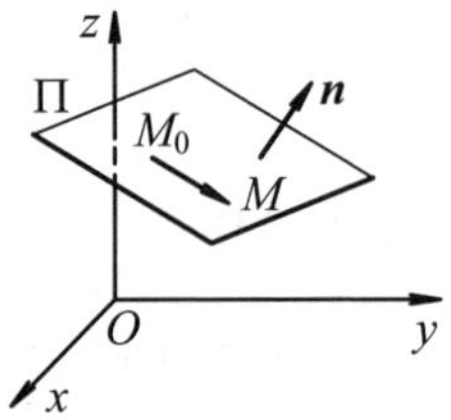

所以

$$A(x - x_0) + B(y - y_0) + C(z - z_0) = 0. \tag{6.1}$$

图 8–6–1

由点 M 的任意性知, 平面 Π 上的任一点都满足方程 (6.1). 反之, 不在该平面上的点的坐标都不满足方程 (6.1), 因为这样的点与点 M_0 所构成的向量 $\overrightarrow{M_0M}$ 与法向量 $\boldsymbol{n}$ 不垂直. 因此, 方程 (6.1) 称为**平面的点法式方程**, 而平面 Π 就是方程 (6.1) 的图形.

例1　求过点 $M(2, 4, -3)$ 且与平面 $2x + 3y - 5z = 5$ 平行的平面方程.

解　因为所求平面和已知平面平行, 而已知平面的法向量为

$$\boldsymbol{n}_1 = \{2, 3, -5\}.$$

设所求平面的法向量为 $\boldsymbol{n}$, 则 $\boldsymbol{n} /\!/ \boldsymbol{n}_1$, 故可取 $\boldsymbol{n} = \boldsymbol{n}_1$, 于是, 所求平面方程为

$$2(x - 2) + 3(y - 4) - 5(z + 3) = 0,$$

即

$$2x + 3y - 5z = 31.$$

空间平面图形

例2　求过点 $A(2, -1, 4)$, $B(-1, 3, -2)$ 和 $C(0, 2, 3)$ 的平面方程.

解　先求出该平面的法向量 $\boldsymbol{n}$. 由于向量 $\boldsymbol{n}$ 与向量 $\overrightarrow{AB}$、$\overrightarrow{AC}$ 都垂直, 而

$$\overrightarrow{AB} = \{-3, 4, -6\}, \quad \overrightarrow{AC} = \{-2, 3, -1\},$$

故可取它们的向量积为 $\boldsymbol{n}$, 即

空间平面图形

$$n = \overrightarrow{AB} \times \overrightarrow{AC} = \begin{vmatrix} \boldsymbol{i} & \boldsymbol{j} & \boldsymbol{k} \\ -3 & 4 & -6 \\ -2 & 3 & -1 \end{vmatrix} = 14\boldsymbol{i} + 9\boldsymbol{j} - \boldsymbol{k}.$$

根据平面的点法式方程 (6.1), 得所求平面方程为

$$14(x-2) + 9(y+1) - (z-4) = 0, \quad \text{即} \quad 14x + 9y - z - 15 = 0.$$

二、平面的一般方程

平面的点法式方程是关于 x、y、z 的一次方程, 而任一平面都可以用它上面的一点及它的法线向量来确定, 所以任一平面都可以用三元一次方程来表示.

反之, 设有三元一次方程

$$Ax + By + Cz + D = 0, \tag{6.2}$$

任取满足该方程的一组数 x_0, y_0, z_0, 即

$$Ax_0 + By_0 + Cz_0 + D = 0, \tag{6.3}$$

将上述两式相减, 得

$$A(x - x_0) + B(y - y_0) + C(z - z_0) = 0. \tag{6.4}$$

由此可见, 方程 (6.4) 就是过点 $M_0(x_0, y_0, z_0)$ 且以 $\boldsymbol{n} = \{A, B, C\}$ 为法向量的平面方程. 因方程 (6.4) 与方程 (6.2) 是同解方程, 所以, 任一三元一次方程(6.2) 的图形总是一个平面. 方程 (6.2) 称为**平面的一般方程**.

平面的一般方程的几种特殊情形:

(1) 若 $D = 0$, 则方程为 $Ax + By + Cz = 0$, 该平面通过坐标原点.

(2) 若 $C = 0$, 则方程为 $Ax + By + D = 0$, 法向量为 $\boldsymbol{n} = \{A, B, 0\}$, 垂直于 z 轴, 故该方程表示一个平行于 z 轴的平面.

同理, 方程 $Ax + Cz + D = 0$ 和 $By + Cz + D = 0$ 分别表示一个平行于 y 轴和 x 轴的平面.

(3) 若 $B = C = 0$, 则方程为 $Ax + D = 0$, 法向量 $\boldsymbol{n} = \{A, 0, 0\}$ 同时垂直于 y 轴和 z 轴, 方程表示一个平行于 yOz 面的平面或垂直于 x 轴的平面.

同理, 方程 $By + D = 0$ 和 $Cz + D = 0$ 分别表示一个平行于 zOx 面和 xOy 面的平面.

注: 在平面解析几何中, 二元一次方程表示一条直线; 在空间解析几何中, 二元一次方程表示一个平面. 例如, $x + y = 1$ 在平面解析几何中表示一条直线, 而在空间解析几何中则表示一个平面.

例3 求通过 x 轴和点 $(4, -3, -1)$ 的平面方程.

解 设所求平面的一般方程为

$$Ax + By + Cz + D = 0,$$

因为所求平面通过 x 轴, 且法向量垂直于 x 轴, 于是, 法向量在 x 轴上的投影为零, 即 $A = 0$, 又平面通过原点, 所以 $D = 0$, 从而方程为

空间平面图形

$$By + Cz = 0. \tag{6.5}$$

又因平面过点 $(4, -3, -1)$，因此有

$$-3B - C = 0, \quad 即 \ C = -3B.$$

以此代入方程 (6.5)，再除以 $B\,(B \neq 0)$，便得到所求方程为

$$y - 3z = 0.$$ ■

例 4　设平面过原点及点 $(6, -3, 2)$，且与平面 $4x - y + 2z = 8$ 互相垂直，求此平面方程.

解　设所求平面方程为

$$Ax + By + Cz + D = 0,$$

由平面过原点知，$D = 0$，又平面过点 $(6, -3, 2)$，即有

$$6A - 3B + 2C = 0. \tag{6.6}$$

因为 $\{A, B, C\} \perp \{4, -1, 2\}$，所以 $\{A, B, C\} \cdot \{4, -1, 2\} = 0$，即

$$4A - B + 2C = 0, \tag{6.7}$$

联立方程 (6.6) 和方程 (6.7)，解得

$$A = B = -\frac{2}{3}C,$$

故所求平面方程为

$$2x + 2y - 3z = 0.$$ ■

空间平面图形

三、平面的截距式方程

设一平面的一般方程为

$$Ax + By + Cz + D = 0,$$

若该平面与 x、y、z 轴分别交于 $P(a, 0, 0)$, $Q(0, b, 0)$, $R(0, 0, c)$ 三点 (见图 8-6-2)，其中 $a \neq 0, b \neq 0, c \neq 0$，则这三点均满足平面方程，即有

$$aA + D = 0, \quad bB + D = 0, \quad cC + D = 0,$$

解得 $\quad A = -\dfrac{D}{a}, \quad B = -\dfrac{D}{b}, \quad C = -\dfrac{D}{c}.$

代入所设平面方程中，得

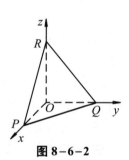

图 8-6-2

$$\frac{x}{a} + \frac{y}{b} + \frac{z}{c} = 1.$$

这个方程称为**平面的截距式方程**，其中，a, b, c 分别称为平面在 x、y、z 轴上的**截距**.

例 5　求平行于平面 $6x + y + 6z + 5 = 0$ 且与三个坐标面所围成的四面体体积为一个单位的平面方程.

解　设所求平面方程为

$$\frac{x}{a} + \frac{y}{b} + \frac{z}{c} = 1,$$

该平面与三个坐标面所围成的四面体的体积 V 为一个单位，故

$$V = \left| \frac{1}{3} \cdot \frac{1}{2} abc \right| = 1, \tag{6.8}$$

又因所求平面与题设已知平面平行，所以

空间平面图形

$$\frac{1/a}{6} = \frac{1/b}{1} = \frac{1/c}{6}, \quad 即 \frac{1}{6a} = \frac{1}{b} = \frac{1}{6c}.$$

令 $\frac{1}{6a} = \frac{1}{b} = \frac{1}{6c} = t$，则 $a = \frac{1}{6t}$，$b = \frac{1}{t}$，$c = \frac{1}{6t}$，代入式 (6.8)，得

$$\frac{1}{6} \cdot \frac{1}{6t} \cdot \frac{1}{t} \cdot \frac{1}{6t} = \pm 1, \quad 即 \ t = \pm \frac{1}{6},$$

从而 $a = 1$，$b = 6$，$c = 1$ 或 $a = -1$，$b = -6$，$c = -1$. 于是，所求平面方程为

$$\frac{x}{1} + \frac{y}{6} + \frac{z}{1} = \pm 1, \quad 即 \ 6x + y + 6z = \pm 6. \quad ∎$$

四、两平面的夹角

两平面法向量之间的夹角 (通常取锐角) 称为**两平面的夹角**.

设有两平面 Π_1 和 Π_2:

$$\Pi_1: A_1 x + B_1 y + C_1 z + D_1 = 0, \quad \boldsymbol{n}_1 = \{A_1, \ B_1, \ C_1\},$$

$$\Pi_2: A_2 x + B_2 y + C_2 z + D_2 = 0, \quad \boldsymbol{n}_2 = \{A_2, \ B_2, \ C_2\},$$

则平面 Π_1 和 Π_2 的夹角 θ 应是 $(\boldsymbol{n}_1 \hat{\ } \boldsymbol{n}_2)$ 和 $\pi - (\boldsymbol{n}_1 \hat{\ } \boldsymbol{n}_2)$ 两者中的锐角 (见图 8-6-3)，因此

$$\cos\theta = | \cos(\boldsymbol{n}_1 \hat{\ } \boldsymbol{n}_2) |.$$

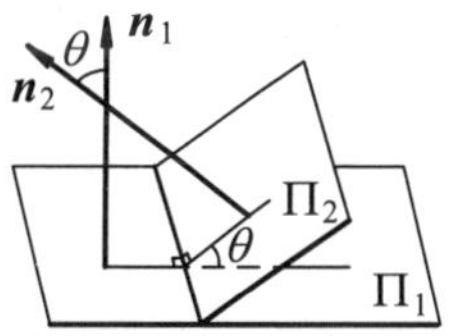

图 8-6-3

按照两向量夹角的余弦公式，有

$$\cos\theta = \frac{|A_1 A_2 + B_1 B_2 + C_1 C_2|}{\sqrt{A_1^2 + B_1^2 + C_1^2} \cdot \sqrt{A_2^2 + B_2^2 + C_2^2}}. \tag{6.9}$$

从两向量垂直和平行的充要条件，即可推出:

(1) $\Pi_1 \perp \Pi_2$ 的充要条件是 $A_1 A_2 + B_1 B_2 + C_1 C_2 = 0$.

(2) $\Pi_1 /\!/ \Pi_2$ 的充要条件是 $\dfrac{A_1}{A_2} = \dfrac{B_1}{B_2} = \dfrac{C_1}{C_2}$.

(3) Π_1 与 Π_2 重合的充要条件是 $\dfrac{A_1}{A_2} = \dfrac{B_1}{B_2} = \dfrac{C_1}{C_2} = \dfrac{D_1}{D_2}$.

例6　研究以下各组中两平面的位置关系:

(1) $\Pi_1: -x + 2y - z + 1 = 0$，$\Pi_2: y + 3z - 1 = 0$;

(2) $\Pi_1: 2x - y + z - 1 = 0$，$\Pi_2: -4x + 2y - 2z - 1 = 0$.

解　(1) 两平面的法向量分别为 $\boldsymbol{n}_1 = \{-1, 2, -1\}$，$\boldsymbol{n}_2 = \{0, 1, 3\}$，因为

$$\cos\theta = \frac{|-1 \times 0 + 2 \times 1 - 1 \times 3|}{\sqrt{(-1)^2 + 2^2 + (-1)^2} \cdot \sqrt{1^2 + 3^2}} = \frac{1}{\sqrt{60}},$$

所以, 这两平面相交, 且夹角 $\theta = \arccos \dfrac{1}{\sqrt{60}}$;

(2) 两平面的法向量分别为

$$\boldsymbol{n}_1 = \{2, -1, 1\}, \quad \boldsymbol{n}_2 = \{-4, 2, -2\},$$

因为 $\dfrac{2}{-4} = \dfrac{-1}{2} = \dfrac{1}{-2}$, 所以 $\Pi_1 /\!/ \Pi_2$, 又存在点 $M(1, 1, 0) \in \Pi_1$, 且 $M(1, 1, 0) \notin \Pi_2$, 故这两平面平行但不重合. ■

例7 求经过两点 $M_1(3, -2, 9)$ 和 $M_2(-6, 0, -4)$ 且与平面 $2x - y + 4z - 8 = 0$ 垂直的平面的方程.

解 设所求的平面方程为 $\quad Ax + By + Cz + D = 0.$

由于点 M_1 和 M_2 在平面上, 故

$$3A - 2B + 9C + D = 0, \quad 即 \; -6A - 4C + D = 0.$$

又由于所求平面与平面 $2x - y + 4z - 8 = 0$ 垂直, 由两平面垂直的条件, 有

$$2A - B + 4C = 0.$$

由上面三个方程解出 A, B, C, 得

$$A = D/2, \quad B = -D, \quad C = -D/2,$$

代入所设方程, 并约去因子 $D/2$, 得所求的平面方程为

$$x - 2y - z + 2 = 0. \quad ■$$

空间平面图形

五、点到平面的距离

设 $P_0(x_0, y_0, z_0)$ 是平面 $\Pi: Ax + By + Cz + D = 0$ 外的一点, 欲求点 P_0 到平面 Π 的距离.

见图 8-6-4, 在平面 Π 上任取一点 $P_1(x_1, y_1, z_1)$, 作向量 $\overrightarrow{P_1P_0}$, 易见点 P_0 到平面 Π 的距离 d 等于 $\overrightarrow{P_1P_0}$ 在平面 Π 的法向量 $\boldsymbol{n}$ 上的投影的绝对值, 即

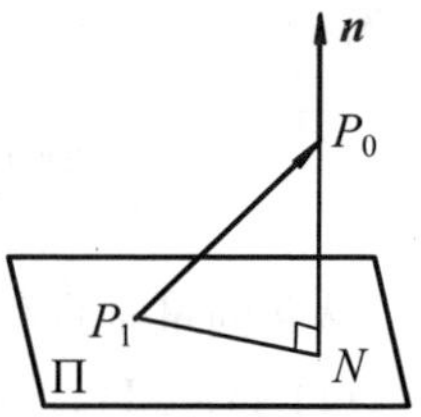

$$d = |\mathrm{Prj}_{\boldsymbol{n}} \overrightarrow{P_1P_0}|.$$

图 8-6-4

设 $\boldsymbol{n}^\circ$ 为与 $\boldsymbol{n}$ 同方向的单位向量, 则有

$$\mathrm{Prj}_{\boldsymbol{n}} \overrightarrow{P_1P_0} = \overrightarrow{P_1P_0} \cdot \boldsymbol{n}^\circ,$$

故

$$d = |\overrightarrow{P_1P_0} \cdot \boldsymbol{n}^\circ| = \frac{|\overrightarrow{P_1P_0} \cdot \boldsymbol{n}|}{|\boldsymbol{n}|}$$

$$= \frac{|A(x_0 - x_1) + B(y_0 - y_1) + C(z_0 - z_1)|}{\sqrt{A^2 + B^2 + C^2}}$$

$$= \frac{|Ax_0 + By_0 + Cz_0 - (Ax_1 + By_1 + Cz_1)|}{\sqrt{A^2 + B^2 + C^2}}.$$

注意到点 $P_1(x_1, y_1, z_1)$ 在平面 Π 上，故 $Ax_1 + By_1 + Cz_1 = -D$，这样我们就得到**点到平面的距离公式**

$$d = \frac{|Ax_0 + By_0 + Cz_0 + D|}{\sqrt{A^2 + B^2 + C^2}}. \tag{6.10}$$

例8 求两平行平面 $\Pi_1 : 10x + 2y - 2z - 5 = 0$ 和 $\Pi_2 : 5x + y - z - 1 = 0$ 之间的距离 d.

解 可在平面 Π_2 上任取一点，该点到平面 Π_1 的距离即为这两平行平面间的距离. 为此，在平面 Π_2 上取点 $(0, 1, 0)$，则

$$d = \frac{|10 \times 0 + 2 \times 1 + (-2) \times 0 - 5|}{\sqrt{10^2 + 2^2 + (-2)^2}} = \frac{3}{\sqrt{108}} = \frac{\sqrt{3}}{6}. \quad ■$$

习题 8−6

1. 求通过点 $(2, 4, -3)$ 且与平面 $2x + 3y - 5z = 5$ 平行的平面方程.

2. 求过点 $M_0(2, 9, -6)$ 且与连接坐标原点及点 M_0 的线段 OM_0 垂直的平面方程.

3. 求过点 $M_1(1, 1, 2)$，$M_2(3, 2, 3)$，$M_3(2, 0, 3)$ 三点的平面方程.

4. 平面过原点 O，且垂直于平面
$$\Pi_1 : x + 2y + 3z - 2 = 0, \quad \Pi_2 : 6x - y + 5z + 2 = 0,$$
求此平面方程.

5. 指出下列各平面的特殊位置：

(1) $x = 1$;   (2) $3y - 2 = 0$;   (3) $2x - 3y - 6 = 0$;

(4) $x - \sqrt{3}y = 0$;   (5) $y + z = 2$;   (6) $x - 2z = 0$;

(7) $6x + 5y - z = 0$.

6. 求平面 $2x - 2y + z + 5 = 0$ 与各坐标面的夹角的余弦.

7. 已知 $A(-5, -11, 3)$，$B(7, 10, -6)$ 和 $C(1, -3, -2)$，求平行于 $\triangle ABC$ 所在的平面且与它的距离等于 2 的平面的方程.

8. 确定 k 的值，使平面 $x + ky - 2z = 9$ 满足下列条件之一：

(1) 经过点 $(5, -4, -6)$;   (2) 与 $2x + 4y + 3z = 3$ 垂直;

(3) 与 $3x - 7y - 6z - 1 = 0$ 平行;   (4) 与 $2x - 3y + z = 0$ 成 $\dfrac{\pi}{4}$ 角;

(5) 与原点的距离等于 3;   (6) 在 y 轴上的截距为 -3.

9. 求点 $(1, 2, 1)$ 到平面 $x + 2y + 2z - 10 = 0$ 的距离.

10. 求平行于平面 $x + y + z = 100$ 且与球面 $x^2 + y^2 + z^2 = 4$ 相切的平面方程.

11. 求平面 $x - 2y + 2z + 21 = 0$ 与 $7x + 24z - 5 = 0$ 的夹角的平分面的方程.

§8.7　空间直线及其方程

一、空间直线的一般方程

如同空间曲线可看作两曲面的交线一样, 空间直线可看作两个相交平面的交线.
设两个相交平面的方程分别为

$$\Pi_1: A_1 x + B_1 y + C_1 z + D_1 = 0,$$

$$\Pi_2: A_2 x + B_2 y + C_2 z + D_2 = 0,$$

记它们的交线为 L (见图 8–7–1), 则 L 上任一点的坐标
应同时满足这两个平面的方程, 即应满足方程组

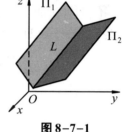

图 8–7–1

$$\begin{cases} A_1 x + B_1 y + C_1 z + D_1 = 0 \\ A_2 x + B_2 y + C_2 z + D_2 = 0 \end{cases} \qquad (7.1)$$

反之, 如果一个点不在直线 L 上, 则它不可能同时在平面 Π_1 和 Π_2 上, 它的坐标也
就不可能满足方程组 (7.1). 因此, 直线 L 可以用方程组 (7.1) 来表示. 方程组 (7.1) 称
为**空间直线的一般方程**.

通过空间一直线 L 的平面有无穷多个, 在这无穷多个平面中任选两个, 把它们的
方程联立起来, 都可作为直线 L 的方程.

二、空间直线的对称式方程与参数方程

空间直线的位置可由其上一点及它的方向完全确定.
设直线 L 通过点 $M_0(x_0, y_0, z_0)$ 且与一非零向量 $s = \{m, n, p\}$ 平行, 我们来求这条直线的方程.

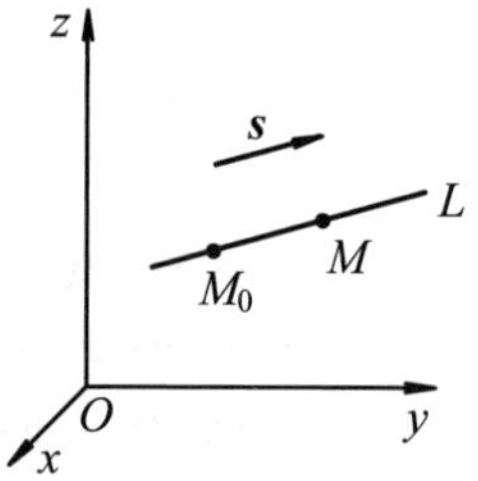

见图 8–7–2, 在 L 上任取一点 $M(x, y, z)$, 作向量

$$\overrightarrow{M_0 M} = \{x - x_0,\ y - y_0,\ z - z_0\},$$

则由 $\overrightarrow{M_0 M} \parallel s$, 得

图 8–7–2

$$\frac{x - x_0}{m} = \frac{y - y_0}{n} = \frac{z - z_0}{p}. \qquad (7.2)$$

如果点 M_1 不在 L 上, $\overrightarrow{M_0 M_1}$ 就不可能与 s 平行, M_1 的坐标就不满足方程 (7.2), 所
以方程 (7.2) 就是直线 L 的方程. 由于方程在形式上对称, 我们称它为**直线 L 的对称
式方程**.

由于向量 s 确定了直线的方向, 我们称 s 为直线 L 的**方向向量**. 向量 s 的坐标
m, n, p 称为直线的一组**方向数**. 方向向量 s 的余弦称为直线的**方向余弦**.

因为 s 是非零向量, 它的方向数 m, n, p 不会同时为零, 但可能有其中一个或两

个为零的情形. 例如, 当 s 垂直于 x 轴时, 它在 x 轴上的投影 $m = 0$, 此时为了保持方程的对称形式, 我们仍写成

$$\frac{x-x_0}{0} = \frac{y-y_0}{n} = \frac{z-z_0}{p}.$$

但这时上式应理解为

$$\begin{cases} x - x_0 = 0 \\ \dfrac{y-y_0}{n} = \dfrac{z-z_0}{p} \end{cases}.$$

当 m, n, p 中有两个为零时, 例如 $m = n = 0$, 方程 (7.2) 应理解为

$$\begin{cases} x - x_0 = 0 \\ y - y_0 = 0 \end{cases}.$$

由直线的对称式方程容易导出直线的参数方程, 如设

$$\frac{x-x_0}{m} = \frac{y-y_0}{n} = \frac{z-z_0}{p} = t.$$

则

$$\begin{cases} x = x_0 + mt \\ y = y_0 + nt \\ z = z_0 + pt \end{cases}, \tag{7.3}$$

这个方程组就是直线的**参数方程**.

例1 设一直线过点 $A(2, -3, 4)$, 且与 y 轴垂直相交, 求其方程.

解 因为直线和 y 轴垂直相交, 故在 y 轴上的交点为 $B(0, -3, 0)$, 取

$$s = \overrightarrow{BA} = \{2, 0, 4\},$$

空间直线图形

则得到所求的直线方程为

$$\frac{x-2}{2} = \frac{y+3}{0} = \frac{z-4}{4}.$$

例2 用对称式方程及参数方程表示直线

$$\begin{cases} x + y + z + 1 = 0 \\ 2x - y + 3z + 4 = 0 \end{cases}.$$

解 先在直线上找出一点 (x_0, y_0, z_0), 例如, 取 $x_0 = 1$, 代入题设方程组得

$$\begin{cases} y_0 + z_0 + 2 = 0 \\ y_0 - 3z_0 - 6 = 0 \end{cases},$$

解得 $y_0 = 0$, $z_0 = -2$, 即得到了题设直线上的一点 $(1, 0, -2)$. 因所求直线与两平面的法向量都垂直, 取

$$s = n_1 \times n_2 = \begin{vmatrix} i & j & k \\ 1 & 1 & 1 \\ 2 & -1 & 3 \end{vmatrix} = \{4, -1, -3\},$$

故题设直线的对称式方程为

$$\frac{x-1}{4}=\frac{y-0}{-1}=\frac{z+2}{-3}.$$

令 $\dfrac{x-1}{4}=\dfrac{y-0}{-1}=\dfrac{z+2}{-3}=t$，则得题设直线的参数方程为

$$\begin{cases} x = 1 + 4t \\ y = -t \\ z = -2 - 3t \end{cases}.$$

空间直线图形

如果直线过两已知点 $M_1(x_1, y_1, z_1)$ 和 $M_2(x_2, y_2, z_2)$，则直线的一个方向向量为

$$s = \overrightarrow{M_1 M_2} = (x_2 - x_1)\boldsymbol{i} + (y_2 - y_1)\boldsymbol{j} + (z_2 - z_1)\boldsymbol{k},$$

由对称式方程，得所求直线方程为

$$\frac{x-x_1}{x_2-x_1}=\frac{y-y_1}{y_2-y_1}=\frac{z-z_1}{z_2-z_1}, \tag{7.4}$$

这个方程称为直线的**两点式方程**.

由此，我们可以得出三点 $M_1(x_1, y_1, z_1)$，$M_2(x_2, y_2, z_2)$，$M_3(x_3, y_3, z_3)$ 共线的充要条件是

$$\frac{x_3-x_1}{x_2-x_1}=\frac{y_3-y_1}{y_2-y_1}=\frac{z_3-z_1}{z_2-z_1}. \tag{7.5}$$

三、两直线的夹角

两直线的方向向量的夹角（通常指锐角）称为**两直线的夹角**.

设 $s_1 = \{m_1, n_1, p_1\}$，$s_2 = \{m_2, n_2, p_2\}$ 分别是直线 L_1，L_2 的方向向量，则 L_1 与 L_2 的夹角 φ 应是 $(s_1\hat{,}s_2)$ 和 $(-s_1\hat{,}s_2) = \pi - (s_1\hat{,}s_2)$ 两者中的锐角.

因此 $\cos\varphi = |\cos(s_1\hat{,}s_2)|$. 仿照关于平面夹角的讨论，可以得到下列结论：

(1) $\cos\varphi = \dfrac{|m_1 m_2 + n_1 n_2 + p_1 p_2|}{\sqrt{m_1^2 + n_1^2 + p_1^2} \cdot \sqrt{m_2^2 + n_2^2 + p_2^2}}$; $\tag{7.6}$

(2) $L_1 \perp L_2$ 的充要条件是 $m_1 m_2 + n_1 n_2 + p_1 p_2 = 0$；

(3) $L_1 /\!/ L_2$ 的充要条件是 $\dfrac{m_1}{m_2} = \dfrac{n_1}{n_2} = \dfrac{p_1}{p_2}$.

例3　求过点 $(-3, 2, 5)$ 且与两平面 $x - 4z = 3$ 和 $2x - y - 5z = 1$ 的交线平行的直线方程.

解　设所求直线的方向向量为 $s = \{m, n, p\}$，n_1 和 n_2 分别为平面 $x - 4z = 3$ 和 $2x - y - 5z = 1$ 的法向量，由题意知

$$s \perp n_1, \quad s \perp n_2,$$

取

$$s = n_1 \times n_2 = \begin{vmatrix} \boldsymbol{i} & \boldsymbol{j} & \boldsymbol{k} \\ 1 & 0 & -4 \\ 2 & -1 & -5 \end{vmatrix} = \{-4, -3, -1\},$$

空间直线图形

则所求直线的方程为 $\dfrac{x+3}{4}=\dfrac{y-2}{3}=\dfrac{z-5}{1}$.

四、直线与平面的夹角

直线和它在平面上的投影直线的夹角称为 **直线与平面的夹角** (见图8-7-3). 设直线的方向向量为 $s=\{m,n,p\}$, 平面的法向量为 $n=\{A,B,C\}$, 直线与平面的夹角为 φ, 则

$$\varphi=\left|\dfrac{\pi}{2}-(s\overset{\wedge}{,}n)\right|,$$

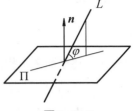

图 8-7-3

故可得到下列结论:

(1) $\sin\varphi=|\cos(s\overset{\wedge}{,}n)|=\dfrac{|Am+Bn+Cp|}{\sqrt{A^2+B^2+C^2}\cdot\sqrt{m^2+n^2+p^2}}$; (7.7)

(2) $L\perp\Pi$ 的充要条件是 $\dfrac{A}{m}=\dfrac{B}{n}=\dfrac{C}{p}$;

(3) $L\,/\!/\,\Pi$ 的充要条件是 $Am+Bn+Cp=0$.

例4 设直线 $L:\dfrac{x-1}{2}=\dfrac{y}{-1}=\dfrac{z+1}{2}$, 平面 $\Pi:x-y+2z=3$, 求直线与平面的夹角 φ.

解 因为直线 L 的方向向量 $s=\{2,-1,2\}$, 平面 Π 的法向量 $n=\{1,-1,2\}$, 所以

$$\sin\varphi=\dfrac{|Am+Bn+Cp|}{\sqrt{A^2+B^2+C^2}\cdot\sqrt{m^2+n^2+p^2}}$$

$$=\dfrac{|1\times2+(-1)\times(-1)+2\times2|}{\sqrt{6}\cdot\sqrt{9}}=\dfrac{7}{3\sqrt{6}},$$

直线平面夹角

故所求夹角为 $\varphi=\arcsin\dfrac{7}{3\sqrt{6}}$.

五、平面束

通过空间一直线可作无穷多个平面, 通过同一直线的所有平面构成一个 **平面束** (见图8-7-4). 设空间直线的一般方程为

$$\begin{cases}A_1x+B_1y+C_1z+D_1=0,\\A_2x+B_2y+C_2z+D_2=0\end{cases}$$

则方程

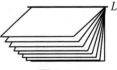

图 8-7-4

$$(A_1x+B_1y+C_1z+D_1)+\lambda(A_2x+B_2y+C_2z+D_2)=0$$

称为过直线 L 的 **平面束方程**, 其中 λ 为参数.

注: 上述平面束包含了除平面 $A_2x+B_2y+C_2z+D_2=0$ 之外的过直线 L 的所有平面.

例 5 过直线 $L: \begin{cases} x+2y-z-6=0 \\ x-2y+z=0 \end{cases}$ 作平面 Π, 使它垂直于平面 $\Pi_1: x+2y+z=0$,

求平面 Π 的方程.

解 设过直线 L 的平面束 $\Pi(\lambda)$ 的方程为

$$(x+2y-z-6)+\lambda(x-2y+z)=0,$$

即　　　　　　　$(1+\lambda)x+2(1-\lambda)y+(\lambda-1)z-6=0.$

现要在上述平面束中找出一个平面 Π, 使它垂直于题设平面 Π_1, 因平面 Π 垂直于

平面 Π_1, 故平面 Π 的法向量 $\boldsymbol{n}(\lambda)$ 垂直于平面 Π_1 的法向量 $\boldsymbol{n}_1=\{1,2,1\}$, 于是

$$\boldsymbol{n}(\lambda) \cdot \boldsymbol{n}_1=0, \quad \text{即} \quad 1 \cdot (1+\lambda)+4(1-\lambda)+(\lambda-1)=0,$$

解得 $\lambda=2$, 故所求平面方程为

$$\Pi: 3x-2y+z-6=0.$$

容易验证, 平面 $x-2y+z=0$ 不是所求平面.

空间直线图形

习题 8-7

1. 求过点 $(3,-1,2)$ 且平行于直线 $\dfrac{x-3}{4}=y=\dfrac{z-1}{3}$ 的直线方程.

2. 求过两点 $M_1(2,-1,5)$ 和 $M_2(-1,0,6)$ 的直线方程.

3. 用对称式方程及参数方程表示直线 $\begin{cases} 2x-y-3z+2=0 \\ x+2y-z-6=0 \end{cases}$.

4. 证明两直线 $\begin{cases} x+2y-z=7 \\ -2x+y+z=7 \end{cases}$ 与 $\begin{cases} 3x+6y-3z=8 \\ 2x-y-z=0 \end{cases}$ 平行.

5. 求过点 $(1,2,1)$ 且与两直线 $\begin{cases} x+2y-z+1=0 \\ x-y+z-1=0 \end{cases}$ 和 $\begin{cases} 2x-y+z=0 \\ x-y+z=0 \end{cases}$ 都平行的平面方程.

6. 求过点 $(0,2,4)$ 且与两平面 $x+2z=1$ 和 $y-3z=2$ 平行的直线方程.

7. 求过点 $(3,1,-2)$ 且通过直线 $\dfrac{x-4}{5}=\dfrac{y+3}{2}=\dfrac{z}{1}$ 的平面方程.

8. 求直线 $\begin{cases} x+y+3z=0 \\ x-y-z=0 \end{cases}$ 与平面 $x-y-z+1=0$ 的夹角.

9. 试确定下列各组中的直线和平面间的关系:

(1) $\dfrac{x+3}{-2}=\dfrac{y+4}{-7}=\dfrac{z}{3}$ 和 $4x-2y-2z=3$; 　　　　(2) $\dfrac{x}{3}=\dfrac{y}{-2}=\dfrac{z}{7}$ 和 $3x-2y+7z=8$;

(3) $\dfrac{x-2}{3}=\dfrac{y+2}{1}=\dfrac{z-3}{-4}$ 和 $x+y+z=3$.

10. 求点 $(-1,2,0)$ 在平面 $x+2y-z+1=0$ 上的投影.

11. 设 M_0 是直线 L 外一点, M 是直线 L 上任意一点, 且直线的方向向量为 $\boldsymbol{s}$, 试证: 点 M_0

到直线 L 的距离 $d = \dfrac{|\overrightarrow{M_0M} \times s|}{|s|}$.

12. 求直线 $L: \begin{cases} x + y - z - 1 = 0 \\ x - y + z + 1 = 0 \end{cases}$ 在平面 $\Pi: x + y + z = 0$ 上的投影直线的方程.

13. 已知直线 $L: \begin{cases} 2y + 3z - 5 = 0 \\ x - 2y - z + 7 = 0 \end{cases}$,求:

(1) 直线在 yOz 平面上的投影方程;   (2) 直线在 xOy 平面上的投影方程;

(3) 直线在平面 $\Pi: x - y + 3z + 8 = 0$ 上的投影方程.

14. 证明直线 $L_1: \dfrac{x-1}{3} = \dfrac{y-9}{8} = \dfrac{z-3}{1}$ 与直线 $L_2: \dfrac{x+3}{4} = \dfrac{y-2}{7} = \dfrac{z}{3}$ 相交,并求它们交角的平分线方程.

§8.8 二 次 曲 面

在 §8.4 中我们已经介绍了曲面的概念,并且知道曲面可以用直角坐标 x, y, z 的一个三元方程 $F(x, y, z) = 0$ 来表示. 如果方程左端是关于 x, y, z 的多项式,方程表示的曲面就称为**代数曲面**. 多项式的次数称为代数曲面的次数. 一次方程所表示的曲面称为**一次曲面**,即平面;二次方程表示的曲面称为**二次曲面**. 这一节我们将讨论几种简单的二次曲面.

怎样了解三元方程 $F(x, y, z) = 0$ 所表示的曲面的形状呢?

在空间直角坐标系中,我们采用一系列平行于坐标面的平面去截割曲面,从而得到平面与曲面的一系列交线(即**截痕**),通过综合分析这些截痕的形状和性质来认识曲面形状的全貌. 这种研究曲面的方法称为平面截割法,简称为**截痕法**.

一、椭球面

由方程

$$\frac{x^2}{a^2} + \frac{y^2}{b^2} + \frac{z^2}{c^2} = 1 \quad (a > 0,\ b > 0,\ c > 0) \tag{8.1}$$

确定的曲面称为**椭球面**(见图 8−8−1).

由方程 (8.1) 知,

$$\frac{x^2}{a^2} \leq 1,\ \frac{y^2}{b^2} \leq 1,\ \frac{z^2}{c^2} \leq 1,$$

即 $|x| \leq a,\ |y| \leq b,\ |z| \leq c.$

这说明由方程 (8.1) 表示的椭球面完全包含在一个以原点为中心的长方体内. a, b, c 称为**椭球面的半轴**.

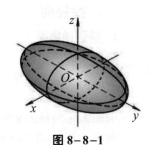

图 8−8−1

椭球面与三个坐标面的交线分别为

$$\begin{cases} \dfrac{y^2}{b^2} + \dfrac{z^2}{c^2} = 1, \\ x = 0 \end{cases} \quad \begin{cases} \dfrac{x^2}{a^2} + \dfrac{z^2}{c^2} = 1, \\ y = 0 \end{cases} \quad \begin{cases} \dfrac{x^2}{a^2} + \dfrac{y^2}{b^2} = 1, \\ z = 0 \end{cases}$$

易见这些交线都是椭圆.

再用平面 $z = h\,(|h| \le c)$ 去截椭球面, 得到的截痕为

$$\begin{cases} \dfrac{x^2}{a^2} + \dfrac{y^2}{b^2} = 1 - \dfrac{h^2}{c^2}, \\ z = h \end{cases}$$

即为一个位于平面 $z = h$ 上的椭圆:

$$\frac{x^2}{a^2\left(1 - \dfrac{h^2}{c^2}\right)} + \frac{y^2}{b^2\left(1 - \dfrac{h^2}{c^2}\right)} = 1,$$

它的中心在 z 轴上, 两个半轴分别为

$$a \cdot \sqrt{1 - \frac{h^2}{c^2}} \quad \text{和} \quad b \cdot \sqrt{1 - \frac{h^2}{c^2}}.$$

当 $|h|$ 由零逐渐增大到 c 时, 椭圆由大到小, 最后当 $|h|$ 到达 c 时, 椭圆缩成一点.

同理, 用平面 $y = h\,(|h| \le b)$ 和 $x = h\,(|h| \le a)$ 去截曲面时, 可以得到与上述类似的结果.

综合上述讨论, 我们基本上认识了椭球面的形状 (见图 8-8-1). 特别地, 当 $a = b = c$ 时, 方程 (8.1) 变成

$$x^2 + y^2 + z^2 = a^2,$$

此即为我们熟悉的以原点为圆心、以 a 为半径的球面方程.

如果有两个半轴相等, 例如 $a = b \ne c$, 方程变成

$$\frac{x^2 + y^2}{a^2} + \frac{z^2}{c^2} = 1,$$

它可视为 xOz 平面上的曲线 $\dfrac{x^2}{a^2} + \dfrac{z^2}{c^2} = 1$ 绕 z 轴旋转而成的旋转曲面 (图形动画演示参见教材配套的网络学习空间).

二、抛物面

1. 椭圆抛物面

由方程

$$z = \frac{x^2}{2p} + \frac{y^2}{2q} \quad (p \text{ 与 } q \text{ 同号}) \tag{8.2}$$

确定的曲面称为 **椭圆抛物面**.

首先, 以 $p > 0$, $q > 0$ 的情形为例, 因为 $z \ge 0$, 所以曲面

位于 xOy 面的上方, 如图8−8−2所示.

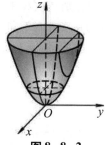

用平面 $z=h\,(h\geq0)$ 去截曲面, 得到截痕

$$\begin{cases} \dfrac{x^2}{2p}+\dfrac{y^2}{2q}=h \\ z=h \end{cases}.$$

当 $h=0$ 时, 截痕为一点 $O(0,0,0)$; 当 $h>0$ 时, 截痕是平面 $z=h$ 上的一个椭圆, 其中心位于 z 轴, 两个半轴分别为 $\sqrt{2ph}$

图 8−8−2

和 $\sqrt{2qh}$. 易见, 随着 h 从零逐渐增大, 椭圆的两个半轴也随之增大.

用平面 $y=h$ 去截曲面, 截痕为

$$\begin{cases} x^2=2p\left(z-\dfrac{h^2}{2q}\right), \\ y=h \end{cases}$$

这是平面 $y=h$ 上的一条抛物线, 它的轴平行于 z 轴, 顶点为 $\left(0,h,\dfrac{h^2}{2q}\right)$.

用平面 $x=h$ 去截曲面, 截痕也是抛物线.

综上所述, 我们基本上认识了椭圆抛物面的形状 (见图8−8−2). 特别地, 当 $p=q$ 时, 方程 (8.2) 变成

$$\frac{x^2+y^2}{2p}=z.$$

它可视为 yOz 面上的抛物线 $z=\dfrac{y^2}{2p}$ 绕 z 轴旋转一周而成的曲面.

当 $p<0,\,q<0$ 时, 可类似地讨论.

2. 双曲抛物面

由方程

$$-\frac{x^2}{2p}+\frac{y^2}{2q}=z \quad (p\text{ 与 }q\text{ 同号}) \tag{8.3}$$

表示的曲面称为**双曲抛物面**.

同样可用截痕法对它进行讨论. 当 $p>0,\,q>0$ 时, 可得曲面的形状 (见图8−8−3).

由方程 (8.3) 可知, 双曲抛物面关于 $zOx,\,yOz$ 平面及 z 轴对称, 且通过原点.

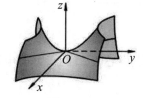

用坐标面 $z=0$ 去截曲面, 得截痕为 xOy 面上两条在原点相交的直线.

用坐标面 $y=0$ 和 $x=0$ 去截曲面, 截痕分别为

图 8−8−3

$$\begin{cases} x^2=-2pz, \\ y=0 \end{cases} \qquad \begin{cases} y^2=2qz. \\ x=0 \end{cases}$$

它们分别是 zOx 和 yOz 面上的抛物线, 顶点都在原点, 对称轴都为 z 轴, 但两抛物线的开口方向不同.

用平面 $z = h (h \neq 0)$ 去截曲面, 截痕为

$$\begin{cases} -\dfrac{x^2}{2ph} + \dfrac{y^2}{2qh} = 1, \\ z = h \end{cases}$$

这是平面 $z = h$ 上的双曲线.

当 $h < 0, p > 0, q > 0$ 时, 双曲线的实轴平行于 x 轴, 虚轴平行于 y 轴.

当 $h > 0, p > 0, q > 0$ 时, 双曲线的实轴平行于 y 轴, 虚轴平行于 x 轴.

综合上述讨论结果可知, 双曲抛物面的形状如图 8-8-3 所示. 因其形状像个马鞍, 所以又称它为**马鞍面** (图形动画演示参见教材配套的网络学习空间).

三、双曲面

1. 单叶双曲面

由方程

$$\frac{x^2}{a^2} + \frac{y^2}{b^2} - \frac{z^2}{c^2} = 1 \quad (a > 0,\ b > 0,\ c > 0) \tag{8.4}$$

确定的曲面称为**单叶双曲面**.

单叶双曲面与三个坐标面的交线分别为

$$\begin{cases} \dfrac{y^2}{b^2} - \dfrac{z^2}{c^2} = 1, \\ x = 0 \end{cases} \qquad \begin{cases} \dfrac{x^2}{a^2} - \dfrac{z^2}{c^2} = 1, \\ y = 0 \end{cases} \qquad \begin{cases} \dfrac{x^2}{a^2} + \dfrac{y^2}{b^2} = 1, \\ z = 0 \end{cases}$$

它们分别是 yOz 平面和 zOx 平面上的双曲线以及 xOy 平面上的椭圆.

用平面 $z = h$ 去截曲面, 得到的截痕为

$$\begin{cases} \dfrac{x^2}{a^2} + \dfrac{y^2}{b^2} = 1 + \dfrac{h^2}{c^2}, \\ z = h \end{cases}$$

它是平面 $z = h$ 上的椭圆:

$$\frac{x^2}{a^2\left(1 + \dfrac{h^2}{c^2}\right)} + \frac{y^2}{b^2\left(1 + \dfrac{h^2}{c^2}\right)} = 1,$$

其中心在 z 轴上, 两个半轴分别为

$$a \cdot \sqrt{1 + \frac{h^2}{c^2}} \quad \text{和} \quad b \cdot \sqrt{1 + \frac{h^2}{c^2}}.$$

当 $h = 0$ 时, 截得的椭圆最小, 随着 $|h|$ 的增大, 椭圆也在增大.

用平面 $y = h$ 去截曲面时, 截痕为

$$\begin{cases} \dfrac{x^2}{a^2} - \dfrac{z^2}{c^2} = 1 - \dfrac{h^2}{b^2} \\ y = h \end{cases}.$$

当 $|h| < b$ 时, 它是平面 $y = h$ 上的双曲线, 其实轴平行于 x 轴, 虚轴平行于 z 轴. 实半轴为 $a \cdot \sqrt{1 - \dfrac{h^2}{b^2}}$, 虚半轴为 $c \cdot \sqrt{1 - \dfrac{h^2}{b^2}}$; 当 $|h| > b$ 时, 它仍是平面 $y = h$ 上的双曲线, 但其实轴平行于 z 轴, 虚轴平行于 x 轴. 实半轴和虚半轴分别为

$$c \cdot \sqrt{\dfrac{h^2}{b^2} - 1} \quad \text{和} \quad a \cdot \sqrt{\dfrac{h^2}{b^2} - 1}.$$

当 $h = \pm b$ 时, 截痕是一对相交直线

$$\begin{cases} \dfrac{x}{a} - \dfrac{z}{c} = 0 \\ y = h \end{cases} \quad \text{和} \quad \begin{cases} \dfrac{x}{a} + \dfrac{z}{c} = 0 \\ y = h \end{cases}.$$

用平面 $x = h$ 去截曲面时, 截痕的情况与 $y = h$ 时类似.

综上可得单叶双曲面的图形 (见图 8-8-4).

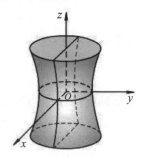

图 8-8-4

2. 双叶双曲面

由方程

$$\frac{x^2}{a^2} + \frac{y^2}{b^2} - \frac{z^2}{c^2} = -1 \quad (a > 0,\ b > 0,\ c > 0) \tag{8.5}$$

确定的曲面称为**双叶双曲面**.

双叶双曲面与 xOy 平面不相交, 而 zOx, yOz 平面与双叶双曲面的截痕分别为

$$\begin{cases} \dfrac{z^2}{c^2} - \dfrac{y^2}{b^2} = 1 \\ x = 0 \end{cases}, \qquad \begin{cases} \dfrac{z^2}{c^2} - \dfrac{x^2}{a^2} = 1 \\ y = 0 \end{cases},$$

它们分别是 yOz 平面与 zOx 平面上的双曲线, 实轴为 z 轴.

用平面 $z = h$ 去截曲面, 所得截痕为

$$\begin{cases} \dfrac{x^2}{a^2} + \dfrac{y^2}{b^2} = \dfrac{h^2}{c^2} - 1 \\ z = h \end{cases}.$$

当 $|h| < c$ 时, 无截痕, 即双叶双曲面与 $z = h$ 平面不相交.

当 $|h| > c$ 时, 截痕为 $z = h$ 面上的椭圆, 半轴分别为

$$\frac{a}{c}\sqrt{h^2 - c^2} \quad \text{和} \quad \frac{b}{c}\sqrt{h^2 - c^2},$$

$|h|$ 越大, 椭圆越大.

当 $|h|=c$ 时，截痕为一点 $(0,0,c)$ 或 $(0,0,-c)$，即平面 $z=h$ 与曲面相切.

用平面 $y=h$ 及平面 $x=h$ 去截曲面，所得截痕分别为 $y=h$ 和 $x=h$ 面上的双曲线，即

$$\begin{cases} \dfrac{z^2}{c^2}-\dfrac{x^2}{a^2}=1+\dfrac{h^2}{b^2}, \\ y=h \end{cases} \qquad \begin{cases} \dfrac{z^2}{c^2}-\dfrac{y^2}{b^2}=1+\dfrac{h^2}{a^2}. \\ x=h \end{cases}$$

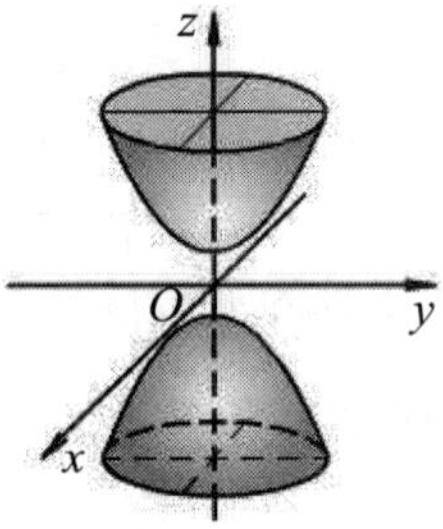

综上可知，双叶双曲面的图形如图 8-8-5 所示.

若 $a=b$，方程变为

$$\frac{x^2+y^2}{a^2}-\frac{z^2}{c^2}=-1.$$

这是旋转双叶双曲面，可看作是 zOx 面上的双曲线

$$\frac{x^2}{a^2}-\frac{z^2}{c^2}=-1$$

绕 z 轴旋转而成的曲面.

图 8-8-5

方程 $\dfrac{x^2}{a^2}-\dfrac{y^2}{b^2}+\dfrac{z^2}{c^2}=-1$ 与 $-\dfrac{x^2}{a^2}+\dfrac{y^2}{b^2}+\dfrac{z^2}{c^2}=-1$ 所表示的图形也是双叶双曲面，读者可自行做类似讨论(图形动画演示参见教材配套的网络学习空间).

四、二次锥面

由方程

$$\frac{x^2}{a^2}+\frac{y^2}{b^2}-\frac{z^2}{c^2}=0 \tag{8.6}$$

确定的曲面称为**二次锥面**.

二次锥面有如下特点：如果点 $M_0(x_0,y_0,z_0)$(不是原点) 落在曲面上，则过点 M_0 和坐标原点 O 的直线整个落在曲面上.

事实上，若 M_0 在这个曲面上，我们写出过 $O(0,0,0)$ 和 $M_0(x_0,y_0,z_0)$ 的直线方程

$$\frac{x-0}{x_0-0}=\frac{y-0}{y_0-0}=\frac{z-0}{z_0-0}, \quad 即 \quad \frac{x}{x_0}=\frac{y}{y_0}=\frac{z}{z_0},$$

其参数方程为

$$x=x_0 t, \quad y=y_0 t, \quad z=z_0 t.$$

代入曲面方程 (8.6)，可见对任何实数 t，都有

$$\frac{(x_0 t)^2}{a^2}+\frac{(y_0 t)^2}{b^2}-\frac{(z_0 t)^2}{c^2}=t^2\left(\frac{x_0^2}{a^2}+\frac{y_0^2}{b^2}-\frac{z_0^2}{c^2}\right)=0.$$

由此可知，二次锥面由过原点 O 的直线构成.

以平面 $z=h$ 去截曲面，截痕为

$$\begin{cases} \dfrac{x^2}{a^2} + \dfrac{y^2}{b^2} = \dfrac{h^2}{c^2}. \\ z = h \end{cases}$$

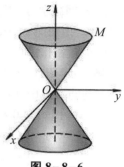

当 $h = 0$ 时, 截痕为一点. 当 $h \neq 0$ 时, 截痕为一椭圆, 如果我们在椭圆上任取一点 M, 过原点和 M 点作直线 OM, 那么当 M 沿椭圆移动一周时, 直线 OM 就描出了锥面 (见图 8-8-6).

当 $a = b$ 时, 方程 (8.6) 变成

$$\frac{x^2 + y^2}{a^2} = \frac{z^2}{c^2}.$$

图 8-8-6

该方程确定的曲面称为**圆锥面**, 它可以看成 yOz 平面上的直线 $z = \dfrac{c}{a} y$ 绕 z 轴旋转一周而成的曲面. 用平面 $z = h$ 去截它时, 所得截痕是圆 (图形动画演示参见教材配套的网络学习空间).

五、空间区域简图

在有些问题中, 会遇到由几个曲面所围成的空间区域, 需要对空间区域的形状作出一个简单的图形.

例1 由曲面 $z = 6 - x^2 - y^2$, $z = \sqrt{x^2 + y^2}$ 围成一个空间区域, 试作出它的简图.

解 曲面 $z = 6 - x^2 - y^2$ 是 zOx 平面上的抛物线 $z = 6 - x^2$ 绕 z 轴旋转而成的旋转抛物面. 曲面 $z = \sqrt{x^2 + y^2}$ 是 zOx 平面上的直线 $x = z$ 绕 z 轴旋转而成的旋转锥面 ($z \geq 0$). 两曲面交线

$$\begin{cases} z = 6 - x^2 - y^2 \\ z = \sqrt{x^2 + y^2} \end{cases}$$

是一个圆.

从上述方程组中消去 $x^2 + y^2$, 得 $z^2 = 6 - z$, 即

$$(z - 2)(z + 3) = 0.$$

因 $z \geq 0$, 故 $z = 2$. 从而得到交线为 $z = 2$ 平面上的圆 $x^2 + y^2 = 4$. 该圆的圆心为 $(0, 0, 2)$, 半径为 2. 这个圆割下抛物面一部分及锥面一部分, 两部分合在一起即为所要画的空间区域 (见图 8-8-7).

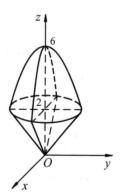

图 8-8-7

此外, 因为圆 $\begin{cases} z = 2 \\ x^2 + y^2 = 4 \end{cases}$ 在 xOy 面上的投影仍为圆, 其方程为

$$\begin{cases} z = 0 \\ x^2 + y^2 = 4 \end{cases},$$

所以空间区域在 xOy 面上的投影为一圆域 $x^2 + y^2 \leq 4$ (详见教

空间区域图形

材配套的网络学习空间).

例2　由曲面 $x=0$, $y=0$, $z=0$, $x+y=1$, $y^2+z^2=1$ 围成一个空间区域 (在第 I 卦限内), 试作出它的简图.

解　$x=0$, $y=0$ 和 $z=0$ 分别表示 yOz, zOx 及 xOy 坐标面. $x+y=1$ 是平行于 z 轴且过点 $(1,0,0)$, $(0,1,0)$ 的平面. $y^2+z^2=1$ 是母线平行于 x 轴的圆柱面.

$x+y=1$ 与 $z=0$ 和 $y=0$ 的交线分别为

$$\begin{cases} x+y=1 \\ z=0 \end{cases}, \quad \begin{cases} x=1 \\ y=0 \end{cases}.$$

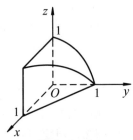

图 8-8-8

一条是 $z=0$ 平面上的直线 $x+y=1$, 一条是 $y=0$ 平面上的直线 $x=1$. 两者可先分别画出.

$y^2+z^2=1$ 与 $x=0$ 和 $y=0$ 的交线分别为

$$\begin{cases} y^2+z^2=1 \\ x=0 \end{cases}, \quad \begin{cases} z=1 \\ y=0 \end{cases}.$$

一条是 $x=0$ 平面上的圆 $y^2+z^2=1$, 一条是 $y=0$ 平面上的直线 $z=1$. 两者可分别在各平面上画出.

空间区域图形

最后顺势画出 $x+y=1$ 与 $y^2+z^2=1$ 的交线, 得该空间区域如图 8-8-8 所示 (详见教材配套的网络学习空间).

习题 8-8

1. 画出下列方程所表示的曲面:

(1) $4x^2+y^2-z^2=4$;　　　(2) $x^2-y^2-4z^2=4$;　　　(3) $\dfrac{z}{3}=\dfrac{x^2}{4}+\dfrac{y^2}{9}$.

2. 指出下列方程所表示的曲线:

(1) $\begin{cases} x^2+y^2+z^2=25 \\ x=3 \end{cases}$;　　　(2) $\begin{cases} x^2+4y^2+9z^2=36 \\ y=1 \end{cases}$;

(3) $\begin{cases} x^2-4y^2+z^2=25 \\ x=-3 \end{cases}$;　　　(4) $\begin{cases} y^2+z^2-4x+8=0 \\ y=4 \end{cases}$.

3. 画出下列各曲面所围成的立体的图形:

(1) $x=0$, $y=0$, $z=0$, $x=2$, $y=1$, $3x+4y+2z-12=0$;

(2) $x=0$, $z=0$, $x=1$, $y=2$, $z=\dfrac{y}{4}$;

(3) $z=0$, $z=3$, $x-y=0$, $x-\sqrt{3}y=0$, $x^2+y^2=1$, 在第 I 卦限内;

(4) $x=0$, $y=0$, $z=0$, $x^2+y^2=R^2$, $y^2+z^2=R^2$, 在第 I 卦限内.

总 习 题 八

1. 已知 $\boldsymbol{a}, \boldsymbol{b}, \boldsymbol{c}$ 为单位向量，且满足 $\boldsymbol{a}+\boldsymbol{b}+\boldsymbol{c}=0$，计算 $\boldsymbol{a}\cdot\boldsymbol{b}+\boldsymbol{b}\cdot\boldsymbol{c}+\boldsymbol{c}\cdot\boldsymbol{a}$.

2. 设 $\triangle ABC$ 的三边 $\overrightarrow{BC}=\boldsymbol{a}$，$\overrightarrow{CA}=\boldsymbol{b}$，$\overrightarrow{AB}=\boldsymbol{c}$，三边中点依次为 D, E, F，试证明
$$\overrightarrow{AD}+\overrightarrow{BE}+\overrightarrow{CF}=\boldsymbol{0}.$$

3. 设 $(\boldsymbol{a}+3\boldsymbol{b})\perp(7\boldsymbol{a}-5\boldsymbol{b})$，$(\boldsymbol{a}-4\boldsymbol{b})\perp(7\boldsymbol{a}-2\boldsymbol{b})$，求 $(\boldsymbol{a}\,\hat{,}\,\boldsymbol{b})$.

4. 已知 $|\boldsymbol{a}|=2$，$|\boldsymbol{b}|=5$，$(\boldsymbol{a}\,\hat{,}\,\boldsymbol{b})=\dfrac{2\pi}{3}$，问：系数 λ 为何值时，向量 $\boldsymbol{m}=\lambda\boldsymbol{a}+17\boldsymbol{b}$ 与 $\boldsymbol{n}=3\boldsymbol{a}-\boldsymbol{b}$ 垂直？

5. 求与向量 $\boldsymbol{a}=\{2,-1,2\}$ 共线且满足方程 $\boldsymbol{a}\cdot\boldsymbol{x}=-18$ 的向量 $\boldsymbol{x}$.

6. 设 $\boldsymbol{a}=\{-1,3,2\}$，$\boldsymbol{b}=\{2,-3,-4\}$，$\boldsymbol{c}=\{-3,12,6\}$，证明三向量 $\boldsymbol{a}, \boldsymbol{b}, \boldsymbol{c}$ 共面，并用 $\boldsymbol{a}$ 和 $\boldsymbol{b}$ 表示 $\boldsymbol{c}$.

7. 证明点 $M_0\,(x_0, y_0, z_0)$ 到通过点 $A\,(a, b, c)$、方向平行于向量 $\boldsymbol{s}$ 的直线的距离为 $d=\dfrac{|\boldsymbol{r}\times\boldsymbol{s}|}{|\boldsymbol{s}|}$，其中 $\boldsymbol{r}=\overrightarrow{AM_0}$.

8. 已知向量 $\boldsymbol{a}, \boldsymbol{b}$ 非零，且不共线，作 $\boldsymbol{c}=\lambda\boldsymbol{a}+\boldsymbol{b}$，$\lambda$ 是实数，证明：$|\boldsymbol{c}|$ 最小的向量 $\boldsymbol{c}$ 垂直于 $\boldsymbol{a}$，并求当 $\boldsymbol{a}=\{1,2,-2\}$，$\boldsymbol{b}=\{1,-1,1\}$ 时，使 $|\boldsymbol{c}|$ 最小的向量 $\boldsymbol{c}$.

9. 将 xOy 坐标面上的双曲线 $4x^2-9y^2=36$ 分别绕 x 轴及 y 轴旋转一周，求所生成的旋转曲面的方程.

10. 求直线 $L:\dfrac{x-1}{1}=\dfrac{y}{2}=\dfrac{z-1}{1}$ 绕 z 轴旋转所得旋转曲面的方程.

11. 求曲线 $\begin{cases} z=2-x^2-y^2 \\ z=(x-1)^2+(y-1)^2 \end{cases}$ 在三个坐标面上的投影曲线的方程.

12. 求曲线 $\begin{cases} 6x-6y-z+16=0 \\ 2x+5y+2z+3=0 \end{cases}$ 在三个坐标面上的投影方程.

13. 求螺旋线 $x=a\cos\theta$，$y=a\sin\theta$，$z=b\theta$ 在三个坐标面上的投影曲线的直角坐标方程.

14. 求由上半球面 $z=\sqrt{a^2-x^2-y^2}$，柱面 $x^2+y^2-ax=0$ 及平面 $z=0$ 围成的立体在 xOy 面和 xOz 面上的投影.

15. 求与已知平面 $2x+y+2z+5=0$ 平行且与三坐标面构成的四面体体积为 1 的平面方程.

16. 求通过点 $(1, 2, -1)$ 且与直线 $\begin{cases} 2x-3y+z-5=0 \\ 3x+y-2z-4=0 \end{cases}$ 垂直的平面方程.

17. 求过直线 $L:\begin{cases} 2x-y-2z+1=0 \\ x+y+4z-2=0 \end{cases}$ 且在 y 轴和 z 轴有相同的非零截距的平面的方程.

18. 在平面 $2x+y-3z+2=0$ 和平面 $5x+5y-4z+3=0$ 所确定的平面束内，求两个相互垂直的平面，其中一个平面经过点 $A(4,-3,1)$.

19. 用对称式方程及参数方程表示直线 $\begin{cases} x-y+z=1 \\ 2x+y+z=4 \end{cases}$.

20. 求与两直线 $L_1: \begin{cases} x = 3z - 1 \\ y = 2z - 3 \end{cases}$ 和 $L_2: \begin{cases} y = 2x - 5 \\ z = 7x + 2 \end{cases}$ 垂直且相交的直线方程.

21. 求与原点关于平面 $6x + 2y - 9z + 121 = 0$ 对称的点.

22. 求点 $P(3, -1, 2)$ 到直线 $\begin{cases} x + y - z + 1 = 0 \\ 2x - y + z - 4 = 0 \end{cases}$ 的距离.

23. 求直线 $\begin{cases} x + y - z + 1 = 0 \\ x - y + 2z - 2 = 0 \end{cases}$ 与平面 $x - 2y + 3z - 3 = 0$ 间夹角的正弦.

24. 设直线通过点 $P(-3, 5, -9)$, 且和两直线

$$L_1: \begin{cases} y = 3x + 5 \\ z = 2x - 3 \end{cases}, \quad L_2: \begin{cases} y = 4x - 7 \\ z = 5x + 10 \end{cases}$$

相交, 求此直线方程.

25. 求点 $(2, 3, 1)$ 在直线 $\begin{cases} x = t - 7 \\ y = 2t - 2 \\ z = 3t - 2 \end{cases}$ 上的投影.

26. 求直线 $L: \begin{cases} 2x - y + z - 1 = 0 \\ x + y - z + 1 = 0 \end{cases}$ 在平面 $\Pi: x + 2y - z = 0$ 上的投影直线的方程.

27. 一动点与点 $P(1, 2, 3)$ 的距离是它到平面 $x = 3$ 的距离的 $\dfrac{1}{\sqrt{3}}$, 试求动点的轨迹方程, 并求该轨迹曲面与 yOz 平面的交线.

28. 设有直线 $L: \begin{cases} x + y - 3 = 0 \\ x + z - 1 = 0 \end{cases}$ 及平面 $\Pi: x + y + z + 1 = 0$, 光线沿直线 L 投射到平面 Π 上, 求反射线所在的直线方程.

数学家简介 [6]

<h1 style="text-align:center">笛卡儿</h1>
—— 近代数学的奠基人

笛卡儿 (Descartes) 是法国数学家、哲学家、物理学家, 近代数学的奠基人之一. 笛卡儿 1596 年 3 月 31 日生于法国土伦的一个富有的律师家庭, 8 岁入读一所著名的教会学校, 主要课程是神学和教会的哲学, 也学数学. 他勤于思考, 学习努力, 成绩优异. 20 岁时, 他在普瓦捷大学获法学学位. 之后去巴黎当了律师. 出于对数学的兴趣, 他独自研究了两年数学. 17 世纪初的欧洲处于教会势力的控制下, 但科学的发展已经开始显示出一些和宗教教义离经叛道的倾向. 于是, 笛卡儿和其他一些不满法兰西政治状态的青年人一起去荷兰从军, 体验军旅生活.

笛卡儿

说起笛卡儿投身数学, 多少有一些偶然性. 有一次部队开进荷兰南部的一个城市, 笛卡儿

在街上散步，看见用当地的佛来米语书写的公开征解的几道数学难题．许多人在此招贴前议论纷纷，他旁边一位中年人用法语替他翻译了这几道数学难题的内容．第二天，聪明的笛卡儿兴冲冲地把解答交给了那位中年人．中年人看了笛卡儿的解答十分惊讶．巧妙的解题方法以及准确无误的计算都充分显露了他的数学才华．原来这位中年人就是当时有名的数学家贝克曼教授．笛卡儿以前读过他的著作，但是一直没有机会认识他．从此，笛卡儿在贝克曼的指导下开始了对数学的深入研究．所以有人说，贝克曼"把一个业已离开科学的心灵，带回到正确、完美的成功之路"．1621 年笛卡儿离开军营遍游欧洲各国．1625 年他回到巴黎从事科学研究工作．为整合知识、深入研究，1628 年笛卡儿变卖家产，定居荷兰潜心著述达 20 年．

几何学曾在古希腊有过较大的发展，欧几里得、阿基米德、阿波罗尼奥斯都对圆锥曲线做过深入研究．但古希腊的几何学只是一种静态的几何，它既没有把曲线看成一种动点的轨迹，也没有给出它的一般表示方法．文艺复兴运动以后，哥白尼的日心说得到了证实，开普勒发现了行星运动的三大定律，伽利略又证明了炮弹等抛物体的弹道是抛物线，这就使几乎被人们忘记的阿波罗尼奥斯曾研究过的圆锥曲线重新引起人们的重视．人们意识到圆锥曲线不仅仅是依附在圆锥上的静态曲线，而且是与自然界的物体运动有密切联系的曲线．要计算行星运行的椭圆轨道、求出炮弹飞行所走过的抛物线，单纯靠几何方法已无能为力．古希腊数学家的几何学已不能给出解决这些问题的有效方法．要想反映这类运动的轨迹及其性质，就必须从观点到方法都要有一个新的变革，建立一种在运动观点上的几何学．

古希腊数学过于重视几何学的研究，却忽视了代数方法．代数方法在东方(中国、印度、阿拉伯)虽有高度发展，但缺少论证几何学的研究．后来，东方高度发展的代数传入欧洲，特别是文艺复兴运动使欧洲数学在古希腊几何和东方代数的基础上有了巨大的发展．

1619 年，在多瑙河的军营里，笛卡儿用大部分时间思考着他在数学中的新想法：以上帝为中心的经院哲学，既缺乏可靠的知识，又缺乏令人信服的推理方法，只有严密的数学才是认识事物的有力工具．然而，他又觉察到，数学并不是完美无缺的，几何证明虽然严谨，但需求助于奇妙的方法，用起来不方便；代数虽然有法则、有公式，便于应用，但法则和公式又束缚人的想象力．能不能用代数中的计算过程来代替几何中的证明呢？要这样做就必须找到一座能连接(或是融合)几何与代数的桥梁 —— 使几何图形数值化．据史料记载，这一年的 11 月 10 日的夜晚，战事平静，笛卡儿做了一个梦，梦见一只苍蝇飞动时划出一条美妙的曲线，然后一个黑点停留在窗纸上，到窗棂的距离确定了它的位置．梦醒后，笛卡儿非常兴奋，感叹十几年来追求的优越数学居然在梦境中由顿悟而生．难怪笛卡儿直到后来还向别人说，他的梦像一把打开宝库的钥匙，这把钥匙就是坐标几何．

1637 年，笛卡儿匿名出版了《更好地指导推理和寻求科学真理的方法论》(简称《方法论》)一书，该书有三篇附录，其中一篇题为"几何学"的附录公布了作者长期深思熟虑的坐标几何的思想，实现了用代数研究几何的宏伟梦想．他用两条互相垂直且交于原点的数轴作为基准，将平面上的点的位置确定下来，这就是后人所说的笛卡儿坐标系．笛卡儿坐标系的建立，为人们用代数方法研究几何架设了桥梁．它使几何中的点 P 与一个有序实数对 (x, y) 构成了一一对应关系．坐标系里点的坐标按某种规则连续变化，那么，平面上的曲线就可以用方程来表示．笛卡儿坐标系的建立，把并列的代数方法与几何方法统一起来，从而使传统的数学有了一个新的突破．作为附录的短文竟成了从常量数学到变量数学的桥梁，也就是数形结合的典型数学模型.“几何学”的历史价值正如恩格斯所赞誉的:“数学中的转折点是笛卡儿的变数.”

　　1649 年,笛卡儿被瑞典年轻女王克里斯蒂娜聘为私人教师,每天清晨 5 时就赶赴宫廷,为女王讲授哲学.素有晚起习惯的笛卡儿又遇到瑞典几十年少有的严寒,不久便得了肺炎.1650

　　年 2 月 11 日,这位年仅 54 岁、终生未婚的科学家病逝于瑞典斯德哥尔摩.由于教会的阻止,仅有几个友人为其送葬.他的著作在他死后也被列入梵蒂冈教皇颁布的禁书目录.但是,他的思想的传播并未因此而受阻,笛卡儿成为 17 世纪及其后的欧洲哲学界和科学界最有影响的巨匠之一.法国大革命之后,笛卡儿的骨灰和遗物被送进法国历史博物馆.1819 年,其骨灰被移入圣日耳曼圣心堂中.他的墓碑上镌刻着:

　　　　笛卡儿,欧洲文艺复兴以来,

　　　　第一个为争取和捍卫理性权利而奋斗的人.

第9章 多元函数微分学

在第1章至第6章中,我们讨论的函数都只有一个自变量,这种函数称为一元函数.但在许多实际问题中,我们往往要考虑多个变量之间的关系,反映到数学上,就是要考虑一个变量(因变量)与另外多个变量(自变量)的相互依赖关系,由此引入了多元函数以及多元函数的微积分问题.本章将在一元函数微分学的基础上,进一步讨论多元函数的微分学.讨论中将以二元函数为主要对象,这不仅因为二元函数的有关概念和方法大多有比较直观的解释,便于理解,而且因为这些概念和方法大多能自然推广到二元以上的多元函数.

§9.1 多元函数的基本概念

一、平面区域的概念

与数轴上邻域的概念类似,我们引入平面上点的邻域概念.

设 $P(x_0, y_0)$ 为直角坐标平面上一点,δ 为一正数,称点集

$$\{(x, y) \mid \sqrt{(x-x_0)^2 + (y-y_0)^2} < \delta\}$$

为点 P 的 δ **邻域**,记为 $U_\delta(P)$,或简称为邻域,记为 $U(P)$,而点集 $U_\delta(P) - \{P\}$ 称为点 P 的去心邻域,记为 $\mathring{U}_\delta(P)$.

根据这一定义,点 P 的 δ 邻域实际上是以点 P 为圆心、δ 为半径的圆的内部(见图9-1-1).

图 9-1-1

下面我们利用邻域来描述平面上点和点集之间的关系.

设 E 是平面上的一个点集,P 是平面上的一个点,则点 P 与点集 E 之间必存在以下三种关系之一:

(1) 如果存在点 P 的某一邻域 $U(P)$,使得 $U(P) \subset E$,则称 P 为 E 的**内点**(见图9-1-2中的点 P_1).

(2) 如果存在点 P 的某一邻域 $U(P)$,使得 $U(P) \bigcap E = \varnothing$,则称 P 为 E 的**外点**(见图9-1-2中的点 P_2).

(3) 如果点 P 的任意一个邻域内既有属于 E 的点也有不属于 E 的点,则称 P 为 E 的**边界点**(见图9-1-2中的点 P_3).

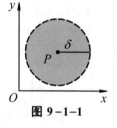

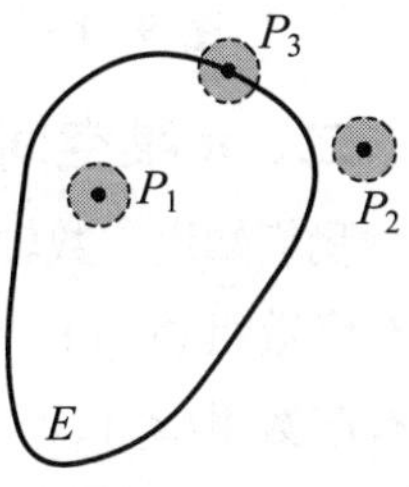

图 9-1-2

点集 E 的边界点的全体称为 E 的 **边界**.

根据上述定义可知, 点集 E 的内点必属于 E, 而 E 的边界点则可能属于 E 也可能不属于 E.

如果按点 P 的邻近处是否有无穷多个点来分类, 则有:

(1) 如果对于任意给定的 $\delta > 0$, 点 P 的去心邻域 $\overset{\circ}{U}_\delta(P)$ 内总有点集 E 中的点, 则称 P 是 E 的 **聚点**.

(2) 设点 $P \in E$, 如果存在点 P 的某个去心邻域 $\overset{\circ}{U}(P)$, 使得
$$\overset{\circ}{U}(P) \bigcap E = \varnothing,$$
则称 P 为 E 的 **孤立点**.

根据点集所属点的特征, 可进一步定义一些重要的平面点集.

(1) 如果点集 E 内任意一点均为 E 的内点, 则称 E 为 **开集**.

(2) 如果点集 E 的余集 $\bar{E}$ 为开集, 则称 E 为 **闭集**.

(3) 如果点集 E 内的任意两点都可用折线连接起来, 且该折线上的点都属于 E, 则称 E 为 **连通集** (见图 9-1-3).

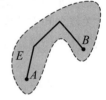

图 9-1-3

(4) 连通的开集称为 **区域** 或 **开区域**.

(5) 开区域连同它的边界一起称为 **闭区域**.

(6) 对于点集 E, 如果存在某一正数 K, 使得 $E \subset U_K(O)$, 则称 E 为 **有界集**, 其中 O 为坐标原点.

(7) 如果一个点集不是有界集, 就称它为 **无界集**.

例如, 点集 $\{(x,y) \mid 1 < x^2 + y^2 < 4\}$ 是一区域, 并且是一有界区域 (见图 9-1-4).

点集 $\{(x,y) \mid 1 \le x^2 + y^2 \le 4\}$ 是一闭区域, 并且是一有界闭区域 (见图 9-1-5). 而点集 $\{(x,y) \mid x+y > 0\}$ 是一无界区域 (见图 9-1-6).

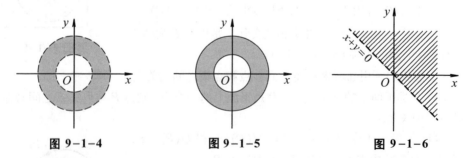

图 9-1-4　　　　　　图 9-1-5　　　　　　图 9-1-6

二、n 维空间的概念

我们知道, 数轴上的点与实数一一对应, 实数的全体记为 **R**; 平面上的点与二元有序数组 (x,y) 一一对应, 二元有序数组 (x,y) 的全体记为 $\mathbf{R}^2$; 空间中的点与三元有序数组 (x,y,z) 一一对应, 三元有序数组 (x,y,z) 的全体记为 $\mathbf{R}^3$. 这样, **R**, $\mathbf{R}^2$ 和 $\mathbf{R}^3$ 就分别对应于数轴、平面和空间.

一般地, 设 n 为取定的一个自然数, 我们称 n 元有序实数组 $(x_1, x_2, \cdots, x_n)$ 的全体为 **n 维空间**, 记为 $\mathbf{R}^n$, 而每个 n 元有序数组 $(x_1, x_2, \cdots, x_n)$ 称为 **n 维空间的点**, $\mathbf{R}^n$ 中的点 $(x_1, x_2, \cdots, x_n)$ 有时也用单个字母 x 来表示, 即 $x = (x_1, x_2, \cdots, x_n)$, 数 x_i 称为点 x 的第 i 个坐标. 当所有的 $x_i (i = 1, 2, \cdots, n)$ 都为零时, 这个点称为 $\mathbf{R}^n$ 的**坐标原点**, 记为 O.

n 维空间 $\mathbf{R}^n$ 中两点 $P(x_1, x_2, \cdots, x_n)$ 和 $Q(y_1, y_2, \cdots, y_n)$ 之间的距离, 规定为

$$|PQ| = \sqrt{(x_1 - y_1)^2 + (x_2 - y_2)^2 + \cdots + (x_n - y_n)^2}.$$

显然, $n = 1, 2, 3$ 时, 上述规定与数轴上、平面直角坐标系及空间直角坐标系中两点间的距离的定义是一致的.

前面就平面点集所叙述的一系列概念可推广到 $\mathbf{R}^n$.

例如, 设点 $P_0 \in \mathbf{R}^n$, δ 是某一正数, 则 n 维空间内的点集

$$U(P_0, \delta) = \{P \mid |PP_0| < \delta, P \in \mathbf{R}^n\}$$

就称为 $\mathbf{R}^n$ 中点 P 的 δ **邻域**. 以邻域为基础, 可以进一步定义点集的内点、外点、边界点和聚点, 以及开集、闭集、区域等一系列概念. 这里不再赘述.

三、二元函数的概念

定义1 设 D 是平面上的一个非空点集, 如果对于 D 内的任一点 (x, y), 按照某种法则 f, 都有唯一确定的实数 z 与之对应, 则称 f 是 D 上的**二元函数**, 它在 (x, y) 处的函数值记为 $f(x, y)$, 即 $z = f(x, y)$, 其中 x, y 称为**自变量**, z 称为**因变量**. 点集 D 称为该函数的**定义域**, 数集 $\{z \mid z = f(x, y), (x, y) \in D\}$ 称为该函数的**值域**.

注: 关于二元函数的定义域, 我们仍做如下约定: 如果一个用算式表示的函数没有明确指出定义域, 则该函数的定义域理解为使算式有意义的所有点 (x, y) 所构成的集合, 并称其为**自然定义域**.

类似地, 可定义三元及三元以上的函数. 当 $n \geq 2$ 时, n 元函数统称为**多元函数**.

例1 求二元函数

$$f(x, y) = \frac{\arcsin(3 - x^2 - y^2)}{\sqrt{x - y^2}}$$

的定义域.

解 要使表达式有意义, 必须

$$\begin{cases} |3 - x^2 - y^2| \leq 1 \\ x - y^2 > 0 \end{cases},$$

即

$$\begin{cases} 2 \leq x^2 + y^2 \leq 4 \\ x > y^2 \end{cases},$$

故所求定义域为(见图9-1-7)

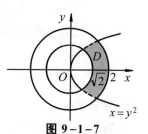

图 9-1-7

$$D = \{(x, y) \mid 2 \le x^2 + y^2 \le 4,\ x > y^2\}.$$

例2 已知函数 $f(x+y, x-y) = \dfrac{x^2 - y^2}{x^2 + y^2}$，求 $f(x, y)$.

解 设 $u = x+y$，$v = x-y$，则

$$x = \frac{u+v}{2},\quad y = \frac{u-v}{2},$$

所以

$$f(u,v) = \frac{\left(\dfrac{u+v}{2}\right)^2 - \left(\dfrac{u-v}{2}\right)^2}{\left(\dfrac{u+v}{2}\right)^2 + \left(\dfrac{u-v}{2}\right)^2} = \frac{2uv}{u^2 + v^2}.$$

即有

$$f(x,y) = \frac{2xy}{x^2 + y^2}.$$

二元函数的几何意义

设 $z = f(x, y)$ 是定义在区域 D 上的一个二元函数，点集

$$S = \{(x, y, z) \mid z = f(x, y),\ (x, y) \in D\}$$

称为二元函数 $z = f(x, y)$ 的图形. 易见，属于 S 的点 $P(x_0, y_0, z_0)$ 满足三元方程

$$F(x, y, z) = z - f(x, y) = 0,$$

故二元函数 $z = f(x, y)$ 的图形就是空间中区域 D 上的一张曲面（见图 9-1-8），定义域 D 就是该曲面在 xOy 面上的投影.

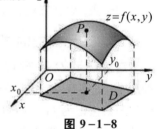

图 9-1-8

例如，二元函数 $z = \sqrt{1 - x^2 - y^2}$ 表示以原点为中心、1 为半径的上半球面（见图 9-1-9），它的定义域 D 是 xOy 面上以原点为圆心的单位圆.

又如，二元函数 $z = \sqrt{x^2 + y^2}$ 表示顶点在原点的圆锥面（见图 9-1-10），它的定义域 D 是整个 xOy 面.

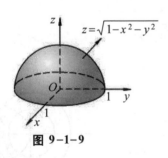

图 9-1-9

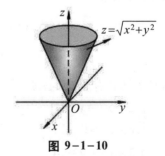

图 9-1-10

*数学实验

实验 9.1 试用计算软件作下列二元函数的图形：

(1) $z = \dfrac{x^4 + 2x^2 y^2 + y^4}{1 - x^2 - y^2}$;

(2) $z = \cos(x)\sin(y)$;

(3) $z = \cos(4x^2 + 9y^2)$;

(4) $z = \cos(x)\sin(y)\mathrm{e}^{-\frac{1}{4}\sqrt{x^2 + y^2}}$;

(5) $z = -xy\mathrm{e}^{-x^2 - y^2}$;

(6) $z = \ln(8 - x^2 - y^2) + \sqrt{x^2 + y^2 - 1}$.

二元函数图形

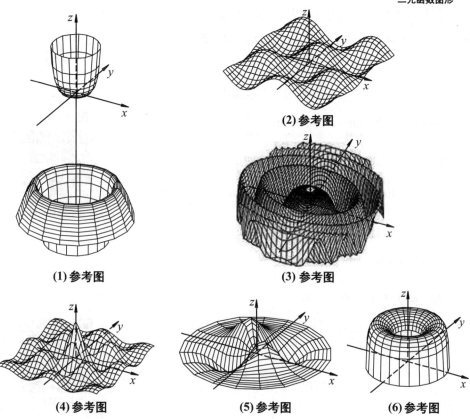

(1) 参考图　　**(2) 参考图**　　**(3) 参考图**

(4) 参考图　　**(5) 参考图**　　**(6) 参考图**

四、二元函数的极限

与一元函数的极限概念类似，二元函数的极限也是反映函数值随自变量变化而变化的趋势.

定义2　设函数 $z = f(x, y)$ 在点 $P_0(x_0, y_0)$ 的某一去心邻域 D 内有定义，如果对于任意给定的正数 ε，总存在正数 δ，使得对满足不等式

$$0 < |PP_0| = \sqrt{(x - x_0)^2 + (y - y_0)^2} < \delta$$

的一切点 $P(x, y) \in D$ 恒有

$$|f(P) - A| = |f(x, y) - A| < \varepsilon,$$

则称常数 **A 为函数 $z = f(x, y)$ 当 $P(x, y)$ 趋于点 $P_0(x_0, y_0)$ 时的极限.** 记为

$$\lim_{\substack{x \to x_0 \\ y \to y_0}} f(x, y) = A \quad \text{或} \quad f(x, y) \to A \ ((x, y) \to (x_0, y_0)),$$

也记作

$$\lim_{P \to P_0} f(P) = A \quad \text{或} \quad f(P) \to A \ (P \to P_0).$$

二元函数的极限与一元函数的极限具有相同的性质和运算法则, 在此不再详述. 为了区别于一元函数的极限, 我们称二元函数的极限为**二重极限**.

值得注意的是, 在定义 2 中, 动点 P 趋向点 P_0 的方式是任意的(见图 9-1-11). 即若 $\lim\limits_{P \to P_0} f(P) = A$, 则无论动点 P 以何种方式趋于点 P_0, 都有 $f(P) \to A$. 这个命题的逆否命题常常用来证明一个二元函数的二重极限不存在.

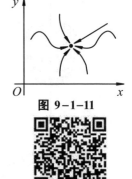

图 9-1-11

例 3　求极限 $\lim\limits_{\substack{x \to 0 \\ y \to 0}} (x^2 + y^2) \sin \dfrac{1}{x^2 + y^2}$.

解　令 $u = x^2 + y^2$, 则

$$\lim_{\substack{x \to 0 \\ y \to 0}} (x^2 + y^2) \sin \frac{1}{x^2 + y^2} = \lim_{u \to 0} u \sin \frac{1}{u} = 0.$$

如图 9-1-12 所示.

二元函数图形

例 4　求极限 $\lim\limits_{\substack{x \to \infty \\ y \to \infty}} \dfrac{x + y}{x^2 + y^2}$.

解　因为当 $xy \neq 0$ 时, 有

$$0 \le \left| \frac{x + y}{x^2 + y^2} \right| \le \frac{|x| + |y|}{x^2 + y^2} \le \frac{|x| + |y|}{2|xy|}$$

$$= \frac{1}{2|y|} + \frac{1}{2|x|} \to 0 \ (x \to \infty, y \to \infty),$$

二元函数图形

所以

$$\lim_{\substack{x \to \infty \\ y \to \infty}} \frac{x + y}{x^2 + y^2} = 0.$$

如图 9-1-13 所示.

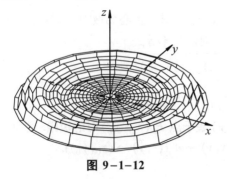

图 9-1-12

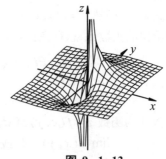

图 9-1-13

例5　证明 $\lim\limits_{\substack{x\to 0 \\ y\to 0}}\dfrac{xy}{x^2+y^2}$ 不存在.

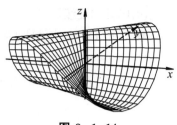

证明　取 $y=kx$（k 为常数），则

$$\lim_{\substack{x\to 0 \\ y\to 0}}\frac{xy}{x^2+y^2}=\lim_{\substack{x\to 0 \\ y=kx}}\frac{x\cdot kx}{x^2+k^2x^2}=\frac{k}{1+k^2},$$

易见题设极限的值随 k 的变化而变化，故题设极限
不存在. 如图 9–1–14 所示.

图 9–1–14

*数学实验

实验 9.2　试用计算软件求出下列二元函数的极限：

(1) 求极限 $\lim\limits_{\substack{x\to 0 \\ y\to 0}}\dfrac{xy\mathrm{e}^x}{4-\sqrt{16+xy}}$；

(2) 求极限 $\lim\limits_{\substack{x\to \infty \\ y\to a}}\left(1+\dfrac{1}{x}\right)^{\frac{x^2}{x+y}}$；

(3) 求极限 $\lim\limits_{\substack{x\to 0 \\ y\to 0}}\dfrac{\sqrt{x^2+y^2}-\sin\sqrt{x^2+y^2}}{\sqrt{(x^2+y^2)^3}}$；

计算实验

(4) 求极限 $\lim\limits_{\substack{x\to 0 \\ y\to 0}}\dfrac{(x^2+y^2)x^2y^2}{1-\cos(x^2+y^2)}$.

详见教材配套的网络学习空间.

五、二元函数的连续性

定义3　设二元函数 $z=f(x,y)$ 在点 (x_0,y_0) 的某一邻域内有定义，如果
$$\lim_{\substack{x\to x_0 \\ y\to y_0}}f(x,y)=f(x_0,y_0),$$

则称函数 $z=f(x,y)$ 在点 (x_0,y_0) 处**连续**. 如果函数 $z=f(x,y)$ 在点 (x_0,y_0) 处不连续，则称函数 $z=f(x,y)$ 在点 (x_0,y_0) 处**间断**.

例如，从例5可知，极限 $\lim\limits_{\substack{x\to 0 \\ y\to 0}}\dfrac{xy}{x^2+y^2}$ 不存在，所以，无论怎样定义函数
$$f(x,y)=\frac{xy}{x^2+y^2}$$

在点 $(0,0)$ 处的值，$f(x,y)$ 在点 $(0,0)$ 处都不连续，即在点 $(0,0)$ 处间断.

例6　讨论二元函数
$$f(x,y)=\begin{cases}\dfrac{x^3+y^3}{x^2+y^2}, & (x,y)\neq(0,0) \\ 0, & (x,y)=(0,0)\end{cases}$$

在点 $(0,0)$ 处的连续性.

解　由 $f(x,y)$ 表达式的特征，利用极坐标变换.

令 $x = \rho\cos\theta,\ y = \rho\sin\theta$，则

$$\lim_{(x,y)\to(0,0)} f(x,y) = \lim_{\rho\to 0} \rho(\sin^3\theta + \cos^3\theta)$$

$$= 0 = f(0,0),$$

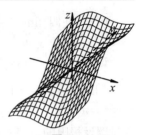

图 9-1-15

所以函数在点 $(0,0)$ 处连续. 如图 9-1-15 所示. ■

二元函数图形实验

如果函数 $z = f(x,y)$ 在区域 D 上每一点都连续，则称该函数在**区域 D 内连续**. 在区域 D 上连续的二元函数的图形是区域 D 上的一张连续曲面.

与一元函数类似，二元连续函数经过四则运算和复合运算后仍为二元连续函数. 由 x 和 y 的基本初等函数经过有限次的四则运算和复合运算构成的一个可用式子表示的二元函数称为**二元初等函数**. 一切二元初等函数在其定义区域内是连续的. 这里所说的定义区域是指包含在定义域内的区域或闭区域. 利用这个结论，当求某个二元初等函数在其定义区域内一点的极限时，只要计算出函数在该点的函数值即可.

例 7　求极限 $\displaystyle\lim_{\substack{x\to 0 \\ y\to 1}} \left[\ln(y-x) + \frac{y}{\sqrt{1-x^2}} \right]$.

解　$\displaystyle\lim_{\substack{x\to 0 \\ y\to 1}} \left[\ln(y-x) + \frac{y}{\sqrt{1-x^2}} \right] = \left[\ln(1-0) + \frac{1}{\sqrt{1-0^2}} \right] = 1.$ ■

特别地，在有界闭区域 D 上连续的二元函数也有类似于一元连续函数在闭区间上所满足的定理. 下面我们列出这些定理，但不做证明.

定理 1（最大值和最小值定理）　在有界闭区域 D 上的二元连续函数，在 D 上至少取得它的最大值和最小值各一次.

定理 2（有界性定理）　在有界闭区域 D 上的二元连续函数在 D 上一定有界.

定理 3（介值定理）　在有界闭区域 D 上的二元连续函数，若在 D 上取得两个不同的函数值，则它在 D 上必取得介于这两个值之间的任何值至少一次.

习题 9-1

1. 设 $f(x,y) = \dfrac{2xy}{x^2+y^2}$，求 $f\left(1, \dfrac{y}{x}\right)$.

2. 已知函数 $f(u,v,w) = u^w + w^{u+v}$，试求 $f(x+y, x-y, xy)$.

3. 设 $z = x + y + f(x-y)$，且当 $y = 0$ 时，$z = x^2$，求 $f(x)$.

4. 求下列各函数的定义域：

(1) $z = \ln(y^2 - 2x + 1)$; (2) $z = \sqrt{x - \sqrt{y}}$; (3) $u = \arccos \dfrac{z}{\sqrt{x^2 + y^2}}$;

(4) $z = \dfrac{\sqrt{4x - y^2}}{\ln(1 - x^2 - y^2)}$; (5) $z = \ln(y - x) + \dfrac{\sqrt{x}}{\sqrt{1 - x^2 - y^2}}$.

5. 求下列各极限:

(1) $\lim\limits_{\substack{x \to 1 \\ y \to 0}} \dfrac{\ln(x + \mathrm{e}^y)}{\sqrt{x^2 + y^2}}$; (2) $\lim\limits_{(x, y) \to (0, 0)} \dfrac{2 - \sqrt{xy + 4}}{xy}$; (3) $\lim\limits_{\substack{x \to +\infty \\ y \to +\infty}} (x^2 + y^2) \mathrm{e}^{-(x + y)}$;

(4) $\lim\limits_{\substack{x \to 0 \\ y \to 0}} \dfrac{xy}{\sqrt{x^2 + y^2}}$; (5) $\lim\limits_{\substack{x \to 0 \\ y \to 0}} \dfrac{\sqrt{x^2 + y^2} - \sin\sqrt{x^2 + y^2}}{\sqrt{(x^2 + y^2)^3}}$; (6) $\lim\limits_{\substack{x \to 0 \\ y \to 0}} \dfrac{1 - \cos(x^2 + y^2)}{(x^2 + y^2) \mathrm{e}^{x^2 y^2}}$.

6. 证明下列极限不存在:

(1) $\lim\limits_{(x, y) \to (0, 0)} \dfrac{x + y}{x - y}$; (2) $\lim\limits_{\substack{x \to 0 \\ y \to 0}} (1 + xy)^{\frac{1}{x + y}}$; (3) $\lim\limits_{\substack{x \to 0 \\ y \to 0}} \dfrac{\sqrt{xy + 1} - 1}{x + y}$.

7. 研究下列函数的连续性:

(1) $f(x, y) = \dfrac{y^2 + 2x}{y^2 - 2x}$; (2) $f(x, y) = xy \ln(x^2 + y^2)$.

8. 设 $f(x, y) = \begin{cases} \dfrac{y\mathrm{e}^{\frac{1}{x^2}}}{y^2 \mathrm{e}^{\frac{2}{x^2}} + 1}, & x \neq 0, \ y \text{ 任意} \\ 0, & x = 0, \ y \text{ 任意} \end{cases}$, 讨论 $f(x, y)$ 在 $(0, 0)$ 处是否连续.

§9.2 偏 导 数

一、偏导数的定义及其计算法

在研究一元函数时, 我们从研究函数的变化率引入了导数的概念. 实际问题中, 我们常常需要了解一个受到多种因素制约的变量, 在其他因素固定不变的情况下, 只随一种因素变化的变化率问题, 反映在数学上就是多元函数在其他自变量固定不变时, 函数随一个自变量变化的变化率问题, 这就是偏导数.

以二元函数 $z = f(x, y)$ 为例, 如果固定自变量 $y = y_0$, 则函数 $z = f(x, y_0)$ 就是 x 的一元函数, 该函数对 x 的导数就称为二元函数 $z = f(x, y)$ 对 x 的**偏导数**. 一般地, 我们有如下定义:

定义 1 设函数 $z = f(x, y)$ 在点 (x_0, y_0) 的某一邻域内有定义, 当 y 固定在 y_0 而 x 在 x_0 处有增量 Δx 时, 相应地, 函数有增量

$$f(x_0 + \Delta x, y_0) - f(x_0, y_0),$$

如果 $\lim\limits_{\Delta x \to 0} \dfrac{f(x_0 + \Delta x, y_0) - f(x_0, y_0)}{\Delta x}$ 存在，则称此极限为函数 $z = f(x, y)$ 在点 $(x_0,$ $y_0)$ 处**对 x 的偏导数**，记为

$$\frac{\partial z}{\partial x}\bigg|_{\substack{x=x_0 \\ y=y_0}}, \quad \frac{\partial f}{\partial x}\bigg|_{\substack{x=x_0 \\ y=y_0}}, \quad z_x\bigg|_{\substack{x=x_0 \\ y=y_0}} \quad \text{或} \quad f_x(x_0, y_0).$$

例如，有

$$f_x(x_0, y_0) = \lim_{\Delta x \to 0} \frac{f(x_0 + \Delta x, y_0) - f(x_0, y_0)}{\Delta x}.$$

类似地，函数 $z = f(x, y)$ 在点 (x_0, y_0) 处**对 y 的偏导数**为

$$\lim_{\Delta y \to 0} \frac{f(x_0, y_0 + \Delta y) - f(x_0, y_0)}{\Delta y},$$

记为

$$\frac{\partial z}{\partial y}\bigg|_{\substack{x=x_0 \\ y=y_0}}, \quad \frac{\partial f}{\partial y}\bigg|_{\substack{x=x_0 \\ y=y_0}}, \quad z_y\bigg|_{\substack{x=x_0 \\ y=y_0}} \quad \text{或} \quad f_y(x_0, y_0).$$

如果函数 $z = f(x, y)$ 在区域 D 内任一点 (x, y) 处对 x 的偏导数都存在，那么这个偏导数就是 x, y 的函数，并称为函数 $z = f(x, y)$ **对自变量 x 的偏导函数**（简称为**偏导数**），记为

$$\frac{\partial z}{\partial x}, \frac{\partial f}{\partial x}, z_x \quad \text{或} \quad f_x(x, y).$$

同理可以定义函数 $z = f(x, y)$ **对自变量 y 的偏导数**，记为

$$\frac{\partial z}{\partial y}, \frac{\partial f}{\partial y}, z_y \quad \text{或} \quad f_y(x, y).$$

注：偏导数的记号 z_x, f_x 也记成 z_x', f_x'，对后面的高阶偏导数也有类似的情形．

偏导数的概念可以推广到二元以上的函数．

例如，三元函数 $u = f(x, y, z)$ 在点 (x, y, z) 处的偏导数：

$$f_x(x, y, z) = \lim_{\Delta x \to 0} \frac{f(x + \Delta x, y, z) - f(x, y, z)}{\Delta x},$$

$$f_y(x, y, z) = \lim_{\Delta y \to 0} \frac{f(x, y + \Delta y, z) - f(x, y, z)}{\Delta y},$$

$$f_z(x, y, z) = \lim_{\Delta z \to 0} \frac{f(x, y, z + \Delta z) - f(x, y, z)}{\Delta z}.$$

上述定义表明，在求多元函数对某个自变量的偏导数时，只需把其余自变量看作常数，然后直接利用一元函数的求导公式及复合函数求导法则来计算．

例 1　求 $z = f(x, y) = x^2 + 3xy + y^2$ 在点 $(1, 2)$ 处的偏导数．

解　把 y 看作常数，对 x 求导，得

$$f_x(x, y) = 2x + 3y.$$

把 x 看作常数, 对 y 求导, 得

$$f_y(x,y) = 3x + 2y.$$

故所求偏导数为

$$f_x(1,2) = 2 \times 1 + 3 \times 2 = 8, \quad f_y(1,2) = 3 \times 1 + 2 \times 2 = 7.$$

例2 设 $z = x^y (x > 0, x \neq 1)$, 求证

$$\frac{x}{y}\frac{\partial z}{\partial x} + \frac{1}{\ln x}\frac{\partial z}{\partial y} = 2z.$$

证明 因为 $\dfrac{\partial z}{\partial x} = yx^{y-1}$, $\dfrac{\partial z}{\partial y} = x^y \ln x$, 所以

$$\frac{x}{y}\frac{\partial z}{\partial x} + \frac{1}{\ln x}\frac{\partial z}{\partial y} = \frac{x}{y}yx^{y-1} + \frac{1}{\ln x}x^y \ln x = x^y + x^y = 2z.$$

例3 求 $r = \sqrt{x^2 + y^2 + z^2}$ 的偏导数.

解 把 y 和 z 看作常数, 对 x 求导, 得

$$\frac{\partial r}{\partial x} = \frac{x}{\sqrt{x^2 + y^2 + z^2}} = \frac{x}{r},$$

利用函数关于自变量的对称性, 得

$$\frac{\partial r}{\partial y} = \frac{y}{r}, \quad \frac{\partial r}{\partial z} = \frac{z}{r}.$$

关于多元函数的偏导数, 我们补充以下几点说明:

(1) 对一元函数而言, 导数 $\dfrac{\mathrm{d}y}{\mathrm{d}x}$ 可看作函数的微分 $\mathrm{d}y$ 与自变量的微分 $\mathrm{d}x$ 的商, 但偏导数的记号 $\dfrac{\partial u}{\partial x}$ 是一个整体.

(2) 与一元函数类似, 对于分段函数在分段点的偏导数要利用偏导数的定义来求.

(3) 在一元函数微分学中, 我们知道, 如果函数在某点存在导数, 则它在该点必定连续. 但对多元函数而言, 即使函数的各个偏导数存在, 也不能保证函数在该点连续.

例如, 二元函数

$$f(x,y) = \begin{cases} \dfrac{xy}{x^2 + y^2}, & (x,y) \neq (0,0) \\ 0, & (x,y) = (0,0) \end{cases}$$

在点 $(0,0)$ 处的偏导数为

$$f_x(0,0) = \lim_{\Delta x \to 0}\frac{f(0+\Delta x,0) - f(0,0)}{\Delta x} = \lim_{\Delta x \to 0}\frac{0}{\Delta x} = 0,$$

$$f_y(0,0) = \lim_{\Delta y \to 0}\frac{f(0,0+\Delta y) - f(0,0)}{\Delta y} = \lim_{\Delta y \to 0}\frac{0}{\Delta y} = 0.$$

但从 §9.1 中已经知道此函数在点 $(0,0)$ 处不连续.

偏导数的几何意义

设曲面的方程为 $z = f(x, y)$, $M_0(x_0, y_0,$
$f(x_0, y_0))$ 是该曲面上一点, 过点 M_0 作平面
$y = y_0$, 截此曲面得一条曲线, 其方程为

$$\begin{cases} z = f(x, y_0), \\ y = y_0 \end{cases}$$

则偏导数 $f_x(x_0, y_0)$ 表示上述曲线在点 M_0 处
的切线 $M_0 T_x$ 对 x 轴正向的斜率(见图9-2-1).

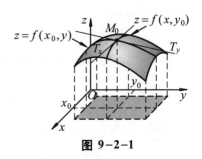

图 9-2-1

同理, 偏导数 $f_y(x_0, y_0)$ 就是曲面被平面 $x = x_0$ 所截得的曲线在点 M_0 处的切线 $M_0 T_y$
对 y 轴正向的斜率.

二、高阶偏导数

设函数 $z = f(x, y)$ 在区域 D 内具有偏导数

$$\frac{\partial z}{\partial x} = f_x(x, y), \quad \frac{\partial z}{\partial y} = f_y(x, y),$$

则在 D 内 $f_x(x, y)$ 和 $f_y(x, y)$ 都是 x, y 的函数. 如果这两个函数的偏导数存在, 则
称它们是函数 $z = f(x, y)$ 的**二阶偏导数**. 按照对变量求导次序的不同, 共有下列四
个二阶偏导数:

$$\frac{\partial}{\partial x}\left(\frac{\partial z}{\partial x}\right) = \frac{\partial^2 z}{\partial x^2} = f_{xx}(x, y), \qquad \frac{\partial}{\partial y}\left(\frac{\partial z}{\partial x}\right) = \frac{\partial^2 z}{\partial x \partial y} = f_{xy}(x, y),$$

$$\frac{\partial}{\partial x}\left(\frac{\partial z}{\partial y}\right) = \frac{\partial^2 z}{\partial y \partial x} = f_{yx}(x, y), \qquad \frac{\partial}{\partial y}\left(\frac{\partial z}{\partial y}\right) = \frac{\partial^2 z}{\partial y^2} = f_{yy}(x, y),$$

其中第二个、第三个偏导数称为**混合偏导数**.

类似地, 可以定义三阶、四阶、…… 以及 n 阶偏导数. 我们把二阶及二阶以上
的偏导数统称为**高阶偏导数**.

例4　设 $z = 4x^3 + 3x^2 y - 3xy^2 - x + y$, 求

$$\frac{\partial^2 z}{\partial x^2}, \quad \frac{\partial^2 z}{\partial y \partial x}, \quad \frac{\partial^2 z}{\partial x \partial y}, \quad \frac{\partial^2 z}{\partial y^2}, \quad \frac{\partial^3 z}{\partial x^3}.$$

解　$\dfrac{\partial z}{\partial x} = 12x^2 + 6xy - 3y^2 - 1, \qquad \dfrac{\partial z}{\partial y} = 3x^2 - 6xy + 1, \qquad \dfrac{\partial^2 z}{\partial x^2} = 24x + 6y,$

$\dfrac{\partial^2 z}{\partial y^2} = -6x, \qquad\qquad \dfrac{\partial^2 z}{\partial x \partial y} = 6x - 6y, \qquad\qquad \dfrac{\partial^2 z}{\partial y \partial x} = 6x - 6y,$

$\dfrac{\partial^3 z}{\partial x^3} = 24.$ ∎

例5 求 $z = x\ln(x+y)$ 的二阶偏导数.

解 $\quad \dfrac{\partial z}{\partial x} = \ln(x+y) + \dfrac{x}{x+y}, \qquad \dfrac{\partial z}{\partial y} = \dfrac{x}{x+y},$

$\dfrac{\partial^2 z}{\partial x^2} = \dfrac{1}{x+y} + \dfrac{x+y-x}{(x+y)^2} = \dfrac{x+2y}{(x+y)^2}, \qquad \dfrac{\partial^2 z}{\partial y^2} = \dfrac{-x}{(x+y)^2},$

$\dfrac{\partial^2 z}{\partial x \partial y} = \dfrac{1}{x+y} + \dfrac{-x}{(x+y)^2} = \dfrac{y}{(x+y)^2}, \qquad \dfrac{\partial^2 z}{\partial y \partial x} = \dfrac{(x+y)-x}{(x+y)^2} = \dfrac{y}{(x+y)^2}.$ ■

例6 证明函数 $u = \dfrac{1}{r}$ 满足拉普拉斯方程

$$\frac{\partial^2 u}{\partial x^2} + \frac{\partial^2 u}{\partial y^2} + \frac{\partial^2 u}{\partial z^2} = 0,$$

其中 $r = \sqrt{x^2 + y^2 + z^2}$.

证明 $\quad \dfrac{\partial u}{\partial x} = -\dfrac{1}{r^2} \cdot \dfrac{\partial r}{\partial x} = -\dfrac{1}{r^2} \cdot \dfrac{x}{r} = -\dfrac{x}{r^3}, \qquad \dfrac{\partial^2 u}{\partial x^2} = -\dfrac{1}{r^3} + \dfrac{3x}{r^4} \cdot \dfrac{\partial r}{\partial x} = -\dfrac{1}{r^3} + \dfrac{3x^2}{r^5}.$

由函数关于自变量的对称性, 有

$$\frac{\partial^2 u}{\partial y^2} = -\frac{1}{r^3} + \frac{3y^2}{r^5}, \qquad \frac{\partial^2 u}{\partial z^2} = -\frac{1}{r^3} + \frac{3z^2}{r^5}.$$

因此 $\quad \dfrac{\partial^2 u}{\partial x^2} + \dfrac{\partial^2 u}{\partial y^2} + \dfrac{\partial^2 u}{\partial z^2} = -\dfrac{3}{r^3} + \dfrac{3(x^2+y^2+z^2)}{r^5} = -\dfrac{3}{r^3} + \dfrac{3r^2}{r^5} = 0.$ ■

我们看到例4和例5中两个二阶混合偏导数均相等, 即

$$\frac{\partial^2 z}{\partial y \partial x} = \frac{\partial^2 z}{\partial x \partial y}.$$

这种现象并不是偶然的, 实际上我们可以通过证明得出下述定理.

定理1 如果函数 $z = f(x,y)$ 的两个二阶混合偏导数 $\dfrac{\partial^2 z}{\partial y \partial x}$ 及 $\dfrac{\partial^2 z}{\partial x \partial y}$ 在区域 D 内连续, 则在该区域内有 $\dfrac{\partial^2 z}{\partial y \partial x} = \dfrac{\partial^2 z}{\partial x \partial y}$.

证明 略. ■

定理1表明: 二阶混合偏导数在连续的条件下与求偏导的次序无关, 这给混合偏导数的计算带来了方便.

对于二元以上的多元函数, 我们也可类似地定义高阶偏导数. 而且高阶混合偏导数在偏导数连续的条件下也与求偏导的次序无关.

*数学实验

实验9.3 试用计算软件求出下列函数的偏导数:

(1) 设 $z = x^3 y + \sin^2(xy)$, 求 $\dfrac{\partial z}{\partial x}, \dfrac{\partial z}{\partial y}$;

(2) 设 $u = xyz + \dfrac{xy}{z} + \dfrac{zx}{y} + \dfrac{yz}{x}$，求 $\dfrac{\partial u}{\partial x}$；

(3) 设 $z = x - 2y + \ln\sqrt{x^2 + y^2} + 3\mathrm{e}^{xy}$，求 z_x, z_y；

(4) 设 $z = xy\mathrm{e}^{x+y^2} + \sin\dfrac{x}{y^2}$，求 $\dfrac{\partial z}{\partial x}, \dfrac{\partial z}{\partial y}$；

(5) 设 $z = x^4 + y^4 - 4x^2y^2$，求 $\dfrac{\partial^2 z}{\partial x^2}, \dfrac{\partial^2 z}{\partial y^2}, \dfrac{\partial^2 z}{\partial x \partial y}$；

(6) 设 $z = \sin(xy) + \cos^2(xy)$，求 $\dfrac{\partial z}{\partial x}, \dfrac{\partial z}{\partial y}, \dfrac{\partial^2 z}{\partial x^2}, \dfrac{\partial^2 z}{\partial x \partial y}$；

(7) 设 $z = x^3 \sin y - y\mathrm{e}^x$，求 $\dfrac{\partial^3 z}{\partial x \partial y^2}$；

(8) 设 $z = \mathrm{e}^{-(x^2+y^2)/8}(\cos^2 x + \sin^2 y)$，求 $\dfrac{\partial^2 z}{\partial x^2}, \dfrac{\partial^2 z}{\partial y^2}, \dfrac{\partial^2 z}{\partial y \partial x}$.

计算实验

详见教材配套的网络学习空间.

习题 9-2

1. 求下列函数的偏导数：

(1) $z = x^2 - 2xy + y^3$；

(2) $z = x^{\sin y}$；

(3) $z = \arctan\dfrac{y}{x}$；

(4) $z = x^3 y + 3x^2 y^2 - xy^3$；

(5) $z = \dfrac{x^2 + y^2}{xy}$；

(6) $z = \dfrac{x}{\sqrt{x^2 + y^2}}$；

(7) $z = \sqrt{\ln(xy)}$；

(8) $z = \sin(xy) + \cos^2(xy)$；

(9) $z = (1 + xy)^y$；

(10) $z = \ln\tan\dfrac{x}{y}$；

(11) $u = \left(\dfrac{x}{y}\right)^z$.

2. 设 $f(x, y) = x + (y-1)\arcsin\sqrt{\dfrac{x}{y}}$，求 $f_x(x, 1)$.

3. 设 $f(x, y) = \begin{cases} (x^2 + y)\sin\dfrac{1}{\sqrt{x^2 + y^2}}, & x^2 + y^2 \neq 0 \\ 0, & x^2 + y^2 = 0 \end{cases}$，求 $f_x'(0, 0), f_y'(0, 0)$.

4. 曲线 $\begin{cases} z = \dfrac{x^2 + y^2}{4} \\ y = 4 \end{cases}$ 在点 $(2, 4, 5)$ 处的切线与 x 轴正向所成的倾角是多大？

5. 求下列函数的 $\dfrac{\partial^2 z}{\partial x^2}, \dfrac{\partial^2 z}{\partial y^2}$ 和 $\dfrac{\partial^2 z}{\partial x \partial y}$：

(1) $z = x^2 y \mathrm{e}^y$；

(2) $z = \arctan\dfrac{y}{x}$；

(3) $z = y^x$.

6. 设 $f(x, y, z) = xy^2 + yz^2 + zx^2$，求 $f_{xx}(0, 0, 1)$，$f_{xz}(1, 0, 2)$，$f_{yz}(0, -1, 0)$ 及 $f_{zzx}(2, 0, 1)$.

7. 设 $z = \dfrac{y^2}{3x} + \varphi(xy)$，其中 $\varphi(u)$ 可导，证明 $x^2 \dfrac{\partial z}{\partial x} + y^2 = xy \dfrac{\partial z}{\partial y}$.

8. 设 $z = x\ln(xy)$，求 $\dfrac{\partial^3 z}{\partial x^2 \partial y}$ 及 $\dfrac{\partial^3 z}{\partial x \partial y^2}$.

§9.3 全微分及其应用

我们已经知道，二元函数对某个自变量的偏导数表示当其中一个自变量固定时，因变量对另一个自变量的变化率. 根据一元函数微分学中增量与微分的关系，可得

$$f(x + \Delta x, y) - f(x, y) \approx f_x(x, y)\Delta x,$$

$$f(x, y + \Delta y) - f(x, y) \approx f_y(x, y)\Delta y.$$

上面两式左端分别称为二元函数对 x 和对 y 的**偏增量**，而右端分别称为二元函数对 x 和对 y 的**偏微分**.

在实际问题中，有时需要研究多元函数中各个自变量都取得增量时因变量所获得的增量，即所谓全增量的问题. 下面以二元函数为例进行讨论.

如果函数 $z = f(x, y)$ 在点 $P(x, y)$ 的某邻域内有定义，并设 $P'(x + \Delta x, y + \Delta y)$ 为该邻域内的任意一点，则称

$$f(x + \Delta x, y + \Delta y) - f(x, y)$$

为函数在点 P 处对应于自变量增量 Δx, Δy 的**全增量**，记为 Δz，即

$$\Delta z = f(x + \Delta x, y + \Delta y) - f(x, y). \tag{3.1}$$

一般来说，计算全增量比较复杂. 与一元函数的情形类似，我们也希望利用关于自变量增量 Δx, Δy 的线性函数来近似地代替函数的全增量 Δz，由此引入二元函数全微分的定义.

定义 1 如果函数 $z = f(x, y)$ 在点 (x, y) 处的全增量

$$\Delta z = f(x + \Delta x, y + \Delta y) - f(x, y)$$

可以表示为

$$\Delta z = A\Delta x + B\Delta y + o(\rho), \tag{3.2}$$

其中 A, B 不依赖于 Δx, Δy，而仅与 x, y 有关，$\rho = \sqrt{(\Delta x)^2 + (\Delta y)^2}$，则称函数 $z = f(x, y)$ 在点 (x, y) 处**可微分**，$A\Delta x + B\Delta y$ 称为函数 $z = f(x, y)$ 在点 (x, y) 处的**全微分**，记为 dz，即

$$\mathrm{d}z = A\Delta x + B\Delta y. \tag{3.3}$$

若函数在区域 D 内各点处可微分，则称该函数**在 D 内可微分**.

从 §9.2 可知，多元函数在某点的偏导数存在并不能保证函数在该点连续. 但是，由上述定义可知，如果函数 $z = f(x, y)$ 在点 (x, y) 处可微分，则函数在该点必定连续. 事实上，此时有

$$\lim_{\rho \to 0} \Delta z = 0,$$

从而

$$\lim_{(\Delta x, \Delta y) \to (0,0)} f(x + \Delta x, y + \Delta y) = \lim_{\rho \to 0} [f(x, y) + \Delta z] = f(x, y),$$

所以函数 $z = f(x, y)$ 在点 (x, y) 处连续.

下面我们根据全微分与偏导数的定义来讨论函数在一点可微分的条件.

定理 1（必要条件）　如果函数 $z = f(x, y)$ 在点 (x, y) 处可微分，则该函数在点 (x, y) 处的偏导数 $\dfrac{\partial z}{\partial x}, \dfrac{\partial z}{\partial y}$ 必存在，且 $z = f(x, y)$ 在点 (x, y) 处的全微分为

$$\mathrm{d}z = \frac{\partial z}{\partial x} \Delta x + \frac{\partial z}{\partial y} \Delta y. \tag{3.4}$$

证明　设函数 $z = f(x, y)$ 在点 $P(x, y)$ 处可微分，则对于点 P 的某个邻域内的任意一点 $P'(x + \Delta x, y + \Delta y)$，恒有

$$\Delta z = A \Delta x + B \Delta y + o(\rho)$$

成立. 特别地，当 $\Delta y = 0$ 时上式仍成立（此时 $\rho = |\Delta x|$），从而有

$$f(x + \Delta x, y) - f(x, y) = A \cdot \Delta x + o(|\Delta x|).$$

上式两端除以 Δx，令 $\Delta x \to 0$ 并取极限，即得

$$\lim_{\Delta x \to 0} \frac{f(x + \Delta x, y) - f(x, y)}{\Delta x} = A, \quad 即 \quad \frac{\partial z}{\partial x} = A.$$

同理可证 $B = \dfrac{\partial z}{\partial y}$. 故定理 1 得证.　■

我们知道，一元函数在某点可导是在该点可微的充分必要条件. 但对于多元函数则不然. 定理 1 的结论表明，二元函数的各偏导数存在只是全微分存在的必要条件而不是充分条件.

例如，对二元函数 $f(x, y) = \begin{cases} \dfrac{xy}{\sqrt{x^2 + y^2}}, & x^2 + y^2 \neq 0 \\ 0, & x^2 + y^2 = 0 \end{cases}$，我们可用定义求出

$$f_x(0, 0) = f_y(0, 0) = 0,$$

即 $f(x, y)$ 在点 $(0, 0)$ 处的两个偏导数存在且相等. 而

$$\Delta z - [f_x(0, 0) \cdot \Delta x + f_y(0, 0) \cdot \Delta y] = \frac{\Delta x \cdot \Delta y}{\sqrt{(\Delta x)^2 + (\Delta y)^2}},$$

若令点 $P'(\Delta x, \Delta y)$ 沿着直线 $y = x$ 趋于 $(0, 0)$，则有

$$\frac{\dfrac{\Delta x \cdot \Delta y}{\sqrt{(\Delta x)^2 + (\Delta y)^2}}}{\rho} = \frac{\Delta x \cdot \Delta y}{(\Delta x)^2 + (\Delta y)^2} = \frac{1}{2},$$

它不随着 $\rho \to 0$ 而趋于 0, 即

$$\Delta z - [f_x(0,0) \cdot \Delta x + f_y(0,0) \cdot \Delta y]$$

不是关于 ρ 的高阶无穷小. 故函数 $f(x,y)$ 在点 $(0,0)$ 处是不可微的.

由此可见, 对于多元函数而言, 偏导数存在并不一定可微. 因为函数的偏导数仅描述了函数在一点处沿坐标轴的变化率, 而全微分描述了函数沿各个方向的变化情况. 但如果对偏导数再加些条件, 就可以保证函数的可微性. 一般地, 我们有:

定理 2(充分条件) 如果函数 $z = f(x,y)$ 的偏导数 $\dfrac{\partial z}{\partial x}$, $\dfrac{\partial z}{\partial y}$ 在点 (x,y) 处连续, 则函数在该点处可微分.

证明 函数的全增量

$$\Delta z = f(x + \Delta x, y + \Delta y) - f(x,y)$$
$$= [f(x + \Delta x, y + \Delta y) - f(x, y + \Delta y)] + [f(x, y + \Delta y) - f(x,y)],$$

对上面两个中括号内的表达式, 分别应用拉格朗日中值定理, 有

$$\Delta z = f_x(x + \theta_1 \Delta x, y + \Delta y)\Delta x + f_y(x, y + \theta_2 \Delta y)\Delta y,$$

其中 $0 < \theta_1, \theta_2 < 1$. 根据题设条件, $f_x(x,y)$ 在点 (x,y) 处连续, 故

$$\lim_{\substack{\Delta x \to 0 \\ \Delta y \to 0}} f_x(x + \theta_1 \Delta x, y + \Delta y) = f_x(x,y),$$

从而有
$$f_x(x + \theta_1 \Delta x, y + \Delta y)\Delta x = f_x(x,y)\Delta x + \varepsilon_1 \Delta x,$$

其中 ε_1 为 Δx, Δy 的函数, 且当 $\Delta x \to 0$, $\Delta y \to 0$ 时, $\varepsilon_1 \to 0$. 同理有

$$f_y(x, y + \theta_2 \Delta y)\Delta y = f_y(x,y)\Delta y + \varepsilon_2 \Delta y,$$

其中 ε_2 为 Δy 的函数, 且当 $\Delta y \to 0$ 时, $\varepsilon_2 \to 0$. 于是

$$\Delta z = f_x(x,y)\Delta x + \varepsilon_1 \Delta x + f_y(x,y)\Delta y + \varepsilon_2 \Delta y,$$

而
$$\lim_{\substack{\Delta x \to 0 \\ \Delta y \to 0}} \frac{\varepsilon_1 \Delta x + \varepsilon_2 \Delta y}{\rho} = \lim_{\substack{\Delta x \to 0 \\ \Delta y \to 0}} \left(\varepsilon_1 \frac{\Delta x}{\rho} + \varepsilon_2 \frac{\Delta y}{\rho} \right) = 0,$$

其中 $\rho = \sqrt{(\Delta x)^2 + (\Delta y)^2}$. 所以, 由可微的定义知, 函数 $z = f(x,y)$ 在点 (x,y) 处可微分. ∎

习惯上, 常将自变量的增量 Δx、Δy 分别记为 dx、dy, 并分别称为自变量的微分. 这样, 函数 $z = f(x,y)$ 的全微分就表示为

$$dz = \frac{\partial z}{\partial x} dx + \frac{\partial z}{\partial y} dy. \tag{3.5}$$

上述关于二元函数全微分的必要条件和充分条件, 可以完全类似地推广到三元及三元以上的多元函数. 例如, 三元函数 $u = f(x,y,z)$ 的全微分可表示为

$$du = \frac{\partial u}{\partial x} dx + \frac{\partial u}{\partial y} dy + \frac{\partial u}{\partial z} dz. \tag{3.6}$$

例1　求函数 $z = 4xy^3 + 5x^2y^6$ 的全微分.

解　因为

$$\frac{\partial z}{\partial x} = 4y^3 + 10xy^6, \quad \frac{\partial z}{\partial y} = 12xy^2 + 30x^2y^5,$$

且这两个偏导数连续, 所以

$$dz = (4y^3 + 10xy^6)\,dx + (12xy^2 + 30x^2y^5)\,dy.$$

例2　计算函数 $z = e^{xy}$ 在点 $(2, 1)$ 处的全微分.

解　因为 $f_x(x, y) = ye^{xy}$, $f_y(x, y) = xe^{xy}$, 所以

$$f_x(2,1) = e^2, \quad f_y(2,1) = 2e^2,$$

从而所求全微分为

$$dz = e^2\,dx + 2e^2\,dy.$$

例3　求函数 $u = x^{y^z}$ 的偏导数和全微分.

解　因为

$$\frac{\partial u}{\partial x} = y^z \cdot x^{y^z - 1} = \frac{y^z}{x} \cdot x^{y^z},$$

$$\frac{\partial u}{\partial y} = x^{y^z} \cdot z \cdot y^{z-1} \cdot \ln x = \frac{z \cdot y^z \cdot \ln x}{y} \cdot x^{y^z},$$

$$\frac{\partial u}{\partial z} = x^{y^z} \cdot \ln x \cdot y^z \ln y = x^{y^z} \cdot y^z \cdot \ln x \cdot \ln y,$$

计算实验

所以

$$du = \frac{\partial u}{\partial x}\,dx + \frac{\partial u}{\partial y}\,dy + \frac{\partial u}{\partial z}\,dz = x^{y^z}\left(\frac{y^z}{x}\,dx + z \cdot \frac{y^z \ln x}{y}\,dy + y^z \cdot \ln x \cdot \ln y\,dz\right).$$

注: 微信扫描右侧二维码, 即可进行计算实验(详见教材配套的网络学习空间).

*数学实验

实验9.4　试用计算软件求下列各题:

(1) 设 $z = (a + xy)^y$, 求 dz;

(2) 设 $u(x, y) = \ln(x - \sqrt{x^2 + y^2})$, 求 du;

(3) 求函数 $z = e^{ax^2 + by^2}$ (a, b 为常数) 的全微分;

(4) 求函数 $u = z^4 - 3xz + x^2 + y^2$ 在点 $(1,1,1)$ 处的全微分.

全微分计算实验

详见教材配套的网络学习空间.

与一元函数的线性化类似, 我们也可以研究二元函数的线性化近似问题.

从前面的讨论已知, 当函数 $z = f(x, y)$ 在点 (x_0, y_0) 处可微, 且 $|\Delta x|$, $|\Delta y|$ 都较小时, 由全微分的定义, 有

$$\Delta z \approx dz,$$

即
$$\Delta z \approx f_x(x_0, y_0)\Delta x + f_y(x_0, y_0)\Delta y,$$
如果从点 (x_0, y_0) 移动到其邻近点 (x, y) 所产生的
增量为
$$\Delta x = x - x_0, \quad \Delta y = y - y_0$$

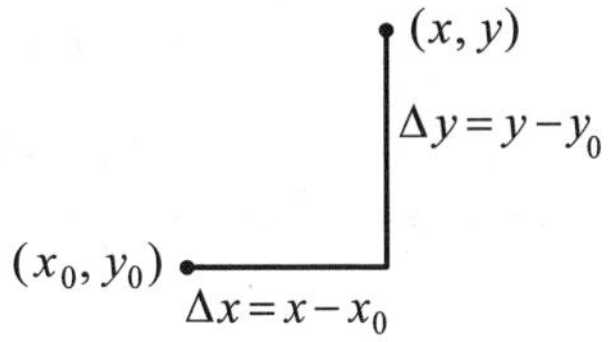

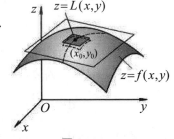

图 9–3–1

(见图 9–3–1), 则有
$$f(x, y) - f(x_0, y_0) \approx f_x(x_0, y_0)(x - x_0) + f_y(x_0, y_0)(y - y_0),$$
即
$$f(x, y) \approx f(x_0, y_0) + f_x(x_0, y_0)(x - x_0) + f_y(x_0, y_0)(y - y_0).$$
若记上式右端的线性函数为
$$L(x, y) = f(x_0, y_0) + f_x(x_0, y_0)(x - x_0) + f_y(x_0, y_0)(y - y_0),$$
其图形为通过点 (x_0, y_0) 处的一个平面, 此即所谓的曲面 $z = f(x, y)$ 在点 (x_0, y_0)
处的切平面.

定义 2 如果函数 $z = f(x, y)$ 在点 (x_0, y_0) 处可微, 那么函数
$$L(x, y) = f(x_0, y_0) + f_x(x_0, y_0)(x - x_0) + f_y(x_0, y_0)(y - y_0)$$
就称为函数 $z = f(x, y)$ 在点 (x_0, y_0) 处的**线性化**. 近似式
$$f(x, y) \approx L(x, y)$$
称为函数 $z = f(x, y)$ 在点 (x_0, y_0) 处的**标准线性近似**.

从几何上看, 二元函数线性化的实质就是曲面上
某点邻近的一小块曲面被相应的一小块切平面近似代
替 (见图 9–3–2).

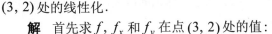

例 4 求函数 $f(x, y) = x^2 - xy + \dfrac{1}{2}y^2 + 6$ 在点
$(3, 2)$ 处的线性化.

图 9–3–2

解 首先求 f, f_x 和 f_y 在点 $(3, 2)$ 处的值:
$$f(3, 2) = 3^2 - 3 \cdot 2 + \frac{1}{2} \cdot 2^2 + 6 = 11,$$
$$f_x(3, 2) = \frac{\partial}{\partial x}\left(x^2 - xy + \frac{1}{2}y^2 + 6\right)\bigg|_{(3, 2)} = (2x - y)\big|_{(3, 2)} = 4,$$
$$f_y(3, 2) = \frac{\partial}{\partial y}\left(x^2 - xy + \frac{1}{2}y^2 + 6\right)\bigg|_{(3, 2)} = (-x + y)\big|_{(3, 2)} = -1,$$
于是 f 在点 $(3, 2)$ 处的线性化为
$$L(x, y) = f(x_0, y_0) + f_x(x_0, y_0)(x - x_0) + f_y(x_0, y_0)(y - y_0)$$
$$= 11 + 4(x - 3) - (y - 2) = 4x - y + 1.$$

例 5 计算 $(1.04)^{2.02}$ 的近似值.

解 设函数 $f(x, y) = x^y$, 则要计算的近似值就是该函数在 $x = 1.04$, $y = 2.02$ 时
的函数值的近似值. 令 $x_0 = 1$, $y_0 = 2$, 由

$$f_x(x, y) = yx^{y-1}, \quad f_y(x, y) = x^y \ln x,$$

$$f(1, 2) = 1, \quad f_x(1, 2) = 2, \quad f_y(1, 2) = 0,$$

可得到函数 x^y 在点 $(1, 2)$ 处的线性化为

$$L(x, y) = 1 + 2(x - 1),$$

所以　　　　　　$(1.04)^{2.02} = (1 + 0.04)^{2+0.02} \approx 1 + 2 \times 0.04 = 1.08.$

对于二元函数 $z = f(x, y)$，如果自变量 x, y 的绝对误差分别为 δ_x, δ_y，即

$$|\Delta x| \le \delta_x, \quad |\Delta y| \le \delta_y,$$

则因变量 z 的误差

$$\Delta z \approx |\mathrm{d}z| = \left| \frac{\partial z}{\partial x} \Delta x + \frac{\partial z}{\partial y} \Delta y \right| \le \left| \frac{\partial z}{\partial x} \right| \cdot |\Delta x| + \left| \frac{\partial z}{\partial y} \right| \cdot |\Delta y| \le \left| \frac{\partial z}{\partial x} \right| \delta_x + \left| \frac{\partial z}{\partial y} \right| \delta_y,$$

从而因变量 z 的绝对误差约为

$$\delta_z = \left| \frac{\partial z}{\partial x} \right| \delta_x + \left| \frac{\partial z}{\partial y} \right| \delta_y,$$

因变量 z 的相对误差约为 $\dfrac{\delta_z}{|z|}$.

例 6　测得矩形盒的各边长分别为 75 cm、60 cm 以及 40 cm, 且可能的最大测量误差为 0.2 cm. 试用全微分估计利用这些测量值计算盒子体积时可能带来的最大误差.

解　以 x, y, z 为边长的矩形盒的体积 $V = xyz$, 所以

$$\mathrm{d}V = \frac{\partial V}{\partial x} \mathrm{d}x + \frac{\partial V}{\partial y} \mathrm{d}y + \frac{\partial V}{\partial z} \mathrm{d}z = yz\mathrm{d}x + xz\mathrm{d}y + xy\mathrm{d}z.$$

由于已知 $|\Delta x| \le 0.2, |\Delta y| \le 0.2, |\Delta z| \le 0.2$, 为了求体积的最大误差，取 $\mathrm{d}x = \mathrm{d}y = \mathrm{d}z = 0.2$, 再结合 $x = 75, y = 60, z = 40$, 得

$$\Delta V \approx \mathrm{d}V = 60 \times 40 \times 0.2 + 75 \times 40 \times 0.2 + 75 \times 60 \times 0.2 = 1\,980,$$

即每边仅 0.2 cm 的误差可以导致体积的计算误差达到 1 980 cm³.

习题 9-3

1. 求下列函数的全微分：

(1) $z = 3x^2 y + \dfrac{x}{y}$;　　　　　　(2) $z = \sin(x \cos y)$;　　　　　　(3) $u = x^{yz}$.

2. 求函数 $z = \ln(2 + x^2 + y^2)$ 在 $x = 2, y = 1$ 时的全微分.

3. 设 $f(x, y, z) = \sqrt[z]{\dfrac{x}{y}}$, 求 $\mathrm{d}f(1, 1, 1)$.

4. 求函数 $z = \dfrac{y}{x}$ 在 $x = 2, y = 1, \Delta x = 0.1, \Delta y = -0.2$ 时的全增量 Δz 和全微分 $\mathrm{d}z$.

5. 求下列函数在各点的线性化.

(1) $f(x, y) = x^2 + y^2 + 1$, $(1, 1)$;　　　　　(2) $f(x, y) = e^x \cos y$, $(0, \pi/2)$.

6. 计算 $\sqrt{(1.02)^3 + (1.97)^3}$ 的近似值.

7. 计算 $(1.007)^{2.98}$ 的近似值.

8. 已知边长为 $x = 6\,\mathrm{m}$ 与 $y = 8\,\mathrm{m}$ 的矩形, 如果 x 边增加 $2\,\mathrm{cm}$, 而 y 边减少 $5\,\mathrm{cm}$, 问这个矩形的对角线的近似值怎样变化?

9. 用某种材料做一个开口长方体容器, 其外形长 $5\,\mathrm{m}$, 宽 $4\,\mathrm{m}$, 高 $3\,\mathrm{m}$, 厚 $20\,\mathrm{cm}$, 求所需材料的近似值与精确值.

10. 由欧姆定律, 电流 I、电压 V 及电阻 R 有关系 $R = \dfrac{V}{I}$. 若测得 $V = 110\,\mathrm{V}$, 测量的最大绝对误差为 $2\,\mathrm{V}$, 测得 $I = 20\,\mathrm{A}$, 测量的最大绝对误差为 $0.5\,\mathrm{A}$. 问由此计算所得到的 R 的最大绝对误差和最大相对误差是多少?

§9.4　复合函数微分法

在一元函数的复合求导中, 有所谓的"链式法则", 这一法则可以推广到多元复合函数的情形. 下面分几种情况来讨论.

一、复合函数的中间变量为一元函数的情形

设函数 $z = f(u, v)$, $u = u(t)$, $v = v(t)$ 构成复合函数
$$z = f[u(t), v(t)],$$

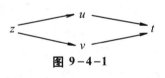

图 9-4-1

其变量间的相互依赖关系可用图 9-4-1 来表达. 这种函数关系图以后还会经常用到.

定理 1　如果函数 $u = u(t)$ 及 $v = v(t)$ 都在点 t 处可导, 函数 $z = f(u, v)$ 在对应点 (u, v) 处具有连续偏导数, 则复合函数 $z = f[u(t), v(t)]$ 在对应点 t 处可导, 且其导数可用下列公式计算:

$$\frac{\mathrm{d}z}{\mathrm{d}t} = \frac{\partial z}{\partial u} \frac{\mathrm{d}u}{\mathrm{d}t} + \frac{\partial z}{\partial v} \frac{\mathrm{d}v}{\mathrm{d}t}. \tag{4.1}$$

证明　设给 t 以增量 Δt, 则函数 u, v 相应地得到增量
$$\Delta u = u(t + \Delta t) - u(t), \quad \Delta v = v(t + \Delta t) - v(t).$$

由于函数 $z = f(u, v)$ 在点 (u, v) 处有连续的偏导数, 因此 $f(u, v)$ 在点 (u, v) 处可微, 于是有

$$\Delta z = \frac{\partial z}{\partial u} \Delta u + \frac{\partial z}{\partial v} \Delta v + \varepsilon_1 \Delta u + \varepsilon_2 \Delta v,$$

这里, 当 $\Delta u \to 0$, $\Delta v \to 0$ 时, $\varepsilon_1 \to 0$, $\varepsilon_2 \to 0$.

在上式两端除以 Δt, 得

$$\frac{\Delta z}{\Delta t} = \frac{\partial z}{\partial u} \cdot \frac{\Delta u}{\Delta t} + \frac{\partial z}{\partial v} \cdot \frac{\Delta v}{\Delta t} + \varepsilon_1 \frac{\Delta u}{\Delta t} + \varepsilon_2 \frac{\Delta v}{\Delta t}.$$

因为当 $\Delta t \to 0$ 时, $\Delta u \to 0$, $\Delta v \to 0$, 且

$$\frac{\Delta u}{\Delta t} \to \frac{\mathrm{d}u}{\mathrm{d}t}, \quad \frac{\Delta v}{\Delta t} \to \frac{\mathrm{d}v}{\mathrm{d}t},$$

所以

$$\frac{\mathrm{d}z}{\mathrm{d}t} = \lim_{\Delta t \to 0} \frac{\Delta z}{\Delta t} = \frac{\partial z}{\partial u} \cdot \frac{\mathrm{d}u}{\mathrm{d}t} + \frac{\partial z}{\partial v} \cdot \frac{\mathrm{d}v}{\mathrm{d}t}.$$

定理 1 的结论可推广到中间变量多于两个的情形. 例如, 设

$$z = f(u, v, w), \ u = u(t), \ v = v(t), \ w = w(t)$$

构成复合函数 $z = f[u(t), v(t), w(t)]$, 其变量间的相互
依赖关系可用图 9-4-2 来表达, 则在满足与定理 1 类
似的条件下, 有

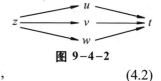

图 9-4-2

$$\frac{\mathrm{d}z}{\mathrm{d}t} = \frac{\partial z}{\partial u} \frac{\mathrm{d}u}{\mathrm{d}t} + \frac{\partial z}{\partial v} \frac{\mathrm{d}v}{\mathrm{d}t} + \frac{\partial z}{\partial w} \frac{\mathrm{d}w}{\mathrm{d}t}, \tag{4.2}$$

公式 (4.1) 和公式 (4.2) 中的导数 $\dfrac{\mathrm{d}z}{\mathrm{d}t}$ 称为**全导数**.

二、复合函数的中间变量为多元函数的情形

定理 1 可推广到中间变量不是一元函数的情形, 例
如, 对于中间变量为二元函数的情形, 设函数

$$z = f(u, v), \ u = u(x, y), \ v = v(x, y)$$

构成复合函数 $z = f[u(x, y), v(x, y)]$, 其变量间的相互
依赖关系可用图 9-4-3 来表达. 此时, 我们有:

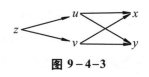

图 9-4-3

定理 2　如果函数 $u = u(x, y)$ 及 $v = v(x, y)$ 都在点 (x, y) 处具有对 x 及对 y 的偏导
数, 函数 $z = f(u, v)$ 在对应点 (u, v) 处具有连续偏导数, 则复合函数 $z = f[u(x, y),$
$v(x, y)]$ 在对应点 (x, y) 处可导, 且其导数可用下列公式计算:

$$\frac{\partial z}{\partial x} = \frac{\partial z}{\partial u} \frac{\partial u}{\partial x} + \frac{\partial z}{\partial v} \frac{\partial v}{\partial x}, \tag{4.3}$$

$$\frac{\partial z}{\partial y} = \frac{\partial z}{\partial u} \frac{\partial u}{\partial y} + \frac{\partial z}{\partial v} \frac{\partial v}{\partial y}. \tag{4.4}$$

定理 2 的结论可推广到中间变量多于两个的情形. 例如, 设

$$z = f(u, v, w),$$

$$u = u(x, y), \ v = v(x, y), \ w = w(x, y)$$

构成复合函数

$$z = f[u(x, y), v(x, y), w(x, y)],$$

其变量间的相互依赖关系如图 9-4-4 所示, 则在满足
与定理 2 类似的条件下, 有

$$\frac{\partial z}{\partial x} = \frac{\partial z}{\partial u}\frac{\partial u}{\partial x} + \frac{\partial z}{\partial v}\frac{\partial v}{\partial x} + \frac{\partial z}{\partial w}\frac{\partial w}{\partial x}, \tag{4.5}$$

$$\frac{\partial z}{\partial y} = \frac{\partial z}{\partial u}\frac{\partial u}{\partial y} + \frac{\partial z}{\partial v}\frac{\partial v}{\partial y} + \frac{\partial z}{\partial w}\frac{\partial w}{\partial y}. \tag{4.6}$$

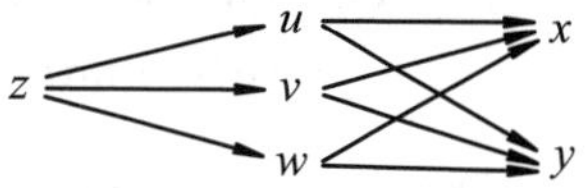

图 9-4-4

三、复合函数的中间变量既有一元函数也有多元函数的情形

定理 3 如果函数 $u = u(x, y)$ 在点 (x, y) 处具有对 x 及对 y 的偏导数, 函数 $v = v(y)$ 在点 y 处可导, 函数 $z = f(u, v)$ 在对应点 (u, v) 处具有连续偏导数, 则复合函数 $z = f[u(x, y), v(y)]$ 在对应点 (x, y) 处的两个偏导数都存在, 且有

$$\frac{\partial z}{\partial x} = \frac{\partial z}{\partial u}\frac{\partial u}{\partial x}, \tag{4.7}$$

$$\frac{\partial z}{\partial y} = \frac{\partial z}{\partial u}\frac{\partial u}{\partial y} + \frac{\partial z}{\partial v}\frac{\mathrm{d}v}{\mathrm{d}y}. \tag{4.8}$$

这类情形实际上是第二种情形的一种特例, 即变量 v 与 x 无关, 从而 $\frac{\partial v}{\partial x} = 0$, 这样, 因 v 是 y 的一元函数, 所以 $\frac{\partial v}{\partial y}$ 换成 $\frac{\mathrm{d}v}{\mathrm{d}y}$, 从而有上述结果.

在第三种情形中, 一种常见的情况是: 复合函数的某些中间变量本身又是复合函数的自变量的情形.

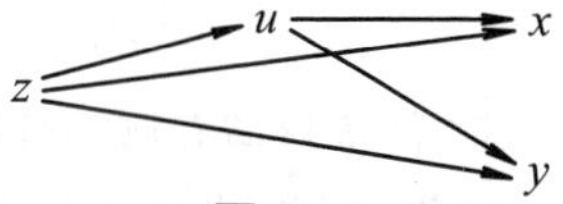

例如, 设函数

$$z = f(u, x, y), \quad u = u(x, y)$$

图 9-4-5

构成复合函数 $z = f[u(x, y), x, y]$, 其变量间的相互依赖关系如图 9-4-5 所示, 则此类情形可视为第二种情形的式 (4.5) 和式 (4.6) 中 $v = x, w = y$ 的情况. 从而有

$$\frac{\partial z}{\partial x} = \frac{\partial f}{\partial u}\cdot\frac{\partial u}{\partial x} + \frac{\partial f}{\partial x}, \tag{4.9}$$

$$\frac{\partial z}{\partial y} = \frac{\partial f}{\partial u}\cdot\frac{\partial u}{\partial y} + \frac{\partial f}{\partial y}. \tag{4.10}$$

注: 这里 $\frac{\partial z}{\partial x}$ 与 $\frac{\partial f}{\partial x}$ 是不同的, $\frac{\partial z}{\partial x}$ 是把复合函数

$$z = f[u(x, y), x, y]$$

中的 y 看作不变时对 x 的偏导数, $\frac{\partial f}{\partial x}$ 是把函数 $z = f(u, x, y)$ 中的 u 及 y 看作不变时对 x 的偏导数. $\frac{\partial z}{\partial y}$ 与 $\frac{\partial f}{\partial y}$ 也有类似的区别.

例 1 设 $z = uv + \sin t$, 而 $u = \mathrm{e}^t, v = \cos t$, 求导数 $\frac{\mathrm{d}z}{\mathrm{d}t}$.

解　$\dfrac{\mathrm{d}z}{\mathrm{d}t}=\dfrac{\partial z}{\partial u}\cdot\dfrac{\mathrm{d}u}{\mathrm{d}t}+\dfrac{\partial z}{\partial v}\cdot\dfrac{\mathrm{d}v}{\mathrm{d}t}+\dfrac{\partial z}{\partial t}$

$$=v\mathrm{e}^t-u\sin t+\cos t=\mathrm{e}^t\cos t-\mathrm{e}^t\sin t+\cos t=\mathrm{e}^t(\cos t-\sin t)+\cos t.\ \blacksquare$$

例 2　设 $z=\mathrm{e}^u\sin v$，而 $u=xy,\ v=x+y$，求 $\dfrac{\partial z}{\partial x}$ 和 $\dfrac{\partial z}{\partial y}$.

解　$\dfrac{\partial z}{\partial x}=\dfrac{\partial z}{\partial u}\cdot\dfrac{\partial u}{\partial x}+\dfrac{\partial z}{\partial v}\cdot\dfrac{\partial v}{\partial x}=\mathrm{e}^u\sin v\cdot y+\mathrm{e}^u\cos v\cdot 1$

$$=\mathrm{e}^{xy}[y\sin(x+y)+\cos(x+y)],$$

$\dfrac{\partial z}{\partial y}=\dfrac{\partial z}{\partial u}\cdot\dfrac{\partial u}{\partial y}+\dfrac{\partial z}{\partial v}\cdot\dfrac{\partial v}{\partial y}=\mathrm{e}^u\sin v\cdot x+\mathrm{e}^u\cos v\cdot 1$

$$=\mathrm{e}^{xy}[x\sin(x+y)+\cos(x+y)].$$

计算实验

例 3　设 $z=xy+u,\ u=\varphi(x,y)$，求 $\dfrac{\partial z}{\partial x},\ \dfrac{\partial^2 z}{\partial x^2},\ \dfrac{\partial^2 z}{\partial x\partial y}$.

解　$\dfrac{\partial z}{\partial x}=y+\dfrac{\partial u}{\partial x}=y+\varphi_x(x,y),$

$\dfrac{\partial^2 z}{\partial x^2}=\dfrac{\partial}{\partial x}\left(\dfrac{\partial z}{\partial x}\right)=\dfrac{\partial}{\partial x}\left(y+\dfrac{\partial u}{\partial x}\right)=\dfrac{\partial^2 u}{\partial x^2}=\varphi_{xx}(x,y),$

$\dfrac{\partial^2 z}{\partial x\partial y}=\dfrac{\partial}{\partial y}\left(\dfrac{\partial z}{\partial x}\right)=\dfrac{\partial}{\partial y}\left(y+\dfrac{\partial u}{\partial x}\right)=1+\dfrac{\partial^2 u}{\partial x\partial y}=1+\varphi_{xy}(x,y).$

计算实验

注：微信扫描右侧二维码，即可进行计算实验(详见教材配套的网络学习空间).

在多元函数的复合求导中，为了简便起见，常采用以下记号：

$$f_1'=\frac{\partial f(u,v)}{\partial u},\quad f_2'=\frac{\partial f(u,v)}{\partial v},\quad f_{12}''=\frac{\partial^2 f(u,v)}{\partial u\partial v},\ \cdots\cdots$$

这里下标 1 表示对第一个变量 u 求偏导数，下标 2 表示对第二个变量 v 求偏导数，同理有 $f_{11}'',\ f_{22}''$，等等.

例 4　设 $w=f(x+y+z,\ xyz)$，其中函数 f 有二阶连续偏导数，求 $\dfrac{\partial w}{\partial x}$ 和 $\dfrac{\partial^2 w}{\partial x\partial z}$.

解　令 $u=x+y+z,\ v=xyz$，则根据复合求导法则，有

$$\frac{\partial w}{\partial x}=\frac{\partial f}{\partial u}\cdot\frac{\partial u}{\partial x}+\frac{\partial f}{\partial v}\cdot\frac{\partial v}{\partial x}=f_1'+yzf_2';$$

$$\frac{\partial^2 w}{\partial x\partial z}=\frac{\partial}{\partial z}(f_1'+yzf_2')=\frac{\partial f_1'}{\partial z}+yf_2'+yz\frac{\partial f_2'}{\partial z}.$$

计算实验

求 $\dfrac{\partial f_1'}{\partial z}$ 和 $\dfrac{\partial f_2'}{\partial z}$ 时，应注意 f_1' 和 f_2' 仍旧是复合函数，故有

$$\frac{\partial f_1'}{\partial z}=\frac{\partial f_1'}{\partial u}\cdot\frac{\partial u}{\partial z}+\frac{\partial f_1'}{\partial v}\cdot\frac{\partial v}{\partial z}=f_{11}''+xyf_{12}'';$$

$$\frac{\partial f_2'}{\partial z} = \frac{\partial f_2'}{\partial u} \cdot \frac{\partial u}{\partial z} + \frac{\partial f_2'}{\partial v} \cdot \frac{\partial v}{\partial z} = f_{21}'' + xy f_{22}''.$$

所以

$$\frac{\partial^2 w}{\partial x \partial z} = f_{11}'' + xy f_{12}'' + y f_2' + yz(f_{21}'' + xy f_{22}'') = f_{11}'' + y(x+z) f_{12}'' + xy^2 z f_{22}'' + y f_2'. \ \blacksquare$$

例5 设函数 $u = u(x, y)$ 可微, 在极坐标变换 $x = r\cos\theta$, $y = r\sin\theta$ 下, 证明

$$\left(\frac{\partial u}{\partial x}\right)^2 + \left(\frac{\partial u}{\partial y}\right)^2 = \left(\frac{\partial u}{\partial r}\right)^2 + \frac{1}{r^2}\left(\frac{\partial u}{\partial \theta}\right)^2.$$

解 为方便起见, 我们从欲证等式的右端出发来证明. 把函数 u 视为 r, θ 的复合函数, 即 $u = u(r\cos\theta, r\sin\theta)$, 则

$$\frac{\partial u}{\partial r} = \frac{\partial u}{\partial x}\frac{\partial x}{\partial r} + \frac{\partial u}{\partial y}\frac{\partial y}{\partial r} = \frac{\partial u}{\partial x}\cos\theta + \frac{\partial u}{\partial y}\sin\theta,$$

$$\frac{\partial u}{\partial \theta} = \frac{\partial u}{\partial x}\frac{\partial x}{\partial \theta} + \frac{\partial u}{\partial y}\frac{\partial y}{\partial \theta} = \frac{\partial u}{\partial x}(-r\sin\theta) + \frac{\partial u}{\partial y}r\cos\theta,$$

计算实验

所以

$$\left(\frac{\partial u}{\partial r}\right)^2 + \frac{1}{r^2}\left(\frac{\partial u}{\partial \theta}\right)^2 = \left(\frac{\partial u}{\partial x}\cos\theta + \frac{\partial u}{\partial y}\sin\theta\right)^2 + \frac{1}{r^2}\left(\frac{\partial u}{\partial x}(-r\sin\theta) + \frac{\partial u}{\partial y}r\cos\theta\right)^2$$

$$= \left(\frac{\partial u}{\partial x}\right)^2 + \left(\frac{\partial u}{\partial y}\right)^2. \ \blacksquare$$

注: 微信扫描右侧二维码, 即可进行计算实验(详见教材配套的网络学习空间).

四、全微分形式的不变性

根据复合函数求导的链式法则, 可得到重要的 **全微分形式不变性**. 以二元函数为例, 设

$$z = f(u, v), \quad u = u(x, y), \quad v = v(x, y)$$

是可微函数, 则由全微分定义和链式法则, 有

$$\mathrm{d}z = \frac{\partial z}{\partial x}\mathrm{d}x + \frac{\partial z}{\partial y}\mathrm{d}y$$

$$= \left(\frac{\partial z}{\partial u} \cdot \frac{\partial u}{\partial x} + \frac{\partial z}{\partial v} \cdot \frac{\partial v}{\partial x}\right)\mathrm{d}x + \left(\frac{\partial z}{\partial u} \cdot \frac{\partial u}{\partial y} + \frac{\partial z}{\partial v} \cdot \frac{\partial v}{\partial y}\right)\mathrm{d}y$$

$$= \frac{\partial z}{\partial u}\left(\frac{\partial u}{\partial x}\mathrm{d}x + \frac{\partial u}{\partial y}\mathrm{d}y\right) + \frac{\partial z}{\partial v}\left(\frac{\partial v}{\partial x}\mathrm{d}x + \frac{\partial v}{\partial y}\mathrm{d}y\right) = \frac{\partial z}{\partial u}\mathrm{d}u + \frac{\partial z}{\partial v}\mathrm{d}v.$$

由此可见, 尽管现在的 u, v 是中间变量, 但全微分 $\mathrm{d}z$ 与 x, y 是自变量时的表达式在形式上完全一致. 这个性质称为 **全微分形式不变性**. 在解题时适当应用这个性质会收到很好的效果.

例6 利用全微分形式的不变性求解本节的例2.

解　$dz = d(e^u \sin v) = e^u \sin v \, du + e^u \cos v \, dv$, 因

$$du = d(xy) = y\,dx + x\,dy, \quad dv = d(x+y) = dx + dy,$$

代入并合并含 dx 和 dy 的项, 得

$$dz = e^u(y \sin v + \cos v)\,dx + e^u(x \sin v + \cos v)\,dy,$$

即

$$\frac{\partial z}{\partial x}dx + \frac{\partial z}{\partial y}dy = e^{xy}[y\sin(x+y)+\cos(x+y)]dx + e^{xy}[x\sin(x+y)+\cos(x+y)]dy,$$

所以

$$\frac{\partial z}{\partial x} = e^{xy}[y\sin(x+y)+\cos(x+y)], \quad \frac{\partial z}{\partial y} = e^{xy}[x\sin(x+y)+\cos(x+y)],$$

上述结果与例 2 的结果完全一致. ■

例 7　利用一阶全微分形式的不变性求函数 $u = \dfrac{x}{x^2+y^2+z^2}$ 的偏导数.

解　$du = \dfrac{(x^2+y^2+z^2)dx - x\,d(x^2+y^2+z^2)}{(x^2+y^2+z^2)^2}$

$$= \frac{(x^2+y^2+z^2)dx - x(2x\,dx + 2y\,dy + 2z\,dz)}{(x^2+y^2+z^2)^2}$$

$$= \frac{(y^2+z^2-x^2)dx - 2xy\,dy - 2xz\,dz}{(x^2+y^2+z^2)^2}.$$

所以

$$\frac{\partial u}{\partial x} = \frac{y^2+z^2-x^2}{(x^2+y^2+z^2)^2}, \quad \frac{\partial u}{\partial y} = \frac{-2xy}{(x^2+y^2+z^2)^2}, \quad \frac{\partial u}{\partial z} = \frac{-2xz}{(x^2+y^2+z^2)^2}. ■$$

习题 9-4

1. 设 $z = \dfrac{y}{x}$, 而 $x = e^t$, $y = 1 - e^{2t}$, 求 $\dfrac{dz}{dt}$.

2. 设 $z = e^{x-2y}$, 而 $x = \sin t$, $y = t^3$, 求 $\dfrac{dz}{dt}$.

3. 设 $z = u^2 + v^2$, 而 $u = x+y$, $v = x-y$, 求 $\dfrac{\partial z}{\partial x}$, $\dfrac{\partial z}{\partial y}$.

4. 设 $z = (x^2+y^2)^{xy}$, 求 $\dfrac{\partial z}{\partial x}$, $\dfrac{\partial z}{\partial y}$.

5. 设 $z = \arctan(xy)$, $y = e^x$, 求 $\dfrac{dz}{dx}$.

6. 求下列函数的一阶偏导数 (其中 f 具有一阶连续偏导数):

(1) $u = f(x^2-y^2, xy)$; 　　　　(2) $u = f\left(\dfrac{x}{y}, \dfrac{y}{z}\right)$; 　　　　(3) $u = f(x, xy, xyz)$.

7. 设 $z = \dfrac{y}{f(x^2 - y^2)}$，其中 f 为可导函数，验证：$\dfrac{1}{x}\dfrac{\partial z}{\partial x} + \dfrac{1}{y}\dfrac{\partial z}{\partial y} = \dfrac{z}{y^2}$.

8. 设 $u = f(x + y + z, x^2 + y^2 + z^2)$，其中 f 有二阶连续偏导数，求

$$\Delta u = \frac{\partial^2 u}{\partial x^2} + \frac{\partial^2 u}{\partial y^2} + \frac{\partial^2 u}{\partial z^2}.$$

9. 设 $z = f(2x - y, y \sin x)$，其中 f 具有二阶连续偏导数，求 $\dfrac{\partial^2 z}{\partial x \partial y}$.

10. 求下列函数的 $\dfrac{\partial^2 z}{\partial x^2}, \dfrac{\partial^2 z}{\partial x \partial y}, \dfrac{\partial^2 z}{\partial y^2}$（其中 f 具有二阶连续偏导数）.

(1) $z = f(xy, y)$;   (2) $z = f\left(\dfrac{y}{x}, x^2 y\right)$.

11. 设 $z = f(x, y)$ 二次可微，且 $x = \mathrm{e}^u \cos v$，$y = \mathrm{e}^u \sin v$，试证：

$$\frac{\partial^2 z}{\partial x^2} + \frac{\partial^2 z}{\partial y^2} = \mathrm{e}^{-2u}\left(\frac{\partial^2 z}{\partial u^2} + \frac{\partial^2 z}{\partial v^2}\right).$$

12. 设 $u = x\varphi(x + y) + y\phi(x + y)$，其中函数 φ, ϕ 具有二阶连续导数，验证：

$$\frac{\partial^2 u}{\partial x^2} - 2\frac{\partial^2 u}{\partial x \partial y} + \frac{\partial^2 u}{\partial y^2} = 0.$$

§9.5 隐函数微分法

一、一个方程的情形

在一元微分学中，我们曾引入了隐函数的概念，并介绍了不经过显化而直接由方程

$$F(x, y) = 0 \tag{5.1}$$

来求它所确定的隐函数的导数的方法. 这里将进一步从理论上阐明隐函数的存在性，并通过多元复合函数求导的链式法则建立隐函数的求导公式，给出一套所谓的"隐式"求导法.

定理 1 设函数 $F(x, y)$ 在点 $P(x_0, y_0)$ 的某一邻域内具有连续的偏导数，且 $F_y(x_0, y_0) \neq 0$，$F(x_0, y_0) = 0$，则方程 $F(x, y) = 0$ 在点 $P(x_0, y_0)$ 的某一邻域内恒能唯一确定连续且具有连续导数的函数 $y = f(x)$，它满足 $y_0 = f(x_0)$，并有

$$\frac{\mathrm{d}y}{\mathrm{d}x} = -\frac{F_x}{F_y}. \tag{5.2}$$

式 (5.2) 就是隐函数的求导公式.

这个定理我们不做严格证明，下面仅对式 (5.2) 给出推导.

将方程 $F(x, y) = 0$ 所确定的函数 $y = f(x)$ 代入该方程，得

$$F[x, f(x)] = 0,$$

利用复合求导法则在上述方程两端对 x 求导, 得

$$\frac{\partial F}{\partial x} + \frac{\partial F}{\partial y} \cdot \frac{\mathrm{d}y}{\mathrm{d}x} = 0,$$

由于 F_y 连续, 且 $F_y(x_0, y_0) \neq 0$, 故存在 (x_0, y_0) 的一个邻域, 在这个邻域内 $F_y \neq 0$, 所以

$$\frac{\mathrm{d}y}{\mathrm{d}x} = -\frac{F_x}{F_y}.$$

将上式两端视为 x 的函数, 继续利用复合求导法则在上式两端求导, 可求得隐函数的二阶导数

$$
\begin{aligned}
\frac{\mathrm{d}^2 y}{\mathrm{d}x^2} &= \frac{\partial}{\partial x}\left(-\frac{F_x}{F_y}\right) + \frac{\partial}{\partial y}\left(-\frac{F_x}{F_y}\right)\frac{\mathrm{d}y}{\mathrm{d}x} \\
&= -\frac{F_{xx}F_y - F_{yx}F_x}{F_y^2} - \frac{F_{xy}F_y - F_{yy}F_x}{F_y^2}\left(-\frac{F_x}{F_y}\right) \\
&= -\frac{F_{xx}F_y^2 - 2F_{xy}F_x F_y + F_{yy}F_x^2}{F_y^3}.
\end{aligned}
$$

例 1 验证方程 $x^2 + y^2 - 1 = 0$ 在点 $(0, 1)$ 的某邻域内能唯一确定有连续导数且当 $x = 0$ 时 $y = 1$ 的隐函数 $y = f(x)$, 求该函数的一阶和二阶导数在 $x = 0$ 处的值.

解 令 $F(x, y) = x^2 + y^2 - 1$, 则

$$F_x = 2x, \quad F_y = 2y, \quad F_x(0, 1) = 0, \quad F_y(0, 1) = 2 \neq 0.$$

故根据定理 1 知, 方程 $x^2 + y^2 - 1 = 0$ 在点 $(0, 1)$ 的某邻域内能唯一确定有连续导数且当 $x = 0$ 时 $y = 1$ 的隐函数 $y = f(x)$.

下面再求该函数的一阶和二阶导数.

$$\frac{\mathrm{d}y}{\mathrm{d}x} = -\frac{F_x}{F_y} = -\frac{x}{y}, \quad \frac{\mathrm{d}y}{\mathrm{d}x}\bigg|_{x=0} = 0,$$

$$\frac{\mathrm{d}^2 y}{\mathrm{d}x^2} = -\frac{y - xy'}{y^2} = -\frac{y - x\left(-\dfrac{x}{y}\right)}{y^2} = -\frac{1}{y^3}, \quad \frac{\mathrm{d}^2 y}{\mathrm{d}x^2}\bigg|_{x=0} = -1. \qquad ∎$$

既然一个二元方程 (5.1) 可以确定一个一元隐函数, 那么一个三元方程

$$F(x, y, z) = 0 \tag{5.3}$$

就有可能确定一个二元隐函数. 此时我们有下面的定理.

定理 2 设函数 $F(x, y, z)$ 在点 $P(x_0, y_0, z_0)$ 的某一邻域内有连续的偏导数, 且

$$F(x_0, y_0, z_0) = 0, \quad F_z(x_0, y_0, z_0) \neq 0,$$

则方程 $F(x, y, z) = 0$ 在点 $P(x_0, y_0, z_0)$ 的某一邻域内恒能唯一确定连续且具有连续偏导数的函数 $z = f(x, y)$, 它满足条件 $z_0 = f(x_0, y_0)$, 并有

$$\frac{\partial z}{\partial x} = -\frac{F_x}{F_z}, \quad \frac{\partial z}{\partial y} = -\frac{F_y}{F_z}. \tag{5.4}$$

证明 略. ∎

下面仅给出隐函数求导公式 (5.4) 的推导.

将方程 (5.3) 所确定的函数 $z = f(x, y)$ 代入, 得

$$F(x, y, f(x, y)) = 0.$$

利用复合求导法则在方程两边分别对 x, y 求导, 得

$$F_x + F_z \cdot \frac{\partial z}{\partial x} = 0, \quad F_y + F_z \cdot \frac{\partial z}{\partial y} = 0.$$

由于 F_z 连续, 且 $F_z(x_0, y_0, z_0) \neq 0$, 故存在点 (x_0, y_0, z_0) 的一个邻域, 在这个邻域内 $F_z \neq 0$, 所以

$$\frac{\partial z}{\partial x} = -\frac{F_x}{F_z}, \quad \frac{\partial z}{\partial y} = -\frac{F_y}{F_z}. \tag{5.5}$$

例2 设 $x^2 + y^2 + z^2 - 4z = 0$, 求 $\dfrac{\partial^2 z}{\partial x^2}$.

解 令 $F(x, y, z) = x^2 + y^2 + z^2 - 4z$, 则

$$F_x = 2x, \quad F_z = 2z - 4.$$

利用公式 (5.5), 得

计算实验

$$\frac{\partial z}{\partial x} = -\frac{F_x}{F_z} = \frac{x}{2-z},$$

$$\frac{\partial^2 z}{\partial x^2} = \frac{(2-z) + x\dfrac{\partial z}{\partial x}}{(2-z)^2} = \frac{(2-z) + x \cdot \dfrac{x}{2-z}}{(2-z)^2} = \frac{(2-z)^2 + x^2}{(2-z)^3}.$$

注: 在实际应用中, 求方程所确定的多元函数的偏导数时, 不一定非得套用公式, 尤其是方程中含有抽象函数时, 利用求偏导数或求微分的过程进行推导更为清楚.

例3 设 $z = f(x+y+z, xyz)$, 求 $\dfrac{\partial z}{\partial x}, \dfrac{\partial x}{\partial y}, \dfrac{\partial y}{\partial z}$.

解 令 $u = x+y+z, v = xyz$, 则 $z = f(u, v)$, 把 z 看成 x, y 的函数对 x 求偏导数, 得

$$\frac{\partial z}{\partial x} = f_u \cdot \left(1 + \frac{\partial z}{\partial x}\right) + f_v \cdot \left(yz + xy\frac{\partial z}{\partial x}\right),$$

所以

$$\frac{\partial z}{\partial x} = \frac{f_u + yzf_v}{1 - f_u - xyf_v}.$$

把 x 看成 z, y 的函数对 y 求偏导数, 得

$$0 = f_u \cdot \left(\frac{\partial x}{\partial y} + 1 \right) + f_v \cdot \left(xz + yz \frac{\partial x}{\partial y} \right),$$

所以

$$\frac{\partial x}{\partial y} = -\frac{f_u + xz f_v}{f_u + yz f_v},$$

把 y 看成 x, z 的函数对 z 求偏导数, 得

计算实验

$$1 = f_u \cdot \left(\frac{\partial y}{\partial z} + 1 \right) + f_v \cdot \left(xy + xz \frac{\partial y}{\partial z} \right),$$

所以

$$\frac{\partial y}{\partial z} = \frac{1 - f_u - xy f_v}{f_u + xz f_v}.$$

例 4　设 $F(x - y, y - z, z - x) = 0$, 其中 F 具有连续偏导数, 且 $F_2' - F_3' \neq 0$. 求证 $\dfrac{\partial z}{\partial x} + \dfrac{\partial z}{\partial y} = 1$.

解　由题意知方程确定函数 $z = z(x, y)$. 在题设方程两边求微分, 得

$$\mathrm{d}F(x - y, y - z, z - x) = \mathrm{d}0 = 0,$$

即有

$$F_1' \mathrm{d}(x - y) + F_2' \mathrm{d}(y - z) + F_3' \mathrm{d}(z - x) = 0.$$

根据微分运算, 得

$$F_1'(\mathrm{d}x - \mathrm{d}y) + F_2'(\mathrm{d}y - \mathrm{d}z) + F_3'(\mathrm{d}z - \mathrm{d}x) = 0.$$

合并同类项, 得

计算实验

$$(F_1' - F_3') \mathrm{d}x + (F_2' - F_1') \mathrm{d}y = (F_2' - F_3') \mathrm{d}z,$$

两边同时除以 $F_2' - F_3'$, 得

$$\mathrm{d}z = \frac{F_1' - F_3'}{F_2' - F_3'} \mathrm{d}x + \frac{F_2' - F_1'}{F_2' - F_3'} \mathrm{d}y,$$

从而

$$\frac{\partial z}{\partial x} = \frac{F_1' - F_3'}{F_2' - F_3'}, \quad \frac{\partial z}{\partial y} = \frac{F_2' - F_1'}{F_2' - F_3'},$$

于是

$$\frac{\partial z}{\partial x} + \frac{\partial z}{\partial y} = \frac{F_2' - F_3'}{F_2' - F_3'} = 1.$$

注: 微信扫描右侧二维码, 即可进行计算实验(详见教材配套的网络学习空间).

二、方程组的情形

下面我们将隐函数存在定理进一步推广到方程组的情形.

设方程组

$$\begin{cases} F(x, y, u, v) = 0 \\ G(x, y, u, v) = 0 \end{cases} \tag{5.6}$$

隐含函数组 $u = u(x, y)$, $v = v(x, y)$, 我们来推导求函数 u, v 的偏导数的公式. 在

$$\begin{cases} F(x, y, u(x, y), v(x, y)) \equiv 0 \\ G(x, y, u(x, y), v(x, y)) \equiv 0 \end{cases}$$

两边对 x 求偏导数, 得

$$\begin{cases} F_x + F_u \dfrac{\partial u}{\partial x} + F_v \dfrac{\partial v}{\partial x} = 0 \\ G_x + G_u \dfrac{\partial u}{\partial x} + G_v \dfrac{\partial v}{\partial x} = 0 \end{cases},$$

解此方程组, 得

$$\frac{\partial u}{\partial x} = -\frac{\begin{vmatrix} F_x & F_v \\ G_x & G_v \end{vmatrix}}{\begin{vmatrix} F_u & F_v \\ G_u & G_v \end{vmatrix}}, \quad \frac{\partial v}{\partial x} = -\frac{\begin{vmatrix} F_u & F_x \\ G_u & G_x \end{vmatrix}}{\begin{vmatrix} F_u & F_v \\ G_u & G_v \end{vmatrix}}, \tag{5.7}$$

其中行列式 $\begin{vmatrix} F_u & F_v \\ G_u & G_v \end{vmatrix}$ 称为函数 F, G 的**雅可比行列式**, 记为

$$J = \frac{\partial(F, G)}{\partial(u, v)} = \begin{vmatrix} F_u & F_v \\ G_u & G_v \end{vmatrix}. \tag{5.8}$$

利用这种记法, 式 (5.7) 可写成

$$\frac{\partial u}{\partial x} = -\frac{\dfrac{\partial(F, G)}{\partial(x, v)}}{\dfrac{\partial(F, G)}{\partial(u, v)}}, \quad \frac{\partial v}{\partial x} = -\frac{\dfrac{\partial(F, G)}{\partial(u, x)}}{\dfrac{\partial(F, G)}{\partial(u, v)}}. \tag{5.9}$$

同理可得

$$\frac{\partial u}{\partial y} = -\frac{\dfrac{\partial(F, G)}{\partial(y, v)}}{\dfrac{\partial(F, G)}{\partial(u, v)}}, \quad \frac{\partial v}{\partial y} = -\frac{\dfrac{\partial(F, G)}{\partial(u, y)}}{\dfrac{\partial(F, G)}{\partial(u, v)}}. \tag{5.10}$$

虽然上述求导公式形式较复杂, 但其中有规律可循, 每个偏导数的表达式都是一个分式, 前面都带有负号, 分母都是函数 F, G 的雅可比行列式 $\dfrac{\partial(F, G)}{\partial(u, v)}$, $\dfrac{\partial u}{\partial x}$ 的分子是在 $\dfrac{\partial(F, G)}{\partial(u, v)}$ 中把 u 换成 x 的结果, $\dfrac{\partial v}{\partial x}$ 的分子是在 $\dfrac{\partial(F, G)}{\partial(u, v)}$ 中把 v 换成 x 的

结果，类似地，$\dfrac{\partial u}{\partial y}$，$\dfrac{\partial v}{\partial y}$ 也符合这样的规律.

在实际计算中，可以不必直接套用这些公式，关键是要掌握求隐函数组偏导数的方法.

定理 3　设 $F(x,y,u,v)$，$G(x,y,u,v)$ 在点 $P(x_0,y_0,u_0,v_0)$ 的某一邻域内有对各个变量的连续偏导数，又

$$F(x_0,y_0,u_0,v_0)=0,\ G(x_0,y_0,u_0,v_0)=0,$$

且函数 F、G 的雅可比行列式 $J=\dfrac{\partial(F,G)}{\partial(u,v)}$ 在点 $P(x_0,y_0,u_0,v_0)$ 处不等于零，则方程组

$$\begin{cases} F(x,y,u,v)=0 \\ G(x,y,u,v)=0 \end{cases}$$

在点 $P(x_0,y_0,u_0,v_0)$ 的某一邻域内恒能唯一确定连续且具有连续偏导数的函数组

$$u=u(x,y),\ v=v(x,y),$$

它们满足条件 $u_0=u(x_0,y_0)$，$v_0=v(x_0,y_0)$，其偏导数公式由式(5.9)和式(5.10)给出.

证明　略.　■

例5　设 $\begin{cases} u^2+v^2-x^2-y=0 \\ -u+v-xy+1=0, \end{cases}$ 求 $\dfrac{\partial x}{\partial u}$，$\dfrac{\partial y}{\partial u}$.

解　由题意知，方程组确定隐函数组 $x=x(u,v)$，$y=y(u,v)$. 在题设方程组两边对 u 求偏导数，得

$$2u-2x\cdot\frac{\partial x}{\partial u}-\frac{\partial y}{\partial u}=0,\ -1-\frac{\partial x}{\partial u}\cdot y-x\frac{\partial y}{\partial u}=0.$$

利用克莱姆法则，解得

$$\frac{\partial x}{\partial u}=\frac{2xu+1}{2x^2-y},\ \frac{\partial y}{\partial u}=-\frac{2x+2yu}{2x^2-y}.$$

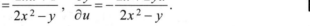

计算实验

注：微信扫描右侧二维码，即可进行计算实验(详见教材配套的网络学习空间).

例6　设 $\begin{cases} xu-yv=0 \\ yu+xv=1 \end{cases}$，求 $\dfrac{\partial u}{\partial x}$，$\dfrac{\partial u}{\partial y}$，$\dfrac{\partial v}{\partial x}$，$\dfrac{\partial v}{\partial y}$.

解　由题意知，方程组确定隐函数组

$$u=u(x,y),\ v=v(x,y).$$

在题设方程组两边求微分，得

$$\begin{cases} x\mathrm{d}u+u\mathrm{d}x-y\mathrm{d}v-v\mathrm{d}y=0 \\ y\mathrm{d}u+u\mathrm{d}y+x\mathrm{d}v+v\mathrm{d}x=0, \end{cases}$$

把 $\mathrm{d}u$，$\mathrm{d}v$ 看成未知量，解得

$$\mathrm{d}u=\frac{1}{x^2+y^2}[-(xu+yv)\mathrm{d}x+(xv-yu)\mathrm{d}y],$$

计算实验

即有

$$\frac{\partial u}{\partial x} = -\frac{xu+yv}{x^2+y^2}, \quad \frac{\partial u}{\partial y} = \frac{xv-yu}{x^2+y^2}.$$

同理,我们还可求出 dv,从而得到

$$\frac{\partial v}{\partial x} = \frac{yu-xv}{x^2+y^2}, \quad \frac{\partial v}{\partial y} = -\frac{xu+yv}{x^2+y^2}. \qquad ■$$

　　注:此题也可按例5中的方法,通过解含有偏导数的方程组来求,具体过程请读者自己给出.

　　例 7　在坐标变换中我们常常要研究一种坐标 (x,y) 与另一种坐标 (u,v) 之间的关系. 设方程组

$$\begin{cases} x = x(u,v) \\ y = y(u,v) \end{cases} \tag{5.11}$$

可确定隐函数组 $u=u(x,y)$, $v=v(x,y)$, 称其为方程组(5.11)的**反函数组**. 若 $x(u,v)$, $y(u,v)$, $u(x,y)$, $v(x,y)$ 具有连续的偏导数,试证明

$$\frac{\partial(u,v)}{\partial(x,y)} \cdot \frac{\partial(x,y)}{\partial(u,v)} = 1.$$

　　证明　将 $u=u(x,y)$, $v=v(x,y)$ 代入方程组(5.11),得

$$\begin{cases} x - x[u(x,y),v(x,y)] \equiv 0 \\ y - y[u(x,y),v(x,y)] \equiv 0 \end{cases},$$

在方程组两端分别对 x 和 y 求偏导,得

$$\begin{cases} 1 - x'_u u'_x - x'_v v'_x = 0 \\ 0 - y'_u u'_x - y'_v v'_x = 0 \end{cases} \quad 和 \quad \begin{cases} 0 - x'_u u'_y - x'_v v'_y = 0 \\ 1 - y'_u u'_y - y'_v v'_y = 0 \end{cases}.$$

即

$$\begin{cases} x'_u u'_x + x'_v v'_x = 1 \\ y'_u u'_x + y'_v v'_x = 0 \end{cases} \quad 和 \quad \begin{cases} x'_u u'_y + x'_v v'_y = 0 \\ y'_u u'_y + y'_v v'_y = 1 \end{cases}.$$

由

$$\begin{vmatrix} u'_x & v'_x \\ u'_y & v'_y \end{vmatrix} \cdot \begin{vmatrix} x'_u & y'_u \\ x'_v & y'_v \end{vmatrix} = \begin{vmatrix} u'_x x'_u + v'_x x'_v & u'_x y'_u + v'_x y'_v \\ u'_y x'_u + v'_y x'_v & u'_y y'_u + v'_y y'_v \end{vmatrix} = \begin{vmatrix} 1 & 0 \\ 0 & 1 \end{vmatrix} = 1,$$

知

$$\frac{\partial(u,v)}{\partial(x,y)} \cdot \frac{\partial(x,y)}{\partial(u,v)} = 1. \qquad ■$$

　　这个结果与一元函数的反函数的导数公式 $\dfrac{dx}{dy} \cdot \dfrac{dy}{dx} = 1$ 是类似的. 上述结果还可推广到三维以上空间的坐标变换.

　　例如,若函数组 $x=x(u,v,w)$, $y=y(u,v,w)$, $z=z(u,v,w)$ 确定反函数组 $u=u(x, y,z)$, $v=v(x,y,z)$, $w=w(x,y,z)$, 则在一定条件下, 有

$$\frac{\partial(x, y, z)}{\partial(u, v, w)} \cdot \frac{\partial(u, v, w)}{\partial(x, y, z)} = 1.$$

例8　设方程组 $\begin{cases} x = -u^2 + v \\ y = u + v^2 \end{cases}$ 确定反函数组 $\begin{cases} u = u(x, y) \\ v = v(x, y) \end{cases}$, 求 $\dfrac{\partial u}{\partial x}, \dfrac{\partial v}{\partial x}, \dfrac{\partial u}{\partial y}, \dfrac{\partial v}{\partial y}$.

解　由 $u = u(x, y)$, $v = v(x, y)$, 在题设方程组两边对 x 求偏导, 得

$$1 = -2u \cdot \frac{\partial u}{\partial x} + \frac{\partial v}{\partial x}, \quad 0 = \frac{\partial u}{\partial x} + 2v \frac{\partial v}{\partial x}.$$

解得

$$\frac{\partial u}{\partial x} = \frac{-2v}{4uv + 1}, \quad \frac{\partial v}{\partial x} = \frac{1}{4uv + 1}.$$

计算实验

同理, 在题设方程组两边对 y 求偏导, 可得

$$\frac{\partial u}{\partial y} = \frac{1}{4uv + 1}, \quad \frac{\partial v}{\partial y} = \frac{2u}{4uv + 1}.$$

*数学实验

实验9.5　试用计算软件完成下列各题:

(1) 函数 $z = z(x, y)$ 由方程 $e^x + e^y + e^z = 3xyz$ 确定, 试求 $\dfrac{\partial z}{\partial x}, \dfrac{\partial z}{\partial y}$;

(2) 设 $z = f(x, y)$ 是由方程 $z - y - x + x e^{z - y - x} = 0$ 确定的二元函数, 求 $\mathrm{d}z$;

计算实验

(3) 设函数 $z = z(x, y)$ 由方程 $z^3 - 2x \cos z + y = 0$ 确定, 求 $\dfrac{\partial^2 z}{\partial x \partial y}$;

(4) 设 $x = x(r, s)$, $y = y(r, s)$ 由方程组 $\begin{cases} x^2 + y^2 + r^2 - 2s = 0 \\ x^3 - y^3 - r^3 + 3s = 1 \end{cases}$ 确定, 求 $\dfrac{\partial x}{\partial r}, \dfrac{\partial x}{\partial s}, \dfrac{\partial y}{\partial r}, \dfrac{\partial y}{\partial s}$;

(5) 函数 $y = y(x)$, $z = (x)$ 由方程组 $\begin{cases} x + y + e^z = 1 \\ x + y^2 + z = 1 \end{cases}$ 确定, 求 $\dfrac{\mathrm{d}y}{\mathrm{d}x}, \dfrac{\mathrm{d}z}{\mathrm{d}x}$.

详见教材配套的网络学习空间.

习题 9-5

1. 已知 $\ln \sqrt{x^2 + y^2} = \arctan \dfrac{y}{x}$, 求 $\dfrac{\mathrm{d}y}{\mathrm{d}x}$.

2. 设 $x + 2y + z - 2\sqrt{xyz} = 0$, 求 $\dfrac{\partial z}{\partial x}, \dfrac{\partial z}{\partial y}$.

3. 设函数 $z(x, y)$ 由方程 $F\left(x + \dfrac{z}{y}, y + \dfrac{z}{x}\right) = 0$ 确定, 证明

$$x \frac{\partial z}{\partial x} + y \frac{\partial z}{\partial y} = z - xy.$$

4. 设 $x^2 + y^2 + z^2 = yf\left(\dfrac{z}{y}\right)$, 其中 f 可导, 求 $\dfrac{\partial z}{\partial x}$, $\dfrac{\partial z}{\partial y}$.

5. 设 $\Phi(u, v)$ 具有连续偏导数, 证明由方程 $\Phi(cx - az, cy - bz) = 0$ 确定的隐函数 $z = f(x, y)$ 满足 $a\dfrac{\partial z}{\partial x} + b\dfrac{\partial z}{\partial y} = c$.

6. 设 $z^3 - 2xz + y = 0$, 求 $\dfrac{\partial^2 z}{\partial x^2}$, $\dfrac{\partial^2 z}{\partial y^2}$.

7. 设 $z^5 - xz^4 + yz^3 = 1$, 求 $\dfrac{\partial^2 z}{\partial x \partial y}\Big|_{(0, 0)}$.

8. 设 $\begin{cases} x + y + z = 0 \\ x^2 + y^2 + z^2 = 1 \end{cases}$, 求 $\dfrac{\mathrm{d}x}{\mathrm{d}z}$, $\dfrac{\mathrm{d}y}{\mathrm{d}z}$.

9. 设 $\begin{cases} x + y + z + z^2 = 0 \\ x + y^2 + z + z^3 = 0 \end{cases}$, 求 $\dfrac{\mathrm{d}z}{\mathrm{d}x}$, $\dfrac{\mathrm{d}y}{\mathrm{d}x}$.

10. 设 $\begin{cases} x = \mathrm{e}^u + u \sin v \\ y = \mathrm{e}^u - u \cos v \end{cases}$, 求 $\dfrac{\partial u}{\partial x}$, $\dfrac{\partial u}{\partial y}$, $\dfrac{\partial v}{\partial x}$, $\dfrac{\partial v}{\partial y}$.

11. 设 $\mathrm{e}^{x+y} = xy$, 证明: $\dfrac{\mathrm{d}^2 y}{\mathrm{d}x^2} = -\dfrac{y[(x-1)^2 + (y-1)^2]}{x^2(y-1)^3}$.

§9.6 微分法在几何上的应用

一、空间曲线的切线与法平面

1. 设空间曲线 Γ 的参数方程为

$$x = x(t), \quad y = y(t), \quad z = z(t), \tag{6.1}$$

式中的三个函数都可导, 且导数不全为零.

在曲线 Γ 上取对应于参数 $t = t_0$ 的一点 $M_0(x_0, y_0, z_0)$ 及对应于参数 $t = t_0 + \Delta t$ 的邻近一点 $M(x_0 + \Delta x, y_0 + \Delta y, z_0 + \Delta z)$. 根据空间解析几何知识, 曲线的割线 $M_0 M$ 的方程为

$$\frac{x - x_0}{\Delta x} = \frac{y - y_0}{\Delta y} = \frac{z - z_0}{\Delta z},$$

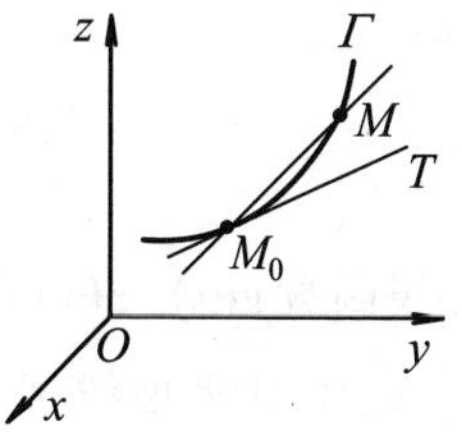

当点 M 沿着曲线 Γ 趋于点 M_0 时, 割线 $M_0 M$ 的极限位置 $M_0 T$ 就是曲线在点 M_0 处的**切线**(见图 9-6-1). 用 Δt 除上式的各分母, 得

图 9-6-1

$$\frac{x - x_0}{\dfrac{\Delta x}{\Delta t}} = \frac{y - y_0}{\dfrac{\Delta y}{\Delta t}} = \frac{z - z_0}{\dfrac{\Delta z}{\Delta t}},$$

令 $M_0 \to M$ (此时 $\Delta t \to 0$), 对上式取极限, 即得到曲线 Γ 在点 M_0 处的**切线方程**

$$\frac{x-x_0}{x'(t_0)} = \frac{y-y_0}{y'(t_0)} = \frac{z-z_0}{z'(t_0)}. \tag{6.2}$$

曲线在某点处的切线的方向向量称为曲线的**切向量**. 向量

$$\boldsymbol{T} = \{x'(t_0), y'(t_0), z'(t_0)\}$$

就是曲线 Γ 在点 M_0 处的一个切向量.

过点 M_0 且与切线垂直的平面称为曲线 Γ 在点 M_0 处的**法平面**. 曲线的切向量就是法平面的法向量, 于是, 该法平面的方程为

$$x'(t_0)(x-x_0) + y'(t_0)(y-y_0) + z'(t_0)(z-z_0) = 0. \tag{6.3}$$

例1　求曲线 Γ:

$$x = \int_0^t e^u \cos u \, du, \quad y = 2\sin t + \cos t, \quad z = 1 + e^{3t}$$

在 $t = 0$ 处的切线方程和法平面方程.

解　当 $t = 0$ 时, $x = 0$, $y = 1$, $z = 2$, 又

$$x' = e^t \cos t, \quad y' = 2\cos t - \sin t, \quad z' = 3e^{3t},$$

所以曲线 Γ 在 $t = 0$ 处的切向量

$$\boldsymbol{T} = \{x'(0), y'(0), z'(0)\} = \{1, 2, 3\}.$$

于是, 所求切线方程为

$$\frac{x-0}{1} = \frac{y-1}{2} = \frac{z-2}{3},$$

法平面方程为

$$x + 2(y-1) + 3(z-2) = 0,$$

即

$$x + 2y + 3z - 8 = 0.$$

2. 如果空间曲线 Γ 的方程为

$$\begin{cases} y = y(x) \\ z = z(x) \end{cases}, \tag{6.4}$$

则可取 x 为参数, 将方程组 (6.4) 表示为参数方程的形式

$$\begin{cases} x = x \\ y = y(x) \\ z = z(x) \end{cases}, \tag{6.5}$$

如果函数 $y(x)$, $z(x)$ 在 $x = x_0$ 处可导, 则曲线 Γ 在点 $x = x_0$ 处的切向量 $\boldsymbol{T} = \{1, y'(x_0), z'(x_0)\}$, 因此曲线 Γ 在点 $M(x_0, y_0, z_0)$ 处的切线方程为

$$\frac{x-x_0}{1} = \frac{y-y_0}{y'(x_0)} = \frac{z-z_0}{z'(x_0)}, \tag{6.6}$$

法平面方程为

$$(x-x_0) + y'(x_0)(y-y_0) + z'(x_0)(z-z_0) = 0. \tag{6.7}$$

3. 如果空间曲线 Γ 的方程为

$$\begin{cases} F(x, y, z) = 0 \\ G(x, y, z) = 0 \end{cases}, \qquad (6.8)$$

且 F, G 具有连续的偏导数，则方程组 (6.8) 隐含唯一确定的函数组 $y = y(x)$, $z = z(x)$, 且

$$\frac{\mathrm{d}y}{\mathrm{d}x} = -\frac{\dfrac{\partial(F,G)}{\partial(x,z)}}{\dfrac{\partial(F,G)}{\partial(y,z)}} = \frac{\dfrac{\partial(F,G)}{\partial(z,x)}}{\dfrac{\partial(F,G)}{\partial(y,z)}}, \quad \frac{\mathrm{d}z}{\mathrm{d}x} = -\frac{\dfrac{\partial(F,G)}{\partial(y,x)}}{\dfrac{\partial(F,G)}{\partial(y,z)}} = \frac{\dfrac{\partial(F,G)}{\partial(x,y)}}{\dfrac{\partial(F,G)}{\partial(y,z)}},$$

故曲线 Γ 的切向量为

$$\boldsymbol{T} = \{1, y'(x), z'(x)\} = \left\{1, \frac{\dfrac{\partial(F,G)}{\partial(z,x)}}{\dfrac{\partial(F,G)}{\partial(y,z)}}, \frac{\dfrac{\partial(F,G)}{\partial(x,y)}}{\dfrac{\partial(F,G)}{\partial(y,z)}}\right\},$$

从而曲线 Γ 在点 $M_0(x_0, y_0, z_0)$ 处的切向量可取为

$$\boldsymbol{T} = \left\{\left.\frac{\partial(F,G)}{\partial(y,z)}\right|_{M_0}, \left.\frac{\partial(F,G)}{\partial(z,x)}\right|_{M_0}, \left.\frac{\partial(F,G)}{\partial(x,y)}\right|_{M_0}\right\},$$

因此，当 $\left.\dfrac{\partial(F,G)}{\partial(y,z)}\right|_{M_0}$, $\left.\dfrac{\partial(F,G)}{\partial(z,x)}\right|_{M_0}$, $\left.\dfrac{\partial(F,G)}{\partial(x,y)}\right|_{M_0}$ 不同时为零时，曲线 Γ 在点 $M_0(x_0, y_0, z_0)$ 处的切线方程为

$$\frac{x - x_0}{\left.\dfrac{\partial(F,G)}{\partial(y,z)}\right|_{M_0}} = \frac{y - y_0}{\left.\dfrac{\partial(F,G)}{\partial(z,x)}\right|_{M_0}} = \frac{z - z_0}{\left.\dfrac{\partial(F,G)}{\partial(x,y)}\right|_{M_0}}, \qquad (6.9)$$

利用变量 x, y, z 轮换对称性很容易记住这个公式 (见图 9-6-2). 而法平面方程为

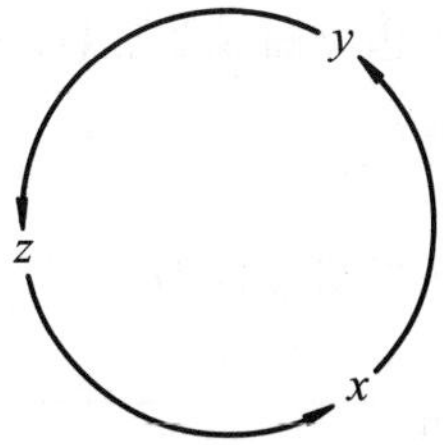

$$\left.\frac{\partial(F,G)}{\partial(y,z)}\right|_{M_0}(x - x_0) + \left.\frac{\partial(F,G)}{\partial(z,x)}\right|_{M_0}(y - y_0)$$
$$+ \left.\frac{\partial(F,G)}{\partial(x,y)}\right|_{M_0}(z - z_0) = 0. \quad (6.10)$$

图 9-6-2

例2 求曲线 $\begin{cases} x^2 + z^2 = 10 \\ y^2 + z^2 = 10 \end{cases}$ 在点 $(1,1,3)$ 处的切线方程及法平面方程.

解 设 $F(x, y, z) = x^2 + z^2 - 10$, $G(x, y, z) = y^2 + z^2 - 10$, 由

$$F_x = 2x, \quad F_y = 0, \quad F_z = 2z, \quad G_x = 0, \quad G_y = 2y, \quad G_z = 2z,$$

所以

$$\frac{\partial(F,G)}{\partial(y,z)}\bigg|_{(1,1,3)} = \begin{vmatrix} F_y & F_z \\ G_y & G_z \end{vmatrix}_{(1,1,3)} = \begin{vmatrix} 0 & 2z \\ 2y & 2z \end{vmatrix}_{(1,1,3)} = -12,$$

$$\frac{\partial(F,G)}{\partial(z,x)}\bigg|_{(1,1,3)} = \begin{vmatrix} F_z & F_x \\ G_z & G_x \end{vmatrix}_{(1,1,3)} = \begin{vmatrix} 2z & 2x \\ 2z & 0 \end{vmatrix}_{(1,1,3)} = -12,$$

$$\frac{\partial(F,G)}{\partial(x,y)}\bigg|_{(1,1,3)} = \begin{vmatrix} F_x & F_y \\ G_x & G_y \end{vmatrix}_{(1,1,3)} = \begin{vmatrix} 2x & 0 \\ 0 & 2y \end{vmatrix}_{(1,1,3)} = 4.$$

即题设曲线在点 $(1,1,3)$ 处的切向量可取为

$$\boldsymbol{T} = \{3,3,-1\},$$

从而所求的切线方程为

$$\frac{x-1}{3} = \frac{y-1}{3} = \frac{z-3}{-1}.$$

法平面方程为

$$3(x-1)+3(y-1)-(z-3)=0,$$

即

$$3x+3y-z=3. \qquad\blacksquare$$

例3　求曲线 $x^2+y^2+z^2=6$, $x+y+z=0$ 在点 $(1,-2,1)$ 处的切线方程及法平面方程.

解　在所给方程的两边对 x 求导并移项, 得

$$\begin{cases} y\dfrac{\mathrm{d}y}{\mathrm{d}x} + z\dfrac{\mathrm{d}z}{\mathrm{d}x} = -x \\ \dfrac{\mathrm{d}y}{\mathrm{d}x} + \dfrac{\mathrm{d}z}{\mathrm{d}x} = -1 \end{cases}, \quad 即 \quad \begin{cases} \dfrac{\mathrm{d}y}{\mathrm{d}x} = \dfrac{z-x}{y-z} \\ \dfrac{\mathrm{d}z}{\mathrm{d}x} = \dfrac{x-y}{y-z} \end{cases},$$

从而有

$$\frac{\mathrm{d}y}{\mathrm{d}x}\bigg|_{(1,-2,1)} = 0, \quad \frac{\mathrm{d}z}{\mathrm{d}x}\bigg|_{(1,-2,1)} = -1,$$

即题设曲线在点 $(1,-2,1)$ 处的切向量为 $\boldsymbol{T}=\{1,0,-1\}$, 故所求的切线方程为

$$\frac{x-1}{1} = \frac{y+2}{0} = \frac{z-1}{-1},$$

法平面方程为

$$(x-1)+0\cdot(y+2)-(z-1)=0,$$

即

$$x-z=0. \qquad\blacksquare$$

二、空间曲面的切平面与法线

1. 设曲面 Σ 的方程为

$$F(x,y,z)=0,$$

$M_0(x_0,y_0,z_0)$ 是曲面 Σ 上的一点, 函数 $F(x,y,z)$ 的偏导数在该点连续且不同时为零. 过点 M_0 在曲面上可以作无数条曲线. 设这些曲线在点 M_0 处分别都有切线,

我们要证明这无数条曲线的切线都在同一平面上.

过点 M_0 在曲面(见图9-6-3)上任意作一条曲线 Γ,设其方程为

$$x = x(t), \quad y = y(t), \quad z = z(t),$$

且 $t = t_0$ 时,

$$x_0 = x(t_0), \quad y_0 = y(t_0), \quad z_0 = z(t_0).$$

由于曲线 Γ 在曲面 Σ 上,因此有

$$F[x(t), y(t), z(t)]\big|_{t=t_0} \equiv 0,$$

及

$$\frac{\mathrm{d}}{\mathrm{d}t} F[x(t), y(t), z(t)]\big|_{t=t_0} = 0,$$

即有

$$F_x\big|_{M_0} x'(t_0) + F_y\big|_{M_0} y'(t_0) + F_z\big|_{M_0} z'(t_0) = 0. \tag{6.11}$$

注意到曲线 Γ 在点 M_0 处的切向量 $\boldsymbol{T} = \{x'(t_0), y'(t_0), z'(t_0)\}$,如果引入向量

$$\boldsymbol{n} = \{F_x(x_0, y_0, z_0), F_y(x_0, y_0, z_0), F_z(x_0, y_0, z_0)\},$$

则式 (6.11) 可写成

$$\boldsymbol{n} \cdot \boldsymbol{T} = 0.$$

这说明曲面 Σ 上过点 M_0 的任意一条曲线的切线都与向量 $\boldsymbol{n}$ 垂直,这样就证明了过点 M_0 的任意一条曲线在点 M_0 处的切线都落在以向量 $\boldsymbol{n}$ 为法向量且经过点 M_0 的平面上. 这个平面称为曲面在点 M_0 处的**切平面**,该切平面的方程为

$$F_x\big|_{M_0}(x - x_0) + F_y\big|_{M_0}(y - y_0) + F_z\big|_{M_0}(z - z_0) = 0, \tag{6.12}$$

曲面在点 M_0 处的切平面的法向量称为在点 M_0 处**曲面的法向量**,于是,在点 M_0 处曲面的法向量为

$$\boldsymbol{n} = \{F_x(x_0, y_0, z_0), F_y(x_0, y_0, z_0), F_z(x_0, y_0, z_0)\}. \tag{6.13}$$

过点 M_0 且垂直于切平面的直线称为曲面在该点的**法线**. 因此法线方程为

$$\frac{x - x_0}{F_x\big|_{M_0}} = \frac{y - y_0}{F_y\big|_{M_0}} = \frac{z - z_0}{F_z\big|_{M_0}}. \tag{6.14}$$

2. 设曲面 Σ 的方程为

$$z = f(x, y),$$

令 $F(x, y, z) = z - f(x, y)$,则有

$$F_x = -f_x, \quad F_y = -f_y, \quad F_z = 1,$$

于是,当函数 $f(x, y)$ 的偏导数 $f_x(x, y)$, $f_y(x, y)$ 在点 (x_0, y_0) 处连续时,曲面 Σ 在点 M_0 处的法向量为

$$\boldsymbol{n} = \{-f_x(x_0, y_0), -f_y(x_0, y_0), 1\}, \tag{6.15}$$

从而切平面方程为

$$f_x(x_0, y_0)(x - x_0) + f_y(x_0, y_0)(y - y_0) - (z - z_0) = 0,$$

或　　　　　$$(z - z_0) = f_x(x_0, y_0)(x - x_0) + f_y(x_0, y_0)(y - y_0),$$ 　　　(6.16)

法线方程为

$$\frac{x - x_0}{f_x(x_0, y_0)} = \frac{y - y_0}{f_y(x_0, y_0)} = \frac{z - z_0}{-1}. \tag{6.17}$$

注：方程 (6.16) 的右端恰好是函数 $z = f(x, y)$ 在点 (x_0, y_0) 处的全微分，而左端是切平面上点的竖坐标的增量. 因此，函数 $z = f(x, y)$ 在点 (x_0, y_0) 处的全微分，在几何上表示曲面 $z = f(x, y)$ 在点 (x_0, y_0) 处的切平面上点的竖坐标的增量.

设 α，β，γ 表示曲面的法向量的方向角，并假定法向量与 z 轴正向的夹角 γ 是一锐角，则法向量的**方向余弦**为

$$\cos\alpha = \frac{-f_x}{\sqrt{1 + f_x^2 + f_y^2}}, \quad \cos\beta = \frac{-f_y}{\sqrt{1 + f_x^2 + f_y^2}}, \quad \cos\gamma = \frac{1}{\sqrt{1 + f_x^2 + f_y^2}}.$$

其中　　　　　　　$$f_x = f_x(x_0, y_0), \ f_y = f_y(x_0, y_0).$$

例 4　求旋转抛物面 $z = x^2 + y^2 - 1$ 在点 $(2, 1, 4)$ 处的切平面方程及法线方程.

解　这里 $f(x, y) = x^2 + y^2 - 1$，于是

$$\boldsymbol{n} = \{f_x, f_y, -1\} = \{2x, 2y, -1\}, \quad \boldsymbol{n}|_{(2,1,4)} = \{4, 2, -1\},$$

所以在点 $(2, 1, 4)$ 处的切平面方程为

$$4(x - 2) + 2(y - 1) - (z - 4) = 0,$$

即　　　　　　　　　$$4x + 2y - z - 6 = 0,$$

法线方程为

$$\frac{x - 2}{4} = \frac{y - 1}{2} = \frac{z - 4}{-1}.$$

例 5　求曲面 $x^2 + y^2 + z^2 - xy - 3 = 0$ 上同时垂直于平面 $z = 0$ 与 $x + y + 1 = 0$ 的切平面方程.

解　设 $F(x, y, z) = x^2 + y^2 + z^2 - xy - 3$，则

$$F_x = 2x - y, \quad F_y = 2y - x, \quad F_z = 2z,$$

曲面在点 (x_0, y_0, z_0) 处的法向量为

$$\boldsymbol{n} = (2x_0 - y_0)\boldsymbol{i} + (2y_0 - x_0)\boldsymbol{j} + 2z_0\boldsymbol{k}.$$

由于平面 $z = 0$ 的法向量 $\boldsymbol{n}_1 = \{0, 0, 1\}$，平面 $x + y + 1 = 0$ 的法向量 $\boldsymbol{n}_2 = \{1, 1, 0\}$，因为 $\boldsymbol{n}$ 同时垂直于 $\boldsymbol{n}_1$ 与 $\boldsymbol{n}_2$，所以 $\boldsymbol{n}$ 平行于 $\boldsymbol{n}_1 \times \boldsymbol{n}_2$，由于

$$\boldsymbol{n}_1 \times \boldsymbol{n}_2 = \begin{vmatrix} \boldsymbol{i} & \boldsymbol{j} & \boldsymbol{k} \\ 0 & 0 & 1 \\ 1 & 1 & 0 \end{vmatrix} = -\boldsymbol{i} + \boldsymbol{j},$$

所以存在数 λ, 使得

$$\{2x_0 - y_0, 2y_0 - x_0, 2z_0\} = \lambda\{-1, 1, 0\},$$

即
$$2x_0 - y_0 = -\lambda, \quad 2y_0 - x_0 = \lambda, \quad 2z_0 = 0,$$

解得 $x_0 = -y_0$, $z_0 = 0$, 将其代入题设曲面方程, 得切点为

$$M_1(1, -1, 0) \ \text{和} \ M_2(-1, 1, 0),$$

从而所求的切平面方程为

$$-(x-1) + (y+1) = 0, \ \text{即} \ x - y - 2 = 0,$$

和
$$-(x+1) + (y-1) = 0, \ \text{即} \ x - y + 2 = 0.$$ ■

*数学实验

实验 9.6 试用计算软件完成下列各题:

(1) 求 $k(x,y) = \dfrac{4}{x^2 + y^2 + 1}$ 在点 $\left(\dfrac{1}{4}, \dfrac{1}{2}, \dfrac{64}{21}\right)$ 处的切平面方程, 同时画图.

(2) 求曲线 $\begin{cases} x^2 + y^2 + z^2 = 9 \\ x + y + z = 1 \end{cases}$ 在点 $(1, -2, 2)$ 处的切线及法平面方程.

(3) 求曲面 $e^{xyz} = 5$ 上点 $(1, 1, \ln 5)$ 处的切平面和法线方程.

(4) 求曲面 $\sin(y+z) + \cos(xy) = \dfrac{1}{2}$ 在点 $\left(1, \dfrac{\pi}{2}, \dfrac{\pi}{3}\right)$ 处的切平面和法线方程.

(5) 求曲面 $x^x + y^\pi - \pi^z = \pi^\pi$ 在点 (π, π, π) 处的切平面和法线方程.

详见教材配套的网络学习空间.

习题 9-6

1. 求曲线 $x = \dfrac{t}{1+t}$, $y = \dfrac{1+t}{t}$, $z = t^2$ 在 $t = 2$ 处的切线方程与法平面方程.

2. 求曲线 $y^2 = 2mx$, $z^2 = m - x$ 在点 (x_0, y_0, z_0) 处的切线方程与法平面方程.

3. 求曲线 $\begin{cases} x^2 + y^2 + z^2 = a^2 \\ x^2 + y^2 = ax \end{cases}$ 在点 $M_0(0, 0, a)$ 处的切线方程与法平面方程.

4. 找出曲线 $x = t$, $y = t^2$, $z = t^3$ 上的点, 使该点处的切线平行于平面 $x + 2y + z = 4$.

5. 求曲面 $x^2 + y^2 + z^2 = 1$ 上平行于平面 $x - y + 2z = 0$ 的切平面方程.

6. 求曲面 $z = x^2 + y^2$ 在点 $(1, 1, 2)$ 处的切平面方程与法线方程.

7. 证明: 曲面 $F(nx - lz, ny - mz) = 0$ 在任意一点处的切平面都平行于直线

$$\frac{x-1}{l} = \frac{y-2}{m} = \frac{z-3}{n},$$

其中 F 具有连续的偏导数.

8. 证明曲面方程 $xyz = a^3$ ($a \neq 0$, 常数) 上任意点处的切平面与三个坐标面所形成的四面体的体积为常数.

§9.7 方向导数与梯度

一、场的概念

场是物理学中的概念,例如,在真空中点 P_0 处放置一正电荷 q,则在点 P_0 周围产生一个静电场,再在异于点 P_0 的任一点 P 处放置一单位正电荷,则由物理学知,在点 P 处这个单位正电荷上所受到的力 $\boldsymbol{E}$,称为此静电场在点 P 处的电场强度. 上述静电场内每一点都有一个确定的电场强度,静电场不仅可以用电场强度这个量来描述,也可以用单位正电荷从点 P 处移到无穷远处时,电场强度所作的功 V 来描述,V 称为静电场的电位或电势.

数学中所研究的场是考察客观存在的场的量的侧面. 一般地,如果对于空间区域 G 内任一点 M,都有一个确定的数量 $f(M)$ 与之对应,则称在此空间区域 G 内确定了一个 **数量场**.

常见的数量场有静电位场、温度场、密度场等. 一个数量场可用一个数量函数 $f(M)$ 来确定.

如果与点 M 相对应的是一个向量 $\boldsymbol{A}(M)$,则称在此空间区域 G 内确定了一个 **向量场**.

常见的向量场有引力场、静电场、速度场等. 一个向量场可用一个向量函数

$$\boldsymbol{A} = \boldsymbol{A}(M) \text{ 或 } \boldsymbol{A} = P(M)\boldsymbol{i} + Q(M)\boldsymbol{j} + R(M)\boldsymbol{k}$$

来确定,其中 $P(M)$,$Q(M)$,$R(M)$ 是点 M 的数量函数.

如果场不随时间而变化,则这类场称为 **稳定场**;反之,称为 **不稳定场**,本书中我们只讨论稳定场.

二、方向导数

我们知道,二元函数 $z = f(x, y)$ 的偏导数 f_x 与 f_y 能表达函数沿 x 轴与 y 轴的变化率,但仅知道这一点,在实际应用中是不够的.

例如,设有一块长方形的金属板,在一定的温度条件作用下,金属板受热产生如图 9-7-1 所示的不均匀的稳定温度场.

图 9-7-1

设在金属板中某处有一只蚂蚁,问这只蚂蚁在其逃生路线上的每一点处应沿什么方向逃生才能在最短时间内爬行到安全的地方? 这个问题的答案是明显的,即这只蚂蚁在每一点处都应沿温度(下降)变化率最大的方向爬行. 这个方向就是我们后

面将要介绍的梯度的方向.

在物理学、仿生学和工程技术领域中，我们常常会遇到求函数沿某个方向的变化率的问题. 为此，我们引入函数的方向导数的概念.

定义1   设函数 $z = f(x, y)$ 在点 $P(x, y)$ 的某一邻域 $U(P)$ 内有定义，l 为自点 P 出发的射线，$P'(x + \Delta x, y + \Delta y)$ 为射线 l 上且包含于 $U(P)$ 内的任一点，以

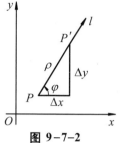

图 9-7-2

$$\rho = \sqrt{(\Delta x)^2 + (\Delta y)^2}$$

表示点 P 与 P' 之间的距离(见图9-7-2)，如果极限

$$\lim_{\rho \to 0} \frac{\Delta z}{\rho} = \lim_{\rho \to 0} \frac{f(x + \Delta x, y + \Delta y) - f(x, y)}{\rho}$$

存在，则称此极限值为函数 $f(x, y)$ 在点 P 处沿方向 l 的**方向导数**，记为 $\dfrac{\partial f}{\partial l}$，即

$$\frac{\partial f}{\partial l} = \lim_{\rho \to 0} \frac{f(x + \Delta x, y + \Delta y) - f(x, y)}{\rho}.$$

根据上述定义，函数 $f(x, y)$ 在点 P 处沿 x 轴与 y 轴正向的方向导数就是 $\dfrac{\partial f}{\partial x}$ 与 $\dfrac{\partial f}{\partial y}$，沿 x 轴与 y 轴负向的方向导数就是 $-\dfrac{\partial f}{\partial x}$ 与 $-\dfrac{\partial f}{\partial y}$. 一般情形下，方向导数与 $\dfrac{\partial f}{\partial x}$ 及 $\dfrac{\partial f}{\partial y}$ 间有什么关系呢?

定理1   如果函数 $z = f(x, y)$ 在点 $P(x, y)$ 处是可微分的，则函数在该点处沿任一方向 l 的方向导数都存在，且

$$\frac{\partial f}{\partial l} = \frac{\partial f}{\partial x} \cos \varphi + \frac{\partial f}{\partial y} \sin \varphi, \tag{7.1}$$

其中 φ 为 x 轴正向到方向 l 的转角(见图9-7-2).

证明   因为函数 $z = f(x, y)$ 在点 $P(x, y)$ 是可微的，所以该函数的增量可表示为

$$f(x + \Delta x, y + \Delta y) - f(x, y) = \frac{\partial f}{\partial x} \Delta x + \frac{\partial f}{\partial y} \Delta y + o(\rho),$$

两边各除以 ρ，得

$$\frac{f(x + \Delta x, y + \Delta y) - f(x, y)}{\rho} = \frac{\partial f}{\partial x} \frac{\Delta x}{\rho} + \frac{\partial f}{\partial y} \frac{\Delta y}{\rho} + \frac{o(\rho)}{\rho}$$

$$= \frac{\partial f}{\partial x} \cos \varphi + \frac{\partial f}{\partial y} \sin \varphi + \frac{o(\rho)}{\rho},$$

故 $\dfrac{\partial f}{\partial l} = \lim\limits_{\rho \to 0} \dfrac{\Delta z}{\rho} = \dfrac{\partial f}{\partial x} \cos \varphi + \dfrac{\partial f}{\partial y} \sin \varphi.$ ■

例1   求函数 $z = xe^{2y}$ 在点 $P(1, 0)$ 处沿从点 $P(1, 0)$ 到点 $Q(2, -1)$ 的方向的方

向导数.

解 这里 l 为 $\overrightarrow{PQ} = \{1, -1\}$ 的方向，故 x 到方向 l 的转角 $\varphi = -\dfrac{\pi}{4}$.

$$\frac{\partial z}{\partial x}\bigg|_{(1,0)} = e^{2y}\big|_{(1,0)} = 1,$$

$$\frac{\partial z}{\partial y}\bigg|_{(1,0)} = 2xe^{2y}\big|_{(1,0)} = 2,$$

故所求的方向导数为

$$\frac{\partial z}{\partial l} = \cos\left(-\frac{\pi}{4}\right) + 2\sin\left(-\frac{\pi}{4}\right) = -\frac{\sqrt{2}}{2}. \qquad\blacksquare$$

类似地，可以定义三元函数 $u = f(x, y, z)$ 在空间一点 $P(x, y, z)$ 处沿着方向 l 的方向导数为

$$\frac{\partial f}{\partial l} = \lim_{\rho \to 0} \frac{f(x+\Delta x, \, y+\Delta y, \, z+\Delta z) - f(x, y, z)}{\rho},$$

其中 ρ 为点 $P(x, y, z)$ 与点 $P'(x+\Delta x, \, y+\Delta y, \, z+\Delta z)$ 之间的距离，即

$$\rho = \sqrt{(\Delta x)^2 + (\Delta y)^2 + (\Delta z)^2}.$$

设方向 l 的方向角为 α, β, γ，则有

$$\Delta x = \rho\cos\alpha, \;\; \Delta y = \rho\cos\beta, \;\; \Delta z = \rho\cos\gamma. \qquad (7.2)$$

于是，当函数在点 $P(x, y, z)$ 处可微时，函数在该点处沿任意方向 l 的方向导数都存在，且有

$$\frac{\partial f}{\partial l} = \frac{\partial f}{\partial x}\cos\alpha + \frac{\partial f}{\partial y}\cos\beta + \frac{\partial f}{\partial z}\cos\gamma. \qquad (7.3)$$

例2 求函数 $u = \ln(x + \sqrt{y^2 + z^2})$ 在点 $A(1, 0, 1)$ 处沿点 A 指向点 $B(3, -2, 2)$ 的方向的方向导数.

解 这里 l 为 $\overrightarrow{AB} = \{2, -2, 1\}$ 的方向，向量 $\overrightarrow{AB}$ 的方向余弦为

$$\cos\alpha = \frac{2}{3}, \;\; \cos\beta = -\frac{2}{3}, \;\; \cos\gamma = \frac{1}{3},$$

又

$$\frac{\partial u}{\partial x} = \frac{1}{x + \sqrt{y^2 + z^2}}, \qquad \frac{\partial u}{\partial y} = \frac{1}{x + \sqrt{y^2 + z^2}} \cdot \frac{y}{\sqrt{y^2 + z^2}},$$

$$\frac{\partial u}{\partial z} = \frac{1}{x + \sqrt{y^2 + z^2}} \cdot \frac{z}{\sqrt{y^2 + z^2}},$$

所以

$$\frac{\partial u}{\partial x}\bigg|_A = \frac{1}{2}, \;\; \frac{\partial u}{\partial y}\bigg|_A = 0, \;\; \frac{\partial u}{\partial z}\bigg|_A = \frac{1}{2}.$$

于是

$$\frac{\partial u}{\partial l}\bigg|_A = \frac{1}{2} \times \frac{2}{3} + 0 \times \left(-\frac{2}{3}\right) + \frac{1}{2} \times \frac{1}{3} = \frac{1}{2}. \qquad\blacksquare$$

例3 设 $\boldsymbol{n}$ 是曲面 $2x^2+3y^2+z^2=6$ 在点 $P(1,1,1)$ 处的指向外侧的法向量, 求函数 $u=\dfrac{1}{z}(6x^2+8y^2)^{1/2}$ 沿方向 $\boldsymbol{n}$ 的方向导数.

解 令 $F(x,y,z)=2x^2+3y^2+z^2-6$, 则有

$$F_x|_P=4x|_P=4,\quad F_y|_P=6y|_P=6,\quad F_z|_P=2z|_P=2,$$

从而

$$\boldsymbol{n}=\{F_x,F_y,F_z\}=\{4,6,2\},$$

$$|\boldsymbol{n}|=\sqrt{4^2+6^2+2^2}=2\sqrt{14},$$

其方向余弦为 $\cos\alpha=\dfrac{2}{\sqrt{14}}$, $\cos\beta=\dfrac{3}{\sqrt{14}}$, $\cos\gamma=\dfrac{1}{\sqrt{14}}$. 又

$$\frac{\partial u}{\partial x}\bigg|_P=\frac{6x}{z\sqrt{6x^2+8y^2}}\bigg|_P=\frac{6}{\sqrt{14}};$$

$$\frac{\partial u}{\partial y}\bigg|_P=\frac{8y}{z\sqrt{6x^2+8y^2}}\bigg|_P=\frac{8}{\sqrt{14}};$$

$$\frac{\partial u}{\partial z}\bigg|_P=-\frac{\sqrt{6x^2+8y^2}}{z^2}\bigg|_P=-\sqrt{14}.$$

所以

$$\frac{\partial u}{\partial\boldsymbol{n}}\bigg|_P=\left(\frac{\partial u}{\partial x}\cos\alpha+\frac{\partial u}{\partial y}\cos\beta+\frac{\partial u}{\partial z}\cos\gamma\right)\bigg|_P=\frac{11}{7}.\quad■$$

三、梯度的概念

定义2 设函数 $z=f(x,y)$ 在平面区域 D 内具有一阶连续偏导数, 则对于每一点 $P(x,y)\in D$, 都可定义一个向量

$$\frac{\partial f}{\partial x}\boldsymbol{i}+\frac{\partial f}{\partial y}\boldsymbol{j},$$

称它为函数 $z=f(x,y)$ 在点 $P(x,y)$ 处的**梯度**, 记为 $\mathbf{grad}f(x,y)$, 即

$$\mathbf{grad}f(x,y)=\frac{\partial f}{\partial x}\boldsymbol{i}+\frac{\partial f}{\partial y}\boldsymbol{j}. \tag{7.4}$$

若设 $\boldsymbol{e}=\{\cos\varphi,\sin\varphi\}$ 是与方向 l 同方向的单位向量, 则根据方向导数的计算公式, 有

$$\frac{\partial f}{\partial l}=\frac{\partial f}{\partial x}\cos\varphi+\frac{\partial f}{\partial y}\sin\varphi=\left\{\frac{\partial f}{\partial x},\frac{\partial f}{\partial y}\right\}\cdot\{\cos\varphi,\sin\varphi\}$$

$$=\mathbf{grad}f(x,y)\cdot\boldsymbol{e}=|\mathbf{grad}f(x,y)|\cos\theta,$$

其中 $\theta=(\mathbf{grad}f(x,y),\widehat{\quad}\boldsymbol{e})$ 表示向量 $\mathbf{grad}f(x,y)$ 与 $\boldsymbol{e}$ 的夹角.

由此可见，$\dfrac{\partial f}{\partial l}$ 就是梯度在射线 l 上的投影 (见图 9–

7–3)，如果方向 l 与梯度方向一致时，有

$$\cos(\mathbf{grad}\,f(x,y)\,\widehat{,}\,\boldsymbol{e})=1,$$

则 $\dfrac{\partial f}{\partial l}$ 有最大值，即函数 f 沿梯度方向的方向导数达到最

大值；如果方向 l 与梯度方向相反时，有

$$\cos(\mathbf{grad}\,f(x,y)\,\widehat{,}\,\boldsymbol{e})=-1,$$

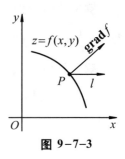

图 9–7–3

则 $\dfrac{\partial f}{\partial l}$ 有最小值，即函数 f 沿梯度的反方向的方向导数取得最小值. 因此，我们有

如下结论：

函数在某点的梯度是这样一个向量：它的方向与取得最大方向导数的方向一致，而它的模为方向导数的最大值.

根据梯度的定义，梯度的模为

$$\left|\,\mathbf{grad}\,f(x,y)\,\right|=\sqrt{f_x^{\,2}+f_y^{\,2}}.$$

当 f_x 不为零时，x 轴到梯度的转角的正切为 $\tan\theta=\dfrac{f_y}{f_x}$.

设三元函数 $u=f(x,y,z)$ 在空间区域 G 内具有一阶连续偏导数，我们可以类似地定义 $u=f(x,y,z)$ 在 G 内点 $P(x,y,z)$ 处的梯度为

$$\mathbf{grad}\,f(x,y,z)=\frac{\partial f}{\partial x}\boldsymbol{i}+\frac{\partial f}{\partial y}\boldsymbol{j}+\frac{\partial f}{\partial z}\boldsymbol{k}.$$

类似于二元函数，这个梯度也是一个向量，其方向与取得最大方向导数的方向一致，其模为方向导数的最大值.

例4　求 $\mathbf{grad}\,\dfrac{1}{x^2+y^2}$.

解　这里 $f(x,y)=\dfrac{1}{x^2+y^2}$. 因为

$$\frac{\partial f}{\partial x}=-\frac{2x}{(x^2+y^2)^2},\quad \frac{\partial f}{\partial y}=-\frac{2y}{(x^2+y^2)^2},$$

所以　　　　　　$$\mathbf{grad}\,\frac{1}{x^2+y^2}=-\frac{2x}{(x^2+y^2)^2}\boldsymbol{i}-\frac{2y}{(x^2+y^2)^2}\boldsymbol{j}.\quad\blacksquare$$

例5　函数 $u=xy^2+z^3-xyz$ 在点 $P_0(1,1,1)$ 处沿哪个方向的方向导数最大？最大值是多少？

解　由 $\dfrac{\partial u}{\partial x}=y^2-yz,\ \dfrac{\partial u}{\partial y}=2xy-xz,\ \dfrac{\partial u}{\partial z}=3z^2-xy$，得

$$\left.\frac{\partial u}{\partial x}\right|_{P_0} = 0, \quad \left.\frac{\partial u}{\partial y}\right|_{P_0} = 1, \quad \left.\frac{\partial u}{\partial z}\right|_{P_0} = 2.$$

从而 $\quad \mathbf{grad}\, u(P_0) = \{0, 1, 2\}, \quad |\mathbf{grad}\, u(P_0)| = \sqrt{0+1+4} = \sqrt{5}.$

于是，u 在点 P_0 处沿方向 $\{0, 1, 2\}$ 的方向导数最大，最大值是 $\sqrt{5}$. ■

例6 试求数量场 $\dfrac{m}{r}$ 所产生的梯度场，其中常数 $m > 0$，$r = \sqrt{x^2 + y^2 + z^2}$ 为原点 O 与点 $M(x, y, z)$ 间的距离.

解 $\dfrac{\partial}{\partial x}\left(\dfrac{m}{r}\right) = -\dfrac{m}{r^2}\dfrac{\partial r}{\partial x} = -\dfrac{mx}{r^3}$，同理 $\dfrac{\partial}{\partial y}\left(\dfrac{m}{r}\right) = -\dfrac{my}{r^3}$，$\dfrac{\partial}{\partial z}\left(\dfrac{m}{r}\right) = -\dfrac{mz}{r^3}$.

从而 $\qquad \mathbf{grad}\,\dfrac{m}{r} = -\dfrac{m}{r^2}\left(\dfrac{x}{r}\boldsymbol{i} + \dfrac{y}{r}\boldsymbol{j} + \dfrac{z}{r}\boldsymbol{k}\right).$

如果用 $\boldsymbol{e}_r$ 表示与 $\overrightarrow{OM}$ 同方向的单位向量，则

$$\boldsymbol{e}_r = \dfrac{x}{r}\boldsymbol{i} + \dfrac{y}{r}\boldsymbol{j} + \dfrac{z}{r}\boldsymbol{k}$$

因此 $\qquad \mathbf{grad}\,\dfrac{m}{r} = -\dfrac{m}{r^2}\boldsymbol{e}_r.$ ■

上式右端在力学上可解释为位于原点 O 而质量为 m 的质点对位于点 M 而质量为 1 的质点的引力. 该引力的大小与两质点的质量的乘积成正比，而与它们距离的平方成反比，该引力的方向由点 M 指向原点.

梯度运算满足以下运算法则：设 u, v 可微，α, β 为常数，则

(1) $\mathbf{grad}\,(\alpha u + \beta v) = \alpha\,\mathbf{grad}\,u + \beta\,\mathbf{grad}\,v$；

(2) $\mathbf{grad}\,(u \cdot v) = u\,\mathbf{grad}\,v + v\,\mathbf{grad}\,u$；

(3) $\mathbf{grad}\,f(u) = f'(u)\,\mathbf{grad}\,u$.

以上性质请读者自证.

例7 设 $f(r)$ 为可微函数，$r = |\boldsymbol{r}|$，$\boldsymbol{r} = x\boldsymbol{i} + y\boldsymbol{j} + z\boldsymbol{k}$，求 $\mathbf{grad}\,f(r)$.

解 由上述公式 (3)，知

$$\mathbf{grad}\,f(r) = f'(r)\,\mathbf{grad}\,r = f'(r)\left(\dfrac{\partial r}{\partial x}\boldsymbol{i} + \dfrac{\partial r}{\partial y}\boldsymbol{j} + \dfrac{\partial r}{\partial z}\boldsymbol{k}\right)$$

因为 $\dfrac{\partial r}{\partial x} = \dfrac{x}{r}$，$\dfrac{\partial r}{\partial y} = \dfrac{y}{r}$，$\dfrac{\partial r}{\partial z} = \dfrac{z}{r}$，所以

$$\mathbf{grad}\,f(r) = f'(r)\left(\dfrac{x}{r}\boldsymbol{i} + \dfrac{y}{r}\boldsymbol{j} + \dfrac{z}{r}\boldsymbol{k}\right) = f'(r)\dfrac{\boldsymbol{r}}{|\boldsymbol{r}|} = f'(r)\boldsymbol{r}^\circ,$$

这里 $\boldsymbol{r}^\circ$ 表示 $\boldsymbol{r}$ 方向上的单位向量. ■

利用场的概念，我们可以说向量函数 $\mathbf{grad}\,f(M)$ 确定了一个向量场 —— **梯度场**，它是由数量场 $f(M)$ 产生的. 通常称函数 $f(M)$ 为这个向量场的**势**，而这个向量场又称为**势场**. 必须注意，任意一个向量场不一定是势场，因为它不一定是某个数量函数的梯度场.

四、等高线的概念

我们知道，二元函数 $z=f(x,y)$ 在几何直观上表示空间中的一个曲面. 此外，在实际应用中，描绘等高线是对二元函数 $z=f(x,y)$ 进行直观描述的又一种方法.

一般地，我们把满足方程 $f(x,y)=k$（k 在函数 f 的值域内）的曲线称为二元函数 f 的**等高线**. 按照定义，等高线 $f(x,y)=k$ 是函数 f 取已知值 k 的所有点 (x,y) 的集合. 它表示在何处函数 f 的图形具有相同的高 k（见图9-7-4）.

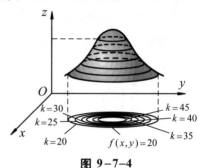

等高线的作法：用一系列平面 $z=k$ 截曲面 $z=f(x,y)$ 得到一系列空间曲线（水平截痕），这些曲面在 xOy 面上的投影曲线就是所求等高线.

图 9-7-4

所以，如果画出一个函数的若干等高线，并将它们提升（或降低）到所对应的高，则函数的图形也就大致得到了. 当按等间距 k 画出一族等高线 $f(x,y)=k$ 时，在等高线相互贴近的地方，曲面较陡峭；而在等高线相互分开的地方，曲面较平坦. 关于二元函数等高线的作法的进一步举例，参见教材配套的网络学习空间.

由于等高线 $f(x,y)=k$ 上任一点 $P(x,y)$ 处的法线的斜率为

$$-\frac{1}{\dfrac{\mathrm{d}y}{\mathrm{d}x}}=-\frac{1}{\left(-\dfrac{f_x}{f_y}\right)}=\frac{f_y}{f_x},$$

这个方向恰好就是梯度 **grad** $f(x,y)$ 的方向. 这个结果表明：函数在一点的梯度方向与等高线在该点的一个法线方向相同，它的指向为从数值较低的等高线指向数值较高的等高线，而梯度的模等于函数在这个法线方向的方向导数（见图9-7-5）.

根据上述结果，如果我们考虑一山丘的地形图（等高线图），用 $f(x,y)$ 表示坐标为 (x,y) 的点的海拔高度，则通过与等高线垂直的方式我们可以画出一条最陡的上升曲线（见图9-7-6）.

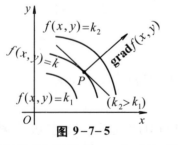

图 9-7-5

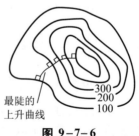

图 9-7-6

类似地，设曲面 $f(x,y,z)=k$ 为函数 $u=f(x,y,z)$ 的**等量面**，此函数在点 $P(x,y,z)$ 的梯度的方向与过点 P 的等量面 $f(x,y,z)=k$ 在该点的一个法线方向相同，且从数值较低的等量面指向数值较高的等量面，而梯度的模等于函数在这个法线方向的方

向导数.

*数学实验

实验 9.7　试用计算软件完成下列各题：

(1) 作出函数 $f(x,y)=\mathrm{e}^{-(x^2+y^2)/10^4}$ 的图形及其对应的等高线图.

(2) 作出函数 $z=(\cos x)(\cos y)\mathrm{e}^{-\frac{\sqrt{x^2+y^2}}{4}}$ 的图形及其对应的等高线图.

(3) 设 $f(x,y)=x\mathrm{e}^{-(x^2+y^2)}$，作出 $f(x,y)$ 的图形及其等高线图，再作出它的梯度向量的图形，把等高线和梯度向量的图形叠加在一起，观察它们之间的关系.

详见教材配套的网络学习空间.

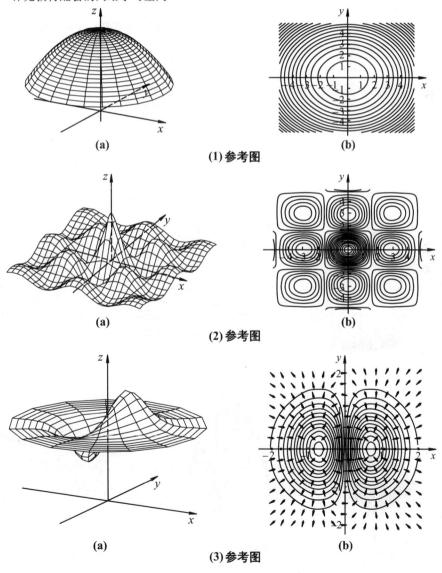

(a)　　　　**(b)**

(1) 参考图

(a)　　　　**(b)**

(2) 参考图

(a)　　　　**(b)**

(3) 参考图

习题 9-7

1. 求函数 $u = \ln(x + y^2 + z^2)$ 在点 $M_0(0,1,2)$ 处沿向量 $l = \{2, -1, -1\}$ 的方向导数.

2. 求函数 $z = \ln(x + y)$ 在抛物线 $y^2 = 4x$ 上的点 $(1,2)$ 处,沿着此抛物线在该点处偏向 x 轴正向的切线方向的方向导数.

3. 求函数 $u = xy + yz + xz$ 在点 $P(1, 2, 3)$ 处沿 P 点的向径方向的方向导数.

4. 求函数 $u = x^2 + y^2 + z^2$ 在曲线 $x = t$,$y = t^2$,$z = t^3$ 上点 $(1,1,1)$ 处沿曲线在该点的切线正方向的方向导数.

5. 设 $f(x, y, z) = x^2 + 3y^2 + 5z^2 + 2xy - 4y - 8z$,求 $\mathbf{grad}\, f(0,0,0)$,$\mathbf{grad}\, f(3,2,1)$.

6. 确定常数 λ,使在右半平面 $x > 0$ 上的向量
$$A(x, y) = \{2xy(x^4 + y^2)^\lambda, -x^2(x^4 + y^2)^\lambda\}$$
为某二元函数 $u(x, y)$ 的梯度,其中 $u(x, y)$ 具有连续的二阶偏导数.

7. 求函数 $u = x^2 + y^2 - z^2$ 在点 $M_1(1,0,1)$,$M_2(0,1,0)$ 的梯度之间的夹角.

8. 设函数 $u = \ln \dfrac{1}{r}$,其中
$$r = \sqrt{(x-a)^2 + (y-b)^2 + (z-c)^2},$$
试讨论在空间哪些点处等式 $|\mathbf{grad}\, u| = 1$ 成立.

9. 下列三个图形显示了两个函数的等高线,请匹配等高线和适当的曲面.

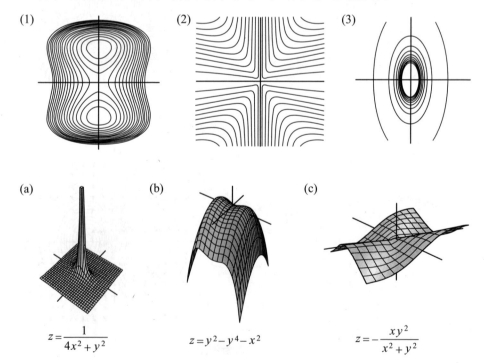

(1)　　　　　　　　　(2)　　　　　　　　　(3)

(a)　　　　　　　　　(b)　　　　　　　　　(c)

$$z = \frac{1}{4x^2 + y^2}$$
　　　
$$z = y^2 - y^4 - x^2$$
　　　
$$z = -\frac{xy^2}{x^2 + y^2}$$

§9.8 多元函数的极值

在实际问题中,我们会遇到大量求多元函数最大值和最小值的问题.与一元函数的情形类似,多元函数的最大值、最小值与极大值、极小值有着密切的联系.下面我们以二元函数为例来讨论多元函数的极值问题.

一、二元函数极值的概念

定义1 设函数 $z=f(x,y)$ 在点 (x_0,y_0) 的某一邻域内有定义,对于该邻域内异于 (x_0,y_0) 的任意一点 (x,y), 如果
$$f(x,y)<f(x_0,y_0),$$
则称函数在 (x_0,y_0) 处有 **极大值**; 如果
$$f(x,y)>f(x_0,y_0),$$
则称函数在 (x_0,y_0) 处有**极小值**; 极大值、极小值统称为**极值**. 使函数取得极值的点称为**极值点**.

例1 函数 $z=2x^2+3y^2$ 在点 $(0,0)$ 处有极小值. 从几何上看, $z=2x^2+3y^2$ 表示一开口向上的椭圆抛物面, 点 $(0,0,0)$ 是它的顶点(见图9-8-1). ■

例2 函数 $z=-\sqrt{x^2+y^2}$ 在点 $(0,0)$ 处有极大值. 从几何上看, $z=-\sqrt{x^2+y^2}$ 表示一开口向下的半圆锥面, 点 $(0,0,0)$ 是它的顶点(见图9-8-2). ■

例3 函数 $z=y^2-x^2$ 在点$(0,0)$处无极值. 从几何上看, 它表示双曲抛物面(马鞍面)(见图9-8-3). ■

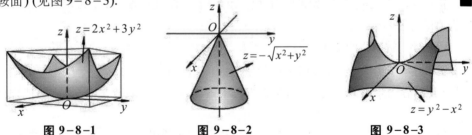

图 9-8-1   图 9-8-2   图 9-8-3

与导数在一元函数极值研究中的作用一样, 偏导数也是研究多元函数极值的主要手段.

如果二元函数 $z=f(x,y)$ 在点 (x_0,y_0) 处取得极值, 那么固定 $y=y_0$, 一元函数 $z=f(x,y_0)$ 在点 $x=x_0$ 处必取得相同的极值; 同理, 固定 $x=x_0$, $z=f(x_0,y)$ 在点 $y=y_0$ 处也取得相同的极值. 因此, 由一元函数极值的必要条件, 我们可以得到二元函数极值的必要条件.

定理1(必要条件) 设函数 $z=f(x,y)$ 在点 (x_0,y_0) 处具有偏导数, 且在点 (x_0,y_0) 处有极值, 则它在该点的偏导数必然为零, 即

$$f_x(x_0, y_0) = 0, \quad f_y(x_0, y_0) = 0. \tag{8.1}$$

类似地,如果三元函数 $u = f(x, y, z)$ 在点 $P(x_0, y_0, z_0)$ 处具有偏导数,则它在点 $P(x_0, y_0, z_0)$ 处有极值的必要条件为

$$f_x(x_0, y_0, z_0) = 0, f_y(x_0, y_0, z_0) = 0, f_z(x_0, y_0, z_0) = 0.$$

与一元函数的情形类似,对于多元函数,凡是能使一阶偏导数同时为零的点称为函数的**驻点**.

根据定理 1,具有偏导数的函数的极值点必定是驻点.但函数的驻点不一定是极值点,例如,点 $(0, 0)$ 是函数 $z = y^2 - x^2$ 的驻点,但函数在该点并无极值.

如何判定一个驻点是否为极值点?下面的定理部分地回答了这个问题.

定理 2(充分条件) 设函数 $z = f(x, y)$ 在点 (x_0, y_0) 的某邻域内有直到二阶的连续偏导数,又 $f_x(x_0, y_0) = 0$, $f_y(x_0, y_0) = 0$.令

$$f_{xx}(x_0, y_0) = A, \quad f_{xy}(x_0, y_0) = B, \quad f_{yy}(x_0, y_0) = C.$$

(1) 当 $AC - B^2 > 0$ 时,函数 $f(x, y)$ 在 (x_0, y_0) 处有极值,且当 $A > 0$ 时有极小值 $f(x_0, y_0)$;当 $A < 0$ 时有极大值 $f(x_0, y_0)$.

(2) 当 $AC - B^2 < 0$ 时,函数 $f(x, y)$ 在 (x_0, y_0) 处没有极值.

(3) 当 $AC - B^2 = 0$ 时,函数 $f(x, y)$ 在 (x_0, y_0) 处可能有极值,也可能没有极值.

证明 略.■

注:在定理 2 中,如果 $AC - B^2 = 0$,则不能确定 $f(x_0, y_0)$ 是否为极值,需另做讨论.

根据定理 1 与定理 2,如果函数 $f(x, y)$ 具有二阶连续偏导数,则求 $z = f(x, y)$ 的极值的一般步骤为:

第一步 解方程组 $f_x(x, y) = 0$, $f_y(x, y) = 0$,求出 $f(x, y)$ 的所有驻点.

第二步 求出函数 $f(x, y)$ 的二阶偏导数,依次确定各驻点处 A, B, C 的值,并根据 $AC - B^2$ 的正负号判定驻点是否为极值点.最后求出函数 $f(x, y)$ 在极值点处的极值.

例 4 求函数 $f(x, y) = x^3 - y^3 + 3x^2 + 3y^2 - 9x$ 的极值.

解 解方程组

$$\begin{cases} f_x(x, y) = 3x^2 + 6x - 9 = 0 \\ f_y(x, y) = -3y^2 + 6y = 0 \end{cases},$$

得驻点 $(1, 0)$, $(1, 2)$, $(-3, 0)$, $(-3, 2)$.再求出二阶偏导数

$$f_{xx}(x, y) = 6x + 6, \quad f_{xy}(x, y) = 0, \quad f_{yy}(x, y) = -6y + 6.$$

在点 $(1, 0)$ 处,$AC - B^2 = 12 \times 6 > 0$,又 $A > 0$,故函数在该点处有极小值

$$f(1, 0) = -5;$$

在点 $(1,2)$, $(-3,0)$ 处, $AC-B^2=-12\times6<0$, 故函数在这两点处没有极值;

在点 $(-3,2)$ 处, $AC-B^2=-12\times(-6)>0$, 又 $A<0$, 故函数在该点处有极大值
$$f(-3,2)=31.$$ ■

注: 利用计算软件可作出题设函数的图形(见图 9-8-4(a))及其等高线和极值点图(见图9-8-4(b)), 详见教材配套的网络学习空间.

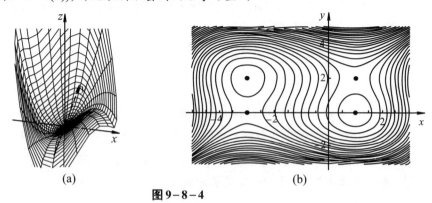

(a)　　　　　　　(b)

图 9-8-4

在讨论一元函数的极值问题时, 我们知道, 函数的极值既可能在驻点处取得, 也可能在导数不存在的点处取得. 同样, 多元函数的极值也可能在个别偏导数不存在的点处取得. 例如, 在例 2 中, 函数 $z=-\sqrt{x^2+y^2}$ 在点 $(0,0)$ 处有极大值, 但该函数在点$(0,0)$处不存在偏导数. 因此, 在考虑函数的极值问题时, 除了考虑函数的驻点外, 还要考虑那些使偏导数不存在的点.

与一元函数类似, 我们可以利用函数的极值来求函数的最大值和最小值. 在§9.1 中已经指出, 如果函数 $f(x,y)$ 在有界闭区域 D 上连续, 则 $f(x,y)$ 在 D 上必定能取得最大值和最小值, 且函数最大值点或最小值点必为函数的极值点或 D 的边界点. 因此只需求出 $f(x,y)$ 在各驻点和不可导点的函数值及在边界上的最大值和最小值, 然后加以比较即可.

我们假定函数 $f(x,y)$ 在 D 上连续、偏导数存在且驻点只有有限个, 则求函数 $f(x,y)$ 的最大值和最小值的一般步骤为:

(1) 求函数 $f(x,y)$ 在 D 内所有驻点处的函数值;

(2) 求 $f(x,y)$ 在 D 的边界上的最大值和最小值;

(3) 将前两步得到的所有函数值进行比较, 其中最大者即为最大值, 最小者即为最小值.

在通常遇到的实际问题中, 如果根据问题的性质, 可以判断出函数 $f(x,y)$ 的最大值(最小值)一定在 D 的内部取得, 而函数 $f(x,y)$ 在 D 内只有一个驻点, 则可以肯定该驻点处的函数值就是函数 $f(x,y)$ 在 D 上的最大值(最小值).

例5 某厂要用铁板做成一个体积为 2m^3 的有盖长方体水箱. 问当长、宽、高

各取怎样的尺寸时, 才能使用料最省?

解　设水箱的长为 x m, 宽为 y m, 则其高应为 $\dfrac{2}{xy}$ m. 此水箱所用材料的面积

$$S = 2\left(xy + y \cdot \frac{2}{xy} + x \cdot \frac{2}{xy}\right) = 2\left(xy + \frac{2}{x} + \frac{2}{y}\right) \quad (x > 0, y > 0).$$

可见材料面积 S 是 x 和 y 的二元函数 (目标函数). 按题意, 下面我们要求这个函数的最小值点 (x, y). 解方程组

$$\frac{\partial S}{\partial x} = 2\left(y - \frac{2}{x^2}\right) = 0, \quad \frac{\partial S}{\partial y} = 2\left(x - \frac{2}{y^2}\right) = 0.$$

得唯一的驻点 $x = \sqrt[3]{2}$, $y = \sqrt[3]{2}$.

根据题意可断定, 水箱所用材料面积的最小值一定存在, 并在区域 $D = \{(x, y) \mid x > 0, y > 0\}$ 内取得. 又函数在 D 内只有唯一的驻点, 因此该驻点即为所求的最小值点. 从而当水箱的长为 $\sqrt[3]{2}$ m、宽为 $\sqrt[3]{2}$ m、高为 $\sqrt[3]{2}$ m 时, 水箱所用的材料最省. ∎

注: 本例的结论表明: 体积一定的长方体中, 立方体的表面积最小.

二、条件极值　拉格朗日乘数法

前面所讨论的极值问题, 一般只要求函数的自变量落在定义域内, 并无其他限制条件, 这类极值我们称为**无条件极值**. 但在实际问题中, 常会遇到对函数的自变量还有附加条件的极值问题.

例如, 求表面积为 a^2 而体积最大的长方体的体积问题. 设长方体的长、宽、高分别为 x, y, z, 则体积 $V = xyz$. 因为长方体的表面积是定值, 所以自变量 x, y, z 还须满足附加条件 $2(xy + yz + xz) = a^2$. 像这样对自变量有附加条件的极值称为**条件极值**. 有些情况下, 可将条件极值问题转化为无条件极值问题, 如在上述问题中, 可以从 $2(xy + yz + xz) = a^2$ 解出变量 z 关于变量 x, y 的表达式, 并代入体积 $V = xyz$ 的表达式中, 即可将上述条件极值问题化为无条件极值问题. 然而, 一般地讲, 这样做很不方便. 下面我们要介绍求解一般条件极值问题的拉格朗日乘数法.

拉格朗日乘数法

在所给条件

$$G(x, y, z) = 0 \tag{8.2}$$

下, 求目标函数

$$u = f(x, y, z) \tag{8.3}$$

的极值.

设 f 和 G 具有连续的偏导数, 且 $G_z \neq 0$. 由隐函数存在定理, 方程 (8.2) 确定了一个隐函数 $z = z(x, y)$, 且它的偏导数为

$$\frac{\partial z}{\partial x} = -\frac{G_x}{G_z}, \quad \frac{\partial z}{\partial y} = -\frac{G_y}{G_z},$$

于是所求条件极值问题可以化为求函数

$$u = f[x, y, z(x, y)] \tag{8.4}$$

的无条件极值问题. 前面已说过, 要从方程 (8.2) 解出 z, 往往是困难的, 这时就可用下面介绍的拉格朗日乘数法.

设 (x_0, y_0) 为方程 (8.4) 的极值点, $z_0 = z(x_0, y_0)$, 由必要条件知, 极值点 (x_0, y_0) 必须满足条件:

$$\frac{\partial u}{\partial x} = 0, \quad \frac{\partial u}{\partial y} = 0. \tag{8.5}$$

应用复合函数求导法则以及式 (8.5), 得

$$\begin{cases} \dfrac{\partial u}{\partial x} = f_x + f_z \dfrac{\partial z}{\partial x} = f_x - \dfrac{G_x}{G_z} f_z = 0 \\[2mm] \dfrac{\partial u}{\partial y} = f_y + f_z \dfrac{\partial z}{\partial y} = f_y - \dfrac{G_y}{G_z} f_z = 0 \end{cases},$$

即所求问题的解 (x_0, y_0, z_0) 必须满足关系式

$$\frac{f_x(x_0, y_0, z_0)}{G_x(x_0, y_0, z_0)} = \frac{f_y(x_0, y_0, z_0)}{G_y(x_0, y_0, z_0)} = \frac{f_z(x_0, y_0, z_0)}{G_z(x_0, y_0, z_0)}.$$

若将上式的公共比值记为 $-\lambda$, 则 (x_0, y_0, z_0) 必须满足:

$$\begin{cases} f_x + \lambda G_x = 0 \\ f_y + \lambda G_y = 0 \\ f_z + \lambda G_z = 0 \end{cases}. \tag{8.6}$$

因此, (x_0, y_0, z_0) 除了应满足约束条件 (8.2) 外, 还应满足方程组 (8.6). 换句话说, 函数 $u = f(x, y, z)$ 在约束条件 $G(x, y, z) = 0$ 下的极值点 (x_0, y_0, z_0) 是下列方程组

$$\begin{cases} f_x + \lambda G_x = 0 \\ f_y + \lambda G_y = 0 \\ f_z + \lambda G_z = 0 \\ G(x, y, z) = 0 \end{cases} \tag{8.7}$$

的解. 容易看到, 式 (8.7) 恰好是四个独立变量 x, y, z, λ 的函数

$$L(x, y, z, \lambda) = f(x, y, z) + \lambda G(x, y, z) \tag{8.8}$$

取得极值的必要条件. 这里引进的函数 $L(x, y, z, \lambda)$ 称为**拉格朗日函数**, 它将有约束条件的极值问题化为普通的无条件的极值问题. 通过解方程组 (8.7), 得 x, y, z, λ, 然后研究相应的 (x, y, z) 是否真的是问题的极值点. 这种方法即所谓的**拉格朗日乘数法**.

注: 拉格朗日乘数法只给出函数取极值的必要条件, 因此, 按照这种方法求出来的点是否为极值点还需要加以讨论. 不过, 在实际问题中, 往往可以根据问题本身的性质来判定所求的点是不是极值点.

拉格朗日乘数法可推广到自变量多于两个而条件多于一个的情形. 例如, 求函数

$u = f(x, y, z, t)$ 在条件 $\varphi(x, y, z, t) = 0$, $\psi(x, y, z, t) = 0$ 下的极值. 可构造拉格朗日函数

$$L(x, y, z, t, \lambda, \mu) = f(x, y, z, t) + \lambda \varphi(x, y, z, t) + \mu \psi(x, y, z, t),$$

其中 λ, μ 均为常数. 由 $L(x, y, z, t, \lambda, \mu)$ 关于变量 x, y, z, t 的偏导数为零的方程组, 并联立条件中的两个方程解出 x, y, z, t, 即得所求的条件极值可能的极值点.

例 6　求表面积为 a^2 而体积最大的长方体的体积.

解　设长方体的长、宽、高分别为 x, y, z, 则题设问题归结在约束条件

$$\varphi(x, y, z) = 2xy + 2yz + 2xz - a^2 = 0$$

下, 求函数 $V = xyz$ $(x > 0, y > 0, z > 0)$ 的最大值.

作拉格朗日函数

$$L(x, y, z, \lambda) = xyz + \lambda(2xy + 2yz + 2xz - a^2),$$

由方程组

$$\begin{cases} L_x = yz + 2\lambda(y + z) = 0 \\ L_y = xz + 2\lambda(x + z) = 0, \\ L_z = xy + 2\lambda(y + x) = 0 \end{cases}$$

可得

$$\frac{x}{y} = \frac{x + z}{y + z}, \quad \frac{y}{z} = \frac{x + y}{x + z}.$$

进而解得

$$x = y = z.$$

将其代入约束条件中, 得唯一可能的极值点

$$x = y = z = \sqrt{6}a / 6.$$

由问题本身的意义知, 该点就是所求的最大值点. 即表面积为 a^2 的长方体中, 以棱长为 $\sqrt{6}a / 6$ 的正方体的体积最大, 最大体积为

$$V = \frac{\sqrt{6}}{36} a^3. \qquad ■$$

例 7　设销售收入 R (单位: 万元) 与花费在两种广告宣传上的费用 x, y (单位: 万元) 之间的关系为

$$R = \frac{200x}{x + 5} + \frac{100y}{10 + y},$$

利润额相当于五分之一的销售收入, 并要扣除广告费用. 已知广告费用总预算金是 25 万元, 试问如何分配两种广告费用可使利润最大?

解　设利润为 L, 有

$$L = \frac{1}{5}R - x - y = \frac{40x}{x + 5} + \frac{20y}{10 + y} - x - y,$$

约束条件为 $x+y=25$. 这是条件极值问题. 令

$$L(x,y,\lambda)=\frac{40x}{x+5}+\frac{20y}{10+y}-x-y+\lambda(x+y-25),$$

由方程组

$$\begin{cases} L_x=\dfrac{200}{(5+x)^2}-1+\lambda=0 \\[2mm] L_y=\dfrac{200}{(10+y)^2}-1+\lambda=0 \\[2mm] L_\lambda=x+y-25=0 \end{cases}$$

的前两个方程得

$$(5+x)^2=(10+y)^2.$$

又 $y=25-x$，解得 $x=15$, $y=10$. 根据问题本身的意义及驻点的唯一性即知，当投入两种广告的费用分别为 15 万元和 10 万元时，可使利润最大. ■

*数学实验

实验 9.8　试用计算软件完成下列各题：

(1) 求函数 $z=\ln(1+x^2+y^4)-x^2$ 的极值；

(2) 求函数 $f(x,y)=-120x^3-30x^4+18x^5+5x^6+30xy^2$ 的极值；

(3) 求函数 $z=\sin(x+y)+\sin x$ 在 $x^2+4y^2=\pi^2/4$ 条件下的极值；

(4) 求函数 $z=x^2+4y^3$ 的极值；

(5) 求函数 $z=x^4+x^2y^2+y^4-2y^2$ 的极值.

详见教材配套的网络学习空间.

*三、数学建模举例

1. 线性回归问题

在 §1.1 中，我们曾讨论过根据观测或试验获取的部分经验数据建立近似函数关系的回归分析问题. 通常把这样得到的函数的近似表达式称为**经验公式**. 这是一种广泛采用的数据处理方法. 经验公式建立后，就可以把生产或实践中所积累的某些经验提高到理论上加以分析，并由此作出某些预测和规划.

在 §1.1 的"五、数学建模——函数关系的建立"中，我们已针对"依据经验数据建立近似函数关系"的需要简要介绍了线性回归问题，并在其后的例12与例13中结合具体事例进行了讨论，其中就用到了本节即将给出的计算公式(8.10). 下面我们就利用本章所学知识进一步来探讨线性回归问题中回归直线的计算方法.

设 n 个数据点 (x_i,y_i) $(i=1,2,\cdots,n)$ 之间大致为线性关系，则可设经验公式为

$$y=ax+b \quad (a \text{ 和 } b \text{ 是待定常数}).$$

因为各个数据点并不在同一条直线上，所以，我们只能要求选取这样的 a 和 b，使得

$y = ax + b$ 在 $x_1, x_2, \cdots, x_n$ 处的函数值与观测或试验数据 $y_1, y_2, \cdots, y_n$ 相差都很小, 就是要使偏差 $y_i - (ax_i + b)$ ($i = 1, 2, \cdots, n$) 都很小, 为了保证每个这样的偏差都很小, 可考虑选取常数 a 和 b, 使

$$M = \sum_{i=1}^{n} (y_i - ax_i - b)^2 \tag{8.9}$$

最小. 这种根据偏差的平方和为最小的条件来选择常数 a 和 b 的方法称为 **最小二乘法**.

把 M 看成自变量为 a 和 b 的一个二元函数, 那么问题就归结为函数 $M = M(a, b)$ 在哪些点处取得最小值的问题. 令

$$\begin{cases} \dfrac{\partial M}{\partial a} = -2\sum_{i=1}^{n}(y_i - ax_i - b)x_i = 0 \\ \dfrac{\partial M}{\partial b} = -2\sum_{i=1}^{n}(y_i - ax_i - b) = 0 \end{cases},$$

整理得

$$\begin{cases} a\sum_{i=1}^{n}x_i^2 + b\sum_{i=1}^{n}x_i = \sum_{i=1}^{n}x_i y_i \\ a\sum_{i=1}^{n}x_i + nb = \sum_{i=1}^{n}y_i \end{cases}.$$

用消元法可直接解得

$$a = \frac{n\sum x_i y_i - \sum x_i \sum y_i}{n\sum x_i^2 - (\sum x_i)^2}, \quad b = \frac{\sum x_i^2 \sum y_i - \sum x_i y_i \sum x_i}{n\sum x_i^2 - (\sum x_i)^2}, \tag{8.10}$$

其中 $\sum$ 是 $\sum\limits_{i=1}^{n}$ 的省略记法.

例 8 为测定刀具的磨损速度, 按每隔一小时测量一次刀具厚度的方式, 得到如表 9-8-1 所示的实测数据:

表 9-8-1

顺序编号 i	0	1	2	3	4	5	6	7
时间 t_i (小时)	0	1	2	3	4	5	6	7
刀具厚度 y_i (毫米)	27.0	26.8	26.5	26.3	26.1	25.7	25.3	24.8

试根据这组实测数据建立变量 y 和 t 之间的经验公式

$$y = f(t).$$

解 为确定 $f(t)$ 的类型, 利用所给数据在坐标纸上画出时间 t 与刀具厚度 y 的散点图(见图 9-8-5).

观察此图易发现, 所求函数 $y = f(t)$ 可近似看作线性函数, 因此可设

$$f(t) = at + b,$$

其中 a 和 b 是待定常数. 由公式 (8.10) 得

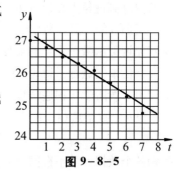

图 9-8-5

$$a = \frac{n\sum t_i y_i - \sum t_i \sum y_i}{n\sum t_i^2 - (\sum t_i)^2}$$

$$= \frac{8(0\times27.0+1\times26.8+\cdots+7\times24.8)-(0+1+\cdots+7)(27.0+26.8+\cdots+24.8)}{8(0^2+1^2+\cdots+7^2)-(0+1+\cdots+7)^2}$$

$$= -0.303\,6,$$

$$b = \frac{\sum t_i^2 \sum y_i - \sum t_i y_i \sum t_i}{n\sum t_i^2 - (\sum t_i)^2}$$

$$= \frac{\begin{array}{c}(0^2+1^2+\cdots+7^2)(27.0+26.8+\cdots+24.8)\\ -(0\times27.0+1\times26.8+\cdots+7\times24.8)(0+1+\cdots+7)\end{array}}{8(0^2+1^2+\cdots+7^2)-(0+1+\cdots+7)^2}$$

散点图与线性回归

$$= 27.125,$$

于是,所求的经验公式为

$$y = f(t) = -0.303\,6\,t + 27.125.$$

根据上式算出的 $f(t_i)$ 与实测 y_i 有一定的偏差,如表 9-8-2 所示. 其偏差的平方和为 $M=0.108\,165$,其平方根为 $\sqrt{M}=0.329$. 我们把 $\sqrt{M}$ 称为**均方误差**,它的大小在一定程度上反映了用经验公式表达原来函数关系的近似程度.

表 9-8-2

t_i	0	1	2	3	4	5	6	7
实测 y_i	27.0	26.8	26.5	26.3	26.1	25.7	25.3	24.8
计算 $f(t_i)$	27.125	26.821	26.518	26.214	25.911	25.607	25.303	25.000
偏差	-0.125	-0.021	-0.018	0.086	0.189	0.093	-0.003	-0.200

*数学实验

最小二乘拟合原理

给定平面上的一组点

$$(x_k, y_k),\ k=1,2,\cdots,n,$$

寻求一条曲线 $y=f(x)$,使它较好地近似这组数据,这就是曲线拟合. 最小二乘法是进行曲线拟合的常用方法.

最小二乘拟合的原理是,求 $f(x)$,使

$$\delta = \sum_{k=1}^{n} [f(x_k) - y_k]^2$$

达到最小. 拟合时,选取适当的拟合函数形式

$$f(x) = c_0\varphi_0(x) + c_1\varphi_1(x) + \cdots + c_m\varphi_m(x),$$

其中 $\varphi_0(x), \varphi_1(x), \cdots, \varphi_m(x)$ 称为拟合函数的**基底函数**. 为使 δ 取到极小值,将 $f(x)$ 的表达式代入,对变量 c_i 求函数 δ 的偏导数,令其等于零,就得到由 $m+1$ 个方程组成的方程组,从中可解出 $c_i(i=0,1,2,\cdots,m)$.

实验 9.9　给定平面上点的坐标如下表所示:

x	0.1	0.2	0.3	0.4	0.5	0.6	0.7	0.8	0.9
y	5.123 4	5.305 7	5.568 7	5.937 8	6.433 7	7.097 8	7.949 3	9.025 3	10.362 7

试求其拟合曲线.

实验 9.10　水箱的流量问题: 1991 年美国大学生数学建模竞赛的 A 题. 问题中使用的长度单位为 ft (英尺, 1ft = 30.48cm), 容积单位是 gal (加仑, 1gal = 3.785L).

某些州的用水管理机构需估计公众的用水速度 (单位: gal/h) 和每天的总用水量. 许多供水单位因没有测量流入或流出量的设备, 而只能测量水箱中的水位 (误差不超过 5%). 当水箱水位低于水位 L 时, 水泵开始工作, 将水灌入水箱, 直至水位达到最高水位 H 为止. 但是依然无法测量水泵灌水流量, 因此, 在水泵工作时无法立即将水箱中的水位和水量联系起来. 水泵一天灌水 1~2 次, 每次约 2h. 试估计在任一时刻 (包括水泵灌水期间) t 流出水箱的流量 $f(t)$, 并估计一天的总用水量.

下表给出了某镇某一天的真实用水数据. 水箱是直径为 57ft、高为 40ft 的正圆柱体. 当水位落到 27ft 以下时, 水泵自动启动, 把水灌入水箱; 当水位回升至 35.5ft 时, 水泵停止工作.

时间(s)	水位 (10^{-2} ft)	时间(s)	水位 (10^{-2} ft)
0	3 175	46 636	3 350
3 316	3 110	49 953	3 260
6 635	3 054	53 936	3 167
10 619	2 994	57 254	3 087
13 937	2 947	60 574	3 012
17 921	2 892	64 554	2 927
21 240	2 850	68 535	2 842
25 223	2 795	71 854	2 767
28 543	2 752	75 021	2 697
32 284	2 697	79 254	泵水
35 932	泵水	82 649	泵水
39 332	泵水	85 968	3 475
39 435	3 550	89 953	3 397
43 318	3 445	93 270	3 340

模型假设

a. 影响水箱流量的唯一因素是该区公众对水的普通需求. 所给数据反映该镇在通常情况下一天的用水量, 不包括任何非常情况, 如水泵故障、水管破裂、自然灾害等. 并且认为水位高度、大气情况、温度变化等物理因素对水的流速均无直接影响.

b. 水泵的灌水速度为常数.

c. 水从水箱中流出的最大速度小于水泵的灌水速度. 为了满足公众的用水需求, 不让水箱中的水用尽, 这是显然的要求.

d. 因为公众对水的消耗量是以全天的活动 (诸如洗澡、做饭、洗衣服等) 为基础的, 所以, 可以认为每天的用水量分布都是相似的.

e. 水箱的水流量和速度可用光滑曲线来近似.

详见教材配套的网络学习空间.

2. 线性规划问题

求多个自变量的线性函数在一组线性不等式约束条件下的最大值最小值问题,是一类完全不同的问题,这类问题称为**线性规划问题**. 下面我们通过实例来说明.

例 9 一份简化的食物由粮和肉两种食品做成,每份粮价值 30 分,其中含有 4 单位碳水化合物、5 单位维生素和 2 单位蛋白质;每份肉价值 50 分,其中含有 1 单位碳水化合物、4 单位维生素和 4 单位蛋白质. 对一份食物的最低要求是它至少要由 8 单位碳水化合物、20 单位维生素和 10 单位蛋白质组成. 问应当选择什么食物,才能使价钱最便宜?

解 设食物由 x 份粮和 y 份肉组成,其价钱为
$$C = 30x + 50y,$$
由食物的最低要求得到三个不等式约束条件,即:

为了有足够的碳水化合物,应有 $4x + y \geq 8$;

为了有足够的维生素,应有 $5x + 4y \geq 20$;

为了有足够的蛋白质,应有 $2x + 4y \geq 10$;

并且还有 $x \geq 0$, $y \geq 0$.

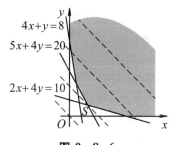

上述五个不等式把问题的解限制在平面上如图 9-8-6 所示的阴影区域中,现在考虑直线族
$$C = 30x + 50y.$$

图 9-8-6

当 C 逐渐增加时,与阴影区域相交的第一条直线是通过顶点 S 的直线,S 是两条直线
$$5x + 4y = 20 \text{ 和 } 2x + 4y = 10$$

的交点. 所以点 S 对应于 C 的最小值的坐标是 $\left(\dfrac{10}{3}, \dfrac{5}{6}\right)$,即这种食物是由 $3\dfrac{1}{3}$ 份粮

和 $\dfrac{5}{6}$ 份肉组成的. 代入 $C = 30x + 50y$ 即得所要求的食物的最低价钱

$$C_{\min} = 30 \times \frac{10}{3} + 50 \times \frac{5}{6} = 141\frac{2}{3} \text{ (分)}.$$

更一般的线性规划问题的提法是:求 $x_1, x_2, \cdots, x_n$,使得
$$z = \sum_{i=1}^{n} c_i x_i$$

在 m 个不等式
$$\sum_{j=1}^{n} a_{ij} x_j \geq b_i \quad (i = 1, 2, \cdots, m)$$
和
$$x_j \geq 0 \quad (j = 1, 2, \cdots, m)$$

的约束条件下取得最大值和最小值. 在社会科学中,$m = 1\,000$, $n = 2\,000$ 的问题是很普遍的,这类问题一般用一些特殊的方法(如单纯形法)通过计算机来解决.

对于两个或三个自变量的情形, 也可用图形法 (几何方法) 来求解. 下面的例子就是用几何方法来解决的.

例10 一个糖果制造商有 500g 巧克力、100g 核桃和 50g 果料. 他用这些原料生产三种类型的糖果. A 类每盒用 3g 巧克力、1g 核桃和 1g 果料, 售价 10 元. B 类每盒用 4g 巧克力和 1g 核桃, 售价 6 元. C 类每盒是 5g 巧克力, 售价 4 元. 问每类糖果各应做多少盒, 才能使总收入最多?

解 设制造商出售 A, B, C 三类糖果各 x, y, z 盒, 总收入是

$$R = 10x + 6y + 4z \text{ (元)}.$$

不等式约束条件由巧克力、核桃和果料的存货限额给出, 依次为

$$3x + 4y + 5z \le 500,$$
$$x + y \le 100,$$
$$x \le 50.$$

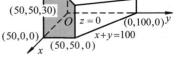

线性规划实验

当然, 由问题的性质知, x, y 和 z 也是非负的, 所以

$$x \ge 0, \quad y \ge 0, \quad z \ge 0.$$

于是, 问题化为: 求满足这些不等式的 R 的最大值.

上述不等式把允许的解限制在 $Oxyz$ 空间中的一个多面体区域之内 (如图 $9-8-7$ 所示的变了形的盒子). 在平行平面族

$$10x + 6y + 4z = R$$

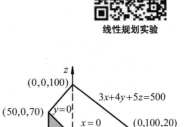

图 $9-8-7$

中只有一部分平面和这个区域相交, 随着 R 增大, 平面离原点越来越远. 显然, R 的最大值一定出现在这样的平面上, 这种平面正好经过允许值所在多面体区域的一个顶点, 所求的解对应于 R 取最大值的那个顶点, 计算结果列在表 $9-8-3$ 中.

表 $9-8-3$

顶点	(0,0,0)	(50,0,0)	(50,50,0)	(50,50,30)	(50,0,70)	(0,0,100)	(0,100,20)	(0,100,0)
R 值	0	500	800	920	780	400	680	600

由表 $9-8-3$ 可知, R 的最大值是 920 元, 相应的点是 $(50, 50, 30)$, 所以生产 A 类 50 盒、B 类 50 盒、C 类 30 盒时收入最多. ■

*数学实验

实验9.11 生产计划中的线性规划模型: 某工厂有甲、乙、丙、丁四个车间, 生产 A, B, C, D, E, F 六种产品, 根据车床性能和以前的生产情况, 得知生产单位产品所需车间的工作小时数、每个车间每月工作小时数的上限以及产品的价格如下表所示:

	产品 A	产品 B	产品 C	产品 D	产品 E	产品 F	每月工作小时数上限
甲	0.01	0.01	0.01	0.03	0.03	0.03	850
乙	0.02			0.05			700
丙		0.02			0.05		100
丁			0.03			0.08	900
单价	0.40	0.28	0.32	0.72	0.64	0.60	

问各种产品每月应该生产多少,才能使这个工厂每月生产总值达到最大?

实验 9.12　运输问题:设有三个工厂 A, B, C 同时需要某种原料,需求量分别是 17 万吨、18 万吨、15 万吨.现有两厂 X, Y 分别有该原料 23 万吨.每万吨运费(单位:元)如下表所示:

	A	B	C
X	50	60	70
Y	60	110	160

问应如何调运才能使总运费最少?(三个工厂的需求量可部分满足,但对其中任一工厂的供应量不能为零.)

实验 9.13　有甲、乙、丙三块地,单位面积的产量(单位:公斤)如下表所示:

	面积	水稻	大豆	玉米
甲	20 单位	7 500	4 000	10 000
乙	40 单位	6 500	4 500	9 000
丙	60 单位	6 000	3 500	8 500

种植水稻、大豆和玉米的单位面积投资分别是 200 元、500 元和 100 元.当要求最低产量分别是 25 万公斤、8 万公斤和 50 万公斤时,如何制订种植计划才能使总产量最高而总投资最少?试建立数学模型.

详见教材配套的网络学习空间.

习题 9-8

1. 求函数 $f(x, y) = x^3 + y^3 - 3xy$ 的极值.

2. 求函数 $f(x, y) = (x^2 + y^2)^2 - 2(x^2 - y^2)$ 的极值.

3. 求函数 $f(x, y) = \mathrm{e}^{2x}(x + y^2 + 2y)$ 的极值.

4. 求函数 $f(x, y) = \sin x + \cos y + \cos(x - y)$, $0 \leq x, y \leq \dfrac{\pi}{2}$ 的极值.

5. 求由方程 $x^2 + y^2 + z^2 - 2x + 2y - 4z - 10 = 0$ 确定的函数 $z = f(x, y)$ 的极值.

6. 欲围一个面积为 60 米^2 的矩形场地,正面所用材料每米造价 10 元,其余三面每米造价 5 元.求场地的长、宽各为多少米时,所用材料费最少?

7. 将周长为 $2p$ 的矩形绕它的一边旋转构成一个圆柱体.问矩形的边长各为多少时,才能使圆柱体的体积最大?

8. 抛物面 $z = x^2 + y^2$ 被平面 $x + y + z = 1$ 截成一椭圆, 求原点到此椭圆的最长与最短距离.

9. 某工厂生产两种产品 A 与 B, 出售单价分别为 10 元与 9 元, 生产 x 单位的产品 A 与生产 y 单位的产品 B 的总费用是

$$400 + 2x + 3y + 0.01(3x^2 + xy + 3y^2) \,(元).$$

求取得最大利润时两种产品的产量.

10. 某种合金的含铅量百分比 (%) 为 p, 其溶解温度 (℃) 为 θ, 由实验测得 p 与 θ 的数据如下表所示:

$p(\%)$	36.9	46.7	63.7	77.8	84.0	87.5
$\theta(℃)$	181	197	235	270	283	292

试用最小二乘法建立 p 与 θ 之间的经验公式 $\theta = ap + b$.

11. 利用下列数据拟合模型 $y = a\mathrm{e}^{bt}$.

t	7	14	21	28	35	42
y	8	41	133	250	280	297

12. 已知一组实验数据为 (x_1, y_1), (x_2, y_2), $\cdots$, (x_n, y_n). 现假定经验公式是

$$y = ax^2 + bx + c.$$

试按最小二乘法建立 a, b, c 应满足的三元一次方程组.

13. 某工厂制造甲、乙两种产品. 单价分别为 2 万元和 5 万元. 设制造一个单位的甲产品至多需要 A 类原料一个单位, 电力 1 000 度; 制造一个单位的乙产品至多需要 B 类原料 3 个单位, 电力 2 000 度. 现有 A 类原料 4 个单位, B 类原料 9 个单位, 电力 8 000 度. 问该厂在现有条件下, 应如何决定甲、乙产品的产量, 才能使收益最大?

总 习 题 九

1. 求函数 $z = \sqrt{(x^2 + y^2 - a^2)(2a^2 - x^2 - y^2)}$ $(a > 0)$ 的定义域.

2. 求下列极限:

(1) $\lim\limits_{\substack{x \to \infty \\ y \to a}} \left(1 + \dfrac{1}{x}\right)^{\frac{x^2}{x+y}}$;

(2) $\lim\limits_{\substack{x \to \infty \\ y \to \infty}} \dfrac{x + y}{x^2 - xy + y^2}$.

3. 试判断极限 $\lim\limits_{\substack{x \to 0 \\ y \to 0}} \dfrac{x^2 y}{x^4 + y^2}$ 是否存在.

4. 讨论二元函数 $f(x, y) = \begin{cases} (x + y)\cos\dfrac{1}{x}, & x \neq 0 \\ 0, & x = 0 \end{cases}$ 在点 $(0, 0)$ 处的连续性.

5. 求下列函数的偏导数:

(1) $z = \displaystyle\int_0^{xy} \mathrm{e}^{-t^2} \,\mathrm{d}t$;

(2) $u = \arctan(x - y)^z$.

6. 设 $r = \sqrt{x^2 + y^2 + z^2}$，试证明 $\dfrac{\partial^2 r}{\partial x^2} + \dfrac{\partial^2 r}{\partial y^2} + \dfrac{\partial^2 r}{\partial z^2} = \dfrac{2}{r}$.

7. 求函数 $u = \arcsin \dfrac{z}{\sqrt{x^2 + y^2}}$ 的全微分.

8. 求 $u(x, y, z) = x^y y^z z^x$ 的全微分.

9. 设 $z = (x^2 + y^2) \mathrm{e}^{-\arctan \frac{y}{x}}$，求 $\mathrm{d}z, \dfrac{\partial^2 z}{\partial x \partial y}$.

10. 设 $f(x, y) = \begin{cases} \dfrac{x^2 y}{x^2 + y^2}, & x^2 + y^2 \neq 0 \\ 0, & x^2 + y^2 = 0 \end{cases}$，求 $f_x(x, y)$ 及 $f_y(x, y)$.

11. 设 $f(x, y) = \begin{cases} \dfrac{\sqrt{|xy|}}{x^2 + y^2} \sin(x^2 + y^2), & 当 x^2 + y^2 \neq 0 \\ 0, & 当 x^2 + y^2 = 0 \end{cases}$，讨论 $f(x, y)$ 在点 $(0, 0)$ 处的可微性.

12. 设 $f(x, y) = \begin{cases} (x^2 + y^2) \sin \dfrac{1}{x^2 + y^2}, & x^2 + y^2 \neq 0 \\ 0, & x^2 + y^2 = 0 \end{cases}$，问在点 $(0, 0)$ 处，

(1) 偏导数是否存在？　　　　(2) 偏导数是否连续？　　　　(3) 是否可微？说明理由.

13. 设 $u = \dfrac{\mathrm{e}^{ax}(y - z)}{a^2 + 1}$, $y = a \sin x$, $z = \cos x$，求 $\dfrac{\mathrm{d}u}{\mathrm{d}x}$.

14. 设 $z = xy + xF(u)$，而 $u = \dfrac{y}{x}$，$F(u)$ 为可导函数，证明 $x \dfrac{\partial z}{\partial x} + y \dfrac{\partial z}{\partial y} = z + xy$.

15. 设 $z = f(u, x, y)$, $u = x\mathrm{e}^y$，其中 f 具有连续的二阶偏导数，求 $\dfrac{\partial^2 z}{\partial x \partial y}$.

16. 设 $u = \dfrac{x + y}{x - y}$ $(x \neq y)$，求 $\dfrac{\partial^{m+n} u}{\partial x^m \partial y^n}$ $(m, n$ 为自然数$)$.

17. 设 $z = z(x, y)$ 为由方程 $xyz + \sqrt{x^2 + y^2 + z^2} = \sqrt{2}$ 确定的隐函数，求 $\dfrac{\partial z}{\partial x}$ 和 $\dfrac{\partial z}{\partial y}$.

18. 设方程 $F\left(\dfrac{x}{z}, \dfrac{y}{z}\right) = 0$ 确定了函数 $z = z(x, y)$，求 $\dfrac{\partial z}{\partial x}, \dfrac{\partial z}{\partial y}$.

19. 设 z 为由方程 $f(x + y, y + z) = 0$ 确定的函数，求 $\mathrm{d}z, \dfrac{\partial^2 z}{\partial x^2}$.

20. 设 $z^3 - 3xyz = a^3$，求 $\dfrac{\partial^2 z}{\partial x \partial y}$.

21. 设 $\begin{cases} z = x^2 + y^2 \\ x^2 + 2y^2 + 3z^2 = 20 \end{cases}$，求 $\dfrac{\mathrm{d}y}{\mathrm{d}x}, \dfrac{\mathrm{d}z}{\mathrm{d}x}$.

22. 求椭球面 $x^2 + 2y^2 + z^2 = 1$ 上平行于平面 $x - y + 2z = 0$ 的切平面方程.

23. 求螺旋线 $x = a\cos\theta$, $y = a\sin\theta$, $z = b\theta$ 在点 $(a, 0, 0)$ 处的切线方程及法平面方程.

24. 在曲面 $z = xy$ 上求一点，使该点处的法线垂直于平面
$$x + 3y + z + 9 = 0,$$
写出该法线的方程.

25. 试证曲面 $\sqrt{x} + \sqrt{y} + \sqrt{z} = \sqrt{a}$ $(a > 0)$ 上任何点的切平面在各坐标轴上的截距之和等于 a.

26. 求函数 $u = x + y + z$ 在球面 $x^2 + y^2 + z^2 = 1$ 上的点 (x_0, y_0, z_0) 处，沿球面在该点的外法线方向的方向导数.

27. 求函数 $z = xy$ 在点 (x, y) 处沿方向 $\boldsymbol{l} = \{\cos\alpha, \sin\alpha\}$ 的方向导数，并求在该点的梯度和最大的方向导数及最小的方向导数.

28. 设 u, v 都是 x, y, z 的函数，u, v 的各偏导数存在且连续，证明：

(1) $\mathbf{grad}(u + v) = \mathbf{grad}\,u + \mathbf{grad}\,v$；

(2) $\mathbf{grad}(uv) = v\,\mathbf{grad}\,u + u\,\mathbf{grad}\,v$.

29. 求函数 $f(x, y) = \ln(1 + x^2 + y^2) + 1 - \dfrac{x^3}{15} - \dfrac{y^3}{4}$ 的极值.

30. 将正数 a 分成三个正数 x, y, z，使 $f = x^m y^n z^p$ 最大，其中 m, n, p 均为已知数.

31. 某厂家生产的一种产品同时在两个市场销售，售价分别为 p_1 和 p_2，销售量分别为 q_1 和 q_2，需求函数分别为 $q_1 = 24 - 0.2p_1$ 和 $q_2 = 10 - 0.05p_2$，总成本函数为 $C = 35 + 40(q_1 + q_2)$. 试问：厂家如何确定商品在两个市场的售价，才能使获得的总利润最大？最大总利润是多少？

32. 某公司可通过电台及报纸两种方式做销售某种商品的广告. 根据统计资料，销售收入 R（万元）与电台广告费用 x_1（万元）及报纸广告费用 x_2（万元）之间的关系有如下的经验公式：

$$R = 15 + 14x_1 + 32x_2 - 8x_1 x_2 - 2x_1^2 - 10x_2^2.$$

(1) 在广告费用不限的情况下，求最优广告策略；

(2) 若广告费用为 1.5 万元，求相应的最优广告策略.

数学家简介 [7]

欧　拉
—— 数学家之英雄

欧拉(Euler)，1707 年 4 月 15 日生于瑞士巴塞尔，1783 年 9 月 18 日卒于俄国彼得堡，18 世纪最杰出的数学家和物理学家之一.

欧拉出生于牧师家庭，自幼聪敏早慧，并受他父亲的影响酷爱数学. 1720 年秋，年仅 13 岁的欧拉入读巴塞尔大学，当时著名的数学家约翰·伯努利 (Johann Bernoulli) 任该校数学教授，他每天讲授基础数学课程，同时还给少数高材生开设更高深的数学、物理学讲座，欧拉便是约翰·伯努利最忠实的听众. 他勤奋地学习所有科目，但是仍不满足. 欧拉后来在自传中写道："不久，我找到了一个把自己介绍给著名的约翰·伯努利教授的机会 …… 他确实太忙了，因此断然拒绝给我个别授课. 但是，他给了我许多更加宝贵的忠告，使我开始独立地学习更高深的数学著作，尽我所能努力去研究它们. 如果我遇到什么障碍或困难，他允许我每

欧 拉

周六下午自由地去找他,他总是和蔼地为我解答一切疑难……无疑,这是在数学学科上获得成功的最好方法."勤奋努力的欧拉15岁就获得了巴塞尔大学的学士学位,16岁获得该校的哲学硕士学位.1723年秋,为了满足他父亲的愿望,欧拉又入读该校的神学系,但他在神学和希腊语等方面的学习并不成功,两年后,他彻底放弃了当牧师的想法.

欧拉18岁开始其数学生涯.翌年,就因研究巴黎科学院当年的有奖征文课题而获得荣誉提名.1738年至1772年,欧拉共获得过12次巴黎科学院奖金.

在瑞士,当时青年数学家的工作条件非常艰苦,而俄国新组建的圣彼得堡科学院正在网罗人才,欧拉接受了圣彼得堡科学院的邀请,于1727年4月5日告别了故乡,5月24日抵达了圣彼得堡.从那时起,欧拉的一生与他的科学工作都紧密地同圣彼得堡科学院和俄国联系在一起.他再也没有回过瑞士,但是,出于对祖国的深厚感情,欧拉始终保留了他的瑞士国籍.

在圣彼得堡的头14年,欧拉以无可匹敌的工作效率在数学和力学等领域作出了许多辉煌的发现,研究硕果累累,声望与日俱增,赢得了各国科学家的尊敬.1738年,由于过度劳累,欧拉在一场疾病之后右眼失明了,但他仍旧坚持工作.1740年秋冬,因俄国局势不稳,欧拉应邀前往柏林科学院工作,担任科学院数学部主任和院务委员等职,但在此期间,欧拉一直保留着圣彼得堡科学院院士资格,领取年俸.1765年,欧拉重返圣彼得堡科学院.1766年,欧拉的左眼也失明了.但双目失明的科学老人依然奋斗不止,他的论著几乎有一半是1765年以后出版的.

欧拉是18世纪数学界的中心人物,他是继牛顿之后最杰出的数学家之一.欧拉研究的领域遍及力学、天文学、物理学、航海学、地理学、大地测量学、流体力学、弹道学、保险学和人口统计学等方面.但在欧拉的全部科学贡献中,其数学成就占据最突出的地位.欧拉是数学界最多产的科学家,一生共发表论文和专著500多种,到他逝世时,还有400种未发表的手稿.1909年瑞士科学院开始出版《欧拉全集》,共74卷,直到20世纪80年代仍未出齐.

欧拉的多产还得益于他一生非凡的记忆力和心算能力.他70岁时还能准确地回忆起他年轻时读过的荷马史诗《伊利亚特》每页的头行和末行.他能够背诵出当时数学领域的主要公式.有一个例子足以说明欧拉的心算本领:他的两个学生把一个颇为复杂的收敛级数的17项相加起来,算到第50位数字时因相差一个单位而产生了争执,为了确定谁正确,欧拉对整个计算过程仅凭心算即判明了他们的正误.1771年,一场无情的大火曾把欧拉的大部分藏书和手稿焚为灰烬,但晚年的欧拉凭借其非凡的毅力、超人的才智、渊博的知识、惊人的记忆力和心算能力,以由他口授、儿女笔录的形式进行着特殊的科学研究工作.

欧拉的著述浩瀚,不仅包含科学创见,而且富有科学思想,他给后人留下了极其丰富的科学遗产和为科学献身的精神.历史学家把欧拉同阿基米德、牛顿、高斯并列为数学史上的"四杰".如今,在数学的许多分支中经常可以看到以他的名字命名的重要常数、公式和定理.

第10章 重 积 分

与定积分类似,重积分的概念也是从实践中抽象出来的,它是定积分的推广,其中的数学思想与定积分一样,也是一种"和式的极限".所不同的是:定积分的被积函数是一元函数,积分范围是一个区间;而重积分的被积函数是多元函数,积分范围是平面或空间中的一个区域.它们之间存在着密切的联系,重积分可以通过定积分来计算.

§10.1 二重积分的概念与性质

一、二重积分的概念

引例1 求曲顶柱体的体积.

设有一立体,它的底是 xOy 面上的闭区域 D,它的侧面是以 D 的边界曲线为准线而母线平行于 z 轴的柱面,它的顶是曲面 $z = f(x, y)$,其中 $f(x, y)$ 是 D 上的非负连续函数,称这种立体为**曲顶柱体**(见图10-1-1).下面我们来求曲顶柱体的体积.

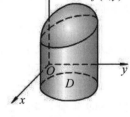

图 10-1-1

如果函数 $f(x, y)$ 在 D 上取常数值,则上述曲顶柱体就化为一平顶柱体,该平顶柱体的体积可用公式

$$\text{体积} = \text{底面积} \times \text{高}$$

来计算.在一般情形下,求曲顶柱体的体积问题可用微元法来解决.

(1) **分割** 用任意一组网线把区域 D 划分成 n 个小闭区域 $\Delta\sigma_1, \Delta\sigma_2, \cdots, \Delta\sigma_n$,分别以这些小闭区域的边界曲线为准线,作母线平行于 z 轴的柱面,这些柱面把原来的曲顶柱体分为 n 个小曲顶柱体.记第 i 个小曲顶柱体的体积为 ΔV_i($i = 1, 2, \cdots, n$).在每个小闭区域 $\Delta\sigma_i$(其面积也记为 $\Delta\sigma_i$)上任取一点 (ξ_i, η_i),则 ΔV_i 近似等于以 $\Delta\sigma_i$ 为底、$f(\xi_i, \eta_i)$ 为高的平顶柱体的体积(见图10-1-2),即

$$\Delta V_i \approx f(\xi_i, \eta_i)\Delta\sigma_i \quad (i = 1, 2, \cdots, n).$$

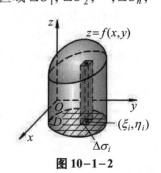

图 10-1-2

(2) **求和** 对 n 个小曲顶柱体的体积求和,得所求曲顶柱体的体积 V 的近似值

$$V = \sum_{i=1}^{n} \Delta V_i \approx \sum_{i=1}^{n} f(\xi_i, \eta_i) \Delta \sigma_i.$$

(3) **取极限** 让分割越来越细,取极限得所求曲顶柱体的体积 V 的精确值

$$V = \lim_{\lambda \to 0} \sum_{i=1}^{n} f(\xi_i, \eta_i) \Delta \sigma_i, \tag{1.1}$$

其中 λ 是各小闭区域 $\Delta \sigma_i (i = 1, 2, \cdots, n)$ 的直径的最大值 (即该小闭区域上任意两点间距离的最大者).

引例2 求非均匀平面薄片的质量.

设有一平面薄片占有 xOy 面上的闭区域 D, 它在点 (x, y) 处的面密度为 $\rho(x, y)$, 这里 $\rho(x, y) > 0$ 且在 D 上连续. 现要计算该薄片的质量.

如果薄片是均匀的, 即面密度是常数, 则薄片的质量可以用公式

$$质量 = 面密度 \times 面积$$

来计算. 在一般情形下, 求薄片的质量问题可用微元法来解决.

(1) **分割** 用任意一组网线把区域 D 划分成 n 个小闭区域 $\Delta \sigma_i$ $(i = 1, 2, \cdots, n)$ (见图10-1-3), 其面积仍记为 $\Delta \sigma_i$, 在 $\Delta \sigma_i$ 上任取一点 (ξ_i, η_i), 由于 $\rho(x, y)$ 是连续的, 所以当 $\Delta \sigma_i$ 的直径很小时, $\Delta \sigma_i$ 所对应的平面小薄片的密度近似等于 $\rho(\xi_i, \eta_i)$, 从而 $\Delta \sigma_i$ 所对应的平面小薄片的质量近似等于

$$\rho(\xi_i, \eta_i) \Delta \sigma_i \quad (i = 1, 2, \cdots, n).$$

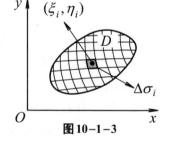

图10-1-3

(2) **求和** 对 i 个小薄片的质量求和, 得所求平面薄片质量 M 的近似值为

$$M \approx \sum_{i=1}^{n} \rho(\xi_i, \eta_i) \Delta \sigma_i.$$

(3) **取极限** 得所求平面薄片质量 M 的精确值为

$$M = \lim_{\lambda \to 0} \sum_{i=1}^{n} \rho(\xi_i, \eta_i) \Delta \sigma_i, \tag{1.2}$$

其中 λ 是各小闭区域 $\Delta \sigma_i (i = 1, 2, \cdots, n)$ 的直径的最大值.

在几何、力学、物理和工程技术中, 有许多几何量和物理量都可归结为形如式 (1.1) 的和式的极限. 为更一般地研究这类和式的极限, 我们抽象出如下定义.

定义1 设 $f(x, y)$ 是有界闭区域 D 上的有界函数. 将闭区域 D 任意分成 n 个小闭区域 $\Delta \sigma_1, \Delta \sigma_2, \cdots, \Delta \sigma_n$, 其中 $\Delta \sigma_i$ 表示第 i 个小闭区域, 也表示它的面积, 在每个 $\Delta \sigma_i$ 上任取一点 (ξ_i, η_i), 作乘积

$$f(\xi_i, \eta_i) \Delta \sigma_i \quad (i = 1, 2, \cdots, n),$$

并作和

$$\sum_{i=1}^{n} f(\xi_i, \eta_i) \Delta \sigma_i.$$

当各小闭区域的直径中的最大值 λ 趋近于零时, 如果该和式的极限存在, 则称此极限为函数 $f(x, y)$ 在闭区域 D 上的 **二重积分**, 记为

$$\iint_D f(x, y) \mathrm{d}\sigma, \quad \text{即} \quad \iint_D f(x, y) \mathrm{d}\sigma = \lim_{\lambda \to 0} \sum_{i=1}^{n} f(\xi_i, \eta_i) \Delta \sigma_i, \qquad (1.3)$$

其中, $f(x, y)$ 称为 **被积函数**, $f(x, y)\mathrm{d}\sigma$ 称为 **被积表达式**, $\mathrm{d}\sigma$ 称为 **面积微元**, x 和 y 称为 **积分变量**, D 称为 **积分区域**, 并称

$$\sum_{i=1}^{n} f(\xi_i, \eta_i) \Delta \sigma_i$$

为 **积分和**.

根据二重积分的定义, 引例 1 中曲顶柱体的体积可表示为

$$V = \iint_D f(x, y) \mathrm{d}\sigma,$$

其中, σ 为积分区域 D 的面积.

引例 2 中平面薄片的质量是它的密度函数 $\rho(x, y)$ 在薄片所占区域 D 上的二重积分

$$M = \iint_D \rho(x, y) \mathrm{d}\sigma.$$

一般地, 如果 $f(x, y) \geq 0$, 被积函数 $f(x, y)$ 可视为曲顶柱体的顶在点 (x, y) 处的竖坐标, 所以二重积分的几何意义就是曲顶柱体的体积. 如果 $f(x, y) < 0$, 柱体就位于 xOy 面的下方, 二重积分的绝对值仍等于曲顶柱体的体积, 但二重积分的值是负的. 如果 $f(x, y)$ 在积分区域 D 的若干部分是正的, 其余部分是负的, 我们可以把 xOy 面上方的柱体体积取为正的, xOy 面下方的柱体体积取为负的, 于是, $f(x, y)$ 在 D 上的二重积分就等于这些部分区域上柱体体积的代数和.

对二重积分定义的说明:

(1) 如果二重积分 $\iint_D f(x, y) \mathrm{d}\sigma$ 存在, 则称函数 $f(x, y)$ 在区域 D 上是 **可积的**.

可以证明, 如果函数 $f(x, y)$ 在区域 D 上连续, 则 $f(x, y)$ 在区域 D 上是可积的. 后文中, 我们总假定被积函数 $f(x, y)$ 在积分区域 D 上是连续的.

(2) 根据定义, 如果函数 $f(x, y)$ 在区域 D 上可积, 则二重积分的值与对积分区域的分割方法无关, 因此, 在直角坐标系中, 常用平行于 x 轴和 y 轴的两组直线来分割积分区域 D, 这样除了包含边界点的一些小闭区域外, 其余的小闭区域都是矩形闭区域. 设矩形闭区域 $\Delta \sigma_i$ 的边长为 Δx_i 和 Δy_j, 于是 $\Delta \sigma_i = \Delta x_i \Delta y_j$. 故在直角坐

标系中,面积微元 $\mathrm{d}\sigma$ 可记为 $\mathrm{d}x\mathrm{d}y$,即 $\mathrm{d}\sigma = \mathrm{d}x\mathrm{d}y$.进而把二重积分记为 $\iint\limits_{D} f(x, y)\mathrm{d}x\mathrm{d}y$,这里我们把 $\mathrm{d}x\mathrm{d}y$ 称为**直角坐标系下的面积微元**.

二、二重积分的性质

二重积分也有与一元函数定积分类似的性质,而且其证明也与定积分性质的证明类似.所以,下面我们不加证明地叙述如下:

性质1 设 α, β 为常数,则

$$\iint\limits_{D}[\alpha f(x, y) + \beta g(x, y)]\mathrm{d}\sigma = \alpha \iint\limits_{D} f(x, y)\mathrm{d}\sigma + \beta \iint\limits_{D} g(x, y)\mathrm{d}\sigma. \tag{1.4}$$

这个性质表明**二重积分满足线性运算**.

性质2 如果闭区域 D 可被曲线分为两个没有公共内点的闭子区域 D_1 和 D_2,则

$$\iint\limits_{D} f(x, y)\mathrm{d}\sigma = \iint\limits_{D_1} f(x, y)\mathrm{d}\sigma + \iint\limits_{D_2} f(x, y)\mathrm{d}\sigma. \tag{1.5}$$

这个性质表明**二重积分对积分区域具有可加性**.

性质3 如果在闭区域 D 上, $f(x, y) = 1$, σ 为 D 的面积,则

$$\iint\limits_{D} 1 \cdot \mathrm{d}\sigma = \iint\limits_{D} \mathrm{d}\sigma = \sigma. \tag{1.6}$$

这个性质的几何意义是:以 D 为底、高为 1 的平顶柱体的体积在数值上等于柱体的底面积.

性质4 如果在闭区域 D 上,有 $f(x, y) \leq g(x, y)$,则

$$\iint\limits_{D} f(x, y)\mathrm{d}\sigma \leq \iint\limits_{D} g(x, y)\mathrm{d}\sigma. \tag{1.7}$$

特别地,有

$$\left| \iint\limits_{D} f(x, y)\mathrm{d}\sigma \right| \leq \iint\limits_{D} |f(x, y)|\mathrm{d}\sigma.$$

性质5 设 M, m 分别是 $f(x, y)$ 在闭区域 D 上的最大值和最小值,σ 为 D 的面积,则

$$m\sigma \leq \iint\limits_{D} f(x, y)\mathrm{d}\sigma \leq M\sigma. \tag{1.8}$$

这个不等式称为**二重积分的估值不等式**.

性质6 设函数 $f(x, y)$ 在闭区域 D 上连续,σ 为 D 的面积,则在 D 上至少存在一点 (ξ, η),使得

$$\iint\limits_{D} f(x, y)\mathrm{d}\sigma = f(\xi, \eta)\sigma.$$

这个性质称为**二重积分的中值定理**.其几何意义为:在区域 D 上以曲面 $f(x, y)$ 为顶的曲顶柱体的体积等于以区域 D 内某一点 (ξ, η) 的函数值 $f(\xi, \eta)$ 为高的平顶

柱体的体积.

注: 由性质 6 可得

$$\frac{1}{\sigma} \iint\limits_{D} f(x,y)\,\mathrm{d}\sigma = f(\xi,\eta). \tag{1.9}$$

通常把数值

$$\frac{1}{\sigma} \iint\limits_{D} f(x,y)\,\mathrm{d}\sigma$$

称为函数 $f(x,y)$ 在 D 上的**平均值**.

例1　估计二重积分 $I = \iint\limits_{D} \dfrac{\mathrm{d}\sigma}{\sqrt{x^2+y^2+2xy+16}}$ 的值, 其中积分区域 D 为矩形闭

区域 $\{(x,y) \mid 0 \le x \le 1,\ 0 \le y \le 2\}$.

解　因为 $f(x,y) = \dfrac{1}{\sqrt{(x+y)^2+16}}$, 区域 D 的面积 $\sigma = 2$, 且在 D 上 $f(x,y)$ 的

最大值和最小值分别为

$$M = \frac{1}{\sqrt{(0+0)^2+4^2}} = \frac{1}{4}, \qquad m = \frac{1}{\sqrt{(1+2)^2+4^2}} = \frac{1}{5},$$

所以 $\dfrac{1}{5} \times 2 \le I \le \dfrac{1}{4} \times 2$, 即 $\dfrac{2}{5} \le I \le \dfrac{1}{2}$. ■

例2　比较积分 $\iint\limits_{D} \ln(x+y)\,\mathrm{d}\sigma$ 与 $\iint\limits_{D} [\ln(x+y)]^2\,\mathrm{d}\sigma$ 的大

小, 其中区域 D 是三角形闭区域, 三顶点各为 $(1,0),(1,1)$, $(2,0)$.

解　如图 10-1-4 所示, 在积分区域 D 内有

$$1 \le x+y \le 2 < \mathrm{e},$$

因此 $0 \le \ln(x+y) < 1$, 于是

$$\ln(x+y) > [\ln(x+y)]^2,$$

所以

$$\iint\limits_{D} \ln(x+y)\,\mathrm{d}\sigma > \iint\limits_{D} [\ln(x+y)]^2\,\mathrm{d}\sigma. \quad ■$$

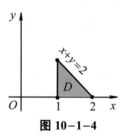

图 10-1-4

习题 10-1

1. 设有一平面薄板 (不计其厚度), 占有 xOy 面上的闭区域 D, 薄板上分布着面密度为 $\mu = \mu(x,y)$ 的电荷, 且 $\mu(x,y)$ 在 D 上连续, 试用二重积分表达该板上的全部电荷 Q.

2. 利用二重积分定义证明:

(1) $\displaystyle\iint\limits_{D} \mathrm{d}\sigma = \sigma$ (σ 为区域 D 的面积).

(2) $\displaystyle\iint\limits_{D} kf(x,y)\mathrm{d}\sigma = k\iint\limits_{D} f(x,y)\mathrm{d}\sigma$ (其中 k 为常数).

(3) $\displaystyle\iint\limits_{D} f(x,y)\mathrm{d}\sigma = \iint\limits_{D_1} f(x,y)\mathrm{d}\sigma + \iint\limits_{D_2} f(x,y)\mathrm{d}\sigma$, 其中 $D = D_1 \bigcup D_2$, D_1, D_2 为两个无公共内点的闭区域.

3. 判断积分 $\displaystyle\iint\limits_{\frac{1}{2}\leq x^2+y^2\leq 1} \ln(x^2+y^2)\mathrm{d}x\mathrm{d}y$ 的符号.

4. 判定下列积分值的大小:
$$I_1 = \iint\limits_{D} \ln^3(x+y)\,\mathrm{d}x\mathrm{d}y\,,\quad I_2 = \iint\limits_{D}(x+y)^3\,\mathrm{d}x\mathrm{d}y,\quad I_3 = \iint\limits_{D}[\sin(x+y)]^3\mathrm{d}x\mathrm{d}y,$$
其中 D 由 $x = 0$, $y = 0$, $x+y = \dfrac{1}{2}$, $x+y = 1$ 围成, 则 I_1, I_2, I_3 之间的大小顺序为( ).

(A) $I_1 < I_2 < I_3$;   (B) $I_3 < I_2 < I_1$;   (C) $I_1 < I_3 < I_2$;   (D) $I_3 < I_1 < I_2$.

5. 估计下列各二重积分的值:

(1) $\displaystyle\iint\limits_{D} xy(x+y)\mathrm{d}\sigma$, 其中 D 是矩形闭区域: $0 \leq x \leq 1$, $0 \leq y \leq 1$;

(2) $\displaystyle\iint\limits_{D}(x^2+4y^2+9)\mathrm{d}\sigma$, 其中 D 是圆形闭区域: $x^2+y^2 \leq 4$.

6. 试用二重积分性质证明不等式
$$1 \leq \iint\limits_{D}(\sin x^2 + \cos y^2)\mathrm{d}\sigma \leq \sqrt{2}, \text{ 其中 } D: 0 \leq x \leq 1, 0 \leq y \leq 1.$$

7. 计算 $\displaystyle\lim_{r\to 0}\frac{1}{\pi r^2}\iint\limits_{D}\mathrm{e}^{x^2-y^2}\cos(x+y)\mathrm{d}x\mathrm{d}y$, 其中 D 为中心在原点, 半径为 r 的圆所围成的区域.

§10.2 二重积分的计算(一)

一、在直角坐标系下二重积分的计算

在本节和下一节, 我们要讨论二重积分的计算方法, 其基本思想是将二重积分化为两次定积分来计算, 转化后的这种两次定积分常称为**二次积分**或**累次积分**. 本节先在直角坐标系下讨论二重积分的计算.

在具体讨论二重积分的计算之前, 先要介绍所谓 X−型区域和 Y−型区域的概念. 图 10−2−1 和图 10−2−2 中分别给出了这两种区域的典型图例.

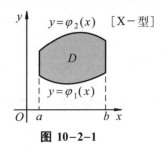 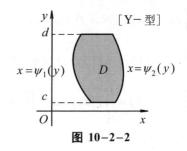

图 10-2-1　　　　　　　　图 10-2-2

X-型区域：$\{(x,y)\mid a\le x\le b,\ \varphi_1(x)\le y\le\varphi_2(x)\}$. 其中函数 $\varphi_1(x),\varphi_2(x)$ 在区间 $[a,b]$ 上连续. 这种区域的特点是：穿过区域且平行于 y 轴的直线与区域的边界相交于最多两个交点.

Y-型区域：$\{(x,y)\mid c\le y\le d,\ \psi_1(y)\le x\le\psi_2(y)\}$. 其中函数 $\psi_1(y),\psi_2(y)$ 在区间 $[c,d]$ 上连续. 这种区域的特点是：穿过区域且平行于 x 轴的直线与区域的边界相交于最多两个交点.

我们知道，在直角坐标系下，二重积分可写成

$$\iint\limits_D f(x,y)\mathrm{d}\sigma=\iint\limits_D f(x,y)\mathrm{d}x\mathrm{d}y.$$

假定积分区域 D 为如下 X-型区域：

$$\{(x,y)\mid a\le x\le b,\ \varphi_1(x)\le y\le\varphi_2(x)\}.$$

当 $f(x,y)\ge 0$ 时，按照二重积分的几何意义，上述二重积分的值等于以积分区域 D 为底、以曲面 $z=f(x,y)$ 为顶的曲顶柱体(见图10-2-3)的体积. 下面我们利用§6.3中求"平行截面面积为已知的立体的体积"的方法来计算这个曲顶柱体的体积.

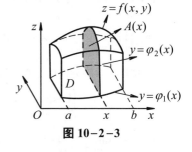

图 10-2-3

先计算截面的面积. 为此在区间 $[a,b]$ 上任取一点 x, 则过该点且平行于 yOz 面的平面截曲顶柱体所得的截面是一个以区间 $[\varphi_1(x),\varphi_2(x)]$ 为底的曲边梯形 (见图10-2-3 中阴影部分), 所以此截面的面积为

$$A(x)=\int_{\varphi_1(x)}^{\varphi_2(x)}f(x,y)\mathrm{d}y.$$

于是，曲顶柱体的体积为

$$\iint\limits_D f(x,y)\mathrm{d}x\mathrm{d}y=\int_a^b A(x)\mathrm{d}x=\int_a^b\left[\int_{\varphi_1(x)}^{\varphi_2(x)}f(x,y)\mathrm{d}y\right]\mathrm{d}x. \tag{2.1}$$

上式右端的积分称为先对 y 后对 x 的二次积分，习惯上，常将其中的中括号省略不写，而记为

$$\int_a^b\mathrm{d}x\int_{\varphi_1(x)}^{\varphi_2(x)}f(x,y)\mathrm{d}y.$$

因此,公式 (2.1) 又写成

$$\iint\limits_D f(x,y)\,dxdy = \int_a^b dx \int_{\varphi_1(x)}^{\varphi_2(x)} f(x,y)\,dy. \tag{2.2}$$

注: 虽然在讨论中,我们假定了 $f(x,y) \geq 0$, 这只是为几何上说明方便而引入的条件,实际上,公式 (2.2) 的成立不受此条件的限制.

类似地,如果积分区域 D 为 Y- 型区域:

$$\{(x,y)\,|\,c \leq y \leq d,\ \psi_1(y) \leq x \leq \psi_2(y)\},$$

则有

$$\iint\limits_D f(x,y)\,dxdy = \int_c^d dy \int_{\psi_1(y)}^{\psi_2(y)} f(x,y)\,dx. \tag{2.3}$$

上式右端的积分称为先对 x 后对 y 的二次积分.

如果积分区域 D 既不是 X- 型区域也不是 Y- 型区域,我们可以将它分割成若干块 X- 型区域或 Y- 型区域(见图10-2-4),然后在每块这样的区域上分别应用公式 (2.2) 或公式 (2.3),再根据二重积分对积分区域的可加性,即可计算出所给二重积分.

如果积分区域 D 既是 X- 型区域又是 Y- 型区域,即积分区域 D 既可用不等式

$$a \leq x \leq b,\quad \varphi_1(x) \leq y \leq \varphi_2(x)$$

表示,又可用不等式

$$c \leq y \leq d,\quad \psi_1(y) \leq x \leq \psi_2(y)$$

表示(见图10-2-5),则有

$$\int_a^b dx \int_{\varphi_1(x)}^{\varphi_2(x)} f(x,y)\,dy = \int_c^d dy \int_{\psi_1(y)}^{\psi_2(y)} f(x,y)\,dx.$$

上式表明,这两个不同积分次序的二次积分相等,这个结果使我们在具体计算一个二重积分时,可以有选择地将其化为其中一种二次积分,以使计算更为简单.

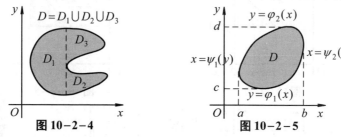

图 10-2-4   图 10-2-5

将二重积分化为二次积分的关键是确定积分限(即表示积分区域的一组不等式),而积分限是根据积分区域的形状来确定的,因此,先画出积分区域的草图对于确定二次积分的积分限是方便的.假如积分区域 D 如图10-2-6所示,则可按如下方法确定表示区域 D 的不等式:在区间 $[a,b]$ 上任取一点 x,过点 x 作平行于 y

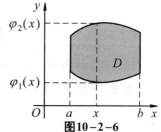

图10-2-6

轴的直线交区域 D 的边界于点 $\varphi_1(x)$ 和 $\varphi_2(x)$, 这就是把 x 看作常量, 而把 $\varphi_1(x)$ 和 $\varphi_2(x)$ 看作积分变量 y 的上下限, 因此积分区域 D 可表示为

$$a \leq x \leq b, \ \varphi_1(x) \leq y \leq \varphi_2(x).$$

所求积分

$$\iint\limits_D f(x,y)\mathrm{d}x\mathrm{d}y = \int_a^b \mathrm{d}x \int_{\varphi_1(x)}^{\varphi_2(x)} f(x,y)\mathrm{d}y.$$

特别地, 当区域 D 为矩形区域 $\{(x,y) \mid a \leq x \leq b, c \leq y \leq d\}$ 时, 有

$$\iint\limits_D f(x,y)\mathrm{d}x\mathrm{d}y = \int_a^b \mathrm{d}x \int_c^d f(x,y)\mathrm{d}y = \int_c^d \mathrm{d}y \int_a^b f(x,y)\mathrm{d}x.$$

下面我们再通过例题来进一步说明二重积分的计算.

例 1　计算 $\iint\limits_D xy\mathrm{d}\sigma$, 其中 D 是由直线 $y=1$, $x=2$ 及 $y=x$ 围成的闭区域.

解　方法一　画出积分区域 D 的图形(见图 10-2-7), 易见区域 D 既是 X-型的也是 Y-型的. 如果将积分区域视为 X-型的, 则积分区域 D 的积分限为 $1 \leq x \leq 2$, $1 \leq y \leq x$, 所以

$$\iint\limits_D xy\mathrm{d}\sigma = \int_1^2 \left[\int_1^x xy\mathrm{d}y \right]\mathrm{d}x = \int_1^2 \left[x \cdot \frac{y^2}{2} \right]\Big|_1^x \mathrm{d}x$$

$$= \int_1^2 \left(\frac{x^3}{2} - \frac{x}{2} \right)\mathrm{d}x = \left[\frac{x^4}{8} - \frac{x^2}{4} \right]\Big|_1^2 = 1\frac{1}{8}.$$

计算实验

方法二　如果将积分区域视为 Y-型的 (见图 10-2-8), 则积分区域 D 的积分限为 $1 \leq y \leq 2$, $y \leq x \leq 2$, 所以

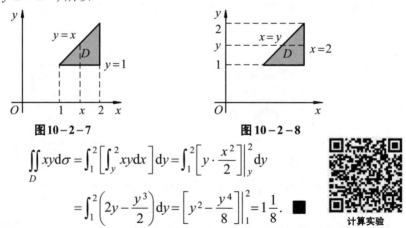

图 10-2-7　　　　　　　　　图 10-2-8

$$\iint\limits_D xy\mathrm{d}\sigma = \int_1^2 \left[\int_y^2 xy\mathrm{d}x \right]\mathrm{d}y = \int_1^2 \left[y \cdot \frac{x^2}{2} \right]\Big|_y^2 \mathrm{d}y$$

$$= \int_1^2 \left(2y - \frac{y^3}{2} \right)\mathrm{d}y = \left[y^2 - \frac{y^4}{8} \right]\Big|_1^2 = 1\frac{1}{8}. \quad\blacksquare$$

计算实验

注: 微信扫描右侧二维码, 即可进行计算实验(详见教材配套的网络学习空间).

例 2　计算二重积分 $\iint\limits_D xy\mathrm{d}\sigma$, 其中 D 是由抛物线 $y^2=x$ 及直线 $y=x-2$ 围成的闭区域.

解 画出积分区域 D 的图形(见图 10-2-9), 易见区域 D 既是 X-型的也是 Y-型的. 如果将积分区域视为 Y-型的, 则区域 D 的积分限为 $-1 \leq y \leq 2$, $y^2 \leq x \leq y+2$, 所以

计算实验

$$\iint\limits_{D} xy\mathrm{d}\sigma = \int_{-1}^{2}\left[\int_{y^2}^{y+2} xy\mathrm{d}x\right]\mathrm{d}y = \int_{-1}^{2}\left[\frac{x^2}{2}y\right]\Big|_{y^2}^{y+2}\mathrm{d}y$$

$$= \frac{1}{2}\int_{-1}^{2}[y(y+2)^2 - y^5]\mathrm{d}y$$

$$= \frac{1}{2}\left[\frac{y^4}{4} + \frac{4}{3}y^3 + 2y^2 - \frac{y^6}{6}\right]\Big|_{-1}^{2} = 5\frac{5}{8}.$$

如果将积分区域视为 X-型的, 则积分区域 D 需分成 D_1 和 D_2 两部分(见图 10-2-10), 其中 D_1, D_2 的积分限分别为

$$D_1: 0 \leq x \leq 1, \quad -\sqrt{x} \leq y \leq \sqrt{x}; \qquad D_2: 1 \leq x \leq 4, \quad x-2 \leq y \leq \sqrt{x}.$$

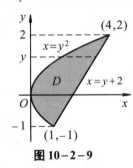

图 10-2-9

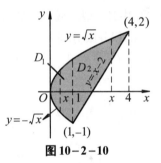

图 10-2-10

从而, 根据二重积分的性质 2, 有

$$\iint\limits_{D} xy\mathrm{d}\sigma = \iint\limits_{D_1} xy\mathrm{d}\sigma + \iint\limits_{D_2} xy\mathrm{d}\sigma = \int_0^1\left[\int_{-\sqrt{x}}^{\sqrt{x}} xy\mathrm{d}y\right]\mathrm{d}x + \int_1^4\left[\int_{x-2}^{\sqrt{x}} xy\mathrm{d}y\right]\mathrm{d}x.$$

显然, 这里的计算要比前面麻烦. 由此可见, 对本题我们应选择先对 x 再对 y 的二次积分次序. ◼

注: 微信扫描右侧二维码, 即可进行计算实验(详见教材配套的网络学习空间).

合理选择二次积分的次序以简化二重积分的计算是我们常常要考虑的问题, 其中, 既要考虑积分区域的形状, 又要考虑被积函数的特性.

例3 计算 $\iint\limits_{D} e^{y^2}\mathrm{d}x\mathrm{d}y$, 其中 D 由 $y=x$, $y=1$ 及 y 轴围成.

解 画出积分区域 D 的图形(见图 10-2-11). 如果将 D 视为 X-型区域, 则 D 的积分限为 $0 \leq x \leq 1$, $x \leq y \leq 1$, 从而

$$\iint\limits_{D} e^{y^2}\mathrm{d}x\mathrm{d}y = \int_0^1 \mathrm{d}x\int_x^1 e^{y^2}\mathrm{d}y.$$

因为 $\int e^{y^2}\mathrm{d}y$ 的原函数不能用初等函数表示, 所以应选择另

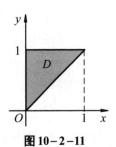

图 10-2-11

一种积分次序. 现将 D 视为 $\mathrm{Y}-$ 型区域, 则区域 D 的积分限为

$$0 \le y \le 1, \ 0 \le x \le y.$$

计算实验

$$\iint\limits_{D} \mathrm{e}^{y^2}\mathrm{d}x\mathrm{d}y = \int_0^1 \mathrm{d}y \int_0^y \mathrm{e}^{y^2}\mathrm{d}x = \int_0^1 \mathrm{e}^{y^2} \cdot \left[x\big|_0^y \right]\mathrm{d}y$$

$$= \int_0^1 y\mathrm{e}^{y^2}\mathrm{d}y = \frac{1}{2}\int_0^1 \mathrm{e}^{y^2}\mathrm{d}(y^2) = \frac{1}{2}(\mathrm{e}-1).$$

由此题可见, 在将二重积分化为二次积分进行计算的过程中, 选取积分顺序时, 不但要顾及积分区域, 还要顾及被积函数的特征.

例4　计算 $\iint\limits_{D} |y-x^2|\mathrm{d}x\mathrm{d}y$, 其中 D 为 $-1 \le x \le 1, 0 \le y \le 1$.

解　画出积分区域 D 的图形 (见图 $10-2-12$). 此类含有绝对值的二重积分与一元函数的定积分类似, 先要根据区域的特性去掉被积函数中的绝对值号. 这里, 区域 D 可分成 D_1 和 D_2 两块 $\mathrm{X}-$ 型区域, 在 D_1 上 $y \le x^2$, 在 D_2 上 $y \ge x^2$, D_1, D_2 的积分限分别为

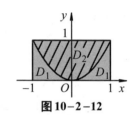
图 $10-2-12$

$D_1: -1 \le x \le 1, \ 0 \le y \le x^2$;　$D_2: -1 \le x \le 1, \ x^2 \le y \le 1$.

于是, 根据二重积分的性质, 有

$$\iint\limits_{D} |y-x^2|\mathrm{d}x\mathrm{d}y = \iint\limits_{D_1} (x^2-y)\mathrm{d}x\mathrm{d}y + \iint\limits_{D_2} (y-x^2)\mathrm{d}x\mathrm{d}y$$

$$= \int_{-1}^1 \mathrm{d}x \int_0^{x^2} (x^2-y)\mathrm{d}y + \int_{-1}^1 \mathrm{d}x \int_{x^2}^1 (y-x^2)\mathrm{d}y$$

$$= \int_{-1}^1 \frac{1}{2}x^4\mathrm{d}x + \int_{-1}^1 \left(\frac{1}{2} - x^2 + \frac{1}{2}x^4 \right)\mathrm{d}x = \frac{11}{15}.$$

计算实验

注: 微信扫描右侧二维码, 即可进行计算实验 (详见教材配套的网络学习空间).

例5　求两个底圆半径都等于 R 的直交圆柱面所围成的立体的体积.

解　设两个圆柱面的方程分别为

$$x^2+y^2=R^2 \ \ \text{及} \ \ x^2+z^2=R^2.$$

利用立体关于坐标平面的对称性, 只要算出它在第 I 卦限部分 (见图 $10-2-13(\mathrm{a})$) 的体积 V_1, 然后再乘以 8 即可.

易见所求立体在第 I 卦限的部分可以看成一个曲顶柱体, 它的底为

$$D = \{(x,y) \mid 0 \le y \le \sqrt{R^2-x^2}, 0 \le x \le R\}$$

(见图 $10-2-13(\mathrm{b})$), 它的顶是柱面 $z = \sqrt{R^2-x^2}$, 所以

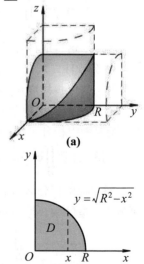
(a)

(b)
图 $10-2-13$

计算实验

$$V_1 = \iint\limits_{D} \sqrt{R^2 - x^2}\, \mathrm{d}\sigma = \int_0^R \left[\int_0^{\sqrt{R^2 - x^2}} \sqrt{R^2 - x^2}\, \mathrm{d}y \right] \mathrm{d}x$$

$$= \int_0^R \left[\sqrt{R^2 - x^2}\, y \right] \Big|_0^{\sqrt{R^2 - x^2}}\, \mathrm{d}x = \int_0^R (R^2 - x^2)\, \mathrm{d}x$$

$$= \frac{2}{3} R^3.$$

从而所求立体的体积为

$$V = 8V_1 = \frac{16R^3}{3}.\quad \blacksquare$$

注：微信扫描右侧二维码，即可进行计算实验(详见教材配套的网络学习空间).

二、交换二次积分次序的步骤

从前面的几个例子, 我们看到, 计算二重积分时, 合理选择积分次序是比较关键的一步, 积分次序选择不当可能会使计算烦琐甚至无法计算出结果. 因此, 对于给定的二次积分, 交换其积分次序是常见的一种题型.

一般地, 交换给定的二次积分的积分次序的步骤为：

(1) 对于给定的二次积分

$$\int_a^b \mathrm{d}x \int_{\varphi_1(x)}^{\varphi_2(x)} f(x, y)\, \mathrm{d}y,$$

先根据其积分限

$$a \le x \le b, \quad \varphi_1(x) \le y \le \varphi_2(x),$$

画出积分区域 D(见图10-2-14).

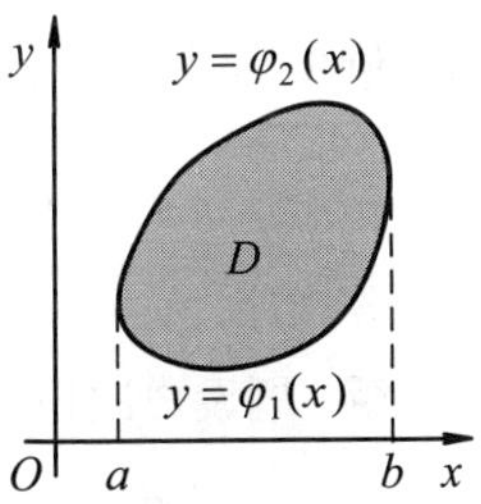

(2) 根据积分区域的形状, 按新的次序确定积分区域 D 的积分限为

$$c \le y \le d, \psi_1(y) \le x \le \psi_2(y).$$

(3) 写出结果

$$\int_a^b \mathrm{d}x \int_{\varphi_1(x)}^{\varphi_2(x)} f(x, y)\, \mathrm{d}y = \int_c^d \mathrm{d}y \int_{\psi_1(y)}^{\psi_2(y)} f(x, y)\, \mathrm{d}x.$$

图10-2-14

例6 交换二次积分 $\int_0^1 \mathrm{d}x \int_{x^2}^{x} f(x, y)\, \mathrm{d}y$ 的积分次序.

解 题设二次积分的积分限为

$$0 \le x \le 1, \quad x^2 \le y \le x,$$

画出积分区域 D(见图10-2-15). 重新确定积分区域 D 的积分限为

$$0 \le y \le 1, \quad y \le x \le \sqrt{y},$$

所以

$$\int_0^1 \mathrm{d}x \int_{x^2}^{x} f(x, y)\, \mathrm{d}y = \int_0^1 \mathrm{d}y \int_{y}^{\sqrt{y}} f(x, y)\, \mathrm{d}x.\quad \blacksquare$$

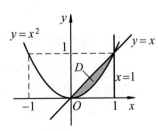

图10-2-15

例7　证明

$$\int_0^a \mathrm{d}y \int_0^y \mathrm{e}^{b(x-a)} f(x) \mathrm{d}x = \int_0^a (a-x) \mathrm{e}^{b(x-a)} f(x) \mathrm{d}x,$$

其中 a, b 均为常数, 且 $a > 0$.

证明　根据等式左端二次积分的积分限

$$0 \leq y \leq a, \quad 0 \leq x \leq y,$$

画出积分区域 D 的图形(见图10-2-16), 交换这个二次
积分的积分次序, 重新确定积分区域 D 的积分限为

$$0 \leq x \leq a, \quad x \leq y \leq a.$$

于是得到

$$
\begin{aligned}
\int_0^a \mathrm{d}y \int_0^y \mathrm{e}^{b(x-a)} f(x) \mathrm{d}x &= \int_0^a \mathrm{d}x \int_x^a \mathrm{e}^{b(x-a)} f(x) \mathrm{d}y \\
&= \int_0^a \left[\mathrm{e}^{b(x-a)} f(x) \int_x^a \mathrm{d}y \right] \mathrm{d}x \\
&= \int_0^a (a-x) \mathrm{e}^{b(x-a)} f(x) \mathrm{d}x.
\end{aligned}
$$

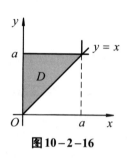

图10-2-16

从而证得题设等式. ■

例8　交换二次积分

$$I = \int_0^1 \mathrm{d}x \int_0^{\sqrt{2x-x^2}} f(x, y) \mathrm{d}y + \int_1^2 \mathrm{d}x \int_0^{2-x} f(x, y) \mathrm{d}y$$

的积分次序.

解　题设二次积分的积分限为

$$
\begin{cases}
0 \leq x \leq 1, & 0 \leq y \leq \sqrt{2x-x^2} \\
1 \leq x \leq 2, & 0 \leq y \leq 2-x
\end{cases},
$$

画出积分区域 D (见图10-2-17). 重新确定积分区域 D
的积分限

$$0 \leq y \leq 1, \quad 1 - \sqrt{1-y^2} \leq x \leq 2-y,$$

所以

$$I = \int_0^1 \mathrm{d}y \int_{1-\sqrt{1-y^2}}^{2-y} f(x, y) \mathrm{d}x. ■$$

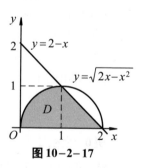

图10-2-17

三、利用对称性和奇偶性化简二重积分的计算

　　利用被积函数的奇偶性及积分区域 D 的对称性, 常常会大大化简二重积分的计
算. 在例5 中我们就应用了对称性来解决所给的问题. 与处理关于原点对称的区间
的奇(偶)函数的定积分类似, 对于二重积分, 也要兼顾被积函数 $f(x, y)$ 的奇偶性和
积分区域 D 的对称性这两方面. 为应用方便, 我们总结如下:

(1) 如果积分区域 D 关于 y 轴对称, 则

(i) 当 $f(-x, y) = -f(x, y) \, ((x, y) \in D)$ 时, 有

$$\iint\limits_{D} f(x, y)\mathrm{d}x\mathrm{d}y = 0.$$

(ii) 当 $f(-x, y) = f(x, y) \, ((x, y) \in D)$ 时, 有

$$\iint\limits_{D} f(x, y)\mathrm{d}x\mathrm{d}y = 2\iint\limits_{D_1} f(x, y)\mathrm{d}x\mathrm{d}y,$$

其中 $D_1 = \{(x, y) \,|\, (x, y) \in D, x \geq 0\}$.

(2) 如果积分区域 D 关于 x 轴对称, 则

(i) 当 $f(x, -y) = -f(x, y) \, ((x, y) \in D)$ 时, 有

$$\iint\limits_{D} f(x, y)\mathrm{d}x\mathrm{d}y = 0.$$

(ii) 当 $f(x, -y) = f(x, y) \, ((x, y) \in D)$ 时, 有

$$\iint\limits_{D} f(x, y)\mathrm{d}x\mathrm{d}y = 2\iint\limits_{D_2} f(x, y)\mathrm{d}x\mathrm{d}y,$$

其中 $D_2 = \{(x, y) \,|\, (x, y) \in D, y \geq 0\}$.

注: 进一步地, 我们还可给出积分区域 D 关于原点对称和关于直线 $y = x$ 对称的情形(见教材配套的网络学习空间).

例9 计算 $\iint\limits_{D} y[1 + xf(x^2 + y^2)]\mathrm{d}x\mathrm{d}y$, 其中积分区域 D 由曲线 $y = x^2$ 与 $y = 1$ 围成.

解 积分区域 D 如图 $10-2-18$ 所示. 令
$$g(x, y) = xyf(x^2 + y^2),$$
因为 D 关于 y 轴对称, 且 $g(-x, y) = -g(x, y)$, 所以
$$\iint\limits_{D} xyf(x^2 + y^2)\mathrm{d}x\mathrm{d}y = 0.$$

从而
$$\iint\limits_{D} y[1 + xf(x^2 + y^2)]\mathrm{d}x\mathrm{d}y = \iint\limits_{D} y\mathrm{d}x\mathrm{d}y$$
$$= \int_{-1}^{1}\mathrm{d}x\int_{x^2}^{1} y\mathrm{d}y$$
$$= \frac{1}{2}\int_{-1}^{1}(1 - x^4)\,\mathrm{d}x = \frac{4}{5}.$$

图 10-2-18

计算实验

注: 微信扫描右侧二维码, 即可进行计算实验(详见教材配套的网络学习空间).

例10 计算 $\iint\limits_{D} x^2 y^2 \mathrm{d}x\mathrm{d}y$, 其中区域 $D: |x| + |y| \leq 1$.

解　积分区域 D 如图10-2-19所示. 因为 D 关于 x 轴和 y 轴对称，且 $f(x,y)=x^2y^2$ 关于 x 或 y 均为偶函数，所以题设积分等于区域 D_1 上的积分的4倍，即

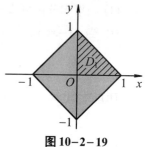

$$\iint\limits_{D} x^2y^2\mathrm{d}x\mathrm{d}y = 4\iint\limits_{D_1} x^2y^2\mathrm{d}x\mathrm{d}y$$

$$= 4\int_0^1 \mathrm{d}x\int_0^{1-x} x^2y^2\mathrm{d}y$$

$$= \frac{4}{3}\int_0^1 x^2(1-x)^3\mathrm{d}x$$

$$= \frac{1}{45}. \qquad \blacksquare$$

图 10-2-19

计算实验

注：微信扫描右侧二维码，即可进行计算实验（详见教材配套的网络学习空间）.

*数学实验

实验10.1　试用计算软件完成下列各题：

(1) 计算二次积分 $\displaystyle\int_0^{\pi/6}\int_0^{\pi/2}(y\sin x - x\sin y)\mathrm{d}y\mathrm{d}x$；

(2) 计算二次积分 $\displaystyle\int_0^{\sqrt{\pi}}\int_0^{\sqrt{\pi}}\cos(x^2-y^2)\mathrm{d}y\mathrm{d}x$ 的近似值；

计算实验

(3) 计算二次积分 $\displaystyle\int_0^1\int_0^1 \sin(\mathrm{e}^{xy})\mathrm{d}y\mathrm{d}x$ 的近似值；

(4) 交换积分次序并计算二次积分 $\displaystyle\int_0^3\int_{x^2}^9 x\cos(y^2)\mathrm{d}y\mathrm{d}x$；

(5) 交换积分次序并计算二次积分 $\displaystyle\int_0^2\int_{2y}^4 \mathrm{e}^{x^2}\mathrm{d}x\mathrm{d}y$；

(6) 计算 $I=\displaystyle\iint\limits_{D}\sin\frac{\pi x}{2y}\mathrm{d}\sigma$，其中 D 由曲线 $y=\sqrt{x}$，直线 $y=x$ 和 $y=2$ 围成；

(7) 计算 $\displaystyle\iint\limits_{D}\frac{x^3}{y^2}\mathrm{d}x\mathrm{d}y$，其中 D 是由 $xy=2$，$y=1+x^2$ 及 $x=2$ 围成的区域.

详见教材配套的网络学习空间.

习题 10-2

1. 计算下列二重积分：

(1) $\displaystyle\iint\limits_{D}\sin^2x\sin^2y\mathrm{d}\sigma$，其中 D：$0\leqslant x\leqslant\pi$，$0\leqslant y\leqslant\pi$；

(2) $\displaystyle\iint\limits_{D}(3x+2y)\mathrm{d}\sigma$，闭区域 D 由坐标轴与 $x+y=2$ 围成；

(3) $\displaystyle\iint\limits_{D}(x^3+3x^2y+y^3)\mathrm{d}\sigma$，其中 $D:0\le x\le 1,0\le y\le 1$；

(4) $\displaystyle\iint\limits_{D}(x^2-y^2)\mathrm{d}\sigma$，其中 $D:0\le y\le\sin x,0\le x\le\pi$.

2. 画出积分区域，并计算下列二重积分：

(1) $\displaystyle\iint\limits_{D}\mathrm{e}^{x+y}\mathrm{d}\sigma$，其中 $D:|x|+|y|\le 1$；

(2) $\displaystyle\iint\limits_{D}\dfrac{\sin x}{x}\mathrm{d}\sigma$，其中 D 是由 $y=x,y=\dfrac{x}{2},x=2$ 围成的区域；

(3) $\displaystyle\iint\limits_{D}x^2\mathrm{e}^{-y^2}\mathrm{d}x\mathrm{d}y$，其中 D 是以 $(0,0),(1,1),(0,1)$ 为顶点的三角形闭区域；

(4) $\displaystyle\iint\limits_{D}\dfrac{x}{y+1}\mathrm{d}\sigma$，其中 D 是由 $y=x^2+1,y=2x,x=0$ 围成的区域.

3. 改变下列二次积分的积分次序：

(1) $\displaystyle\int_0^1\mathrm{d}y\int_0^y f(x,y)\mathrm{d}x$；

(2) $\displaystyle\int_1^{\mathrm{e}}\mathrm{d}x\int_0^{\ln x}f(x,y)\mathrm{d}y$；

(3) $\displaystyle\int_{-1}^0\mathrm{d}x\int_{x+1}^{\sqrt{1-x^2}}f(x,y)\mathrm{d}y$；

(4) $\displaystyle\int_0^1\mathrm{d}y\int_{1-y}^{1+y^2}f(x,y)\mathrm{d}x$；

(5) $\displaystyle\int_0^1\mathrm{d}x\int_0^x f(x,y)\mathrm{d}y+\int_1^2\mathrm{d}x\int_0^{2-x}f(x,y)\mathrm{d}y$.

4. 设 D 是由不等式 $|x|+|y|\le 1$ 确定的有界闭区域，求二重积分 $\displaystyle\iint\limits_{D}(|x|+y)\mathrm{d}x\mathrm{d}y$.

5. 求证：$\displaystyle\int_0^1\mathrm{d}y\int_0^{\sqrt{y}}\mathrm{e}^y f(x)\mathrm{d}x=\int_0^1(\mathrm{e}-\mathrm{e}^{x^2})f(x)\mathrm{d}x$.

6. 如果二重积分 $\displaystyle\iint\limits_{D}f(x,y)\mathrm{d}x\mathrm{d}y$ 的被积函数 $f(x,y)$ 是两个函数 $f_1(x)$ 及 $f_2(y)$ 的乘积，即 $f(x,y)=f_1(x)\cdot f_2(y)$，积分区域
$$D=\{(x,y)\,|\,a\le x\le b,c\le y\le d\},$$
证明：
$$\iint\limits_{D}f_1(x)\cdot f_2(y)\mathrm{d}x\mathrm{d}y=\left[\int_a^b f_1(x)\mathrm{d}x\right]\cdot\left[\int_c^d f_2(x)\mathrm{d}x\right].$$

7. 设平面薄片所占的闭区域 D 由直线 $x+y=2,y=x$ 和 x 轴围成，它的面密度
$$\rho(x,y)=x^2+y^2,$$
求该薄片的质量.

8. 求曲线 $(x-y)^2+x^2=a^2(a>0)$ 所围成的平面图形的面积.

9. 用二重积分表示由曲面 $z=0,x+y+z=1,x^2+y^2=1$ 所围立体的体积.

10. 求由曲面 $z=x^2+y^2,y=x^2,y=1,z=0$ 所围立体的体积.

11. 求由曲面 $z=x^2+2y^2$ 及 $z=6-2x^2-y^2$ 所围立体的体积.

§10.3 二重积分的计算(二)

一、在极坐标系下二重积分的计算

有些二重积分的积分区域 D 的边界曲线用极坐标方程来表示比较简单，如圆形或扇形区域的边界等. 此时，如果该积分的被积函数在极坐标系下也有比较简单的形式，则应考虑用极坐标来计算这个二重积分. 本节我们要讨论在极坐标系下二重积分 $\iint\limits_{D} f(x,y)\mathrm{d}\sigma$ 的计算问题.

假定区域 D 的边界与过极点的射线相交于最多两点，函数 $f(x,y)$ 在 D 上连续. 我们采用以极点为中心的一族同心圆：$r=$ 常数，以及从极点出发的一族射线：$\theta=$ 常数，把区域 D 划分成 n 个小闭区域(见图10-3-1)，设其中一个典型小闭区域 $\Delta\sigma$ （$\Delta\sigma$ 同时也表示该小闭区域的面积）由半径分别为 r，$r+\Delta r$ 的同心圆和极角分别为 θ，$\theta+\Delta\theta$ 的射线确定，则

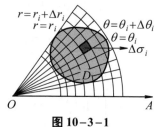

图 10-3-1

$$\Delta\sigma = \frac{1}{2}(r+\Delta r)^2 \cdot \Delta\theta - \frac{1}{2}r^2 \cdot \Delta\theta = \frac{1}{2}(2r+\Delta r)\Delta r \cdot \Delta\theta$$

$$= \frac{r+(r+\Delta r)}{2}\Delta r \cdot \Delta\theta \approx r \cdot \Delta r \cdot \Delta\theta.$$

于是，根据微元法可得到**极坐标系下的面积微元**

$$\mathrm{d}\sigma = r\mathrm{d}r\mathrm{d}\theta.$$

注意到直角坐标与极坐标之间的转换关系为

$$x = r\cos\theta, \quad y = r\sin\theta,$$

从而得到在直角坐标系与极坐标系下二重积分的转换公式为

$$\iint\limits_{D} f(x,y)\mathrm{d}x\mathrm{d}y = \iint\limits_{D} f(r\cos\theta, r\sin\theta)r\mathrm{d}r\mathrm{d}\theta. \tag{3.1}$$

极坐标系中的二重积分同样可化为二次积分来计算. 现分几种情况来讨论. 在下面的讨论中，我们假定所给函数在指定的区间上均为连续的.

(1) 如果积分区域 D 介于两条射线 $\theta=\alpha$，$\theta=\beta$ 之间，而对于 D 内任一点 (r,θ)，其极径总是介于曲线 $r=\varphi_1(\theta)$ 和 $r=\varphi_2(\theta)$ 之间(见图10-3-2)，则区域 D 的积分限为

$$\alpha \leqslant \theta \leqslant \beta, \quad \varphi_1(\theta) \leqslant r \leqslant \varphi_2(\theta).$$

于是

$$\iint\limits_{D} f(x,y)\mathrm{d}x\mathrm{d}y = \iint\limits_{D} f(r\cos\theta, r\sin\theta)r\mathrm{d}r\mathrm{d}\theta$$

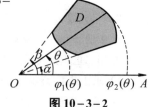

图 10-3-2

$$= \int_\alpha^\beta \mathrm{d}\theta \int_{\varphi_1(\theta)}^{\varphi_2(\theta)} f(r\cos\theta, r\sin\theta) r\mathrm{d}r. \tag{3.2}$$

具体计算时, 内层积分的上、下限可按如下方式确定: 从极点出发在区间 (α, β) 上任意作一条极角为 θ 的射线穿透区域 D(见图10-3-2), 则进入点与穿出点的极径 $\varphi_1(\theta)$, $\varphi_2(\theta)$ 就分别为内层积分的下限与上限.

(2) 如果积分区域 D 是如图10-3-3所示的曲边扇形, 则可以把它看作是第一种情形中 $\varphi_1(\theta)=0$, $\varphi_2(\theta)=\varphi(\theta)$ 时的特例, 此时, 区域 D 的积分限为

$$\alpha \le \theta \le \beta, \quad 0 \le r \le \varphi(\theta).$$

于是

$$\iint_D f(x, y)\,\mathrm{d}x\mathrm{d}y = \int_\alpha^\beta \mathrm{d}\theta \int_0^{\varphi(\theta)} f(r\cos\theta, r\sin\theta) r\mathrm{d}r. \tag{3.3}$$

(3) 如果积分区域 D 如图10-3-4所示, 极点位于 D 的内部, 则可以把它看作是第二种情形中 $\alpha=0$, $\beta=2\pi$ 时的特例, 此时, 区域 D 的积分限为

$$0 \le \theta \le 2\pi, \quad 0 \le r \le \varphi(\theta).$$

于是

$$\iint_D f(x, y)\,\mathrm{d}x\mathrm{d}y = \int_0^{2\pi} \mathrm{d}\theta \int_0^{\varphi(\theta)} f(r\cos\theta, r\sin\theta) r\mathrm{d}r. \tag{3.4}$$

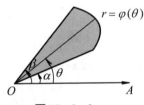

图 10-3-3

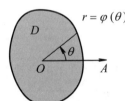

图 10-3-4

注: 根据二重积分的性质3, 闭区域 D 的面积 σ 在极坐标系下可表示为

$$\sigma = \iint_D \mathrm{d}\sigma = \iint_D r\mathrm{d}r\mathrm{d}\theta. \tag{3.5}$$

如果区域 D 如图 10-3-3 所示, 则有

$$\sigma = \iint_D r\mathrm{d}r\mathrm{d}\theta = \int_\alpha^\beta \mathrm{d}\theta \int_0^{\varphi(\theta)} r\mathrm{d}r = \frac{1}{2}\int_\alpha^\beta \varphi^2(\theta)\mathrm{d}\theta. \tag{3.6}$$

下面通过具体实例来说明极坐标系下二重积分的计算.

例1 计算

$$\iint_D \mathrm{e}^{-(x^2+y^2)}\mathrm{d}\sigma,$$

其中 D 是由圆 $x^2+y^2=R^2$ 围成的区域.

解 在极坐标系下, 积分区域 D(见图10-3-5)的积分限为

$$0 \le \theta \le 2\pi, \quad 0 \le r \le R,$$

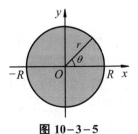

图 10-3-5

于是

$$\iint\limits_{D} e^{-(x^2+y^2)}d\sigma = \int_0^{2\pi}d\theta\int_0^R e^{-r^2}rdr = 2\pi\cdot\int_0^R e^{-r^2}rdr$$

$$= -\pi\int_0^R e^{-r^2}d(-r^2) = -\pi(e^{-r^2}\big|_0^R)$$

$$= \pi(1-e^{-R^2}).\qquad\blacksquare$$

计算实验

例2　计算 $\displaystyle\iint\limits_{D}\frac{\sin(\pi\sqrt{x^2+y^2})}{\sqrt{x^2+y^2}}dxdy$，其中积分区域 D 是由 $1\le x^2+y^2\le 4$ 确定的圆环域.

解　积分区域 D 如图 10-3-6 所示，因为区域 D 和被积函数均关于原点对称，所以只需计算题设积分在区域 D 位于第一象限的部分 D_1 上的值，再乘以 4 即可. 而在极坐标系下，区域 D_1 的积分限为 $1\le r\le 2$，$0\le\theta\le\pi/2$，所以

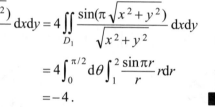

图 10-3-6

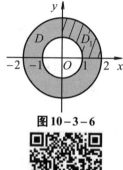
计算实验

$$\iint\limits_{D}\frac{\sin(\pi\sqrt{x^2+y^2})}{\sqrt{x^2+y^2}}dxdy = 4\iint\limits_{D_1}\frac{\sin(\pi\sqrt{x^2+y^2})}{\sqrt{x^2+y^2}}dxdy$$

$$= 4\int_0^{\pi/2}d\theta\int_1^2\frac{\sin\pi r}{r}rdr$$

$$= -4.\qquad\blacksquare$$

例3　计算 $\displaystyle\iint\limits_{D}\frac{y^2}{x^2}dxdy$，其中 D 是由曲线 $x^2+y^2=2x$ 围成的平面区域.

解　积分区域 D 如图 10-3-7 所示. 其边界曲线的极坐标方程为 $r=2\cos\theta$. 于是积分区域 D 的积分限为

$$-\frac{\pi}{2}\le\theta\le\frac{\pi}{2},\quad 0\le r\le 2\cos\theta.$$

所以

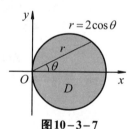

$r=2\cos\theta$

图 10-3-7

$$\iint\limits_{D}\frac{y^2}{x^2}dxdy = \int_{-\pi/2}^{\pi/2}d\theta\int_0^{2\cos\theta}\frac{\sin^2\theta}{\cos^2\theta}rdr$$

$$= \int_{-\pi/2}^{\pi/2}2\sin^2\theta d\theta = \pi.\qquad\blacksquare$$

计算实验

注：微信扫描右侧二维码，即可进行计算实验(详见教材配套的网络学习空间).

例4　求曲线 $(x^2+y^2)^2=2a^2(x^2-y^2)$ 内部满足 $x^2+y^2\ge a^2$ 的区域 D 的面积.

解　如图 10-3-8 所示，根据区域 D 的对称性知，区域 D 的面积等于区域 D_1 的面积的 4 倍. 又在极坐标系下圆 $x^2+y^2=a^2$ 的方程为 $r=a$，双纽线

$$(x^2+y^2)^2=2a^2(x^2-y^2)$$

的方程为

$$r = a\sqrt{2\cos 2\theta},$$

解方程组

$$\begin{cases} r = a\sqrt{2\cos 2\theta}, \\ r = a, \end{cases}$$

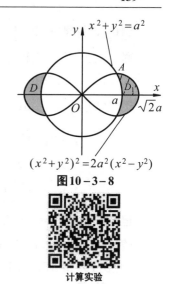

$$(x^2+y^2)^2 = 2a^2(x^2-y^2)$$

图 10−3−8

得交点 A 为 $(a, \pi/6)$,故所求面积

$$\sigma = \iint\limits_{D} r\,\mathrm{d}r\mathrm{d}\theta = 4\iint\limits_{D_1} r\,\mathrm{d}r\mathrm{d}\theta$$

$$= 4\int_0^{\pi/6}\mathrm{d}\theta\int_a^{a\sqrt{2\cos 2\theta}} r\,\mathrm{d}r$$

$$= a^2\left(\sqrt{3} - \frac{\pi}{3}\right).$$

计算实验

例 5 求球体 $x^2+y^2+z^2 \leq 4a^2$ 被圆柱面

$$x^2+y^2 = 2ax \ (a>0)$$

所截得的(含在圆柱面内的部分)立体的体积(见图10−3−9).

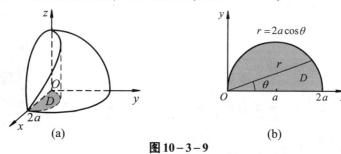

(a) (b)

图 10−3−9

解 因为题设立体关于 xOy 面和 zOx 面对称,故所求立体的体积 V 等于该立体在第Ⅰ卦限部分的体积 V_1 的 4 倍,再注意到 V_1 是以曲面 $z = \sqrt{4a^2-x^2-y^2}$ 为顶、以区域 D 为底的曲顶柱体,其中区域 D 为半圆周 $y = \sqrt{2ax-x^2}$ 及 x 轴所围成的闭区域,它在极坐标系下的积分限为

$$0 \leq r \leq 2a\cos\theta, \ 0 \leq \theta \leq \pi/2.$$

计算实验

所以

$$V = 4\iint\limits_{D}\sqrt{4a^2-x^2-y^2}\,\mathrm{d}x\mathrm{d}y = 4\iint\limits_{D}\sqrt{4a^2-r^2}\,r\,\mathrm{d}r\mathrm{d}\theta$$

$$= 4\int_0^{\pi/2}\mathrm{d}\theta\int_0^{2a\cos\theta}\sqrt{4a^2-r^2}\,r\,\mathrm{d}r = \frac{32}{3}\,a^3\int_0^{\pi/2}(1-\sin^3\theta)\mathrm{d}\theta$$

$$= \frac{32}{3}\,a^3\left(\frac{\pi}{2} - \frac{2}{3}\right).$$

注:微信扫描右侧二维码,即可进行计算实验(详见教材配套的网络学习空间).

例 6　计算概率积分 $\displaystyle\int_0^{+\infty} \mathrm{e}^{-x^2}\mathrm{d}x$.

解　这是一个广义积分, 由于 e^{-x^2} 的原函数不能用初等函数表示, 因此利用广义积分无法计算. 现利用二重积分来计算, 其思想与一元函数的广义积分是一样的.

设 $I(R)=\displaystyle\int_0^R \mathrm{e}^{-x^2}\mathrm{d}x$, 其平方

$$I^2(R)=\int_0^R \mathrm{e}^{-x^2}\,\mathrm{d}x\cdot\int_0^R \mathrm{e}^{-x^2}\,\mathrm{d}x=\int_0^R \mathrm{e}^{-x^2}\,\mathrm{d}x\cdot\int_0^R \mathrm{e}^{-y^2}\,\mathrm{d}y$$

$$=\iint\limits_{\substack{0\le x\le R\\ 0\le y\le R}} \mathrm{e}^{-(x^2+y^2)}\mathrm{d}x\mathrm{d}y .$$

记区域 D 为: $0\le x\le R$, $0\le y\le R$, 设 D_1, D_2 分别表示圆域 $x^2+y^2\le R^2$ 与 $x^2+y^2\le 2R^2$ 位于第一象限的两个扇形 (见图 10–3–10). 由于

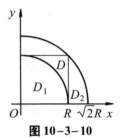

$$\iint\limits_{D_1}\mathrm{e}^{-(x^2+y^2)}\mathrm{d}\sigma\le I^2(R)\le\iint\limits_{D_2}\mathrm{e}^{-(x^2+y^2)}\mathrm{d}\sigma .$$

由例 1 的计算结果, 知

$$\frac{\pi}{4}(1-\mathrm{e}^{-R^2})\le I^2(R)\le\frac{\pi}{4}(1-\mathrm{e}^{2R^2}).$$

图 10–3–10

当 $R\to\infty$ 时, 上式两端都以 $\dfrac{\pi}{4}$ 为极限, 由夹逼定理知

$$\left(\int_0^{+\infty}\mathrm{e}^{-x^2}\mathrm{d}x\right)^2=\left[\lim_{R\to+\infty}I(R)\right]^2=\lim_{R\to+\infty}I^2(R)=\frac{\pi}{4},$$

计算实验

因此 $I(R)=\dfrac{\sqrt{\pi}}{2}$, 即 $\displaystyle\int_0^{+\infty}\mathrm{e}^{-x^2}\mathrm{d}x=\dfrac{\sqrt{\pi}}{2}$.

注: 微信扫描右侧二维码, 即可进行计算实验 (详见教材配套的网络学习空间).

二、二重积分的应用

1. 平面薄片的重心

设 xOy 平面上有 n 个质点, 它们位于 (x_1,y_1), (x_2,y_2), $\cdots$, (x_n,y_n) 处, 质量分别为 $m_1,m_2,\cdots,m_n$. 根据力学知识, 该质点系的重心的坐标为

$$\bar{x}=\frac{M_y}{M},\qquad \bar{y}=\frac{M_x}{M}.$$

其中 $M=\displaystyle\sum_{i=1}^{n}m_i$ 为该质点系的总质量, 而

$$M_y=\sum_{i=1}^{n}m_i x_i,\qquad M_x=\sum_{i=1}^{n}m_i y_i$$

分别称为该质点系对 y 轴和 x 轴的**静矩**.

设有一平面薄片，占有 xOy 面上的闭区域 D，在点 (x,y) 处的面密度为 $\rho(x,y)$，假定 $\rho(x,y)$ 在 D 上连续．我们来求该薄片的重心的坐标．

在§10.1中，我们已经知道该平面薄片的质量为

$$M = \iint\limits_{D} \rho(x,y)\,\mathrm{d}\sigma, \tag{3.7}$$

故下面只需讨论静矩的表达式．如图10-3-11所示，在闭区域 D 上任取一直径很小的微元 $\mathrm{d}\sigma$（这个微元的面积也记为 $\mathrm{d}\sigma$），(x,y) 是该微元上的任意一点，则薄片中对应于 $\mathrm{d}\sigma$ 的小薄片的质量近似等于 $\rho(x,y)\mathrm{d}\sigma$，这部分质量可近似看作质量集中在 (x,y) 处的一个质点．其关于 x 轴，y 轴的静矩微元分别为

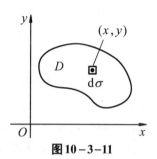

图10-3-11

$$\mathrm{d}M_x = y\rho(x,y)\mathrm{d}\sigma, \qquad \mathrm{d}M_y = x\rho(x,y)\mathrm{d}\sigma.$$

于是，所求的关于 x 轴，y 轴的静矩分别为

$$M_x = \iint\limits_{D} y\rho(x,y)\mathrm{d}\sigma, \qquad M_y = \iint\limits_{D} x\rho(x,y)\mathrm{d}\sigma. \tag{3.8}$$

从而，所求平面薄片的重心为

$$\bar{x} = \frac{M_y}{M}, \qquad \bar{y} = \frac{M_x}{M}.$$

其中 M，M_y，M_x 由式(3.7)和式(3.8)给定．

当薄片质量均匀分布（即 $\rho(x,y)$ 为常数）时，其重心常称为**形心**．坐标为

$$\bar{x} = \frac{1}{A}\iint\limits_{D} x\mathrm{d}\sigma, \qquad \bar{y} = \frac{1}{A}\iint\limits_{D} y\mathrm{d}\sigma,$$

其中 A 是区域 D 的面积．

例7 求位于两圆 $r = 2\sin\theta$ 和 $r = 4\sin\theta$ 之间的均匀薄片的重心（见图10-3-12）．

解 因为闭区域 D 关于 y 轴对称，所以重心 $C(\bar{x},\bar{y})$ 必位于 y 轴上，即有 $\bar{x} = 0$．而

$$\bar{y} = \frac{1}{A}\iint\limits_{D} y\mathrm{d}\sigma.$$

由于积分区域 D 的面积等于这两个圆的面积之差，即 $A = 3\pi$．再利用极坐标计算积分：

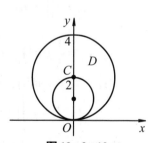

图10-3-12

$$\iint\limits_{D} y\mathrm{d}\sigma = \iint\limits_{D} r^2\sin\theta\,\mathrm{d}r\,\mathrm{d}\theta = \int_0^{\pi}\sin\theta\,\mathrm{d}\theta\int_{2\sin\theta}^{4\sin\theta} r^2\,\mathrm{d}r$$

$$= \frac{56}{3}\int_0^{\pi}\sin^4\theta\,\mathrm{d}\theta = 7\pi.$$

计算实验

因此 $\bar{y} = \dfrac{7\pi}{3\pi} = \dfrac{7}{3}$，所求重心坐标为 $C\left(0, \dfrac{7}{3}\right)$. ■

2. 平面薄片的转动惯量

设 xOy 平面上有 n 个质点，它们位于 $(x_1, y_1), (x_2, y_2), \cdots, (x_n, y_n)$ 处，质量分别为 $m_1, m_2, \cdots, m_n$. 根据力学知识，该质点系对于 x 轴、y 轴的转动惯量分别为

$$I_x = \sum_{i=1}^{n} m_i y_i^2, \qquad I_y = \sum_{i=1}^{n} m_i x_i^2.$$

设有一平面薄片，占有 xOy 面上的闭区域 D，在点 (x, y) 处的面密度为 $\rho(x, y)$，假定 $\rho(x, y)$ 在 D 上连续，求该薄片对于 x 轴、y 轴的转动惯量.

应用微元法. 在闭区域 D 上任取一直径很小的微元 $\mathrm{d}\sigma$（这个微元的面积也记为 $\mathrm{d}\sigma$），(x, y) 是该微元上的任意一点，则薄片中对应于 $\mathrm{d}\sigma$ 的小薄片的质量近似等于 $\rho(x, y)\mathrm{d}\sigma$，这部分质量可近似看作质量集中在 (x, y) 处的一个质点. 其对于 x 轴、y 轴的转动惯量微元分别为

$$\mathrm{d}I_x = y^2 \rho(x, y)\mathrm{d}\sigma, \qquad \mathrm{d}I_y = x^2 \rho(x, y)\mathrm{d}\sigma.$$

于是，所求的关于 x 轴、y 轴的转动惯量分别为

$$I_x = \iint\limits_{D} y^2 \rho(x, y)\mathrm{d}\sigma, \quad I_y = \iint\limits_{D} x^2 \rho(x, y)\mathrm{d}\sigma. \tag{3.9}$$

例8 设有一均匀的直角三角形薄板（面密度为常量 ρ），两直角边长分别为 a, b，求该三角形对其中任一直角边的转动惯量.

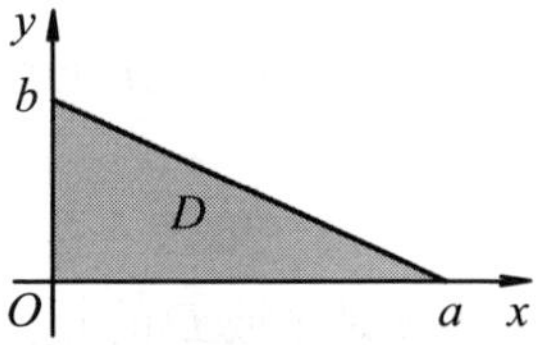

解 设三角形的两直角边分别在 x 轴和 y 轴上（见图 10-3-13），于是由公式 (3.9) 可得，题设三角形对于 y 轴的转动惯量为

$$I_y = \rho \iint\limits_{D} x^2 \mathrm{d}x\mathrm{d}y = \rho \int_0^b \mathrm{d}y \int_0^{a\left(1 - \frac{y}{b}\right)} x^2 \mathrm{d}x$$

$$= \frac{1}{3}\rho a^3 \int_0^b \left(1 - \frac{y}{b}\right)^3 \mathrm{d}y = \frac{1}{12} a^3 b \rho.$$

同理，对于 x 轴的转动惯量为

$$I_x = \rho \iint\limits_{D} y^2 \mathrm{d}x\mathrm{d}y = \frac{1}{12} ab^3 \rho. \quad ■$$

图 10-3-13

计算实验

注：微信扫描右侧二维码，即可进行计算实验（详见教材配套的网络学习空间）.

*三、在一般曲线坐标系中二重积分的计算

在实际问题中，仅用直角坐标和极坐标来计算二重积分是不够的. 下面我们来介绍在一般曲线坐标系下二重积分的计算.

设函数 $f(x, y)$ 在 xOy 平面上的闭区域 D 上连续，变换

$$x = x(u,v), \quad y = y(u,v)$$

将 uOv 平面上的闭区域 D' 一一对应地变为 xOy 平面上的闭区域 D, 其中函数 $x(u,v)$, $y(u,v)$ 在 D' 上有一阶连续偏导数, 且在 D' 上雅可比行列式

$$\frac{\partial(x,y)}{\partial(u,v)} = \begin{vmatrix} \dfrac{\partial x}{\partial u} & \dfrac{\partial x}{\partial v} \\[2mm] \dfrac{\partial y}{\partial u} & \dfrac{\partial y}{\partial v} \end{vmatrix} \neq 0,$$

则有

$$\iint\limits_{D} f(x,y)\,\mathrm{d}\sigma = \iint\limits_{D'} f[x(u,v),y(u,v)]\left|\frac{\partial(x,y)}{\partial(u,v)}\right|\mathrm{d}u\mathrm{d}v. \tag{3.10}$$

公式 (3.10) 称为**二重积分的一般换元公式**. 其中, 记号

$$\mathrm{d}\sigma = \left|\frac{\partial(x,y)}{\partial(u,v)}\right|\mathrm{d}u\mathrm{d}v \tag{3.11}$$

表示曲线坐标下的**面积微元**.

证明 略.

利用上述公式, 我们来验证极坐标变换 $x = r\cos\theta$, $y = r\sin\theta$.

因为 $\dfrac{\partial(x,y)}{\partial(r,\theta)} = \begin{vmatrix} \cos\theta & -r\sin\theta \\ \sin\theta & r\cos\theta \end{vmatrix} = r$, 所以

$$\iint\limits_{D} f(x,y)\,\mathrm{d}\sigma = \iint\limits_{D'} f(r\cos\theta, r\sin\theta)r\mathrm{d}r\mathrm{d}\theta.$$

一般地, 如果区域 D 能用某种曲线坐标表示, 使得积分更简单, 就可以利用一般换元公式 (3.10) 化简积分的计算.

例 9 求椭球体 $\dfrac{x^2}{a^2} + \dfrac{y^2}{b^2} + \dfrac{z^2}{c^2} \leq 1$ 的体积.

解 由对称性知, 所求体积为

$$V = 8\iint\limits_{D} c\sqrt{1 - \frac{x^2}{a^2} - \frac{y^2}{b^2}}\,\mathrm{d}\sigma,$$

其中积分区域 $D : \dfrac{x^2}{a^2} + \dfrac{y^2}{b^2} \leq 1$, $x \geq 0$, $y \geq 0$. 令

$$x = ar\cos\theta, \quad y = br\sin\theta,$$

称其为**广义极坐标变换**, 则区域 D 的积分限为

$$0 \leq \theta \leq \frac{\pi}{2}, \quad 0 \leq r \leq 1.$$

又 $J = \dfrac{\partial(x,y)}{\partial(r,\theta)} = \begin{vmatrix} a\cos\theta & -ar\sin\theta \\ b\sin\theta & br\cos\theta \end{vmatrix} = abr$, 于是

$$V = 8abc \int_0^{\pi/2} \mathrm{d}\theta \int_0^1 \sqrt{1 - r^2}\, r\mathrm{d}r$$

$$= 8abc \cdot \frac{\pi}{2}\left(-\frac{1}{2}\right) \int_0^1 \sqrt{1 - r^2}\, \mathrm{d}(1 - r^2) = \frac{4}{3}\pi abc.$$

计算实验

特别地, 当 $a = b = c$ 时, 就可得到球体的体积为 $\dfrac{4}{3}\pi a^3$.

注: 微信扫描右侧二维码, 即可进行计算实验(详见教材配套的网络学习空间).

例 10　求曲线 $xy = a^2$, $xy = 2a^2$, $y = x$, $y = 2x\,(x > 0,\ y > 0)$ 所围平面图形的面积.

解　如果在直角坐标下计算, 需要求曲线的交点, 并画出平面图形, 还需将积分割成几块小区域来计算面积, 很麻烦, 现在可巧妙地作曲线坐标变换.

作变换 $xy = u$, $\dfrac{y}{x} = v$, 则有

$$a^2 \le u \le 2a^2, \quad 1 \le v \le 2.$$

由于

$$\frac{\partial(u, v)}{\partial(x, y)} = \begin{vmatrix} y & x \\ -\dfrac{y}{x^2} & \dfrac{1}{x} \end{vmatrix} = 2\frac{y}{x} = 2v,$$

及由 §9.5 的例 7, 知 $\dfrac{\partial(x, y)}{\partial(u, v)} \cdot \dfrac{\partial(u, v)}{\partial(x, y)} = 1$, 从而有

$$\left| \frac{\partial(x, y)}{\partial(u, v)} \right| = \left| \frac{1}{2v} \right| = \frac{1}{2v}.$$

计算实验

于是

$$\iint\limits_{\sigma} \mathrm{d}\sigma = \int_{a^2}^{2a^2} \mathrm{d}u \int_1^2 \frac{1}{2v}\, \mathrm{d}v = \frac{a^2}{2} \int_1^2 \frac{1}{v}\, \mathrm{d}v = \frac{a^2}{2}\ln 2.$$

注: 题中利用函数组 $u = u(x, y)$, $v = v(x, y)$ 与反函数组 $x = x(u, v)$, $y = y(u, v)$ 之间偏导数的关系式 $\dfrac{\partial(x, y)}{\partial(u, v)} \cdot \dfrac{\partial(u, v)}{\partial(x, y)} = 1$ 来求 $\dfrac{\partial(x, y)}{\partial(u, v)}$, 避免了从原函数组直接解出反函数组的困难. 但在简单情况下, 也可以直接解出来计算之.

*数学实验

实验 10.2　试用计算软件完成下列各题:

(1) 用极坐标计算二次积分 $\displaystyle\int_0^1 \int_x^1 \frac{y}{x^2 + y^2}\, \mathrm{d}y\mathrm{d}x$;

(2) 用极坐标计算二次积分 $\displaystyle\int_0^1 \int_{-y/3}^{y/3} \frac{y}{\sqrt{x^2 + y^2}}\, \mathrm{d}x\mathrm{d}y$;

(3) 计算二重积分 $\displaystyle\iint\limits_{D} \sin(x^2 + y^2)\mathrm{d}x\mathrm{d}y$, 其中 $D: x^2 + y^2 \le 4,\ x \ge 0,\ y \ge 0$;

计算实验

(4) 计算二重积分 $\iint\limits_{D} xye^{-x^2-y^2}\mathrm{d}\sigma$, 其中区域 D 为 $x^2+y^2\leq1$ 在第一象限的部分;

(5) 计算 $\iint\limits_{D}(x^2+y^2)\sqrt{a^2-x^2-y^2}\,\mathrm{d}x\mathrm{d}y, D:x^2+y^2\leq a^2\,(a>0)$;

(6) 计算 $I=\iint\limits_{D}\dfrac{x+y}{x^2+y^2}\mathrm{d}x\mathrm{d}y, D:x^2+y^2\leq1, x+y>1.$

详见教材配套的网络学习空间.

习题 10-3

1. 化二重积分 $\iint\limits_{D}f(x,y)\mathrm{d}x\mathrm{d}y$ 为极坐标形式的二次积分, 其中积分区域 D 为:

(1) $x^2+y^2\leq9$;　　　　　(2) $1\leq x^2+y^2\leq4$;　　　　　(3) $x^2+y^2\leq2x$.

2. 化下列二次积分为极坐标形式的二次积分:

(1) $\displaystyle\int_0^a\mathrm{d}y\int_0^{\sqrt{a^2-y^2}}f(x,y)\mathrm{d}x$;　　(2) $\displaystyle\int_0^2\mathrm{d}x\int_x^{\sqrt{3}x}f(x,y)\mathrm{d}y$;　　(3) $\displaystyle\int_0^1\mathrm{d}x\int_{1-x}^{\sqrt{1-x^2}}f(x,y)\mathrm{d}y$.

3. 利用极坐标计算下列二重积分:

(1) $\iint\limits_{D}e^{x^2+y^2}\mathrm{d}\sigma$, 其中 D 是由 $x^2+y^2=9$ 围成的闭区域;

(2) $\iint\limits_{D}(x^2+y^2)\mathrm{d}\sigma$, 其中 D 是由 $x^2+y^2=2ax$ 与 x 轴围成的上半部分的闭区域;

(3) $\iint\limits_{D}\ln(1+x^2+y^2)\mathrm{d}\sigma$, 其中 D 是由圆周 $x^2+y^2=4$ 及坐标轴围成的在第一象限内的闭区域;

(4) $\iint\limits_{D}\sin\sqrt{x^2+y^2}\,\mathrm{d}x\mathrm{d}y$, 其中 D 是由 $x^2+y^2=\pi^2, x^2+y^2=4\pi^2, y=x, y=2x$ 围成的在第一象限内的闭区域.

4. 选用适当的坐标计算下列各题:

(1) $\iint\limits_{D}(x^2+y^2)^{-\frac{1}{2}}\mathrm{d}\sigma$, 其中 D 是由 $y=x^2$ 与 $y=x$ 围成的闭区域;

(2) $\iint\limits_{D}\dfrac{x^2}{y^2}\mathrm{d}\sigma$, 其中 D 是由 $x=2, y=x$ 及 $xy=1$ 围成的闭区域;

(3) $\iint\limits_{D}\dfrac{x+y}{x^2+y^2}\mathrm{d}\sigma$, 其中 $D:x^2+y^2\leq1, x+y\geq1$;

(4) $\iint\limits_{D}\sqrt{\dfrac{1-x^2-y^2}{1+x^2+y^2}}\mathrm{d}\sigma$, 其中 D 是由圆周 $x^2+y^2=1$ 及坐标轴围成的在第一象限内的闭区域;

(5) $\displaystyle\iint\limits_{D}\frac{\mathrm{d}\sigma}{(a^2+x^2+y^2)^{3/2}}$，其中 $D:0\le x\le a,\ 0\le y\le a$.

5. 求区域 Ω 的体积 V，其中 Ω 由 $z=xy,\ x^2+y^2=a^2,\ z=0$ 围成.

6. 求球体 $x^2+y^2+z^2\le R^2$ 与 $x^2+y^2+z^2\le 2Rz$ 所围公共部分的体积.

7. 设均匀薄片所占的闭区域 D 由 $y=\sqrt{2px}$，$x=x_0$，$y=0$ 围成，求此薄片的重心.

8. 设半径为 1 的半圆形薄片上各点处的面密度等于该点到圆心的距离，求此半圆的重心坐标及关于 x 轴(直径边)的转动惯量.

9. 设均匀薄片(面密度为常数1)所占闭区域 D 由抛物线 $y^2=\dfrac{9}{2}x$ 与直线 $x=2$ 围成，求 I_x 和 I_y.

10. 设有一由 $y=\ln x,\ y=0$ 及 $x=\mathrm{e}$ 围成的均匀薄片(密度为1)，问此薄片绕哪一条垂直于 x 轴的直线旋转时转动惯量最小?

11. 计算 $\displaystyle\iint\limits_{D}\left(\frac{x^2}{a^2}+\frac{y^2}{b^2}\right)\mathrm{d}x\mathrm{d}y$，其中 D 为椭圆形闭区域：$\dfrac{x^2}{a^2}+\dfrac{y^2}{b^2}\le 1$.

12. 计算 $\displaystyle\iint\limits_{\substack{0\le x\le\pi\\0\le y\le\pi}}|\cos(x+y)|\,\mathrm{d}x\mathrm{d}y$.

13. 计算二重积分 $\displaystyle\iint\limits_{D}\frac{y}{x+y}\mathrm{e}^{(x+y)^2}\mathrm{d}\sigma$，其中 D 由直线 $x+y=1,\ x=0$ 和 $y=0$ 围成.

14. 进行适当的变量代换，化二重积分 $\displaystyle\iint\limits_{D}f(xy)\,\mathrm{d}x\mathrm{d}y$ 为单积分，其中 D 为由曲线 $xy=1$，$xy=2,\ y=x,\ y=4x\,(x>0,\ y>0)$ 围成的闭区域.

15. 作适当的变换，证明等式：

$$\iint\limits_{D}f(x+y)\,\mathrm{d}x\mathrm{d}y=\int_{-1}^{1}f(u)\,\mathrm{d}u,$$

其中闭区域 $D:|x|+|y|\le 1$.

§10.4　三重积分(一)

一、三重积分的概念

与平面薄板的质量类似，密度为连续函数 $f(x,y,z)$ 的空间立体 Ω 的质量 M 可以表示为

$$M=\lim_{\lambda\to 0}\sum_{i=1}^{n}f(\xi_i,\eta_i,\zeta_i)\Delta v_i.$$

由此引入三重积分的定义：

定义1　设 $f(x,y,z)$ 是空间有界闭区域 Ω 上的有界函数，将闭区域 Ω 任意分

成 n 个小闭区域 $\Delta v_1, \Delta v_2, \cdots, \Delta v_n$, 其中 Δv_i 是第 i 个小闭区域, 也表示它的体积, 在每个 Δv_i 上任取一点 (ξ_i, η_i, ζ_i), 作乘积 $f(\xi_i, \eta_i, \zeta_i) \cdot \Delta v_i$ $(i = 1, 2, \cdots, n)$, 并作和 $\sum_{i=1}^{n} f(\xi_i, \eta_i, \zeta_i) \Delta v_i$. 如果当各小闭区域的直径的最大值 λ 趋近于零时, 该和式的极限存在, 则称此极限为函数 $f(x, y, z)$ 在闭区域 Ω 上的三重积分, 记为

$$\iiint_{\Omega} f(x, y, z) \mathrm{d}v = \lim_{\lambda \to 0} \sum_{i=1}^{n} f(\xi_i, \eta_i, \zeta_i) \Delta v_i, \tag{4.1}$$

其中 $\mathrm{d}v$ 称为**体积微元**.

在直角坐标系中, 如果用平行于坐标面的平面来划分 Ω, 则除了包含 Ω 的边界点的一些不规则小闭区域外, 得到的小闭区域 Δv_i 均为长方体. 设小长方体 Δv_i 的边长分别为 $\Delta x_i, \Delta y_i, \Delta z_i$, 则

$$\Delta v_i = \Delta x_i \Delta y_i \Delta z_i.$$

因此在直角坐标系中, 我们把体积微元 $\mathrm{d}v$ 记作 $\mathrm{d}x\mathrm{d}y\mathrm{d}z$, 于是

$$\iiint_{\Omega} f(x, y, z) \mathrm{d}v = \iiint_{\Omega} f(x, y, z) \mathrm{d}x\mathrm{d}y\mathrm{d}z,$$

其中 $\mathrm{d}x\mathrm{d}y\mathrm{d}z$ 称为**直角坐标系中的体积微元**.

根据定义, 密度为 $f(x, y, z)$ 的空间立体 Ω 的质量为

$$M = \iiint_{\Omega} f(x, y, z) \mathrm{d}v,$$

这就是三重积分的物理意义.

三重积分也具有与二重积分完全类似的性质, 这里不再叙述. 只指出其中一点: 当 $f(x, y, z) \equiv 1$ 时, 设积分区域 Ω 的体积为 V, 则有

$$V = \iiint_{\Omega} 1 \cdot \mathrm{d}v = \iiint_{\Omega} \mathrm{d}v, \tag{4.2}$$

这个公式的物理意义是: 密度为 1 的均质立体 Ω 的质量在数值上等于 Ω 的体积.

当函数 $f(x, y, z)$ 在空间有界闭区域 Ω 上连续时, 式 (4.1) 的右端和式的极限必存在, 即函数 $f(x, y, z)$ 在 Ω 上的三重积分必存在. 在下面的讨论中, 我们假定函数 $f(x, y, z)$ 在 Ω 上是连续的.

二、直角坐标系下三重积分的计算

三重积分的计算, 与二重积分的计算类似, 其基本思路也是化为累次积分. 下面我们借助于三重积分的物理意义来导出将三重积分化为累次积分的方法.

1. 投影法

由三重积分的定义, 密度为 $f(x, y, z)$ 的空间立体 Ω 的质量为

$$M = \iiint_{\Omega} f(x, y, z) \mathrm{d}v.$$

设平行于 z 轴的直线与立体 Ω 的边界曲面 S 相交于最多两点 (母线平行于 z 轴的侧面除外), 把 Ω 投影到 xOy 面上, 得一平面区域 D, 过区域 D 内任一点 (x, y) 作平行于 z 轴的直线, 该直线沿 z 轴正向穿过空间区域 Ω, 穿入边界曲面点的竖坐标为 $z = z_1(x, y)$, 穿出边界曲面点的竖坐标为 $z = z_2(x, y)$, 于是, 积分区域 Ω 可表示为

$$\Omega = \{(x, y, z) \,|\, z_1(x, y) \le z \le z_2(x, y),\ (x, y) \in D\}.$$

此时, 区域 Ω 的边界面有上曲面 $z = z_2(x, y)$ 和下曲面 $z = z_1(x, y)$, 此外还可能有一部分是以 D 的边界为准线且母线平行于 z 轴的侧面, 如图 10-4-1 和图 10-4-2 所示的两种情况.

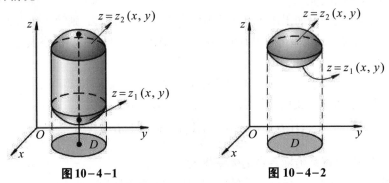

图 10-4-1   图 10-4-2

这样, 立体 Ω 的质量就可以看作是密度不均匀的平面薄片 D 的质量 M, 我们只要求出其面密度 $\rho(x, y)$ 即可. 而对区域 D 内的任意一点 (x, y),

$$\rho(x, y) = \int_{z_1(x, y)}^{z_2(x, y)} f(x, y, z)\mathrm{d}z,$$

故有

$$M = \iiint_{\Omega} f(x, y, z)\mathrm{d}v = \iint_{D} \rho(x, y)\mathrm{d}\sigma$$

$$= \iint_{D}\left[\int_{z_1(x, y)}^{z_2(x, y)} f(x, y, z)\mathrm{d}z\right]\mathrm{d}\sigma \triangleq \iint_{D}\mathrm{d}\sigma\int_{z_1(x, y)}^{z_2(x, y)} f(x, y, z)\mathrm{d}z,$$

即

$$\iiint_{\Omega} f(x, y, z)\mathrm{d}v = \iint_{D}\mathrm{d}\sigma\int_{z_1(x, y)}^{z_2(x, y)} f(x, y, z)\mathrm{d}z. \tag{4.3}$$

进一步地, 如果 D 是 X - 型区域: $a \le x \le b$, $\varphi_1(x) \le y \le \varphi_2(x)$, 则由公式 (4.3) 得

$$\iiint_{\Omega} f(x, y, z)\mathrm{d}v = \int_{a}^{b}\mathrm{d}x\int_{\varphi_1(x)}^{\varphi_2(x)}\mathrm{d}y\int_{z_1(x, y)}^{z_2(x, y)} f(x, y, z)\mathrm{d}z. \tag{4.4}$$

公式 (4.4) 把三重积分化为先对 z、再对 y、最后对 x 的三次积分.

类似地, 如果 D 是 Y - 型区域: $c \le y \le d$, $\psi_1(y) \le x \le \psi_2(y)$, 则由公式 (4.3) 得

$$\iiint_{\Omega} f(x, y, z)\mathrm{d}v = \int_{c}^{d}\mathrm{d}y\int_{\psi_1(y)}^{\psi_2(y)}\mathrm{d}x\int_{z_1(x, y)}^{z_2(x, y)} f(x, y, z)\mathrm{d}z. \tag{4.5}$$

公式 (4.5) 把三重积分化为先对 z、再对 x、最后对 y 的三次积分.

特别地，如果积分区域 Ω 为长方体区域：

$$a \leq x \leq b, \quad c \leq y \leq d, \quad r \leq z \leq s,$$

则三重积分可化为如下三次积分

$$\iiint\limits_{\Omega} f(x,y,z)\mathrm{d}v = \int_a^b \mathrm{d}x \int_c^d \mathrm{d}y \int_r^s f(x,y,z)\mathrm{d}z. \tag{4.6}$$

在上述公式的推导中，我们假定了平行于 z 轴且穿过闭区域 Ω 内部的直线与闭区域 Ω 的边界曲面 S 相交于最多两点. 实际上，对于更一般的情况，以上公式同样成立，此时我们可以将 Ω 分成若干个满足上述条件的区域的和，并利用三重积分对积分区域的可加性来计算.

公式 (4.3) 是将立体 Ω 向 xOy 面投影的结果. 完全类似地，可以写出将立体 Ω 向 zOx 面与 yOz 面投影的结果.

例1 计算三重积分 $\iiint\limits_{\Omega} x\mathrm{d}x\mathrm{d}y\mathrm{d}z$，其中 Ω 为三个坐标面及平面 $x+y+z=1$ 所围成的闭区域.

解 如图 10-4-3 所示，将区域 Ω 向 xOy 面投影，投影区域 D 为三角形闭区域

$$OAB: 0 \leq x \leq 1, 0 \leq y \leq 1-x.$$

在 D 内任取一点 (x,y)，过此点作平行于 z 轴的直线，该直线从平面 $z=0$ 穿入，从平面 $z=1-x-y$ 穿出，即有

$$0 \leq z \leq 1-x-y.$$

所以

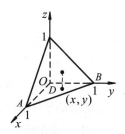

$$\begin{aligned}
\iiint\limits_{\Omega} x\mathrm{d}x\mathrm{d}y\mathrm{d}z &= \iint\limits_{D} \mathrm{d}x\mathrm{d}y \int_0^{1-x-y} x\mathrm{d}z \\
&= \int_0^1 \mathrm{d}x \int_0^{1-x} \mathrm{d}y \int_0^{1-x-y} x\mathrm{d}z \\
&= \int_0^1 x\mathrm{d}x \int_0^{1-x} (1-x-y)\mathrm{d}y \\
&= \frac{1}{2} \int_0^1 x(1-x)^2 \mathrm{d}x \\
&= \frac{1}{2} \int_0^1 (x-2x^2+x^3)\mathrm{d}x = \frac{1}{24}.
\end{aligned}$$

图 10-4-3

计算实验

注：微信扫描右侧二维码，即可进行计算实验(详见教材配套的网络学习空间).

例2 化三重积分 $\iiint\limits_{\Omega} f(x,y,z)\mathrm{d}x\mathrm{d}y\mathrm{d}z$ 为三次积分，其中积分区域 Ω 为由曲面 $z=x^2+2y^2$ 及 $z=2-x^2$ 围成的闭区域.

解 曲面 $z=x^2+2y^2$ 为开口向上的椭圆抛物面，而 $z=2-x^2$ 为母线平行于 y 轴的开口向下的抛物柱面，解方程组

$$\begin{cases} z = x^2 + 2y^2 \\ z = 2 - x^2 \end{cases},$$

即可得到这两个曲面的交线为 $x^2 + y^2 = 1$. 由此可知, 这两个曲面所围成的空间立体 Ω 的投影区域为 $D: x^2 + y^2 \le 1$. 由这两个曲面的图形特征可知, 在投影区域 D 上, $z = 2 - x^2$ 为上曲面, $z = x^2 + 2y^2$ 为下曲面, 于是, 积分区域 Ω 可表示为

$$\Omega = \{(x, y, z) \mid x^2 + 2y^2 \le z \le 2 - x^2, (x, y) \in D\},$$

所以

$$\iiint\limits_{\Omega} f(x, y, z)\mathrm{d}x\mathrm{d}y\mathrm{d}z = \iint\limits_{D} \mathrm{d}x\mathrm{d}y \int_{x^2+2y^2}^{2-x^2} f(x, y, z)\mathrm{d}z.$$

而投影区域 D 的积分限为

$$D: -1 \le x \le 1, \ -\sqrt{1-x^2} \le y \le \sqrt{1-x^2}.$$

于是

积分区域图形

$$\iiint\limits_{\Omega} f(x, y, z)\mathrm{d}x\mathrm{d}y\mathrm{d}z = \int_{-1}^{1} \mathrm{d}x \int_{-\sqrt{1-x^2}}^{\sqrt{1-x^2}} \mathrm{d}y \int_{x^2+2y^2}^{2-x^2} f(x, y, z)\mathrm{d}z. \quad ■$$

　　三重积分的积分区域是由曲面围成的立体, 在大多数情况下, 曲面的图形比较难画, 为此, 读者需熟悉在第 7 章中所学过的常见平面、柱面和二次曲面的图形, 并借助于空间想象力来确定积分区域. 利用投影法把三重积分化为三次积分时, 关键在于确定积分限. 一般在确定了积分次序后, 内层积分上下限主要根据积分区域的上下(左右或前后)边界而定, 但要记住, 内层积分上下限至多包含两个变量, 中层积分的上下限至多包含一个变量, 而外层积分的上下限必须是常数. 在实际问题中, 我们常常借助于计算机和常用软件来解决或协助解决多重积分的计算问题.

　　例 3　求由曲面 $z = x^2 + y^2$, $z = 2x^2 + 2y^2$, $y = x$, $y = x^2$ 所围立体的体积.

　　解　由于曲面 $z = x^2 + y^2$, $z = 2x^2 + 2y^2$ 仅相交于原点, 则积分区域 Ω 在 xOy 平面上的投影区域为 $D: x^2 \le y \le x$, $0 \le x \le 1$, 下曲面为 $z = x^2 + y^2$, 上曲面为 $z = 2x^2 + 2y^2$, 于是

$$\begin{aligned} V = \iiint\limits_{\Omega} \mathrm{d}V &= \iint\limits_{D} \mathrm{d}x\,\mathrm{d}y \int_{x^2+y^2}^{2x^2+2y^2} \mathrm{d}z \\ &= \int_{0}^{1} \mathrm{d}x \int_{x^2}^{x} \mathrm{d}y \int_{x^2+y^2}^{2x^2+2y^2} \mathrm{d}z \\ &= \int_{0}^{1} \mathrm{d}x \int_{x^2}^{x} (x^2 + y^2)\,\mathrm{d}y \\ &= \int_{0}^{1} \left(\frac{4}{3}x^3 - x^4 - \frac{1}{3}x^6 \right) \mathrm{d}x \\ &= \frac{3}{35}. \end{aligned}$$

计算实验

2. 截面法

设立体 Ω 介于两平面 $z=c$，$z=d$ 之间 $(c<d)$，过点 $(0,0,z)(z\in[c,d])$ 作垂直于 z 轴的平面与立体 Ω 相截得一截面 D_z，于是，区域 Ω（见图10-4-4）可表示为

$$\Omega=\{(x,y,z)\,|\,(x,y)\in D_z,\ c\le z\le d\}.$$

我们把立体 Ω 看作区间 $[c,d]$ 上的一根密度不均匀的细棒，只要能求出 $[c,d]$ 上任意一点 z 处的线密度 $\rho(z)$，就可以求出立体 Ω 的质量.

由 $\rho(z)=\iint\limits_{D_z}f(x,y,z)\mathrm{d}\sigma$，即可得到

$$\begin{aligned}M&=\iiint\limits_{\Omega}f(x,y,z)\mathrm{d}v=\int_c^d\rho(z)\mathrm{d}z\\&=\int_c^d\left[\iint\limits_{D_z}f(x,y,z)\mathrm{d}\sigma\right]\mathrm{d}z=\int_c^d\mathrm{d}z\iint\limits_{D_z}f(x,y,z)\mathrm{d}\sigma,\end{aligned}$$

即

$$\iiint\limits_{\Omega}f(x,y,z)\mathrm{d}v=\int_c^d\mathrm{d}z\iint\limits_{D_z}f(x,y,z)\mathrm{d}\sigma.$$

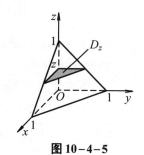

图 10-4-4

在二重积分 $\iint\limits_{D_z}f(x,y,z)\mathrm{d}\sigma$ 中，应把 z 视为常数，确定 D_z 是 X-型区域还是 Y-型区域，再将其化为二次积分. 例如，如果 D_z 是 X-型区域：$x_1(z)\le x\le x_2(z)$，$y_1(x,z)\le y\le y_2(x,z)$，则

$$\iiint\limits_{\Omega}f(x,y,z)\mathrm{d}v=\int_c^d\mathrm{d}z\int_{x_1(z)}^{x_2(z)}\mathrm{d}x\int_{y_1(x,z)}^{y_2(x,z)}f(x,y,z)\mathrm{d}y.$$

特别地，当 $f(x,y,z)$ 仅是 z 的表达式，而 D_z 的面积又容易计算时，可使用这种方法. 因为这时 $f(x,y,z)=g(z)$，从而有

$$\iiint\limits_{\Omega}f(x,y,z)\mathrm{d}v=\iiint\limits_{\Omega}g(z)\mathrm{d}v=\int_c^d\mathrm{d}z\iint\limits_{D_z}g(z)\mathrm{d}\sigma$$

$$=\int_c^dg(z)\mathrm{d}z\iint\limits_{D_z}\mathrm{d}\sigma=\int_c^dg(z)\cdot S_{D_z}\mathrm{d}z,$$

其中 S_{D_z} 表示 D_z 的面积.

类似地，也可以考虑其他积分次序的情形.

例4 计算三重积分 $\iiint\limits_{\Omega}z\mathrm{d}x\mathrm{d}y\mathrm{d}z$，其中 Ω 为三个坐标面及平面 $x+y+z=1$ 所围成的闭区域.

解 如图10-4-5所示，区域 Ω 介于平面 $z=0$ 与 $z=1$ 之间，在 $[0,1]$ 内任取一点 z，作垂直于 z 轴的平面，截区域 Ω 得一截面

$$D_z=\{(x,y)\,|\,x+y\le 1-z,\ x\ge 0,\ y\ge 0\},$$

图 10-4-5

于是

$$\iiint_{\Omega} z\mathrm{d}x\mathrm{d}y\mathrm{d}z = \int_0^1 z\mathrm{d}z \iint_{D_z} \mathrm{d}x\mathrm{d}y.$$

因为

$$\iint_{D_z} \mathrm{d}x\mathrm{d}y = \frac{1}{2}(1-z)(1-z),$$

所以

$$\iiint_{\Omega} z\mathrm{d}x\mathrm{d}y\mathrm{d}z = \int_0^1 z \cdot \frac{1}{2}(1-z)^2 \, \mathrm{d}z = \frac{1}{24}. \qquad ■$$

三、利用对称性化简三重积分计算

在计算二重积分时, 我们已经看到, 利用积分区域的对称性和被积函数的奇偶性可化简积分的计算. 对于三重积分, 也有类似的结果.

一般地, 当积分区域 Ω 关于 xOy 平面对称时, 如果被积函数 $f(x,y,z)$ 是关于 z 的奇函数, 则三重积分为零; 如果被积函数 $f(x,y,z)$ 是关于 z 的偶函数, 则三重积分为 Ω 在 xOy 平面上方的半个闭区域的三重积分的两倍. 当积分区域 Ω 关于 yOz 或 zOx 平面对称时, 也有完全类似的结果.

例5 计算

$$\iiint_{\Omega} \frac{z\ln(x^2+y^2+z^2+1)}{x^2+y^2+z^2+1}\mathrm{d}x\mathrm{d}y\mathrm{d}z,$$

其中积分区域 $\Omega = \{(x,y,z) \mid x^2+y^2+z^2 \le 1\}$.

解 因为积分区域关于三个坐标面都对称, 且被积函数是变量 z 的奇函数. 所以

$$\iiint_{\Omega} \frac{z\ln(x^2+y^2+z^2+1)}{x^2+y^2+z^2+1}\mathrm{d}x\mathrm{d}y\mathrm{d}z = 0. \qquad ■$$

例6 计算 $\iiint_{\Omega}(x+z)\mathrm{d}v$, 其中 Ω 是锥面 $z=\sqrt{x^2+y^2}$ 和平面 $z=1$ 所围成的区域.

解 如图 $10-4-6$ 所示, 因为积分区域 Ω 关于 yOz 平面对称, 且函数 $f(x)=x$ 是变量 x 的奇函数, 所以 $\iiint_{\Omega} x\mathrm{d}v = 0$, 从而有

$$\iiint_{\Omega}(x+z)\mathrm{d}v = \iiint_{\Omega} z\mathrm{d}v.$$

由于被积函数只是 z 的函数, 可利用截面法求之.

积分区域 Ω 介于平面 $z=0$ 与 $z=1$ 之间, 在 $[0,1]$ 任取一点 z, 作垂直于 z 轴的平面, 截区域 Ω 得截面 D_z 为 $x^2+y^2=z^2$, 该截面的面积为 πz^2, 所以

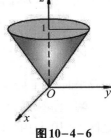

图 $10-4-6$

$$\iiint_{\Omega}(x+z)\mathrm{d}v = \iiint_{\Omega} z\mathrm{d}v = \int_0^1 z\mathrm{d}z \iint_{D_z} \mathrm{d}\sigma = \pi \int_0^1 z^3 \mathrm{d}z = \frac{\pi}{4}. \qquad ■$$

*数学实验

实验10.3 试用计算软件完成下列各题：

(1) 计算 $I = \iiint\limits_{\Omega} e^{x^2-y^2} \mathrm{d}v$，其中 Ω 是由 $0 \le x \le 1, 0 \le y \le 1, 0 \le z \le xy^3$ 确定的区域；

(2) 计算 $I = \iiint\limits_{\Omega} (x^2+y^2) \mathrm{d}v$，其中 Ω 是由曲面 $z = x^2+y^2, |x+y|=1, |x-y|=1$ 以及 $z=0$ 所围的有界闭区域；

(3) 计算 $I = \iiint\limits_{\Omega} y \sin(x^2+z) \mathrm{d}v$，其中 Ω 是由 $y = \sqrt{x}, y=0, z=0$ 及 $x^2+z = \dfrac{\pi}{2}$ 围成的有界闭区域；

(4) 计算 $\iiint\limits_{\Omega} \cos^3(x+y+z) \mathrm{d}v$，其中 Ω 是由 $x=0, y=0, z=0$ 及 $x+y+z = \sqrt{3}$ 围成的四面体；

(5) 计算 $\iiint\limits_{\Omega} \dfrac{1}{\cos^2(z^3)} \mathrm{d}v$，其中 Ω 是由 $\sqrt{4x^2+y^2} \le z \le 1$ 确定的区域；

(6) 计算 $I = \iiint\limits_{\Omega} (1-y) e^{-(1-y-z)^2} \mathrm{d}v$，其中 Ω 是由 $x+y+z=1$ 以及三个坐标平面围成的四面体.

详见教材配套的网络学习空间.

习题 10-4

1. 化三重积分 $I = \iiint\limits_{\Omega} f(x,y,z) \mathrm{d}x\mathrm{d}y\mathrm{d}z$ 为三次积分, 其中积分区域 Ω 分别是：

(1) 由 $z = xy, x+y=1, z=0$ 围成的闭区域；

(2) 由六个平面 $x=0, x=2, y=1, x+2y=4, z=x, z=2$ 围成的闭区域.

2. 设有一物体, 占有空间闭区域 $\Omega: 0 \le x \le 1, 0 \le y \le 2, 0 \le z \le 3$, 在点 (x,y,z) 处的密度为 $\rho(x,y,z) = x+y+z$, 计算该物体的质量.

3. 设积分区域 $\Omega: a \le x \le b, c \le y \le d, m \le z \le l$, 证明：
$$\iiint\limits_{\Omega} f(x)g(y)h(z) \mathrm{d}x\mathrm{d}y\mathrm{d}z = \int_a^b f(x)\mathrm{d}x \int_c^d g(y)\mathrm{d}y \int_m^l h(z)\mathrm{d}z.$$

4. 计算 $\iiint\limits_{\Omega} xy^2z^3 \mathrm{d}v$，其中 Ω 是由曲面 $z=xy, y=x, x=1, z=0$ 围成的区域.

5. 计算 $\iiint\limits_{\Omega} \dfrac{\mathrm{d}x\mathrm{d}y\mathrm{d}z}{(1+x+y+z)^3}$，其中 Ω 为由 $x=0, y=0, z=0$ 和 $x+y+z=1$ 围成的四面体.

6. 计算 $\iiint\limits_{\Omega} \mathrm{d}x\mathrm{d}y\mathrm{d}z$，其中 Ω 是由曲面 $z=xy$、平面 $x+y+z=1$、$z=0$ 围成的闭区域.

7. 计算 $\iiint\limits_{\Omega} \mathrm{e}^{|z|} \mathrm{d}v$, 其中 $\Omega : x^2 + y^2 + z^2 \leq 1$.

8. 设 $f(x)$ 在 $(-\infty, +\infty)$ 内可积, 试证: $\iiint\limits_{\Omega} f(z) \mathrm{d}v = \pi \int_{-1}^{1} (1 - z^2) f(z) \mathrm{d}z$, 其中 Ω 是由球面 $x^2 + y^2 + z^2 = 1$ 围成的空间闭区域.

9. 计算 $\iiint\limits_{\Omega} (x^2 + y^2) \mathrm{d}x\mathrm{d}y\mathrm{d}z$, 其中 Ω 为圆 $(x - b)^2 + z^2 = a^2 (0 < a < b)$ 绕 Oz 轴旋转一周所生成的空间环形闭区域.

§10.5　三重积分(二)

一、利用柱面坐标计算三重积分

设 $M(x, y, z)$ 为空间内一点, 并设点 M 在 xOy 面上的投影 M' 的极坐标为 (r, θ), 则数组 (r, θ, z) 就称为点 M 的**柱面坐标**(见图10-5-1).

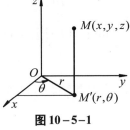

规定 r, θ, z 的变化范围分别为

$$0 \leq r < +\infty, \quad 0 \leq \theta \leq 2\pi, \quad -\infty < z < +\infty.$$

点 M 的直角坐标 (x, y, z) 与柱面坐标 (r, θ, z) 之间的关系为

$$x = r\cos\theta, \quad y = r\sin\theta, \quad z = z. \tag{5.1}$$

图 10-5-1

柱面坐标系中的三族坐标面分别为

$r =$ 常数: 一族以 z 轴为中心轴的圆柱面;

$\theta =$ 常数: 一族过 z 轴的半平面;

$z =$ 常数: 一族与 xOy 面平行的平面.

现在来考察三重积分在柱面坐标系下的形式. 为此, 用柱面坐标系中的三族坐标面把空间区域 Ω 划分成许多小闭区域, 除了含 Ω 的边界点的一些不规则小闭区域外, 这种小闭区域都是柱体. 考虑由 r, θ, z 分别取得的微小增量 $\mathrm{d}r, \mathrm{d}\theta, \mathrm{d}z$ 所成的小柱体的体积(见图10-5-2). 在不计高阶无穷小时, 这个体积可近似地看作边长为 $r\mathrm{d}\theta, \mathrm{d}r, \mathrm{d}z$ 的长方体的体积, 故得到**柱面坐标系中的体积微元**

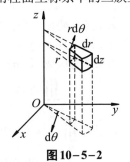

$$\mathrm{d}v = r\mathrm{d}r\mathrm{d}\theta\mathrm{d}z.$$

图 10-5-2

再利用关系式 (5.1), 就得到柱面坐标系下三重积分的表达式

$$\iiint\limits_{\Omega} f(x, y, z) \mathrm{d}x\mathrm{d}y\mathrm{d}z = \iiint\limits_{\Omega} f(r\cos\theta, r\sin\theta, z) r\mathrm{d}r\mathrm{d}\theta\mathrm{d}z. \tag{5.2}$$

为了把上式右端的三重积分化为累次积分，我们假定平行于 z 轴的直线与区域 Ω 的边界最多只有两个交点. 设 Ω 在 xOy 面上的投影为 D，区域 D 用 r，θ 表示. 区域 Ω 关于 xOy 面的投影柱面将 Ω 的边界曲面分为上下两部分，设下曲面方程为 $z=z_1(r,\theta)$，上曲面方程为 $z=z_2(r,\theta)$，$z_1(r,\theta)\le z\le z_2(r,\theta)$，$(r,\theta)\in D$，于是

$$\iiint\limits_{\Omega} f(r\cos\theta, r\sin\theta, z)r\mathrm{d}r\mathrm{d}\theta\mathrm{d}z = \iint\limits_{D} r\mathrm{d}r\mathrm{d}\theta \int_{z_1(r,\theta)}^{z_2(r,\theta)} f(r\cos\theta, r\sin\theta, z)\mathrm{d}z.$$

注：在这里我们看到，采用柱面坐标按上述公式计算三重积分，实际上是对 z 采用直角坐标进行积分，而对另外两个变量采用平面极坐标变换进行积分.

例1 立体 Ω 是圆柱面 $x^2+y^2=1$ 内部、平面 $z=2$ 下方、抛物面 $z=1-x^2-y^2$ 上方的部分(见图10-5-3)，其上任一点的密度与它到 z 轴的距离成正比 (比例系数为 K)，求 Ω 的质量 m.

解 据题意，密度函数为

$$\rho(x, y, z) = K\sqrt{x^2+y^2},$$

所以

$$m = \iiint\limits_{\Omega} \rho(x, y, z)\mathrm{d}v = \iiint\limits_{\Omega} K\sqrt{x^2+y^2}\,\mathrm{d}v.$$

利用柱面坐标，先对 z 积分，Ω 在 xOy 面上投影区域

$$D = \{(x, y)\,|\, x^2+y^2 \le 1\},$$

故

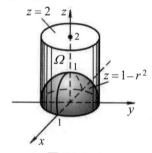

图 10-5-3

计算实验

$$m = \iiint\limits_{\Omega} (Kr)r\mathrm{d}r\mathrm{d}\theta\mathrm{d}z = K\iint\limits_{D} r^2\mathrm{d}r\mathrm{d}\theta \int_{1-r^2}^{2}\mathrm{d}z$$

$$= K\int_0^{2\pi}\mathrm{d}\theta \int_0^1 r^2\mathrm{d}r \int_{1-r^2}^{2}\mathrm{d}z = 2\pi K\int_0^1 r^2(1+r^2)\mathrm{d}r = \frac{16\pi K}{15}. \blacksquare$$

注：微信扫描右侧二维码，即可进行计算实验(详见教材配套的网络学习空间).

例2 计算 $\iiint\limits_{\Omega} z\mathrm{d}x\mathrm{d}y\mathrm{d}z$，其中 Ω 是由球面 $x^2+y^2+z^2=4$ 与抛物面 $x^2+y^2=3z$ 围成(在抛物面内的那一部分)的立体区域.

解 利用柱面坐标变换式(5.1)，题设上曲面方程为 $r^2+z^2=4$，下曲面方程为 $r^2=3z$，解方程组

$$\begin{cases} r^2+z^2=4 \\ r^2=3z \end{cases},$$

得这两曲面的交线为 $z=1$，$r=\sqrt{3}$ (见图10-5-4)，该曲线在 xOy 面上的投影曲线即为圆 $r=\sqrt{3}$，由此可知立体 Ω 在 xOy 面上的投影区域 D 为圆域：$0\le r\le\sqrt{3}$，

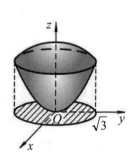

图 10-5-4

$0 \le \theta \le 2\pi$. 于是有

$$\Omega: \frac{r^2}{3} \le z \le \sqrt{4-r^2}, \ 0 \le r \le \sqrt{3}, \ 0 \le \theta \le 2\pi.$$

所以

$$\iiint_{\Omega} z\,\mathrm{d}x\,\mathrm{d}y\,\mathrm{d}z = \iint_{D} r\,\mathrm{d}r\,\mathrm{d}\theta \int_{\frac{r^2}{3}}^{\sqrt{4-r^2}} z\,\mathrm{d}z = \int_0^{2\pi} \mathrm{d}\theta \int_0^{\sqrt{3}} r\,\mathrm{d}r \int_{\frac{r^2}{3}}^{\sqrt{4-r^2}} z\,\mathrm{d}z$$

$$= \int_0^{2\pi} \mathrm{d}\theta \int_0^{\sqrt{3}} \frac{1}{2} r\left(4 - r^2 - \frac{r^4}{9}\right) \mathrm{d}r = \pi \int_0^{\sqrt{3}} \left(4r - r^3 - \frac{r^5}{9}\right) \mathrm{d}r$$

$$= \frac{13}{4}\pi. \qquad\blacksquare$$

注: 利用柱面坐标变换时, 首先求出 Ω 在 xOy 面上的投影区域 D, 确定上下曲面. 然后用柱面坐标变换, 把上下曲面表示成 r, θ 的函数, 投影区域 D 用 r, θ 的不等式来表示.

当被积函数中含有 $y^2 + z^2$, Ω 在 yOz 面上的投影区域是圆域或部分圆域时, 可利用柱面坐标变换 $y = r\cos\theta, \ z = r\sin\theta, \ x = x$.

当被积函数中含有 $z^2 + x^2$, Ω 在 zOx 面上的投影区域是圆域或部分圆域时, 可利用柱面坐标变换 $z = r\cos\theta, \ x = r\sin\theta, \ y = y$.

二、利用球面坐标计算三重积分

设 $M(x, y, z)$ 为空间内一点, 则点 M 也可用这样三个有次序的数 r, φ, θ 来确定, 其中 r 为原点 O 与点 M 间的距离, φ 为向量 $\overrightarrow{OM}$ 与 z 轴正向所夹的角, θ 为从 z 轴正向来看自 x 轴正向按逆时针方向转到向量 $\overrightarrow{OP}$ 的角, 这里 P 为点 M 在 xOy 面上的投影 (见图 $10-5-5$), 这样的三个数 r, φ, θ 就称为点 M 的**球面坐标**. 规定 r, φ, θ 的变化范围分别为

$$0 \le r < +\infty, \ 0 \le \varphi \le \pi, \ 0 \le \theta \le 2\pi.$$

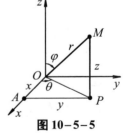

图 10−5−5

易见, 点 M 的直角坐标 (x, y, z) 与球面坐标 (r, φ, θ) 之间的关系为

$$\begin{cases} x = OP\cos\theta = r\sin\varphi\cos\theta \\ y = OP\sin\theta = r\sin\varphi\sin\theta, \\ z = r\cos\varphi \end{cases} \qquad (5.3)$$

球面坐标系中的三族坐标面分别为

$r = $ 常数: 一族以原点为球心的球面;

$\varphi = $ 常数: 一族以原点为顶点、z 轴为对称轴的圆锥面;

$\theta = $ 常数: 一族过 z 轴的半平面.

现在来考察三重积分在球面坐标系下的形式. 为此, 用球面坐标系中的三族坐标面把空间区域 Ω 划分成许多小闭区域. 考虑由 r, φ, θ 分别取得的微小增量 $\mathrm{d}r, \mathrm{d}\varphi, \mathrm{d}\theta$ 所成的 "六面体" 的体积 $\mathrm{d}v$ (见图 10–5–6).

在不计高阶无穷小时, 这个体积可近似地看作长方体, 三边长分别为 $r\mathrm{d}\varphi, r\sin\varphi\mathrm{d}\theta, \mathrm{d}r$, 于是得

$$\mathrm{d}v = r^2\sin\varphi\mathrm{d}r\mathrm{d}\varphi\mathrm{d}\theta,$$

这就是**球面坐标系中的体积微元**. 再用关系式 (5.3), 就得到球面坐标系下三重积分的表达式

$$\iiint\limits_{\Omega} f(x, y, z)\,\mathrm{d}x\mathrm{d}y\mathrm{d}z$$

$$= \iiint\limits_{\Omega} f(r\sin\varphi\cos\theta, r\sin\varphi\sin\theta, r\cos\varphi)r^2\sin\varphi\mathrm{d}r\mathrm{d}\varphi\mathrm{d}\theta. \tag{5.4}$$

当被积函数含有 $x^2 + y^2 + z^2$, 积分区域是球面围成的区域或由球面及锥面围成的区域等, 并且在球面坐标变换下, 区域用 r, φ, θ 表示比较简单时, 利用球面坐标变换能化简积分的计算.

特别地, 当积分区域 Ω 为球面 $r = a$ 所围成时, 有

$$\iiint\limits_{\Omega} f(x, y, z)\,\mathrm{d}x\mathrm{d}y\mathrm{d}z$$

$$= \int_0^{2\pi}\mathrm{d}\theta\int_0^{\pi}\mathrm{d}\varphi\int_0^a f(r\sin\varphi\cos\theta, r\sin\varphi\sin\theta, r\cos\varphi)r^2\sin\varphi\mathrm{d}r.$$

如果 $f(r\sin\varphi\cos\theta, r\sin\varphi\sin\theta, r\cos\varphi) = 1$, 由上式即得球的体积

$$V = \int_0^{2\pi}\mathrm{d}\theta\int_0^{\pi}\sin\varphi\mathrm{d}\varphi\int_0^a r^2\mathrm{d}r = 2\pi\cdot2\cdot\frac{a^3}{3} = \frac{4}{3}\pi a^3.$$

例3 计算 $\iiint\limits_{\Omega}(x^2+y^2)\,\mathrm{d}x\mathrm{d}y\mathrm{d}z$, 其中 Ω 是锥面 $x^2+y^2=z^2$ 与平面 $z=a(a>0)$ 所围的立体 (见图 10–5–7).

解 在球面坐标变换下, 锥面 $x^2+y^2=z^2$ 的方程为 $\varphi = \dfrac{\pi}{4}$, 平面 $z=a$ 的方程为 $r = \dfrac{a}{\cos\varphi}$, 于是, 区域 Ω 可表示为

$$\Omega: 0 \leqslant r \leqslant \frac{a}{\cos\varphi}, \ 0 \leqslant \varphi \leqslant \frac{\pi}{4}, \ 0 \leqslant \theta \leqslant 2\pi.$$

所以

$$\iiint\limits_{\Omega}(x^2+y^2)\,\mathrm{d}x\mathrm{d}y\mathrm{d}z = \int_0^{2\pi}\mathrm{d}\theta\int_0^{\frac{\pi}{4}}\mathrm{d}\varphi\int_0^{\frac{a}{\cos\varphi}} r^4\sin^3\varphi\mathrm{d}r$$

$$= \frac{2\pi a^5}{5}\int_0^{\frac{\pi}{4}}\frac{\sin^3\varphi}{\cos^5\varphi}\mathrm{d}\varphi$$

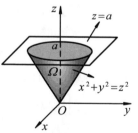

图 10–5–6

图 10–5–7

计算实验

$$= \frac{2\pi a^5}{5} \int_0^{\frac{\pi}{4}} \tan^3 \varphi \, \mathrm{d}\tan\varphi = \frac{\pi}{10} a^5.$$

注：本题若采用柱面坐标计算，同样易得

$$\iiint\limits_{\Omega} (x^2 + y^2) \mathrm{d}x\mathrm{d}y\mathrm{d}z = \int_0^{2\pi} \mathrm{d}\theta \int_0^a r \mathrm{d}r \int_r^a r^2 \mathrm{d}z = \frac{\pi}{10} a^5.$$

例 4　计算球体 $x^2 + y^2 + z^2 \le 2a^2$ 在锥面 $z = \sqrt{x^2 + y^2}$ 上方部分 Ω 的体积 (见图 10-5-8).

解　由三重积分的性质知

$$V = \iiint\limits_{\Omega} \mathrm{d}x\mathrm{d}y\mathrm{d}z.$$

在球面坐标变换下，球面

$$x^2 + y^2 + z^2 = 2a^2$$

的方程为 $r = \sqrt{2}a$，锥面 $z = \sqrt{x^2 + y^2}$ 的方程为 $\varphi = \frac{\pi}{4}$，

于是，区域 Ω 可表示为

$$\Omega: 0 \le r \le \sqrt{2}a, \ 0 \le \varphi \le \frac{\pi}{4}, \ 0 \le \theta \le 2\pi,$$

所以

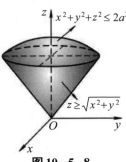

图 10-5-8

计算实验

$$V = \iiint\limits_{\Omega} \mathrm{d}x\mathrm{d}y\mathrm{d}z = \int_0^{2\pi} \mathrm{d}\theta \int_0^{\frac{\pi}{4}} \mathrm{d}\varphi \int_0^{\sqrt{2}a} r^2 \sin\varphi \, \mathrm{d}r$$

$$= 2\pi \int_0^{\frac{\pi}{4}} \sin\varphi \cdot \frac{(\sqrt{2}a)^3}{3} \mathrm{d}\varphi = \frac{4}{3} \pi (\sqrt{2} - 1) a^3.$$

注：微信扫描右侧二维码，即可进行计算实验(详见教材配套的网络学习空间).

三、三重积分的应用

1. 空间立体的重心与转动惯量

设有一空间物体占有空间闭区域 Ω，它在点 (x, y, z) 的体密度为 $\rho(x, y, z)$，假定 $\rho(x, y, z)$ 在闭区域 Ω 上连续. 与二重积分类似，应用微元法，我们可以求出该物体的**重心**坐标为

$$\bar{x} = \frac{1}{M} \iiint\limits_{\Omega} x\rho(x, y, z) \mathrm{d}v, \quad \bar{y} = \frac{1}{M} \iiint\limits_{\Omega} y\rho(x, y, z) \mathrm{d}v, \quad \bar{z} = \frac{1}{M} \iiint\limits_{\Omega} z\rho(x, y, z) \mathrm{d}v.$$

其中，$M = \iiint\limits_{\Omega} \rho(x, y, z) \mathrm{d}v$ 为该物体的质量.

该物体对于 x, y, z 轴的**转动惯量**分别为

$$I_x = \iiint\limits_{\Omega} \rho(y^2 + z^2) \mathrm{d}v, \quad I_y = \iiint\limits_{\Omega} \rho(x^2 + z^2) \mathrm{d}v, \quad I_z = \iiint\limits_{\Omega} \rho(x^2 + y^2) \mathrm{d}v.$$

例 5　已知均匀半球体的半径为 a，在该半球体的底圆的一旁，拼接一个半径与

球的半径相等且材料相同的均匀圆柱体，使圆柱体的底圆与半球的底圆重合，为了使拼接后的整个立体重心恰是球心，问圆柱的高应为多少？

解 如图10-5-9建立坐标系，设所求的圆柱体的高度为H，使圆柱体与半球的底圆在xOy平面上. 圆柱体的中心轴为z轴，设整个立体为Ω，其体积为V，重心坐标为$(\bar{x}, \bar{y}, \bar{z})$. 由题意应有$\bar{x} = \bar{y} = \bar{z} = 0$. 而

$$\bar{z} = \frac{1}{\Omega} \iiint\limits_{\Omega} z \, dv.$$

设圆柱体与半球分别为Ω_1，Ω_2，分别用柱面坐标与球面坐标计算，得

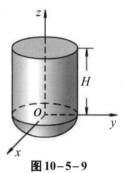

图 10-5-9

$$\iiint\limits_{\Omega} z \, dv = \int_0^{2\pi} d\theta \int_0^a dr \int_0^H zr \, dz + \int_0^{2\pi} d\theta \int_{\pi/2}^{\pi} d\varphi \int_0^a r \cos\varphi \, r^2 \sin\varphi \, dr$$

$$= \int_0^{2\pi} d\theta \cdot \int_0^a r \, dr \cdot \int_0^H z \, dz + \int_0^{2\pi} d\theta \cdot \int_{\pi/2}^{\pi} \cos\varphi \sin\varphi \, d\varphi \cdot \int_0^a r^3 \, dr$$

$$= 2\pi \cdot \frac{1}{2} a^2 \cdot \frac{1}{2} H^2 + 2\pi \left(-\frac{1}{2}\right) \cdot \frac{a^4}{4}$$

$$= \frac{\pi}{4} a^2 (2H^2 - a^2).$$

由$\bar{z} = 0$，得$H = \dfrac{\sqrt{2}}{2} a$，就是所求圆柱的高.

计算实验

注：微信扫描右侧二维码，即可进行计算实验(详见教材配套的网络学习空间).

例6 求高为h，半顶角为$\dfrac{\pi}{4}$，密度为μ (常数) 的正圆锥体绕其对称轴旋转的转动惯量.

解 取对称轴为z轴，取顶点为原点，如图10-5-10所示建立坐标系，则

$$I_z = \iiint\limits_{\Omega} (x^2 + y^2) \mu \, dv,$$

利用柱面坐标，有

$$D_z: x^2 + y^2 \leq z^2, \quad \Omega: 0 \leq z \leq h, \quad (x, y) \in D_z.$$

于是

图 10-5-10

$$I_z = \int_0^h dz \iint\limits_{D_z} (x^2 + y^2) \mu \, dx dy = \mu \int_0^h dz \int_0^{2\pi} d\theta \int_0^z r^2 \cdot r \, dr$$

$$= \mu \int_0^h dz \int_0^{2\pi} \frac{1}{4} z^4 \, d\theta = \frac{\mu}{4} \cdot 2\pi \int_0^h z^4 \, dz = \frac{\pi\mu}{10} h^5.$$

2. 空间立体对质点的引力

设物体占有空间有界闭区域Ω，它在点(x, y, z)处的体密度为$\rho(x, y, z)$，假定

$\rho(x,y,z)$ 在闭区域 Ω 上连续. 应用微元法, 在物体内任取一微元 $\mathrm{d}v$ (这个微元的体积也记为 $\mathrm{d}v$), (x,y,z) 为该微元内的一点, 把这个微元的质量 $\mathrm{d}M=\rho\mathrm{d}v$ 近似看作集中在点 (x,y,z) 处. 于是, 根据两质点间的引力公式, 可得到微元 $\mathrm{d}v$ 对于该物体外一点 $P_0(x_0,y_0,z_0)$ 处的单位质量的质点的引力为

$$\mathrm{d}\boldsymbol{F}=\{\mathrm{d}F_x,\ \mathrm{d}F_y,\ \mathrm{d}F_z\}$$

$$=\left\{\frac{G\rho(x-x_0)}{r^3}\mathrm{d}v,\ \frac{G\rho(y-y_0)}{r^3}\mathrm{d}v,\ \frac{G\rho(z-z_0)}{r^3}\mathrm{d}v\right\},$$

其中 $\mathrm{d}F_x,\ \mathrm{d}F_y,\ \mathrm{d}F_z$ 为引力微元 $\mathrm{d}F$ 在三个坐标轴上的投影, G 为引力常数,

$$r=\sqrt{(x-x_0)^2+(y-y_0)^2+(z-z_0)^2}.$$

将 $\mathrm{d}F_x,\ \mathrm{d}F_y,\ \mathrm{d}F_z$ 在 Ω 上分别积分, 即得

$$\boldsymbol{F}=\{F_x,F_y,F_z\}$$

$$=\left\{\iiint\limits_{\Omega}\frac{G\rho(x-x_0)}{r^3}\mathrm{d}v,\ \iiint\limits_{\Omega}\frac{G\rho(y-y_0)}{r^3}\mathrm{d}v,\ \iiint\limits_{\Omega}\frac{G\rho(z-z_0)}{r^3}\mathrm{d}v\right\}.$$

注: 如果考虑平面薄片对于薄片外一点处具有单位质量的质点的引力, 设平面薄片占有 xOy 面上的有界闭区域 D, 其面密度为 $\mu(x,y)$, 那么只要将上式中的密度函数 $\rho(x,y,z)$ 换成 $\mu(x,y)$, 将空间闭区域 Ω 上的三重积分换成 D 上的二重积分, 就得到相应的计算公式.

例7　设半径为 R 的匀质球 (其密度为常数 ρ_0) 占有空间区域

$$\Omega=\{(x,y,z)\mid x^2+y^2+z^2\leqslant R^2\}.$$

求它对位于 $M(0,0,a)(a>R)$ 处具有单位质量的质点的引力.

解　由球体的对称性及质量分布的均匀性知, $F_x=F_y=0$, 而所求引力沿 z 轴的分量为

$$F_z=\iiint\limits_{\Omega}G\rho_0\frac{z-a}{[x^2+y^2+(z-a)^2]^{3/2}}\mathrm{d}v$$

$$=G\rho_0\int_{-R}^{R}(z-a)\mathrm{d}z\iint\limits_{x^2+y^2\leqslant R^2-z^2}\frac{\mathrm{d}x\mathrm{d}y}{[x^2+y^2+(z-a)^2]^{3/2}}$$

$$=G\rho_0\int_{-R}^{R}(z-a)\mathrm{d}z\int_{0}^{2\pi}\mathrm{d}\theta\int_{0}^{\sqrt{R^2-z^2}}\frac{\rho\mathrm{d}\rho}{[\rho^2+(z-a)^2]^{3/2}}$$

$$=2\pi G\rho_0\int_{-R}^{R}(z-a)\left(\frac{1}{a-z}-\frac{1}{\sqrt{R^2-2az+a^2}}\right)\mathrm{d}z$$

$$=2\pi G\rho_0\left[-2R+\frac{1}{a}\int_{-R}^{R}(z-a)\mathrm{d}\sqrt{R^2-2az+a^2}\right]$$

$$=2\pi G\rho_0\left(-2R+2R-\frac{2R^3}{3a^2}\right)=-G\cdot\frac{4\pi R^3}{3}\rho_0\cdot\frac{1}{a^2}=-G\frac{M}{a^2},$$

计算实验

其中 $M = \dfrac{4\pi R^3}{3}\rho_0$ 为球的质量.

上述结果表明：匀质球对球外一质点的引力如同球的质量集中在球心时两质点间的引力. ▪

*数学实验

实验 10.4　试用计算软件完成下列各题：

(1) 计算由 $z \geq \dfrac{1}{2}$，$x^2 + y^2 \leq 2z$，$z \leq 4 - \sqrt{x^2 + y^2}$ 确定的立体的体积；

(2) 设由曲面 $z = x^2 + y^2$ 与 $z = 2 - \sqrt{x^2 + y^2}$ 围成的立体中每点的体密度与该点到面 xOy 的距离成正比，求该立体的质量；

(3) 计算 $I = \iiint\limits_{\Omega} z(x^2 + y^2)\mathrm{d}v$，其中 Ω 是由 $z \leq \sqrt{4 - x^2 - y^2}$ 及 $\sqrt{3}z \geq \sqrt{x^2 + y^2}$ 确定的闭区域；

(4) 计算三重积分 $\iiint\limits_{\Omega} (x^2 + y^2 + z)\mathrm{d}x\mathrm{d}y\mathrm{d}z$，其中 Ω 由曲面 $z = \sqrt{2 - x^2 - y^2}$ 与 $z = \sqrt{x^2 + y^2}$ 围成；

(5) 计算 $I = \iiint\limits_{\Omega} \dfrac{\mathrm{e}^{\sqrt{x^2 + y^2}}}{x^2 + y^2}\mathrm{d}v$，其中 Ω 是由 $z = x^2 + y^2$ 及 $z = \sqrt{x^2 + y^2}$ 所围的有界闭区域；

(6) 计算 $\iiint\limits_{\Omega} \mathrm{e}^{x^2 + y^2}|z|\mathrm{d}v$，其中 Ω 是由曲面 $Rz^2 = 2R^2 + x^2 + y^2$ 及 $x^2 + y^2 = R^2\,(R > 0)$ 所围的有界闭区域.

详见教材配套的网络学习空间.

习题 10-5

1. 利用柱面坐标计算三重积分 $\iiint\limits_{\Omega} z\mathrm{d}v$，其中 Ω 由曲面

$$x^2 + y^2 + z^2 = 4 \ \text{及}\ z = \sqrt{x^2 + y^2}$$

围成 (在锥面内的那一部分).

2. 利用柱面坐标计算三重积分 $\iiint\limits_{\Omega} (x^2 + y^2)\mathrm{d}v$，其中 Ω 是由曲面 $x^2 + y^2 = 2z$ 及平面 $z = 2$ 围成的闭区域.

3. 利用球面坐标计算三重积分 $\iiint\limits_{\Omega} (x^2 + y^2 + z^2)\mathrm{d}v$，其中 Ω 是由球面 $x^2 + y^2 + z^2 = 1$ 围成的闭区域.

4. 利用球面坐标计算三重积分 $\iiint\limits_{\Omega} z\sqrt{x^2+y^2+z^2}\,\mathrm{d}v$, 其中

$$\Omega: x^2+y^2+z^2 \le 1,\ z \ge \sqrt{3(x^2+y^2)}.$$

5. 计算 $\iiint\limits_{\Omega} xy\,\mathrm{d}v$, 其中 Ω 是由柱面 $x^2+y^2=1$ 及平面 $z=1$, $z=0$, $x=0$, $y=0$ 围成的在第 I 卦限内的闭区域.

6. 计算 $\iiint\limits_{\Omega} \sqrt{x^2+y^2}\,\mathrm{d}v$, 其中 Ω 是由平面 $y+z=4$, $x+y+z=1$ 与圆柱面 $x^2+y^2=1$ 围成的闭区域.

7. 计算 $\iiint\limits_{\Omega} \sqrt{x^2+y^2+z^2}\,\mathrm{d}x\mathrm{d}y\mathrm{d}z$, 其中 Ω 是由 $x^2+y^2+z^2=z$ 围成的闭区域.

8. 计算 $\iiint\limits_{\Omega} (x^2+y^2)\mathrm{d}x\mathrm{d}y\mathrm{d}z$, 其中 Ω 是曲线 $y^2=2z$, $x=0$ 绕 Oz 轴旋转一周而成的曲面与两平面 $z=2$、$z=8$ 所围之形体.

9. 计算 $\iiint\limits_{\Omega} z^2\,\mathrm{d}x\mathrm{d}y\mathrm{d}z$, 其中 Ω 是两个球:

$$x^2+y^2+z^2 \le R^2 \text{ 和 } x^2+y^2+z^2 \le 2Rz\ (R>0)$$

所围成的闭区域.

10. 计算 $\iiint\limits_{\Omega} \left(\dfrac{x^2}{a^2}+\dfrac{y^2}{b^2}+\dfrac{z^2}{c^2}\right)\mathrm{d}x\mathrm{d}y\mathrm{d}z$, 其中 Ω 是由椭球面 $\dfrac{x^2}{a^2}+\dfrac{y^2}{b^2}+\dfrac{z^2}{c^2}=1$ 围成的区域.

11. 求由曲面 $z=6-x^2-y^2$ 及 $z=\sqrt{x^2+y^2}$ 所围立体的体积.

12. 曲面 $x^2+y^2+az=4a^2$ 将球 $x^2+y^2+z^2 \le 4az$ 分成两部分, 求这两部分的体积比.

13. 计算密度函数为 $\rho=x^2+y^2+z^2$ 的立体 Ω 的质量 M, 这里 Ω 是由球面 $x^2+y^2+z^2=R^2$ 与锥面 $z=\sqrt{x^2+y^2}$ 围成的区域(锥面的内部).

14. 球心在原点、半径为 R 的球体, 在其上任意一点的密度的大小与该点到球心的距离成正比, 求该球体的质量.

15. 利用三重积分求由曲面 $z^2=x^2+y^2$, $z=1$ 围成的立体的重心(设密度 $\rho=1$).

16. 球体 $x^2+y^2+z^2 \le 2Rz$ 内各点处的密度的大小等于该点到坐标原点的距离的平方, 求该球体的重心.

17. 一均匀物体(密度 ρ 为常量)占有的闭区域 Ω 由曲面 $z=x^2+y^2$ 和平面 $z=0$, $|x|=a$, $|y|=a$ 围成,

(1) 求物体的重心;

(2) 求物体关于 z 轴的转动惯量.

18. 设有半径为 R 的均匀球体($\mu=1$), 球外一点 P 放置一单位质点, 试求球体对该质点的引力.

总 习 题 十

1. 计算下列二重积分：

(1) $\iint\limits_{D} \dfrac{x^2}{y^2} \mathrm{d}x\mathrm{d}y$，其中 D 是由 $xy=2$，$y=1+x^2$ 及 $x=2$ 围成的区域．

(2) $\iint\limits_{D} 6x^2 y^2 \mathrm{d}x\mathrm{d}y$，其中 D 是由 $y=x$，$y=-x$ 及 $y=2-x^2$ 围成的在 x 轴上方的区域．

(3) $\iint\limits_{D} \dfrac{y^3}{x} \mathrm{d}\sigma$，其中 $D: x^2+y^2 \leq 1, 0 \leq y \leq \sqrt{\dfrac{3}{2}x}$．

(4) $\iint\limits_{D} \dfrac{\mathrm{d}\sigma}{\sqrt{2a-x}}\ (a>0)$，其中 D 是由圆心在点 (a,a)、半径为 a 且与坐标轴相切的圆周的较短一段弧和坐标轴围成的区域．

2. 改变下列二次积分的积分次序：

(1) $\displaystyle\int_0^{2\pi}\mathrm{d}x\int_0^{\sin x} f(x,y)\mathrm{d}y$；
(2) $\displaystyle\int_0^{2a}\mathrm{d}x\int_{\sqrt{2ax-x^2}}^{\sqrt{2ax}} f(x,y)\mathrm{d}y\ (a>0)$．

3. 计算下列二次积分：

(1) $\displaystyle\int_0^1\mathrm{d}x\int_x^{\sqrt{x}} \dfrac{\sin y}{y}\mathrm{d}y$；
(2) $\displaystyle\int_{\frac{1}{4}}^{\frac{1}{2}}\mathrm{d}y\int_{\frac{1}{2}}^{\sqrt{y}} \mathrm{e}^{\frac{y}{x}}\mathrm{d}x + \int_{\frac{1}{2}}^1\mathrm{d}y\int_y^{\sqrt{y}} \mathrm{e}^{\frac{y}{x}}\mathrm{d}x$．

4. 设 $f(x)$ 在 $[0,1]$ 上连续，并设 $\displaystyle\int_0^1 f(x)\mathrm{d}x=A$，求 $\displaystyle\int_0^1\mathrm{d}x\int_x^1 f(x)f(y)\mathrm{d}y$．

5. 证明 $\displaystyle\int_a^b\mathrm{d}x\int_a^x (x-y)^{n-2}f(y)\mathrm{d}y = \dfrac{1}{n-1}\int_a^b (b-y)^{n-1}f(y)\mathrm{d}y$．

6. 设 $f(x)$ 在区间 $[a,b]$ 上连续，证明：

$$\left[\int_a^b f(x)\mathrm{d}x\right]^2 \leq (b-a)\int_a^b f^2(x)\mathrm{d}x.$$

7. 已知函数 $f(x)$ 的三阶导数连续，且

$$f(0)=f'(0)=f''(0)=-1,\ f(2)=-1/2,$$

求 $\displaystyle\int_0^2\mathrm{d}x\int_0^x \sqrt{(2-x)(2-y)}f'''(y)\mathrm{d}y$．

8. 计算 $I = \iint\limits_{x^2+y^2\leq a^2} (x^2+2\sin x+3y+4)\mathrm{d}\sigma$．

9. 计算二重积分 $\iint\limits_{x^2+y^2\leq x+y} (x+y)\mathrm{d}x\mathrm{d}y$．

10. 计算 $\iint\limits_{D} xy\mathrm{d}\sigma$，其中 D 是由曲线 $y=\sqrt{1-x^2}$，$x^2+(y-1)^2=1$ 与 y 轴围成的在右上方的区域．

11. 计算 $I = \iint\limits_{D} \mathrm{e}^{\frac{y}{x+y}} \mathrm{d}x\mathrm{d}y$，其中 D 是由 $x=0$，$y=0$ 及 $x+y=1$ 围成的平面区域．

12. 计算 $I = \iint\limits_{D} f(x, y) \mathrm{d}\sigma$, 其中 $f(x, y) = \begin{cases} \mathrm{e}^{-(x+y)}, & x > 0, y > 0 \\ 0, & \text{其他} \end{cases}$, D 由 $x + y = a$, $x + y = b$, $y = 0$ 和 $y = b + a$ 围成 $(b > a > 0)$.

13. 计算 $I = \iint\limits_{D} (|x^2 + y^2 - 2x|) \mathrm{d}x\mathrm{d}y$, 其中 $D: x^2 + y^2 \le 4$.

14. 计算 $I = \iint\limits_{D} \sqrt{1 - \sin^2(x+y)} \, \mathrm{d}x\mathrm{d}y$, 其中 D 由直线 $y = x$, $y = 0$, $x = \dfrac{\pi}{2}$ 围成.

15. 设 $f(x) \in C[a, b]$, $f(x) > 0$, 证明: $\displaystyle\int_a^b f(x) \mathrm{d}x \int_a^b \dfrac{\mathrm{d}x}{f(x)} \ge (b - a)^2$.

16. 计算以 xOy 面上的由圆周 $x^2 + y^2 = ax$ 围成的闭区域为底, 以曲面 $z = x^2 + y^2$ 为顶的曲顶柱体的体积.

17. 在均匀半圆形薄片的直径上, 要接上一个一边与直径等长的均匀矩形薄片, 为了使整个均匀薄片的重心恰好落在圆心上, 问接上去的均匀矩形薄片另一边的长度应是多少?

18. 密度均匀的平面薄片由曲线 $y = x^2, x = 0, y = t > 0 \, (x > 0, t$ 可变$)$ 围成, 求该可变面积平面薄片的重心轨迹.

19. 已知均匀矩形板 (面密度为常数 ρ) 的长和宽分别为 b 和 h, 计算此矩形板对于通过其重心且分别与一边平行的两轴的转动惯量.

20. 求由 $y^2 = ax$ 及直线 $x = a(a > 0)$ 围成的图形对直线 $y = -a$ 的转动惯量 (密度 $\rho = 1$).

21. 试证

$$\iint\limits_{D} f(ax + by + c) \mathrm{d}x\mathrm{d}y = 2 \int_{-1}^{1} \sqrt{1 - u^2} f(u \sqrt{a^2 + b^2} + c) \mathrm{d}u,$$

其中闭区域 $D: x^2 + y^2 \le 1$, 且 $a^2 + b^2 \ne 0$.

22. 计算 $\iiint\limits_{\Omega} (x + y + z) \mathrm{d}x\mathrm{d}y\mathrm{d}z$, 其中 Ω 由平面 $x + y + z = 1$ 与三个坐标面围成.

23. 计算 $\iiint\limits_{\Omega} y \sqrt{1 - x^2} \mathrm{d}v$, 其中 Ω 由 $y = -\sqrt{1 - x^2 - z^2}$, $x^2 + z^2 = 1$ 以及 $y = 1$ 围成.

24. 计算 $\iiint\limits_{\Omega} z\mathrm{d}x\mathrm{d}y\mathrm{d}z$, 其中 Ω 是由锥面 $z = \dfrac{h}{R} \sqrt{x^2 + y^2}$ 与平面 $z = h \, (R > 0, h > 0)$ 围成的闭区域.

25. 交换下列积分的积分顺序:

$$I = \int_0^1 \mathrm{d}x \int_0^{1-x} \mathrm{d}y \int_0^{x+y} f(x, y, z) \mathrm{d}z,$$

变换成先对 x 最后对 y 的积分顺序.

26. 计算 $I = \iiint\limits_{\Omega} |z - x^2 - y^2| \mathrm{d}v$, 其中 $\Omega: 0 \le z \le 1, x^2 + y^2 \le 1$.

27. 计算 $\iiint\limits_{\Omega} (x + y + z) \mathrm{d}v$, 其中 Ω 由 $x^2 + y^2 \le z^2, 0 \le z \le h$ 围成.

28. 计算 $\iiint\limits_{\Omega}(x^2+y^2)\mathrm{d}x\mathrm{d}y\mathrm{d}z$，其中 Ω 是由 $4z^2=25(x^2+y^2)$ 及平面 $z=5$ 围成的闭区域.

29. 计算 $\iiint\limits_{\Omega}(x+z)\mathrm{d}v$，其中 Ω 由 $z=\sqrt{x^2+y^2}$ 与 $z=\sqrt{1-x^2-y^2}$ 围成.

30. 计算 $\iiint\limits_{\Omega}(x^2+y^2+z^2)\mathrm{d}v$，其中 Ω 由 $(x^2+9y^2+z^2)^2=z$ 围成.

31. 计算 $\iiint\limits_{\Omega}(x+y+z)^2\mathrm{d}x\mathrm{d}y\mathrm{d}z$，其中 $\Omega:x^2+y^2+z^2\leqslant 2az$.

32. 设函数 $f(x)$ 具有连续的导数，且 $f(0)=0$，试求

$$\lim_{t\to 0}\frac{1}{\pi t^4}\iiint\limits_{x^2+y^2+z^2\leqslant t^2}f(\sqrt{x^2+y^2+z^2})\,\mathrm{d}v.$$

33. 证明 $\int_0^x\left[\int_0^v\left(\int_0^u f(t)\mathrm{d}t\right)\mathrm{d}u\right]\mathrm{d}v=\frac{1}{2}\int_0^x(x-t)^2f(t)\mathrm{d}t.$

34. 设函数 $f(t)$ 在 $(-\infty,+\infty)$ 上连续，且满足

$$f(t)=2\iint\limits_{x^2+y^2\leqslant t^2}(x^2+y^2)f(\sqrt{x^2+y^2})\,\mathrm{d}x\mathrm{d}y+t^4,$$

求 $f(t)$.

35. 求由曲面 $z=\sqrt{5-x^2-y^2}$ 及 $x^2+y^2=4z$ 所围立体的体积.

36. 求由曲面 $(x^2+y^2+z^2)^2=a^2x$ 所围立体的体积.

37. 设有一物体，由圆锥以及与这一锥体共底的半球拼成，而锥的高等于它的底半径 a，求该物体关于对称轴的转动惯量 $(\mu=1)$.

38. 一个由曲面 $x^2+y^2=z^2$ 与 $z=H(H>0)$ 围成的漏斗盛满液体，漏斗内任一点 $M(x,y,z)$ 处液体的密度为 $1/(a^2+x^2+y^2)(a>0)$，求漏斗中液体的质量 m.

39. 求密度均匀(密度常数为 K)的圆柱体对其底面中心处单位质点的引力.

第11章 曲线积分与曲面积分

在第10章中，我们已经把积分的积分域从数轴上的区间推广到了平面上的区域和空间中的区域．本章还将进一步把积分的积分域推广到平面和空间中的一段曲线或一片曲面的情形．相应的积分称为曲线积分与曲面积分，它是多元函数积分学的又一重要内容．本章将介绍曲线积分与曲面积分的概念及其计算方法，以及沟通上述几类积分内在联系的几个重要公式：格林公式、高斯公式和斯托克斯公式．

§11.1　第一类曲线积分

一、引例

设有一曲线形构件所占的位置是 xOy 面内的一段曲线 L(见图11-1-1)，它的质量分布不均匀，其线密度为 $\rho(x, y)$，试求该构件的质量．

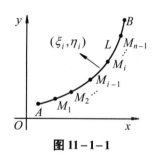

图 11-1-1

如果构件的线密度为常量，那么该构件的质量就等于它的线密度与构件长度的乘积．

而在本例中，构件上各点处的线密度是变量 $\rho(x, y)$，因为线形构件的质量对线段是可加的，所以，我们可采用微元法来解决．

(1) **分割**　用 L 上的点把曲线弧段 L 分成 n 个小段，其分点依次设为 $A = M_0$，$M_1, \cdots, M_{n-1}, M_n = B$，取其中一小段构件 $\overset{\frown}{M_{i-1}M_i}$（其长度记为 Δs_i）来分析，当这一小段很短时，其上的线密度可以近似看作常数，它近似等于该小段上任一点 (ξ_i, η_i) 处的线密度 $\rho(\xi_i, \eta_i)$，于是，该小段的质量 ΔM_i 可近似表示为

$$\Delta M_i \approx \rho(\xi_i, \eta_i) \cdot \Delta s_i \ (i = 1, 2, \cdots, n).$$

(2) **求和**　该曲线形构件质量 M 的近似值

$$M \approx \sum_{i=1}^{n} \rho(\xi_i, \eta_i) \cdot \Delta s_i.$$

(3) **取极限**　该构件的质量 M 的精确值

$$M = \lim_{\lambda \to 0} \sum_{i=1}^{n} \rho(\xi_i, \eta_i) \cdot \Delta s_i, \text{其中} \lambda = \max\{\Delta s_1, \Delta s_2, \cdots, \Delta s_n\}. \tag{1.1}$$

式 (1.1) 中和式的极限称为函数 $\rho(x, y)$ 在曲线 L 上的第一类曲线积分. 下面给出其一般定义.

二、第一类曲线积分的定义与性质

定义1 设 $\overset{\frown}{AB}$ (记为 L) 为 xOy 面内的一条光滑曲线弧, 函数 $f(x, y)$ 在 L 上有界. 用 L 上的点把曲线弧段 L 分成 n 个小段, 其分点依次记为 $A = M_0, M_1, \cdots, M_{n-1}$, $M_n = B$, 设第 i 个小段的长度为 Δs_i, 又 (ξ_i, η_i) 为第 i 个小段上任意取定的一点, 作乘积 $f(\xi_i, \eta_i) \cdot \Delta s_i (i = 1, 2, \cdots, n)$, 并作和

$$\sum_{i=1}^{n} f(\xi_i, \eta_i) \cdot \Delta s_i, \tag{1.2}$$

再记 $\lambda = \max\{\Delta s_1, \Delta s_2, \cdots, \Delta s_n\}$, 如果当 $\lambda \to 0$ 时, 和式 (1.2) 的极限总存在, 则称此极限值为函数 $f(x, y)$ 在曲线弧 L 上的**第一类曲线积分**或**对弧长的曲线积分**, 记作 $\int_L f(x, y) \mathrm{d}s$, 即

$$\int_L f(x, y) \mathrm{d}s = \lim_{\lambda \to 0} \sum_{i=1}^{n} f(\xi_i, \eta_i) \cdot \Delta s_i, \tag{1.3}$$

其中 $f(x, y)$ 称为**被积函数**, L 称为**积分弧段**.

根据定义, 若 $f(x, y) \equiv 1$, 则显然有

$$\int_L 1 \cdot \mathrm{d}s \overset{\text{记为}}{=\!=\!=} \int_L \mathrm{d}s = s \quad (L \text{ 的弧长}).$$

式 (1.3) 中和式的极限存在的一个充分条件是函数 $f(x, y)$ 在曲线 L 上连续 (证明略). 因此, 以后我们总假定函数 $f(x, y)$ 在曲线 L 上是连续的, 在此条件下, 第一类曲线积分 $\int_L f(x, y) \mathrm{d}s$ 总是存在的.

根据上述定义, 引例中曲线形构件的质量可表示为

$$M = \int_L \rho(x, y) \mathrm{d}s. \tag{1.4}$$

根据第一类曲线积分的概念, 容易写出曲线形构件 L (见图 11-1-1) 关于 x 轴及 y 轴的静力矩

$$M_x = \int_L y\rho(x, y) \mathrm{d}s, \quad M_y = \int_L x\rho(x, y) \mathrm{d}s. \tag{1.5}$$

于是, 曲线 L 的重心坐标 $(\bar{x}, \bar{y})$ 为

$$\bar{x} = \frac{M_y}{M}, \quad \bar{y} = \frac{M_x}{M}. \tag{1.6}$$

同样, 易得到构件 L 对 x 轴和 y 轴及原点的转动惯量:

$$I_x = \int_L y^2 \rho(x, y)\,ds,$$

$$I_y = \int_L x^2 \rho(x, y)\,ds, \tag{1.7}$$

$$I_O = \int_L (x^2 + y^2)\rho(x, y)\,ds.$$

如果 L 是闭曲线，则函数 $f(x, y)$ 在闭曲线 L 上的第一类曲线积分记为

$$\oint_L f(x, y)\,ds.$$

上述定义可类似地推广到积分弧段为空间曲线弧 Γ 的情形，即函数 $f(x, y, z)$ 在空间曲线弧 Γ 上的第一类曲线积分为

$$\int_\Gamma f(x, y, z)\,ds = \lim_{\lambda \to 0} \sum_{i=1}^n f(\xi_i, \eta_i, \zeta_i) \cdot \Delta s_i. \tag{1.8}$$

第一类曲线积分也有与定积分类似的性质，下面仅列出常用的几条性质．

性质 1　设 α, β 为常数，则

$$\int_L [\alpha f(x, y) + \beta g(x, y)]\,ds = \alpha \int_L f(x, y)\,ds + \beta \int_L g(x, y)\,ds.$$

性质 2　设 L 由 L_1 和 L_2 两段光滑曲线组成 (记为 $L = L_1 + L_2$)，则

$$\int_{L_1+L_2} f(x, y)\,ds = \int_{L_1} f(x, y)\,ds + \int_{L_2} f(x, y)\,ds.$$

注：若曲线 L 可分成有限段，而且每一段都是光滑的，我们就称 L 是**分段光滑的**，在以后的讨论中总假定 L 是光滑的或分段光滑的．

性质 3　设在 L 上有 $f(x, y) \le g(x, y)$，则

$$\int_L f(x, y)\,ds \le \int_L g(x, y)\,ds.$$

性质 4（中值定理）　设函数 $f(x, y)$ 在光滑曲线 L 上连续，则在 L 上必存在一点 (ξ, η)，使

$$\int_L f(x, y)\,ds = f(\xi, \eta) \cdot s,$$

其中 s 是曲线 L 的长度．

三、第一类曲线积分的计算

设曲线 $\overset{\frown}{AB}$ (记为 L) 的参数方程为

$$x = x(t), \quad y = y(t) \quad (\alpha \le t \le \beta),$$

其中 $x(t)$，$y(t)$ 具有一阶连续导数，且 $x'^2(t) + y'^2(t) \ne 0$．又设函数 $f(x, y)$ 在曲线弧 L 上有定义且连续，根据曲线 L 的弧微分公式

$$ds = \sqrt{x'^2(t) + y'^2(t)}\,dt, \tag{1.9}$$

以及 $f(x,y)$ 在曲线弧 L 上的第一类曲线积分的定义, 即得

$$\int_L f(x,y)\mathrm{d}s = \int_\alpha^\beta f[x(t),y(t)]\sqrt{x'^2(t)+y'^2(t)}\,\mathrm{d}t. \tag{1.10}$$

关于公式 (1.10) 要注意两点: 一是被积函数 $f(x,y)$ 是定义在曲线 L 上的, 所以要把曲线 L 的参数方程代入被积函数中; 二是弧微分 $\mathrm{d}s>0$, 所以把第一类曲线积分化为定积分计算时, 上限必须大于下限, 这里的 α (或 β) 可能是点 A (或 B) 对应的参数, 也可能是点 B (或 A) 对应的参数.

如果曲线 L 的方程为 $y=y(x)$, $a \le x \le b$, 则

$$\int_L f(x,y)\mathrm{d}s = \int_a^b f[x,y(x)]\sqrt{1+y'^2(x)}\,\mathrm{d}x. \tag{1.11}$$

如果曲线 L 的方程为 $x=x(y)$, $c \le y \le d$, 则

$$\int_L f(x,y)\mathrm{d}s = \int_c^d f[x(y),y]\sqrt{1+x'^2(y)}\,\mathrm{d}y. \tag{1.12}$$

如果曲线 L 的方程为 $r=r(\theta)$, $\alpha \le \theta \le \beta$, 则

$$\int_L f(x,y)\mathrm{d}s = \int_\alpha^\beta f(r\cos\theta, r\sin\theta)\sqrt{r^2(\theta)+r'^2(\theta)}\,\mathrm{d}\theta. \tag{1.13}$$

公式 (1.10) 可推广到空间曲线 Γ 的情形. 设 Γ 的参数方程为

$$x=x(t),\quad y=y(t),\quad z=z(t) \qquad (\alpha \le t \le \beta),$$

则 $$\int_\Gamma f(x,y,z)\mathrm{d}s = \int_\alpha^\beta f[x(t),y(t),z(t)]\sqrt{x'^2(t)+y'^2(t)+z'^2(t)}\,\mathrm{d}t. \tag{1.14}$$

如果空间曲线 Γ 的方程以一般方程给出, 则可以将其先化为参数方程来计算.

例1 计算曲线积分 $I=\int_L (x^2+y^2)\mathrm{d}s$, 其中 L 是圆心在 $(R,0)$、半径为 R 的上半圆周 (见图 11-1-2).

解 由于上半圆周的参数方程为

$$x=R(1+\cos t),\quad y=R\sin t \ (0 \le t \le \pi),$$

所以, 由式 (1.10) 得

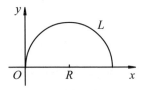

图 11-1-2

$$I=\int_0^\pi [R^2(1+\cos t)^2+R^2\sin^2 t]\sqrt{(-R\sin t)^2+(R\cos t)^2}\,\mathrm{d}t$$

$$=2R^3\int_0^\pi (1+\cos t)\,\mathrm{d}t = 2R^3[t+\sin t]\Big|_0^\pi$$

$$=2\pi R^3. \qquad\blacksquare$$

计算实验

注: 微信扫描右侧二维码, 即可进行计算实验 (详见教材配套的网络学习空间).

例2 计算半径为 R, 中心角为 2α 的圆弧 L 关于它的对称轴的转动惯量 I (设线密度 $\rho=1$).

解　取坐标系(如图 11-1-3 所示),则

$$I = \int_L y^2 \mathrm{d}s.$$

由于 L 的参数方程为

$$x = R\cos t, \quad y = R\sin t \; (-\alpha \leq t \leq \alpha),$$

所以

$$
\begin{aligned}
I &= \int_L y^2 \mathrm{d}s \\
&= \int_{-\alpha}^{\alpha} R^2 \sin^2 t \sqrt{(-R\sin t)^2 + (R\cos t)^2}\, \mathrm{d}t \\
&= R^3 \int_{-\alpha}^{\alpha} \sin^2 t\, \mathrm{d}t = \frac{R^3}{2}\left[t - \frac{\sin 2t}{2} \right]\Big|_{-\alpha}^{\alpha} \\
&= R^3(\alpha - \sin\alpha\cos\alpha).
\end{aligned}
$$

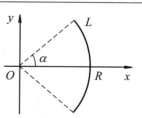

图 11-1-3

计算实验

例 3　计算 $\int_L |y|\,\mathrm{d}s$,其中 L 为双纽线 $(x^2 + y^2)^2 = a^2(x^2 - y^2)$ 的弧 (见图 11-1-4).

解　因双纽线的极坐标方程是

$$r^2 = a^2\cos 2\theta,$$

故

$$\mathrm{d}s = \sqrt{r^2 + r'^2}\,\mathrm{d}\theta = \frac{a}{\sqrt{\cos 2\theta}}\,\mathrm{d}\theta,$$

于是

$$
\begin{aligned}
\int_L |y|\,\mathrm{d}s &= 4\int_0^{\pi/4} a\sqrt{\cos 2\theta}\,\sin\theta\, \frac{a}{\sqrt{\cos 2\theta}}\,\mathrm{d}\theta \\
&= 4a^2\left[-\cos\theta\right]\Big|_0^{\pi/4} \\
&= 2(2 - \sqrt{2})a^2.
\end{aligned}
$$

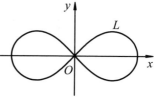

图 11-1-4

计算实验

注:微信扫描右侧二维码,即可进行计算实验(详见教材配套的网络学习空间).

例 4　求 $I = \int_\Gamma x^2 \mathrm{d}s$,其中 Γ 为球面 $x^2 + y^2 + z^2 = a^2$ 被平面 $x + y + z = 0$ 所截得的圆周.

解　由对称性,知

$$\int_\Gamma x^2 \mathrm{d}s = \int_\Gamma y^2 \mathrm{d}s = \int_\Gamma z^2 \mathrm{d}s,$$

所以

$$I = \frac{1}{3}\int_\Gamma (x^2 + y^2 + z^2)\,\mathrm{d}s = \frac{1}{3}\int_\Gamma a^2 \mathrm{d}s = \frac{a^2}{3}\int_\Gamma \mathrm{d}s = \frac{2\pi a^3}{3}.$$

*数学实验

实验 11.1　试用计算软件完成下列各题:

(1) 计算曲线积分 $\displaystyle\int_L \frac{6xy-6}{y}\mathrm{d}s$，其中 L 由 $x=\dfrac{1}{6y}(y^4+3)$ $(1\le y\le\sqrt{3})$ 给出；

(2) $\displaystyle\int_L (x^{4/3}+y^{4/3})\mathrm{d}s$，其中 L 为内摆线 $x^{2/3}+y^{2/3}=2^{2/3}$ 的弧；

(3) 计算线积分 $\displaystyle\int_L xyz\mathrm{d}s$，曲线 L 是 $\begin{cases}x^2+y^2+z^2=1\\z=y\end{cases}$ 在第 I 卦限内的部分；

(4) 心脏线 L 的极坐标方程为 $r=2(1-\cos\theta)$，$0\le\theta\le 2\pi$. 设其线密度为常量 $\mu=1$，求 L 的重心坐标 (x_0,y_0) 及对 Ox 轴的转动惯量 I_x.

详见教材配套的网络学习空间.

习题 11-1

1. 设在 xOy 面内有一分布着质量的曲线弧 L，在点 (x,y) 处它的线密度为 $\mu(x,y)$，用对弧长的曲线积分分别表达：

(1) 该曲线弧对 x 轴、y 轴的转动惯量 I_x 和 I_y；

(2) 该曲线弧的质心坐标 $\bar{x}$ 和 $\bar{y}$.

2. 计算 $\displaystyle\oint_L \sqrt{x^2+y^2}\mathrm{d}s$，其中 $L:x=a\cos t$，$y=a\sin t$ $(0\le t\le 2\pi)$.

3. 计算 $\displaystyle\int_L (x+y)\mathrm{d}s$，其中 L 为连接 $(1,0)$ 与 $(0,1)$ 两点的直线段.

4. 计算 $\displaystyle\int_L (x^{4/3}+y^{4/3})\mathrm{d}s$，其中 L 为内摆线 $x^{2/3}+y^{2/3}=a^{2/3}$ $(a>0)$ 的弧.

5. 计算曲线积分 $\displaystyle\int_\Gamma (x^2+y^2+z^2)\mathrm{d}s$，其中 Γ 为螺旋线 $x=a\cos t$，$y=a\sin t$，$z=kt$ 上对应于 t 从 0 到 2π 的一段弧.

6. 计算曲线积分 $\displaystyle\int_\Gamma x^2yz\mathrm{d}s$，其中 Γ 为折线 $ABCD$，这里 A,B,C,D 依次为点 $(0,0,0),(0,0,2)$, $(1,0,2),(1,3,2)$.

7. 计算 $\displaystyle\int_L x\mathrm{d}s$，其中 L 为对数螺线 $r=ae^{k\varphi}$ $(k>0)$ 在圆 $r=a$ 内部的部分.

8. 计算 $\displaystyle\oint_\Gamma \sqrt{2y^2+z^2}\mathrm{d}s$，其中 Γ 为球面 $x^2+y^2+z^2=a^2$ 与平面 $y=x$ 的交线.

9. 求半径为 a、中心角为 2φ 的均匀圆弧（线密度 $\rho=1$）的质心.

10. 求螺旋线 $x=a\cos t$，$y=a\sin t$，$z=bt$ $(0\le t\le 2\pi)$ 对 z 轴的转动惯量，设曲线的密度为常数 μ.

11. 设螺旋形弹簧一圈的方程为 $x=a\cos t$，$y=a\sin t$，$z=kt$，其中 $0\le t\le 2\pi$，它的线密度 $\rho(x,y,z)=x^2+y^2+z^2$. 求：

(1) 螺旋形弹簧关于 z 轴的转动惯量 I_z；

(2) 螺旋形弹簧的重心.

§11.2　第二类曲线积分

一、引例

设有一质点在 xOy 面内从点 A 沿光滑曲线弧 L 移动到点 B, 在移动过程中, 该质点受到力

$$\boldsymbol{F}(x,y) = P(x,y)\boldsymbol{i} + Q(x,y)\boldsymbol{j} \tag{2.1}$$

的作用, 其中 $P(x,y)$, $Q(x,y)$ 在 L 上连续. 试计算在上述移动过程中变力 $\boldsymbol{F}(x,y)$ 所作的功.

如果质点是受到常力 $\boldsymbol{F}$ 的作用, 且质点从点 A 沿直线移动到点 B, 则常力 $\boldsymbol{F}$ 所作的功为

$$W = \boldsymbol{F} \cdot \overrightarrow{AB}.$$

在本例中, 质点受到变力 $\boldsymbol{F}(x,y)$ 的作用, 且质点从点 A 沿曲线弧 L 移动到点 B, 下面, 我们用微元法来解决.

(1) **分割**　用 L 上的点把有向曲线弧 L 分成 n 个小段, 其分点依次记为 $A = M_0$, $M_1, \cdots, M_n = B$, 设有向小弧段 $\widehat{M_{i-1}M_i}$ 的弧长为 Δs_i(见图 11-2-1), 在 $\widehat{M_{i-1}M_i}$ 上任取一点 (ξ_i, η_i), 记该点处的力及单位切向量分别为

$$\boldsymbol{F}_i = \boldsymbol{F}(\xi_i, \eta_i), \quad \boldsymbol{t}_i = \cos\alpha_i \boldsymbol{i} + \cos\beta_i \boldsymbol{j}.$$

于是, 若 Δs_i 充分小, 则力 $\boldsymbol{F}$ 将质点从 M_{i-1} 沿曲线移动到 M_i 时, 所作的功(见图 11-2-2)近似为

$$\boldsymbol{F}_i \cdot \boldsymbol{t}_i \Delta s_i \quad (i=1,2,\cdots,n).$$

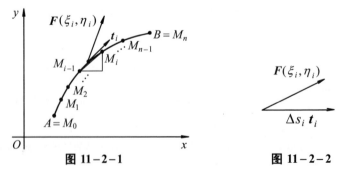

图 11-2-1　　　　　图 11-2-2

(2) **求和**　所求功的近似值为

$$W \approx \sum_{i=1}^{n} \boldsymbol{F}_i \cdot \boldsymbol{t}_i \Delta s_i.$$

(3) **取极限**　所求功的精确值为

$$W = \lim_{\lambda \to 0} \sum_{i=1}^{n} \boldsymbol{F}_i \cdot \boldsymbol{t}_i \Delta s_i, \ \text{其中} \ \lambda = \max\{\Delta s_1, \Delta s_2, \cdots, \Delta s_n\}. \tag{2.2}$$

式 (2.2) 中和式的极限称为向量函数 $\boldsymbol{F}(x, y)$ 在曲线 L 上的第二类曲线积分. 根据第一类曲线积分的定义, 上述极限可表示成

$$W = \int_L \boldsymbol{F} \cdot \boldsymbol{t} \, \mathrm{d}s, \tag{2.3}$$

其中 $\boldsymbol{F} = P(x, y)\boldsymbol{i} + Q(x, y)\boldsymbol{j}$, $\boldsymbol{t} = \cos\alpha \boldsymbol{i} + \cos\beta \boldsymbol{j}$, 于是

$$W = \int_L \boldsymbol{F} \cdot \boldsymbol{t} \, \mathrm{d}s = \int_L (P\cos\alpha + Q\cos\beta) \, \mathrm{d}s. \tag{2.4}$$

注: 若质点的运动方向与指定的曲线方向相反, 则 $\boldsymbol{t}$ 的方向也相反, 故所作的功 W 改变符号, 可见这种积分与曲线的方向有关, 是一种特殊的第一类曲线积分, 我们称它为第二类曲线积分. 下面给出其一般定义.

二、第二类曲线积分的定义与性质

定义1 设 L 为 xOy 面内从点 A 到点 B 的一条有向光滑曲线弧, 在 L 上每一点 (x, y) 处作曲线的单位切向量 $\boldsymbol{t} = \cos\alpha \boldsymbol{i} + \cos\beta \boldsymbol{j}$ (α, β 分别是 $\boldsymbol{t}$ 与 x 轴, y 轴正向的夹角), 其方向与指定的曲线方向一致, 又设

$$\boldsymbol{A}(x, y) = P(x, y)\boldsymbol{i} + Q(x, y)\boldsymbol{j},$$

其中 $P(x, y), Q(x, y)$ 在 L 上有界, 则函数

$$\boldsymbol{A} \cdot \boldsymbol{t} = P\cos\alpha + Q\cos\beta$$

在曲线 L 上的第一类曲线积分

$$\int_L \boldsymbol{A} \cdot \boldsymbol{t} \, \mathrm{d}s = \int_L (P\cos\alpha + Q\cos\beta) \, \mathrm{d}s \tag{2.5}$$

称为函数 $\boldsymbol{A} = \boldsymbol{A}(x, y)$ 沿有向曲线 L 的**第二类曲线积分**.

可以证明当 $P(x, y)$, $Q(x, y)$ 在有向曲线弧 L 上连续时, 上述第二类曲线积分存在 (证明略). 因此, 在以后的讨论中, 我们总假定 $P(x, y)$, $Q(x, y)$ 在 L 上是连续的.

图 11-2-3

记 $\mathrm{d}\boldsymbol{s} = \boldsymbol{t} \cdot \mathrm{d}s$, 称其为曲线 L 的**有向曲线元**, 它是一个向量, 该向量在两坐标轴上的投影分别为 $\Delta x = \mathrm{d}x$, $\Delta y = \mathrm{d}y$, 即

$$\mathrm{d}x = \cos\alpha \, \mathrm{d}s, \quad \mathrm{d}y = \cos\beta \, \mathrm{d}s \ (\text{见图} 11-2-3), \tag{2.6}$$

其中 α, β 为锐角时 $\mathrm{d}x$, $\mathrm{d}y$ 取正号, α, β 为钝角时 $\mathrm{d}x$, $\mathrm{d}y$ 取负号, α, β 为直角时 $\mathrm{d}x$, $\mathrm{d}y$ 等于零. 因此

$$\mathrm{d}\boldsymbol{s} = \boldsymbol{t}\mathrm{d}s = \{\cos\alpha, \cos\beta\}\mathrm{d}s = \{\cos\alpha \mathrm{d}s, \cos\beta \mathrm{d}s\} = \{\mathrm{d}x, \mathrm{d}y\},$$

于是, 第二类曲线积分有下列四种形式:

$$\int_L \boldsymbol{A}\mathrm{d}\boldsymbol{s} = \int_L \boldsymbol{A} \cdot \boldsymbol{t} \, \mathrm{d}s = \int_L (P\cos\alpha + Q\cos\beta) \, \mathrm{d}s = \int_L P\mathrm{d}x + Q\mathrm{d}y. \tag{2.7}$$

平面上的第二类曲线积分在实际应用中常出现的形式是

$$\int_L P(x,y)\,\mathrm{d}x + Q(x,y)\,\mathrm{d}y = \int_L P(x,y)\,\mathrm{d}x + \int_L Q(x,y)\,\mathrm{d}y.$$

这种形式的第二类曲线积分又称为 **对坐标的曲线积分**.

根据上述定义, 引例中所求的功就可表示为

$$W = \int_L \boldsymbol{F} \cdot \boldsymbol{t}\,\mathrm{d}s = \int_L P(x,y)\,\mathrm{d}x + Q(x,y)\,\mathrm{d}y.$$

上述定义可以推广到积分弧段为空间有向曲线弧 Γ 的情形:

设函数 $A(x,y,z) = P(x,y,z)\boldsymbol{i} + Q(x,y,z)\boldsymbol{j} + R(x,y,z)\boldsymbol{k}$, 则函数 $A = A(x,y,z)$ 沿有向曲线 Γ 的 **第二类曲线积分** 为

$$\int_\Gamma A(x,y,z) \cdot \boldsymbol{t}\,\mathrm{d}s = \int_\Gamma A(x,y,z) \cdot \mathrm{d}\boldsymbol{s},$$

其中 $\boldsymbol{t} = \cos\alpha\boldsymbol{i} + \cos\beta\boldsymbol{j} + \cos\gamma\boldsymbol{k}$ 为有向曲线 Γ 上点 (x,y,z) 处的单位切向量, α, β, γ 为有向曲线 Γ 上点 (x,y,z) 处的切线向量的方向角, $\mathrm{d}\boldsymbol{s} = \mathrm{d}x\boldsymbol{i} + \mathrm{d}y\boldsymbol{j} + \mathrm{d}z\boldsymbol{k}$ 为 **空间有向曲线元**, 它在三条坐标轴上的投影分别为

$$\mathrm{d}x = \cos\alpha\mathrm{d}s, \quad \mathrm{d}y = \cos\beta\mathrm{d}s, \quad \mathrm{d}z = \cos\gamma\mathrm{d}s,$$

因此

$$\begin{aligned}
\int_\Gamma A(x,y,z) \cdot \boldsymbol{t}\,\mathrm{d}s &= \int_\Gamma A(x,y,z) \cdot \mathrm{d}\boldsymbol{s} \\
&= \int_\Gamma (P\cos\alpha + Q\cos\beta + R\cos\gamma)\,\mathrm{d}s \\
&= \int_\Gamma P\mathrm{d}x + Q\mathrm{d}y + R\mathrm{d}z.
\end{aligned} \tag{2.8}$$

式 (2.7) 和式 (2.8) 同时也分别给出了平面和空间中两类曲线积分之间的联系.

与第一类曲线积分的情形类似, 如果 L (或 Γ) 是分段光滑的, 则规定函数在有向曲线弧 L (或 Γ) 上的第二类曲线积分等于在光滑的各段上第二类曲线积分之和.

根据第二类曲线积分的定义, 可以推出第二类曲线积分的一些性质, 例如, 第二类曲线积分也满足与定积分类似的线性运算性质等. 下面仅列出两条常用的性质.

性质 1　设 L 是有向曲线弧, $-L$ 是与 L 方向相反的有向曲线弧, 则

$$\int_{-L} P(x,y)\,\mathrm{d}x + Q(x,y)\,\mathrm{d}y = -\int_L P(x,y)\,\mathrm{d}x + Q(x,y)\,\mathrm{d}y,$$

即第二类曲线积分与积分弧段的方向有关.

性质 2　设 L 由 L_1 和 L_2 两段光滑曲线组成, 则

$$\int_L P\mathrm{d}x + Q\mathrm{d}y = \int_{L_1} P\mathrm{d}x + Q\mathrm{d}y + \int_{L_2} P\mathrm{d}x + Q\mathrm{d}y.$$

三、第二类曲线积分的计算

设有向曲线弧 $\overset{\frown}{AB}$ (记为 L) 的参数方程为 $x = x(t), y = y(t)$, 其中 $x(t), y(t)$ 在以

α 及 β 为端点的闭区间上具有一阶连续导数. 当参数 t 单调地由 α 变到 β 时,点 $M(x,y)$ 从 L 的起点 A 沿 L 运动到终点 B. 如果 $P(x,y)$, $Q(x,y)$ 在有向曲线弧 L 上有定义且连续, 则

$$\int_L P(x,y)\mathrm{d}x + Q(x,y)\mathrm{d}y = \int_\alpha^\beta \{P[x(t),y(t)]x'(t) + Q[x(t),y(t)]y'(t)\}\mathrm{d}t. \quad (2.9)$$

如果曲线 L 的方程为 $y = y(x)$, 起点为 a, 终点为 b, 则

$$\int_L P\mathrm{d}x + Q\mathrm{d}y = \int_a^b \{P[x,y(x)] + Q[x,y(x)]y'(x)\}\mathrm{d}x.$$

如果曲线 L 的方程为 $x = x(y)$, 起点为 c, 终点为 d, 则

$$\int_L P\mathrm{d}x + Q\mathrm{d}y = \int_c^d \{P[x(y),y]x'(y) + Q[x(y),y]\}\mathrm{d}y.$$

公式 (2.9) 可推广到空间曲线 Γ 由参数方程 $x = x(t)$, $y = y(t)$, $z = z(t)$ 给出的情形, 此时有

$$\int_\Gamma P\mathrm{d}x + Q\mathrm{d}y + R\mathrm{d}z = \int_\alpha^\beta \{P[x(t),y(t),z(t)]x'(t)$$
$$+ Q[x(t),y(t),z(t)]y'(t) + R[x(t),y(t),z(t)]z'(t)\}\mathrm{d}t,$$

其中下限 α 对应于 Γ 的起点, 上限 β 对应于 Γ 的终点.

例1 计算 $I = \int_L (x^2 - y)\mathrm{d}x + (y^2 + x)\mathrm{d}y$ 的值, 其中 L 分别为图 $11-2-4$ 中的路径:

(1) 从 $A(0,1)$ 到 $C(1,2)$ 的直线;

(2) 从 $A(0,1)$ 到 $B(1,1)$ 再从 $B(1,1)$ 到 $C(1,2)$ 的折线;

(3) 从 $A(0,1)$ 沿抛物线 $y = x^2 + 1$ 到 $C(1,2)$.

解 (1) 连接 $(0,1)$, $(1,2)$ 两点的直线方程为

$$y = x + 1,$$

对应于 L 的方向, x 从 0 变到 1, 所以

$$I = \int_L (x^2 - y)\mathrm{d}x + (y^2 + x)\mathrm{d}y$$
$$= \int_0^1 [(x^2 - x - 1) + (x+1)^2 + x]\mathrm{d}x$$
$$= \int_0^1 (2x^2 + 2x)\mathrm{d}x = \frac{5}{3}.$$

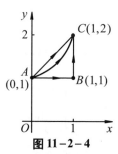

图 $11-2-4$

计算实验

(2) 从 $(0,1)$ 到 $(1,1)$ 的直线为 $y = 1$, x 从 0 变到 1, 且 $\mathrm{d}y = 0$;

又从 $(1,1)$ 到 $(1,2)$ 的直线为 $x = 1$, y 从 1 变到 2, 且 $\mathrm{d}x = 0$, 于是

$$I = \int_L (x^2 - y)\mathrm{d}x + (y^2 + x)\mathrm{d}y$$
$$= \int_{AB} (x^2 - y)\mathrm{d}x + (y^2 + x)\mathrm{d}y + \int_{BC} (x^2 - y)\mathrm{d}x + (y^2 + x)\mathrm{d}y$$
$$= \int_0^1 (x^2 - 1)\mathrm{d}x + \int_1^2 (y^2 + 1)\mathrm{d}y = -\frac{2}{3} + \frac{10}{3} = \frac{8}{3}.$$

(3) 将 I 化为对 x 的定积分, $L: y = x^2 + 1$, x 从 0 变到 1, $\mathrm{d}y = 2x\mathrm{d}x$, 于是

$$
\begin{aligned}
I &= \int_L (x^2 - y)\mathrm{d}x + (y^2 + x)\mathrm{d}y \\
&= \int_0^1 \{[x^2 - (x^2 + 1)] + [(x^2 + 1)^2 + x] \cdot 2x\}\mathrm{d}x \\
&= \int_0^1 (2x^5 + 4x^3 + 2x^2 + 2x - 1)\mathrm{d}x = 2.
\end{aligned}
$$

例2　计算 $\int_L xy\mathrm{d}x$, 其中 L 为抛物线 $y^2 = x$ 上从 $A(1, -1)$ 到 $B(1, 1)$ 的一段弧 (见图 11−2−5).

解　本例化为对 y 的定积分来计算较为简单, 这样, 曲线 L 的方程为 $x = y^2$, 对于 L 的方向, 变量 y 从 −1 到 1. 所以

$$
\int_L xy\mathrm{d}x = \int_{-1}^1 y^2 y (y^2)'\mathrm{d}y = 2\int_{-1}^1 y^4\mathrm{d}y = \frac{4}{5}.
$$

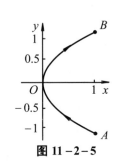

图 11−2−5

注: 本例如果化为对 x 的定积分则较复杂. 因此实际计算中, 应根据具体情况来选择积分变量, 尽可能化简计算.

例3　计算 $\int_\Gamma x\mathrm{d}x + y\mathrm{d}y + (x + y - 1)\mathrm{d}z$, Γ 为点 $A(2, 3, 4)$ 至点 $B(1, 1, 1)$ 的空间有向线段.

解　直线 AB 的方程为

$$
\frac{x-1}{1} = \frac{y-1}{2} = \frac{z-1}{3},
$$

改写成参数方程为

$$
x = t + 1, \quad y = 2t + 1, \quad z = 3t + 1 \quad (0 \le t \le 1),
$$

$t = 1$ 对应着起点 A, $t = 0$ 对应着终点 B, 于是

$$
\begin{aligned}
\int_\Gamma x\mathrm{d}x + y\mathrm{d}y + (x + y - 1)\mathrm{d}z &= \int_1^0 [(t+1) + 2(2t+1) + 3(3t+1)]\mathrm{d}t \\
&= \int_1^0 (14t + 6)\mathrm{d}t = -13.
\end{aligned}
$$

例4　求质点在力 $\boldsymbol{F} = x^2\boldsymbol{i} - xy\boldsymbol{j}$ 的作用下沿着曲线 L (见图 11−2−6): $x = \cos t$, $y = \sin t$ 从点 $A(1, 0)$ 移动到点 $B(0, 1)$ 时所作的功.

解　注意到对于 L 的方向, 参数 t 从 0 变到 $\pi/2$, 所以

$$
\begin{aligned}
W &= \int_{\widehat{AB}} x^2\mathrm{d}x - xy\mathrm{d}y \\
&= \int_0^{\pi/2} \cos^2 t\mathrm{d}\cos t - \cos t\sin t\mathrm{d}\sin t \\
&= \int_0^{\pi/2} (-2\cos^2 t\sin t)\mathrm{d}t = 2\left[\frac{\cos^3 t}{3}\right]\Big|_0^{\pi/2} = -\frac{2}{3}.
\end{aligned}
$$

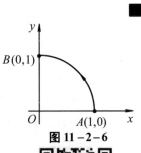

图 11−2−6

计算实验

注：微信扫描右侧二维码，即可进行计算实验(详见教材配套的网络学习空间).

*数学实验

实验 11.2 试用计算软件完成下列各题：

(1) 计算曲线积分 $\oint_L (2x-xy)\mathrm{d}x+(x^3-2xy)\mathrm{d}y$, 式中 L 是 $O(0,0)$ 沿曲线 $y=\dfrac{x^2}{2}$ 到 $B(2,2)$, 再沿直线 $y=2$ 到 $A(0,2)$, 最后沿 y 轴回到 $O(0,0)$.

(2) 计算 $\oint_L xy(y\mathrm{d}x-x\mathrm{d}y)$, 式中 L 是双纽线的右半支：$(x^2+y^2)^2=a^2(x^2-y^2)$, $x\geq 0$ 的逆时针方向.

(3) 计算曲线积分 $\displaystyle\int_r \dfrac{x\mathrm{d}x+y\mathrm{d}y+z\mathrm{d}z}{\sqrt{x^2+y^2+z^2}}$, 其中 r 是曲线 $\begin{cases} x=\sin t \\ y=\cos t \\ z=\mathrm{e}^t \end{cases}$ 上从 $t=0$ 到 $t=\dfrac{\pi}{2}$ 的一段.

(4) 求质点沿曲线 $L:\dfrac{x^2}{16}+\dfrac{y^2}{9}=1$, $z=0$ 的逆时针方向运转一周时力场

$$F=(3x-4y+2z)\boldsymbol{i}+(4x+2y-3z^2)\boldsymbol{j}+(2xz-4y^2+z^2)\boldsymbol{k}$$

所作的功 W.

详见教材配套的网络学习空间.

习题 11-2

1. 计算 $\displaystyle\int_L y\mathrm{d}x+\sin x\mathrm{d}y$, 其中 L 为 $y=\sin x$ $(0\leq x\leq \pi)$ 与 x 轴所围成的闭曲线, 依顺时针方向.

2. 计算 $\displaystyle\int_L y\mathrm{d}x+x\mathrm{d}y$, 其中 L 为圆周 $x=R\cos t$, $y=R\sin t$ 上对应于 t 从 0 到 $\dfrac{\pi}{2}$ 的一段弧.

3. 计算曲线积分 $\displaystyle\int_L x\mathrm{d}x+y\mathrm{e}^{2x-x^2}\mathrm{d}y$, 其中 L 为从 $O(0,0)$ 经圆弧 $y=\sqrt{2x-x^2}$ 到点 $B(1,1)$ 的那一段.

4. 计算曲线积分 $\displaystyle\oint_L \dfrac{(x+y)\mathrm{d}x-(x-y)\mathrm{d}y}{x^2+y^2}$, 其中 L 为圆周 $x^2+y^2=a^2$ (按逆时针方向绕行).

5. 计算 $\displaystyle\int_\Gamma (y^2-z^2)\mathrm{d}x+2yz\mathrm{d}y-x^2\mathrm{d}z$, 设 $x=t$, $y=t^2$, $z=t^3$ $(0\leq t\leq 1)$. 式中 Γ 的方向依参数增加的方向.

6. 计算 $\displaystyle\int_\Gamma x^2\mathrm{d}x+z\mathrm{d}y-y\mathrm{d}z$, 其中 Γ 为 $x=k\theta$, $y=a\cos\theta$, $z=a\sin\theta$ 上对应于 θ 从 0 到 π 的一段弧.

7. 计算 $\displaystyle\int_\Gamma x^3\mathrm{d}x+3zy^2\mathrm{d}y-x^2y\mathrm{d}z$, 其中 Γ 是从点 $A(3,2,1)$ 到点 $B(0,0,0)$ 的直线段 AB.

8. 计算 $\displaystyle\oint_\Gamma (y-z)\mathrm{d}x+(z-x)\mathrm{d}y+(x-y)\mathrm{d}z$, 其中 Γ 为圆柱面 $x^2+y^2=a^2$ 与平面 $\dfrac{x}{a}+\dfrac{z}{h}=1$

$(a>0, h>0)$ 的交线 l，从 x 轴正向看 Γ 为逆时针方向.

9. 在过点 $O(0,0)$ 和 $A(\pi,0)$ 的曲线族 $y=\alpha\sin x\,(\alpha>0)$ 中，求一条曲线 L，使该曲线从 O 到 A 的积分 $\int_L (1+y^3)\mathrm{d}x+(2x+y)\mathrm{d}y$ 的值最小.

10. 计算 $\int_L xy\mathrm{d}x+(y-x)\mathrm{d}y$，其中 L 分别为路线（见题 10 图）：

(1) 直线 $\overline{AB}$；(2) 抛物线 $\overset{\frown}{ACB}: y=2(x-1)^2+1$；(3) 三角形 $\triangle ADBA$.

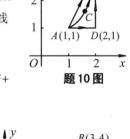

11. 设 Γ 为曲线 $x=t$，$y=t^2$，$z=t^3$ 上对应于 t 从 0 变到 1 的曲线弧. 把对坐标的曲线积分 $\int_\Gamma P\mathrm{d}x+Q\mathrm{d}y+R\mathrm{d}z$ 化成对弧长的曲线积分.

题 10 图

12. 计算沿空间曲线对坐标的曲线积分 $\int_\Gamma xyz\mathrm{d}z$，其中 Γ 是 $x^2+y^2+z^2=1$ 与 $y=z$ 相交的圆，其方向沿曲线依次经过第 I，II，VII，VIII 卦限.

13. 设 z 轴与重力的方向一致，求质量为 m 的质点从位置 (x_1,y_1,z_1) 沿直线移到 (x_2,y_2,z_2) 时重力所作的功.

14. 质点 p 沿以 AB 为直径的半圆周，从点 $A(1,2)$ 运动至点 $B(3,4)$ 的过程中，受到变力 F 的作用（见题 14 图），F 的大小等于点 P 与原点 O 之间的距离，其方向垂直于线段 OP，且与 y 轴正向的夹角小于 $\dfrac{\pi}{2}$，求变力 F 对质点所作的功.

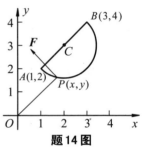

题 14 图

§11.3　格林公式及其应用

一、格林[①]公式

在介绍格林公式之前，我们先要介绍平面区域连通性的概念.

设 D 为一平面区域，如果区域 D 内任一闭曲线所围成的部分都属于 D，则称 D 为平面**单连通区域**，否则称为**复连通区域**. 从几何直观上看，平面单连通区域就是不含有"洞"（包括点"洞"）的区域，复连通区域是含有"洞"（或点"洞"）的区域. 例如，平面上的圆形区域 $\{(x,y)\,|\,x^2+y^2<4\}$、半平面 $\{(x,y)\,|\,x>0\}$ 都是单连通区域，而圆环形区域 $\{(x,y)\,|\,1<x^2+y^2<4\}$，$\{(x,y)\,|\,0<x^2+y^2<1\}$ 都是复连通区域.

设平面区域 D 由曲线 L 围成，我们规定 **L 的正向**如下：当观察者沿着曲线 L 的这个方向前进时，能保持区域 D 总在他的左侧. 与曲线 L 的正向相反的方向称为 **L 的负向**.

---

① 格林 (G. Green, 1793 — 1841)，英国数学家.

例如，在如图 11－3－1 所示的复连通区域中，作为 D 的正向边界，L 应选逆时针方向，而 l 应选顺时针方向.

图 11－3－1

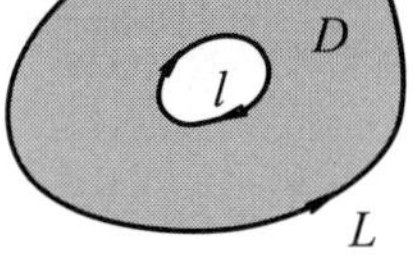

定理 1　设闭区域 D 由分段光滑的曲线 L 围成，函数 $P(x,y)$ 及 $Q(x,y)$ 在 D 上具有一阶连续偏导数，则有

$$\iint_D\left(\frac{\partial Q}{\partial x}-\frac{\partial P}{\partial y}\right)\mathrm{d}x\mathrm{d}y=\oint_L P\mathrm{d}x+Q\mathrm{d}y, \tag{3.1}$$

其中 L 是 D 的取正向的边界曲线.

公式 (3.1) 称为**格林公式**.

证明　根据区域 D 的不同形状，分三种情形来证明.

(1) 若区域 D 既是 X－型的又是 Y－型的 (见图 11－3－2)，这时区域 D 可表示为

$$a\le x\le b,\ \varphi_1(x)\le y\le\varphi_2(x),$$

或

$$c\le y\le d,\ \psi_1(y)\le x\le\psi_2(y),$$

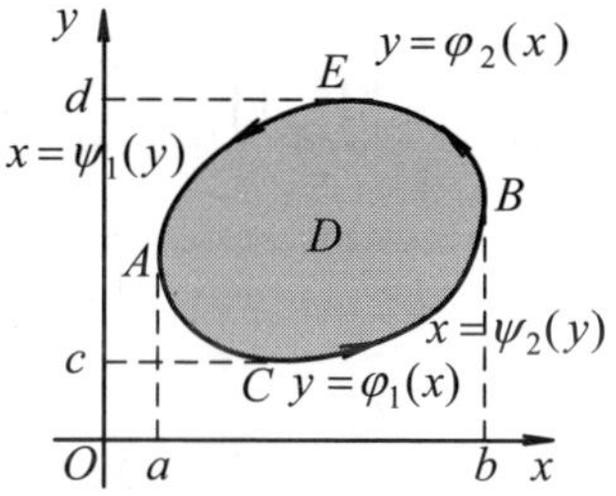

图 11－3－2

于是，根据二重积分的计算方法，有

$$\begin{aligned}\iint_D\frac{\partial Q}{\partial x}\mathrm{d}x\mathrm{d}y&=\int_c^d\mathrm{d}y\int_{\psi_1(y)}^{\psi_2(y)}\frac{\partial Q}{\partial x}\mathrm{d}x\\&=\int_c^d Q(\psi_2(y),y)\,\mathrm{d}y-\int_c^d Q(\psi_1(y),y)\,\mathrm{d}y\\&=\int_{CBE}Q(x,y)\mathrm{d}y-\int_{CAE}Q(x,y)\mathrm{d}y\\&=\int_{CBE}Q(x,y)\mathrm{d}y+\int_{EAC}Q(x,y)\mathrm{d}y=\oint_L Q(x,y)\mathrm{d}y.\end{aligned}$$

同理可证

$$-\iint_D\frac{\partial P}{\partial y}\mathrm{d}x\mathrm{d}y=\oint_L P(x,y)\,\mathrm{d}x,$$

两式相加，得

$$\iint_D\left(\frac{\partial Q}{\partial x}-\frac{\partial P}{\partial y}\right)\mathrm{d}x\mathrm{d}y=\oint_L P\mathrm{d}x+Q\mathrm{d}y.$$

(2) 若区域 D 由一条分段光滑的闭曲线 L 围成，则可用几段辅助曲线将 D 分成有限个既是 X－型又是 Y－型的区域，然后逐个应用 (1) 中的方法证得格林公式，再将它们相加，并抵消掉沿几条辅助曲线的积分 (因取向相反，它们的积分值正好相互抵消)，就可证得格林公式 (3.1). 如图 11－3－3 所示，可将区域 D 分成三个既是 X－型又是 Y－型的区域 D_1, D_2, D_3，于是

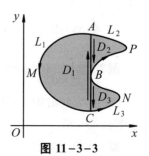

图 11－3－3

$$\iint\limits_{D}\left(\frac{\partial Q}{\partial x}-\frac{\partial P}{\partial y}\right)\mathrm{d}x\mathrm{d}y=\left(\iint\limits_{D_1}+\iint\limits_{D_2}+\iint\limits_{D_3}\right)\left(\frac{\partial Q}{\partial x}-\frac{\partial P}{\partial y}\right)\mathrm{d}x\mathrm{d}y$$

$$=\oint_{\widehat{MCBAM}}P\mathrm{d}x+Q\mathrm{d}y+\oint_{\widehat{ABPA}}P\mathrm{d}x+Q\mathrm{d}y+\oint_{\widehat{BCNB}}P\mathrm{d}x+Q\mathrm{d}y$$

$$=\oint_{L_1+L_2+L_3}P\mathrm{d}x+Q\mathrm{d}y=\oint_{L}P\mathrm{d}x+Q\mathrm{d}y.$$

(3) 一般地, 如果区域 D 由几条闭曲线围成(见图 11–3–4), 可添加直线段 AB, CE, 使 D 的边界曲线由 AB, L_2, BA, AFC, CE, L_3, EC 及 CGA 构成. 于是, 由(2)知

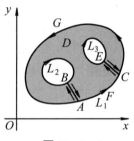

图 11–3–4

$$\iint\limits_{D}\left(\frac{\partial Q}{\partial x}-\frac{\partial P}{\partial y}\right)\mathrm{d}x\mathrm{d}y$$

$$=\left\{\int_{AB}+\int_{L_2}+\int_{BA}+\int_{AFC}+\int_{CE}\right.$$

$$\left.+\int_{L_3}+\int_{EC}+\int_{CGA}\right\}\cdot(P\mathrm{d}x+Q\mathrm{d}y)$$

$$=\left(\oint_{L_2}+\oint_{L_3}+\oint_{L_1}\right)(P\mathrm{d}x+Q\mathrm{d}y)=\oint_{L}P\mathrm{d}x+Q\mathrm{d}y.$$

综上所述, 我们就证明了格林公式 (3.1).　　　■

格林公式沟通了曲线积分与二重积分之间的联系. 为方便记忆, 格林公式也可以借助于行列式来表述:

$$\iint\limits_{D}\begin{vmatrix}\dfrac{\partial}{\partial x}&\dfrac{\partial}{\partial y}\\P&Q\end{vmatrix}\mathrm{d}x\mathrm{d}y=\oint_{L}P\mathrm{d}x+Q\mathrm{d}y.$$

例 1　求 $\oint_{L}xy^2\mathrm{d}y-x^2y\mathrm{d}x$, 其中 L 为圆周 $x^2+y^2=R^2$ 依逆时针方向 (见图 11–3–5).

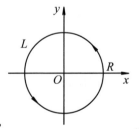

图 11–3–5

解　由题意知, $P=-x^2y$, $Q=xy^2$, L 为区域边界的正向, 故根据格林公式, 有

$$\oint_{L}xy^2\mathrm{d}y-x^2y\mathrm{d}x=\iint\limits_{D}(y^2+x^2)\mathrm{d}x\mathrm{d}y=\int_0^{2\pi}\mathrm{d}\theta\int_0^R r^2r\mathrm{d}r=\frac{\pi R^4}{2}.$$　■

例 2　求 $\int_{\widehat{ABO}}(\mathrm{e}^x\sin y-my)\mathrm{d}x+(\mathrm{e}^x\cos y-m)\mathrm{d}y$, 其中 $\widehat{ABO}$ 为由点 $A(a,0)$ 到点 $O(0,0)$ 的上半圆周 $x^2+y^2=ax$ (见图 11–3–6).

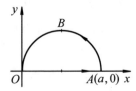

图 11–3–6

解　在 Ox 轴作连接点 $O(0,0)$ 与点 $A(a,0)$ 的辅助线,

它与上半圆周便构成封闭的半圆形 $ABOA$, 于是

$$\int_{\overarc{ABO}} = \oint_{ABOA} - \int_{\overline{OA}}.$$

根据格林公式, 有

$$\oint_{ABOA}(\mathrm{e}^x\sin y - my)\mathrm{d}x + (\mathrm{e}^x\cos y - m)\mathrm{d}y$$

$$= \iint_D [\mathrm{e}^x\cos y - (\mathrm{e}^x\cos y - m)]\mathrm{d}x\mathrm{d}y$$

$$= \iint_D m\,\mathrm{d}x\mathrm{d}y = m\cdot\frac{1}{2}\cdot\pi\left(\frac{a}{2}\right)^2 = \frac{\pi ma^2}{8}.$$

由于 $\overline{OA}$ 的方程为 $y = 0$, 所以

$$\int_{\overline{OA}}(\mathrm{e}^x\sin y - my)\mathrm{d}x + (\mathrm{e}^x\cos y - m)\mathrm{d}y = 0,$$

综上所述, 得

$$\int_{\overarc{ABO}}(\mathrm{e}^x\sin y - my)\mathrm{d}x + (\mathrm{e}^x\cos y - m)\mathrm{d}y = \frac{\pi ma^2}{8}.\ \blacksquare$$

注: 本例中, 我们通过添加一段简单的辅助曲线, 使它与所给曲线构成一封闭曲线, 然后利用格林公式把所求曲线积分化为二重积分来计算. 在利用格林公式计算曲线积分时, 这是一种常用的方法.

例3 计算 $\oint_L \dfrac{x\mathrm{d}y - y\mathrm{d}x}{x^2 + y^2}$, 其中 L 为一条无重点[①]、分段光滑且不经过原点的连续闭曲线, L 的方向为逆时针方向.

解 记 L 所围成的闭区域为 D, 令

$$P = \frac{-y}{x^2 + y^2}, \quad Q = \frac{x}{x^2 + y^2},$$

则当 $x^2 + y^2 \neq 0$ 时, 有

$$\frac{\partial Q}{\partial x} = \frac{y^2 - x^2}{(x^2 + y^2)^2} = \frac{\partial P}{\partial y}.$$

情形 1. 当 $(0,0) \notin D$ 时, 由格林公式, 得

$$\oint_L \frac{x\mathrm{d}y - y\mathrm{d}x}{x^2 + y^2} = \iint_D \left(\frac{\partial Q}{\partial x} - \frac{\partial P}{\partial y}\right)\mathrm{d}x\mathrm{d}y = 0.$$

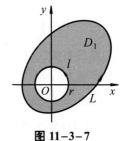

图 11-3-7

情形 2. 当 $(0,0) \in D$ 时, 作一位于 D 内的圆周 $l: x^2 + y^2 = r^2$, 记由 L 和 l 所围成的区域为 D_1(见图 11-3-7), 则由格林公式, 得

① 对于连续曲线 $L: x = \varphi(t), y = \psi(t), \alpha \leq t \leq \beta$, 如果除了 $t = \alpha, t = \beta$ 外, 当 $t_1 \neq t_2$ 时, $(\varphi(t_1), \psi(t_1))$ 与 $(\varphi(t_2), \psi(t_2))$ 总是相异的, 则称 L 是无重点的曲线.

$$\oint_L \frac{x\mathrm{d}y - y\mathrm{d}x}{x^2 + y^2} - \oint_l \frac{x\mathrm{d}y - y\mathrm{d}x}{x^2 + y^2} = \iint\limits_{D_1} \left(\frac{\partial Q}{\partial x} - \frac{\partial P}{\partial y} \right) \mathrm{d}x\mathrm{d}y = 0,$$

所以, 利用 l 的参数方程 $x = r\cos t,\ y = r\sin t\ (0 \le t \le 2\pi)$, 得

$$\oint_L \frac{x\mathrm{d}y - y\mathrm{d}x}{x^2 + y^2} = \oint_l \frac{x\mathrm{d}y - y\mathrm{d}x}{x^2 + y^2} = \int_0^{2\pi} \frac{r^2\cos^2 t + r^2\sin^2 t}{r^2}\,\mathrm{d}t = 2\pi.$$

若在格林公式 (3.1) 中, 令 $P = -y,\ Q = x$, 得

$$2\iint\limits_D \mathrm{d}x\mathrm{d}y = \oint_L x\mathrm{d}y - y\mathrm{d}x,$$

上式左端是闭区域 D 的面积 A 的两倍, 因此有

$$A = \frac{1}{2}\oint_L x\mathrm{d}y - y\mathrm{d}x. \qquad\blacksquare \tag{3.2}$$

例 4　求椭圆 $x = a\cos\theta,\ y = b\sin\theta$ 所围成的图形的面积 A.

解　由公式 (3.2), 有

$$A = \frac{1}{2}\oint_L x\mathrm{d}y - y\mathrm{d}x = \frac{1}{2}\int_0^{2\pi}(ab\cos^2\theta + ab\sin^2\theta)\mathrm{d}\theta = \frac{1}{2}ab\int_0^{2\pi}\mathrm{d}\theta = \pi ab. \qquad\blacksquare$$

二、平面曲线积分与路径无关的定义与条件

从 §11.2 我们知道, 沿着具有相同起点和终点但积分路径不同的第二类曲线积分, 其积分值可能相等, 也可能不相等. 本节我们要来讨论在怎样的条件下平面曲线积分与积分路径无关. 为此首先给出平面曲线积分与积分路径无关的概念.

设函数 $P(x,y)$ 及 $Q(x,y)$ 在平面区域 D 内具有一阶连续偏导数. 若对于 D 内任意指定的两个点 A, B, 及 D 内从点 A 到点 B 的任意两条曲线 L_1, L_2 (见图 11–3–8), 有

$$\int_{L_1} P\mathrm{d}x + Q\mathrm{d}y = \int_{L_2} P\mathrm{d}x + Q\mathrm{d}y,$$

则称 **曲线积分 $\int_L P\mathrm{d}x + Q\mathrm{d}y$ 在 D 内与路径无关**, 否则称为 **与路径有关**.

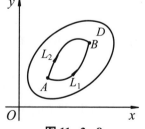

图 11–3–8

定理 2　设开区域 D 是一个单连通域, 函数 $P(x,y)$ 及 $Q(x,y)$ 在 D 内具有一阶连续偏导数, 则下列命题等价:

(1) 曲线积分 $\int_L P\mathrm{d}x + Q\mathrm{d}y$ 在 D 内与路径无关;

(2) 表达式 $P\mathrm{d}x + Q\mathrm{d}y$ 为某二元函数 $u(x,y)$ 的全微分;

(3) $\dfrac{\partial P}{\partial y} = \dfrac{\partial Q}{\partial x}$ 在 D 内恒成立;

(4) 对 D 内任一闭曲线 L, $\oint_L P\mathrm{d}x + Q\mathrm{d}y = 0$.

证明 (1)⇒(2) 任意取定 D 内一点 (x_0, y_0), 考虑从 (x_0, y_0) 到 D 内任一点 (x, y) 的曲线积分 $\int_L P\mathrm{d}x + Q\mathrm{d}y$. 由于曲线积分与路径无关, 故可把这个积分写成

$$\int_{(x_0, y_0)}^{(x, y)} P\mathrm{d}x + Q\mathrm{d}y,$$

并且它仅是终点坐标 x, y 的函数. 记

$$u(x, y) = \int_{(x_0, y_0)}^{(x, y)} P\mathrm{d}x + Q\mathrm{d}y.$$

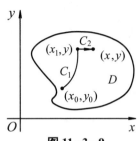

图 11-3-9

下面来求 $\dfrac{\partial u}{\partial x}$. 让 y 保持不动, x 从 x_1 变到 x (见图11-3-9), 则

$$u(x, y) - u(x_1, y) = \int_{(x_0, y_0)}^{(x, y)} P\mathrm{d}x + Q\mathrm{d}y - \int_{(x_0, y_0)}^{(x_1, y)} P\mathrm{d}x + Q\mathrm{d}y.$$

由于积分与路径无关, 我们不妨取 (x_0, y_0) 到 (x_1, y) 的任一路径 C_1, 而 (x_0, y_0) 到 (x, y) 的路径则由 C_1 和 (x_1, y) 到 (x, y) 的直线 C_2 构成, 于是

$$u(x, y) - u(x_1, y) = \int_{C_2} P\mathrm{d}x + Q\mathrm{d}y.$$

又由于在 C_2 上 $\mathrm{d}y = 0$, 因此

$$\int_{C_2} P\mathrm{d}x + Q\mathrm{d}y = \int_{C_2} P\mathrm{d}x = \int_{x_1}^{x} P(x, y)\mathrm{d}x$$
$$= P(\xi, y)(x - x_1), \quad (\xi \text{ 介于 } x_1 \text{ 和 } x \text{ 之间})$$

于是

$$\left.\frac{\partial u}{\partial x}\right|_{(x, y)} = \lim_{x_1 \to x} \frac{u(x, y) - u(x_1, y)}{x - x_1} = \lim_{x_1 \to x} P(\xi, y) = P(x, y).$$

上面最后一个等式成立是因为 P 为连续函数. 由于点 (x, y) 是 D 内任取的一点, 因此我们有

$$\frac{\partial u}{\partial x} = P(x, y), \quad \forall (x, y) \in D.$$

同理可证明 $\dfrac{\partial u}{\partial y} = Q$, 从而

$$\mathrm{d}u = \frac{\partial u}{\partial x}\mathrm{d}x + \frac{\partial u}{\partial y}\mathrm{d}y = P\mathrm{d}x + Q\mathrm{d}y.$$

(2)⇒(3) 设二元函数 $u(x, y)$ 满足 $\mathrm{d}u = P(x, y)\mathrm{d}x + Q(x, y)\mathrm{d}y$, 则

$$\frac{\partial u}{\partial x} = P(x, y), \quad \frac{\partial u}{\partial y} = Q(x, y).$$

由于 P, Q 的一阶偏导数连续, 因此

$$\frac{\partial P}{\partial y} = \frac{\partial^2 u}{\partial x \partial y} = \frac{\partial^2 u}{\partial y \partial x} = \frac{\partial Q}{\partial x}.$$

(3)⇒(4)　设 L 为 D 内任一闭曲线，L 所围成的区域为 D'，则由格林公式，得

$$\oint_L P\mathrm{d}x + Q\mathrm{d}y = \pm \iint_{D'} \left(\frac{\partial Q}{\partial x} - \frac{\partial P}{\partial y} \right) \mathrm{d}x\mathrm{d}y = 0.$$

(4)⇒(1)　设 A、B 为 D 内任意两点，L_1 和 L_2 为 D 内从点 A 到点 B 的任意两条曲线，则 $L_1 + L_2^-$ 形成 D 内一闭曲线，从而

$$\oint_{L_1 + L_2^-} P\mathrm{d}x + Q\mathrm{d}y = 0,$$

即

$$\int_{L_1} P\mathrm{d}x + Q\mathrm{d}y = \int_{L_2} P\mathrm{d}x + Q\mathrm{d}y.$$

综上所述，定理 2 得证. ■

由定理 2 的证明过程可见，若函数 $P(x,y)$，$Q(x,y)$ 满足定理的条件，则二元函数

$$u(x,y) = \int_{(x_0,y_0)}^{(x,y)} P(x,y)\mathrm{d}x + Q(x,y)\mathrm{d}y \tag{3.3}$$

满足

$$\mathrm{d}u(x,y) = P(x,y)\mathrm{d}x + Q(x,y)\mathrm{d}y,$$

我们称 $u(x,y)$ 为表达式 $P(x,y)\mathrm{d}x + Q(x,y)\mathrm{d}y$ 的 **原函数**. 此时，因为式 (3.3) 右端的曲线积分与路径无关，故可选取从 (x_0,y_0) 到 (x,y) 的路径为图 11-3-10 中的折线 $M_0 M_1 M$，于是

$$u(x,y) = \int_{x_0}^x P(x,y_0)\mathrm{d}x + \int_{y_0}^y Q(x,y)\mathrm{d}y + C \tag{3.4}$$

便是 $P\mathrm{d}x + Q\mathrm{d}y$ 的全体原函数.

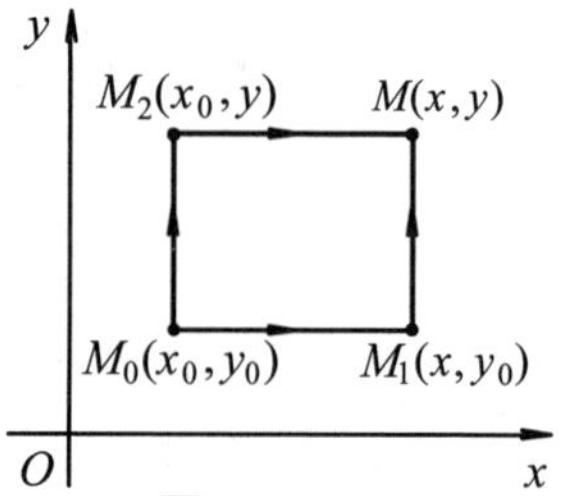

图 11-3-10

在图 11-3-10 中，若选取折线 $M_0 M_2 M$ 为积分路径，可得

$$u(x,y) = \int_{y_0}^y Q(x_0,y)\mathrm{d}y + \int_{x_0}^x P(x,y)\mathrm{d}x + C. \tag{3.5}$$

若 $(0,0)\in D$，我们常选 (x_0,y_0) 为 $(0,0)$.

此外，设 (x_1,y_1)，(x_2,y_2) 是 D 内任意两点，$u(x,y)$ 是 $P\mathrm{d}x + Q\mathrm{d}y$ 的任一原函数，则由式 (3.3)，得

$$\int_{(x_1,y_1)}^{(x_2,y_2)} P\mathrm{d}x + Q\mathrm{d}y = u(x_2,y_2) - u(x_1,y_1). \tag{3.6}$$

这个公式称为 **曲线积分的牛顿－莱布尼茨公式**.

例 5　计算 $I = \int_L (\mathrm{e}^y + x)\mathrm{d}x + (x\mathrm{e}^y - 2y)\,\mathrm{d}y$，其中 L 为如图 11-3-11 所示的圆弧段 $\overset{\frown}{OABC}$.

解
$$\frac{\partial P}{\partial y} = \frac{\partial}{\partial y}(\mathrm{e}^y + x) = \mathrm{e}^y,$$

$$\frac{\partial Q}{\partial x} = \frac{\partial}{\partial x}(x\mathrm{e}^y - 2y) = \mathrm{e}^y.$$

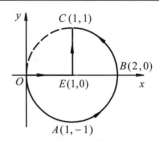

图 11-3-11

故题设曲线积分与路径无关, 从而可选取折线 OEC 为新的积分路径, 因而

$$I = \int_{\widehat{OEC}}(\mathrm{e}^y + x)\mathrm{d}x + (x\mathrm{e}^y - 2y)\mathrm{d}y$$

$$= \int_0^1 (1 + x)\mathrm{d}x + \int_0^1 (\mathrm{e}^y - 2y)\mathrm{d}y$$

$$= \left[x + \frac{x^2}{2}\right]\Big|_0^1 + [\mathrm{e}^y - y^2]|_0^1 = \mathrm{e} - \frac{1}{2}. \quad \blacksquare$$

计算实验

注: 微信扫描右侧二维码, 即可进行计算实验(详见教材配套的网络学习空间).

例6 计算 $\displaystyle\int_{(1,0)}^{(6,8)} \frac{x\mathrm{d}x + y\mathrm{d}y}{\sqrt{x^2 + y^2}}$, 积分沿不通过坐标原点的路径.

解 显然, 当 $(x, y) \neq (0, 0)$ 时,

$$\frac{x\mathrm{d}x + y\mathrm{d}y}{\sqrt{x^2 + y^2}} = \mathrm{d}\sqrt{x^2 + y^2},$$

于是

$$\int_{(1,0)}^{(6,8)} \frac{x\mathrm{d}x + y\mathrm{d}y}{\sqrt{x^2 + y^2}} = \int_{(1,0)}^{(6,8)} \mathrm{d}\sqrt{x^2 + y^2} = \sqrt{x^2 + y^2}\,\Big|_{(1,0)}^{(6,8)} = 9. \quad \blacksquare$$

例7 设函数 $Q(x, y)$ 在 xOy 平面上具有一阶连续偏导数, 曲线积分与路径无关, 并且对任意 t, 总有

$$\int_{(0,0)}^{(t,1)} 2xy\mathrm{d}x + Q(x, y)\mathrm{d}y = \int_{(0,0)}^{(1,t)} 2xy\mathrm{d}x + Q(x, y)\mathrm{d}y,$$

求 $Q(x, y)$.

解 由曲线积分与路径无关的条件知 $\dfrac{\partial Q}{\partial x} = 2x$, 于是

$$Q(x, y) = x^2 + C(y),$$

其中 $C(y)$ 为待定函数.

$$\int_{(0,0)}^{(t,1)} 2xy\mathrm{d}x + Q(x, y)\mathrm{d}y = \int_0^1 (t^2 + C(y))\mathrm{d}y = t^2 + \int_0^1 C(y)\mathrm{d}y,$$

$$\int_{(0,0)}^{(1,t)} 2xy\mathrm{d}x + Q(x, y)\mathrm{d}y = \int_0^t (1 + C(y))\mathrm{d}y = t + \int_0^t C(y)\mathrm{d}y,$$

由题意可知

$$t^2 + \int_0^1 C(y)\,\mathrm{d}y = t + \int_0^t C(y)\,\mathrm{d}y.$$

两边对 t 求导, 得

$$2t = 1 + C(t) \quad \text{或} \quad C(t) = 2t - 1.$$

所以

$$Q(x, y) = x^2 + 2y - 1.$$ ■

例8　设曲线积分 $\int_L xy^2\,\mathrm{d}x + y\varphi(x)\,\mathrm{d}y$ 与路径无关, 其中 φ 具有连续的导数, 且 $\varphi(0) = 0$, 计算 $\int_{(0,0)}^{(1,1)} xy^2\,\mathrm{d}x + y\varphi(x)\,\mathrm{d}y$.

解　由 $P(x, y) = xy^2$, $Q(x, y) = y\varphi(x)$, 得

$$\frac{\partial P}{\partial y} = \frac{\partial}{\partial y}(xy^2) = 2xy, \quad \frac{\partial Q}{\partial x} = \frac{\partial}{\partial x}[y\varphi(x)] = y\varphi'(x),$$

因积分与路径无关, 有 $\dfrac{\partial P}{\partial y} = \dfrac{\partial Q}{\partial x}$, 故 $y\varphi'(x) = 2xy$, 从而

$$\varphi(x) = x^2 + C.$$

由 $\varphi(0) = 0$, 得 $C = 0$, 即 $\varphi(x) = x^2$. 所以

$$\int_{(0,0)}^{(1,1)} xy^2\,\mathrm{d}x + y\varphi(x)\,\mathrm{d}y = \int_0^1 0\,\mathrm{d}x + \int_0^1 y\,\mathrm{d}y = \frac{1}{2}.$$ ■

利用二元函数的全微分的求积, 还能解决一类特殊的一阶微分方程 —— **全微分方程**.

如果方程

$$P(x, y)\,\mathrm{d}x + Q(x, y)\,\mathrm{d}y = 0 \tag{3.7}$$

的左端恰好是某个函数 $u = u(x, y)$ 的全微分:

$$\mathrm{d}u(x, y) = P(x, y)\,\mathrm{d}x + Q(x, y)\,\mathrm{d}y,$$

则称方程 (3.7) 为**全微分方程**. 此时, 方程 (3.7) 可写成

$$\mathrm{d}u(x, y) = 0,$$

因而

$$u(x, y) = C$$

就是方程 (3.7) 的通解, 其中 C 为任意常数. 这样, 求解方程 (3.7) 实质就归结为求全微分函数 $u(x, y)$. 根据定理 2 及其证明之后的论述, 有

定理3　设开区域 D 是一个单连通域, 函数 $P(x, y)$ 及 $Q(x, y)$ 在 D 内具有一阶连续偏导数, 则方程 (3.7) 为全微分方程的充分必要条件是在 D 内处处有

$$\frac{\partial P}{\partial y} = \frac{\partial Q}{\partial x} \tag{3.8}$$

成立. 并且此时, 全微分方程 (3.7) 的通解为

$$u(x, y) = \int_{x_0}^x P(x, y_0)\,\mathrm{d}x + \int_{y_0}^y Q(x, y)\,\mathrm{d}y + C \tag{3.9}$$

或
$$u(x, y) = \int_{x_0}^{x} P(x, y) \mathrm{d}x + \int_{y_0}^{y} Q(x_0, y) \mathrm{d}y + C, \tag{3.10}$$

其中 (x_0, y_0) 是 D 内任意一点.

例9　求方程 $(x^3 - 3xy^2) \mathrm{d}x + (y^3 - 3x^2y) \mathrm{d}y = 0$ 的通解.

解　因为 $\dfrac{\partial P}{\partial y} = -6xy = \dfrac{\partial Q}{\partial x}$, 所以题设方程是全微分方程. 取 $x_0 = 0$, $y_0 = 0$, 根据公式 (3.10), 有

计算实验

$$u(x, y) = \int_0^x (x^3 - 3xy^2) \mathrm{d}x + \int_0^y y^3 \mathrm{d}y = \frac{x^4}{4} - \frac{3}{2} x^2 y^2 + \frac{y^4}{4},$$

于是, 题设方程的通解为

$$\frac{x^4}{4} - \frac{3}{2} x^2 y^2 + \frac{y^4}{4} = C.$$

注: 微信扫描右侧二维码, 即可进行计算实验 (详见教材配套的网络学习空间).

在判定方程是全微分方程后, 有时可采用 "分项组合" 的方法, 先把那些本身已经构成全微分的项分离出来, 再把剩下的项凑成全微分.

例10　求方程 $\dfrac{2x}{y^3} \mathrm{d}x + \dfrac{y^2 - 3x^2}{y^4} \mathrm{d}y = 0$ 的通解.

解　因为 $\dfrac{\partial P}{\partial y} = -\dfrac{6x}{y^4} = \dfrac{\partial Q}{\partial x}$, 所以题设方程是全微分方程. 将题设方程的左端重新组合, 得

$$\frac{1}{y^2} \mathrm{d}y + \left(\frac{2x}{y^3} \mathrm{d}x - \frac{3x^2}{y^4} \mathrm{d}y \right) = \mathrm{d}\left(-\frac{1}{y} \right) + \mathrm{d}\left(\frac{x^2}{y^3} \right) = \mathrm{d}\left(-\frac{1}{y} + \frac{x^2}{y^3} \right).$$

于是, 题设方程的通解为

$$-\frac{1}{y} + \frac{x^2}{y^3} = C.$$

求解全微分方程除了利用定理3中的两个计算公式, 还可以利用下面的方法.

以上面的例10为例. 由 $\dfrac{\partial P}{\partial y} = \dfrac{-6x}{y^4} = \dfrac{\partial Q}{\partial x}$, 我们可设方程的通解为

$$u(x, y) = C.$$

其中, $u(x, y)$ 满足

$$\frac{\partial u}{\partial x} = P(x, y) = \frac{2x}{y^3},$$

故
$$u(x, y) = \int \frac{2x}{y^3} \mathrm{d}x = \frac{x^2}{y^3} + \varphi(y).$$

这里 $\varphi(y)$ 是以 y 为自变量的待定函数. 由此, 得

$$\frac{\partial u}{\partial y} = \frac{-3x^2}{y^4} + \varphi'(y).$$

又 $u(x,y)$ 须满足

$$\frac{\partial u}{\partial y} = Q(x,y) = \frac{y^2 - 3x^2}{y^4},$$

故

$$\varphi'(y) = \frac{1}{y^2}, \ \varphi(y) = \int \frac{1}{y^2} dy = \frac{-1}{y} + C.$$

所以，原方程的通解为

$$\frac{-1}{y} + \frac{x^2}{y^3} = C.$$

*数学实验

实验 11.3 试用计算软件完成下列各题：

(1) 计算 $\int_L (e^y + x)dx + (xe^y - 2y)dy$，$L$ 是从 $O(0,0)$ 沿曲线 $y = x\sin\left(\frac{\pi}{2}x\right)$ 到点 $A(1,1)$ 的曲线弧；

(2) 计算圆柱面 $x^2 + y^2 = 4x$ 被曲面 $x^2 + y^2 + z^2 = 16$ 所截部分的面积；

(3) 判断方程 $[3x^2 - 2x\sin(x^2+y^2)]dx - 2y\sin(x^2+y^2)dy = 0$ 是否为全微分方程，并求其通解.
详见教材配套的网络学习空间.

习题 11-3

1. 利用格林公式计算积分

$$\oint_L (yx^3 + e^y)dx + (xy^3 + xe^y - 2y)dy,$$

其中 L 为正向圆周曲线 $x^2 + y^2 = a^2$.

2. 利用格林公式计算积分 $\oint_L (x^2 - xy^3)dx + (y^2 - 2xy)dy$，其中 L 是顶点为 $(0,0),(2,0),(2,2)$ 和 $(0,2)$ 的正方形区域的正向边界.

3. 计算 $\oint_L e^{y^2}dx + xdy$，其中 L 是沿逆时针方向的椭圆 $4x^2 + y^2 = 8x$.

4. 利用曲线积分，求星形线 $x = a\cos^3 t,\ y = a\sin^3 t$ 所围图形的面积.

5. 求双纽线 $(x^2 + y^2)^2 = a^2(x^2 - y^2)$ 所围区域的面积.

6. 计算 $\oint_L \frac{xy^2dy - x^2ydx}{x^2 + y^2}$，其中 L 为圆周 $x^2 + y^2 = a^2$ 的顺时针方向.

7. 计算 $\int_L (x^2 - y)dx - (x + \sin^2 y)dy$，其中 L 是在圆周 $y = \sqrt{2x - x^2}$ 上由 $(0,0)$ 到 $(1,1)$ 的一段弧.

8. 计算 $\displaystyle\int_L (x + e^{\sin y})\mathrm{d}y - \left(y - \dfrac{1}{2}\right)\mathrm{d}x$，其中 L 是由位于第一象限中的直线段 $x + y = 1$ 与位于第二象限中的圆弧 $x^2 + y^2 = 1$ 构成的曲线，方向是由 $A(1, 0)$ 到 $B(0, 1)$ 再到 $C(-1, 0)$.

9. 计算 $\displaystyle\int_L e^x \cos y\,\mathrm{d}y + e^x \sin y\,\mathrm{d}x$，其中 L 从 $O(0, 0)$ 沿摆线 $x = a(t - \sin t)$，$y = a(1 - \cos t)$ 到 $A(\pi a, 2a)$.

10. 计算 $\displaystyle\oint_L [x\cos(\widehat{\boldsymbol{n}, x}) + y\cos(\widehat{\boldsymbol{n}, y})]\mathrm{d}s$，其中 L 为包围有界闭区域 D 的简单闭曲线，D 的面积为 S，$\boldsymbol{n}$ 为 L 的外法线方向，$\cos(\widehat{\boldsymbol{n}, y})$ 表示向量 $\boldsymbol{n}$ 与 y 的夹角的余弦.

11. 计算 $I = \displaystyle\int_L \dfrac{(x + 4y)\mathrm{d}y + (x - y)\mathrm{d}x}{x^2 + 4y^2}$，其中 L 为单位圆周 $x^2 + y^2 = 1$ 的正向.

12. 计算 $\displaystyle\oint_L \dfrac{y\mathrm{d}x - (x - 1)\mathrm{d}y}{(x - 1)^2 + y^2}$，其中 L 为曲线 $|x| + |y| = 2$ 的正向.

13. 计算 $\displaystyle\int_{(0,0)}^{(1,2)} (x^4 + 4xy^3)\mathrm{d}x + (6x^2 y^2 - 5y^4)\mathrm{d}y$.

14. 证明曲线积分 $\displaystyle\int_{(1,1)}^{(2,3)} (x + y)\mathrm{d}x + (x - y)\mathrm{d}y$ 在整个 xOy 面内与路径无关，并计算积分值.

15. 利用曲线积分，求下列微分表达式的原函数：

(1) $(x + 2y)\mathrm{d}x + (2x + y)\mathrm{d}y$；

(2) $(x^2 + 2xy - y^2)\mathrm{d}x + (x^2 - 2xy - y^2)\mathrm{d}y$；

(3) $(2x\cos y + y^2\cos x)\mathrm{d}x + (2y\sin x - x^2\sin y)\mathrm{d}y$.

16. 设有一变力在坐标轴上的投影为 $X = x + y^2$，$Y = 2xy - 8$，该变力确定了一个力场. 证明质点在此场内移动时，场力所作的功与路径无关.

17. 试求指数 λ，使曲线积分 $\displaystyle\int_{(x_0, y_0)}^{(x, y)} \dfrac{x}{y} r^\lambda \mathrm{d}x - \dfrac{x^2}{y^2} r^\lambda \mathrm{d}y$ $(r = \sqrt{x^2 + y^2})$ 在 $y \neq 0$ 区域内与路径无关，并求此积分.

18. 判别下列方程中哪些是全微分方程，并求全微分方程的通解：

(1) $(x^2 - y)\mathrm{d}x - x\mathrm{d}y = 0$；

(2) $(x^3 - y)\mathrm{d}x - (x - y)\mathrm{d}y = 0$；

(3) $(x^2 + y)\mathrm{d}x - 2xy\mathrm{d}y = 0$；

(4) $(x^2 + y^2)\mathrm{d}x + (2xy + y)\mathrm{d}y = 0$；

(5) $(1 + e^{\frac{x}{y}})\mathrm{d}x + e^{\frac{x}{y}}\left(1 - \dfrac{x}{y}\right)\mathrm{d}y = 0$；

(6) $(x\cos y + \cos x)y' - y\sin x + \sin y = 0$.

§11.4 第一类曲面积分

一、第一类曲面积分的概念与性质

在引入第一类曲面积分的概念之前，我们先要介绍**光滑曲面**的概念. 所谓光滑曲面，是指曲面上每一点都有切平面，且切平面的法向量随着曲面上的点的连续变动而连续变化. 而所谓的分片光滑曲面, 是指曲面是由有限个光滑曲面逐片拼起来的. 例如, 椭球面是光滑曲面, 立方体的边界面是分片光滑曲面. 本节讨论的曲面都是指光滑曲面或分片光滑曲面.

第一类曲面积分也是从实际问题中抽象出来的. 例如我们可从曲面状物质的质量问题引入第一类曲面积分的概念.

引例 设在空间给定一光滑的曲面状物质 Σ, 其质量分布是不均匀的. 设 Σ 的面密度函数为 $\rho(x,y,z)$, 它是曲面 Σ 上的连续函数. 将曲面 Σ 任意分割成 n 块小曲面片(见图11-4-1) $\Delta S_1, \Delta S_2, \cdots, \Delta S_n$ (ΔS_i 同时也表示第 i 小块曲面的面积), 在 ΔS_i 上任取一点 (ξ_i, η_i, ζ_i), 则 ΔS_i 的质量为

图 11-4-1

$$\Delta M_i \approx \rho(\xi_i, \eta_i, \zeta_i) \cdot \Delta S_i \quad (i=1,2,\cdots,n).$$

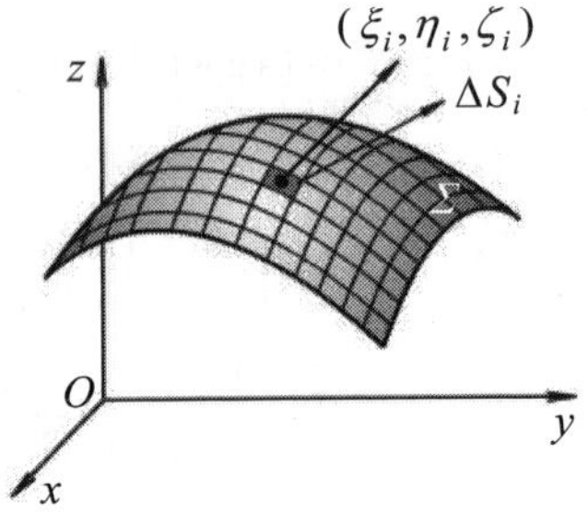

于是, 曲面 Σ 的质量为

$$M \approx \sum_{i=1}^{n} \rho(\xi_i, \eta_i, \zeta_i) \cdot \Delta S_i,$$

如果当各小块曲面的直径的最大值 $\lambda \to 0$ 时, 该和式的极限存在, 则此极限值就是曲面 Σ 的质量

$$M = \lim_{\lambda \to 0} \sum_{i=1}^{n} \rho(\xi_i, \eta_i, \zeta_i) \Delta S_i. \tag{4.1}$$

式 (4.1) 中和式的极限称为函数 $\rho(x,y,z)$ 在曲面 Σ 上的第一类曲面积分. 更一般地, 我们有下述定义:

定义1 设曲面 Σ 是光滑的, 函数 $f(x,y,z)$ 在 Σ 上有界, 把 Σ 任意分成 n 小块 ΔS_i (ΔS_i 同时也表示第 i 小块曲面的面积), 在 ΔS_i 上任取一点 (ξ_i, η_i, ζ_i), 作乘积

$$f(\xi_i, \eta_i, \zeta_i) \cdot \Delta S_i \quad (i=1,2,\cdots,n),$$

并作和 $\sum_{i=1}^{n} f(\xi_i, \eta_i, \zeta_i) \cdot \Delta S_i$, 如果当各小块曲面的直径的最大值 $\lambda \to 0$ 时, 该和式的极限存在, 则称此极限值为 $f(x,y,z)$ 在 Σ 上的**第一类曲面积分**或**对面积的曲面积分**, 记为

$$\iint_{\Sigma} f(x,y,z)\mathrm{d}S = \lim_{\lambda \to 0} \sum_{i=1}^{n} f(\xi_i, \eta_i, \zeta_i) \Delta S_i, \tag{4.2}$$

其中 $f(x,y,z)$ 称为**被积函数**, Σ 称为**积分曲面**.

我们指出, 当 $f(x,y,z)$ 在光滑曲面 Σ 上连续时, 第一类曲面积分总是存在的. 因此, 在下面的讨论中均假定 $f(x,y,z)$ 在 Σ 上连续.

根据上述定义, 引例中光滑曲面 Σ 的质量为

$$M = \iint\limits_{\Sigma} f(x, y, z) \, \mathrm{d}S .$$

特别地, 若在定义 1 中令 $f(x, y, z) = 1$, 则有

$$\iint\limits_{\Sigma} 1 \, \mathrm{d}S = \iint\limits_{\Sigma} \mathrm{d}S = S \ (\text{即曲面 } \Sigma \text{ 的面积}) .$$

如果曲面 Σ 是分片光滑的, 我们规定函数在 Σ 上的第一类曲面积分等于函数在各片光滑曲面上第一类曲面积分的和. 例如, 当曲面 Σ 由两片光滑曲面 Σ_1 和 Σ_2 组成时, 有

$$\iint\limits_{\Sigma} f(x, y, z) \, \mathrm{d}S = \iint\limits_{\Sigma_1} f(x, y, z) \, \mathrm{d}S + \iint\limits_{\Sigma_2} f(x, y, z) \, \mathrm{d}S .$$

第一类曲面积分也有与重积分类似的其他性质, 这里不再细述.

二、第一类曲面积分的计算

设光滑曲面 Σ 的方程为 $z = z(x, y)$, 曲面 Σ 在 xOy 面上的投影区域为 D_{xy}, 并设所求总量为 $U = \iint\limits_{\Sigma} f(x, y, z) \, \mathrm{d}S$, 则

$$\mathrm{d}U = f(x, y, z) \, \mathrm{d}S .$$

在曲面 Σ 上任取微元 $\mathrm{d}S$ (其面积也记为 $\mathrm{d}S$), 将其向 xOy 面投影得小投影区域 $\mathrm{d}\sigma$ (这个小区域的面积也记为 $\mathrm{d}\sigma$), 在 $\mathrm{d}\sigma$ 上任取一点 (x, y), 对应地, 在微元 $\mathrm{d}S$ 内有一点

$$M(x, y, f(x, y)),$$

设曲面在点 M 处的切平面为 T (见图 11-4-2(a)), 以小区域 $\mathrm{d}\sigma$ 的边界为准线作母线平行于 z 轴的柱面, 这个柱面在切平面 T 上截下一小片平面 $\mathrm{d}A$ (其面积也记为 $\mathrm{d}A$), 由于 $\mathrm{d}\sigma$ 的直径很小, 故可用小平面的面积 $\mathrm{d}A$ 近似代替微元的面积 $\mathrm{d}S$ (见图 11-4-2(b)).

由曲面 Σ 的方程 $z = z(x, y)$, 易写出曲面在点 M 处的法向量为 $\boldsymbol{n} = \pm\{z_x, z_y, -1\}$, $\boldsymbol{n}$ 与 z 轴正向的夹角 γ (取为锐角) 的余弦为

$$\cos\gamma = \frac{1}{\sqrt{1 + z_x^2 + z_y^2}},$$

于是, 有 $\mathrm{d}\sigma = \cos\gamma \, \mathrm{d}S$, 或

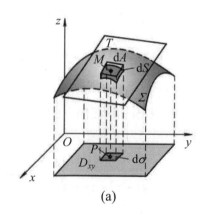

(a)

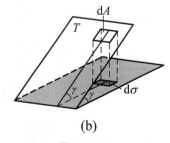

(b)

图 11-4-2

$$dS = \frac{1}{\cos\gamma}\,d\sigma = \sqrt{1+z_x^2+z_y^2}\,d\sigma,$$

这就是曲面 Σ 的**面积微元**. 从而

$$dU = f(x,y,z(x,y))\sqrt{1+z_x^2+z_y^2}\,d\sigma,$$

$$\iint\limits_{\Sigma} f(x,y,z)\,dS = U = \iint\limits_{D_{xy}} f[x,y,z(x,y)]\sqrt{1+z_x^2+z_y^2}\,dxdy. \qquad (4.3)$$

这样, 就把第一类曲面积分的计算转化为二重积分的计算.

特别地, 当 $f(x,y,z)\equiv1$ 时, 得到曲面 Σ 的面积 S 的计算公式

$$S = \iint\limits_{\Sigma} dS = \iint\limits_{D_{xy}} \sqrt{1+z_x^2+z_y^2}\,d\sigma. \qquad (4.4)$$

如果积分曲面 Σ 由方程 $x=x(y,z)$ 或 $y=y(z,x)$ 给出, 也可类似地把第一类曲面积分化为相应的二重积分.

若曲面 Σ 的方程为 $y=y(x,z)$, 则

$$\iint\limits_{\Sigma} f(x,y,z)\,dS = \iint\limits_{D_{zx}} f[x,y(x,z),z]\sqrt{1+y_x^2+y_z^2}\,dxdz. \qquad (4.5)$$

若曲面 Σ 的方程为 $x=x(y,z)$, 则

$$\iint\limits_{\Sigma} f(x,y,z)\,dS = \iint\limits_{D_{yz}} f[x(y,z),y,z]\sqrt{1+x_y^2+x_z^2}\,dydz. \qquad (4.6)$$

例1　计算 $\iint\limits_{\Sigma}(x+y+z)\,dS$, 其中 Σ 为平面 $y+z=5$ 被柱面 $x^2+y^2=25$ 所截得的部分 (见图 11-4-3).

解　积分曲面 Σ 的方程为 $z=5-y$, 它在 xOy 面上的投影为闭区域

$$D_{xy} = \{(x,y)\,|\,x^2+y^2\le25\}.$$

又　　$\sqrt{1+z_x^2+z_y^2} = \sqrt{1+0+(-1)^2} = \sqrt{2},$

所以

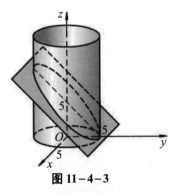

图 11-4-3

$$\iint\limits_{\Sigma}(x+y+z)\,dS = \sqrt{2}\iint\limits_{D_{xy}}(x+y+5-y)\,dxdy$$

$$= \sqrt{2}\iint\limits_{D_{xy}}(5+x)\,dxdy$$

$$= \sqrt{2}\int_0^{2\pi}d\theta\int_0^5(5+r\cos\theta)r\,dr$$

$$= 125\sqrt{2}\pi.$$

计算实验

注: 微信扫描右侧二维码, 即可进行计算实验 (详见教材配套的网络学习空间).

例2 计算 $\oiint\limits_{\Sigma} xyz\mathrm{d}S$，其中 Σ 是由平面 $x=0, y=0, z=0$ 及 $x+y+z=1$ 所围四

面体的整个边界曲面(见图 11−4−4).

解 记边界曲面 Σ 在
$$x=0,\ y=0,\ z=0\ 及\ x+y+z=1$$
上的部分依次为 $\Sigma_1, \Sigma_2, \Sigma_3$ 及 Σ_4，则有
$$\oiint\limits_{\Sigma} xyz\mathrm{d}S=\iint\limits_{\Sigma_1} xyz\mathrm{d}S+\iint\limits_{\Sigma_2} xyz\mathrm{d}S+\iint\limits_{\Sigma_3} xyz\mathrm{d}S+\iint\limits_{\Sigma_4} xyz\mathrm{d}S.$$
注意到在 $\Sigma_1, \Sigma_2, \Sigma_3$ 上，被积函数
$$f(x,y,z)=xyz=0,$$
故上式右端前三项积分等于零. 而在 Σ_4 上，
$$z=1-x-y,$$
故
$$\sqrt{1+z_x^2+z_y^2}=\sqrt{1+(-1)^2+(-1)^2}=\sqrt{3},$$
从而

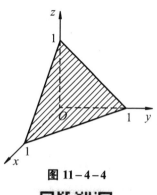

图 11−4−4

计算实验

$$\oiint\limits_{\Sigma} xyz\mathrm{d}S=\iint\limits_{\Sigma_4} xyz\mathrm{d}S=\iint\limits_{D_{xy}}\sqrt{3}xy(1-x-y)\mathrm{d}x\mathrm{d}y,$$

其中 D_{xy} 是 Σ_4 在 xOy 面上的投影区域，即由直线 $x=0, y=0$ 及 $x+y=1$ 围成的闭

区域. 所以

$$\oiint\limits_{\Sigma} xyz\mathrm{d}S=\sqrt{3}\int_0^1 x\mathrm{d}x\int_0^{1-x} y(1-x-y)\mathrm{d}y=\sqrt{3}\int_0^1 x\left[(1-x)\frac{y^2}{2}-\frac{y^3}{3}\right]\Big|_0^{1-x}\mathrm{d}x$$

$$=\sqrt{3}\int_0^1 x\cdot\frac{(1-x)^3}{6}\mathrm{d}x=\frac{\sqrt{3}}{6}\int_0^1(x-3x^2+3x^3-x^4)\mathrm{d}x=\frac{\sqrt{3}}{120}.\ \blacksquare$$

注: 记号 $\oiint\limits_{\Sigma}$ 表示在闭曲面 Σ 上的积分.

例3 计算 $\oiint\limits_{\Sigma}(x^2+y^2+z^2)\mathrm{d}S$，其中 Σ 为内接于球面 $x^2+y^2+z^2=a^2$ 的八面体

$|x|+|y|+|z|=a$ 的表面.

解 由于被积函数 $f(x,y,z)=x^2+y^2+z^2$ 和积分曲面
Σ 均关于坐标面、原点对称，故所求曲面积分等于它在第
Ⅰ卦限上积分的8倍，即
$$\oiint\limits_{\Sigma}=8\iint\limits_{\Sigma_1},$$

其中 Σ_1 的方程为 $x+y+z=a$，即 $z=a-x-y$，所以

计算实验

$$dS = \sqrt{1 + z_x^2 + z_y^2}\, dxdy = \sqrt{3}\, dxdy,$$

从而所求积分

$$\iint\limits_{\Sigma}(x^2 + y^2 + z^2)dS = 8\iint\limits_{\Sigma_1}(x^2 + y^2 + z^2)dS$$

$$= 8\iint\limits_{D_{xy}}[x^2 + y^2 + (a - x - y)^2]\sqrt{3}\, dxdy$$

$$= 8\int_0^a dx\int_0^{a-x}[x^2 + y^2 + (a - x - y)^2]\sqrt{3}\, dy$$

$$= 2\sqrt{3}\, a^4.$$

例 4　求球面 $x^2 + y^2 + z^2 = a^2$ 包含在圆柱体 $x^2 + y^2 = ax$ 内部的那部分面积.

解　如图 11-4-5 所示,根据对称性知,所求曲面面积 S 是第 I 卦限上面积 S_1 的 4 倍. S_1 的投影为

$$D_{xy}:\ x^2 + y^2 \le ax\ \ (x,\ y \ge 0),$$

曲面方程 $z = \sqrt{a^2 - x^2 - y^2}$,且

$$\sqrt{1 + z_x^2 + z_y^2} = \frac{a}{\sqrt{a^2 - x^2 - y^2}},$$

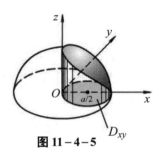

图 11-4-5

故所求面积为

$$S = 4\iint\limits_{D_{xy}}\sqrt{1 + z_x^2 + z_y^2}\, dxdy = 4\iint\limits_{D_{xy}}\frac{a\,dxdy}{\sqrt{a^2 - x^2 - y^2}}$$

$$= 4a\int_0^{\frac{\pi}{2}} d\theta\int_0^{a\cos\theta}\frac{r\,dr}{\sqrt{a^2 - r^2}}$$

$$= -4a^2\int_0^{\frac{\pi}{2}}(\sin\theta - 1)d\theta = 2\pi a^2 - 4a^2.$$

计算实验

注:微信扫描右侧二维码,即可进行计算实验(详见教材配套的网络学习空间).

*数学实验

实验 11.4　试用计算软件完成下列各题:

(1) 计算 $\iint\limits_{\Sigma}(4x + 2y + z)dS$,其中 Σ 是平面 $x + \dfrac{y}{2} + \dfrac{z}{4} = 1$ 在第 I 卦限内的部分;

(2) 计算 $\iint\limits_{\Sigma}(x^2 + y^2 + z^3)dS$,其中 Σ 是抛物面 $2z = x^2 + y^2$ 被平面 $z = 2$ 割下的有限部分;

(3) 计算

$$\oiint\limits_{\Sigma}(xy^2\cos\alpha + yx^2\cos\beta + z^2\cos\gamma)dS,$$

其中 Σ 是球体 $x^2+y^2+z^2 \leq 2z$ 和锥体 $z \geq \sqrt{x^2+y^2}$ 的公共部分 Ω 的表面, $\cos\alpha, \cos\beta, \cos\gamma$ 是此表面的外法线方向的方向余弦.

详见教材配套的网络学习空间.

习题 11-4

1. 在对面积的曲面积分化为二重积分的公式中, 有因子 $\sqrt{1+z_x^2+z_y^2}$, 试说明这个因子的几何意义.

2. 计算 $\iint\limits_{\Sigma} z\mathrm{d}S$, 其中 Σ 为曲面 $z=\sqrt{x^2+y^2}$ 在柱体 $x^2+y^2 \leq 2x$ 内的部分.

3. 计算 $\iint\limits_{\Sigma} (x^2+y^2)\mathrm{d}S$, 其中 Σ 为锥面 $z=\sqrt{x^2+y^2}$ 及平面 $z=1$ 所围成的区域的整个边界曲面.

4. 计算 $\iint\limits_{\Sigma} x^2\mathrm{d}S$, Σ 为圆柱面 $x^2+y^2=a^2$ 介于 $z=0$ 与 $z=h$ 之间的部分.

5. 计算 $\iint\limits_{\Sigma} (2xy-2x^2-x+z)\mathrm{d}S$, 其中 Σ 为平面 $2x+2y+z=6$ 在第 I 卦限的部分.

6. 计算 $\iint\limits_{\Sigma} \dfrac{\mathrm{d}S}{(1+x+y)^2}$, 其中 Σ 为平面 $x+y+z=1$ 及三个坐标面所围成的四面体的表面.

7. 计算 $\iint\limits_{\Sigma} (x+y+z)\mathrm{d}S$, 其中 Σ 为球面 $x^2+y^2+z^2=a^2$ 上 $z \geq h$ $(0<h<a)$ 的部分.

8. 计算 $\iint\limits_{\Sigma} \dfrac{x^2}{z}\mathrm{d}S$, 其中 Σ 为柱面 $x^2+y^2=2az$ $(a>0)$ 被曲面 $z=\sqrt{x^2+y^2}$ 所截下的部分.

9. 求平面 $\dfrac{x}{a}+\dfrac{y}{b}+\dfrac{z}{c}=1$ 被三坐标面所界的有限部分的面积.

10. 求曲面 $x^2+y^2=a^2$ 被平面 $x+z=0$, $x-z=0$ $(x>0, y>0)$ 所截部分的面积 $(a>0)$.

11. 求抛物面壳 $z=\dfrac{1}{2}(x^2+y^2)(0 \leq z \leq 1)$ 的质量, 此壳的面密度 $\rho=z$.

12. 试求半径为 a 的上半球壳的重心, 已知其上各点处密度等于该点到铅垂直径的距离.

13. 求面密度为 ρ_0 的均匀半球壳 $x^2+y^2+z^2=a^2(z \geq 0)$ 对于 z 轴的转动惯量.

§11.5 第二类曲面积分

一、有向曲面

在讨论第二类曲面积分之前, 我们先要建立**有向曲面**及其投影的概念.

假设曲面Σ是光滑的，在曲面Σ上任意取定一点P(见图11-5-1)，并在该点处引一法线，该法线有两个可能的方向，我们选定其中一个方向，则当点P在曲面Σ上连续变动时，相应的法向量也随之连续变动．如果点P在曲面Σ上沿任一路径连续变动后（不跨越曲面的边界）回到原来的位置时，相应的法向量的方向与原方向相同，就称Σ是一个**双侧曲面**；如果相应的法向量的方向与原方向相反，就称Σ是一个**单侧曲面**．通常我们遇到的曲面都是双侧的，如球面、旋转抛物面、马鞍面等．但是单侧曲面也是存在的，所谓的莫比乌斯带就是一个典型的单侧曲面的例子．如果把一长方形纸条的一端扭转$180°$，再与另一端粘起来就可得到莫比乌斯带(见图11-5-2).

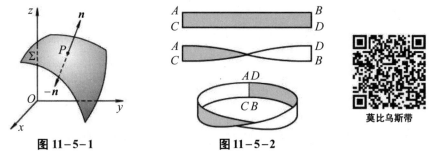

图 11-5-1   图 11-5-2

本书不讨论单侧曲面，以后我们总假定所考虑的曲面是双侧的．对于双侧曲面，只要在它上面某一点处指定一个法向量，通过该点的连续变动就可以得到其余所有点处的法向量，从而我们可通过选定曲面上的一个法向量来规定曲面的侧．反之，我们也可通过选定曲面的侧来规定曲面上各点处的法向量的指向．

例如，由方程$z = z(x,y)$表示的曲面有上侧和下侧之分，如果取它的法向量$\boldsymbol{n}$指向朝上，我们就认为取定曲面的上侧(见图11-5-3)；又如，对于闭曲面，有外侧和内侧之分，如果取定它的法向量指向朝外，我们就认为取定曲面的外侧(见图11-5-4).这种取定了侧的曲面称为**有向曲面**.

图 11-5-3   图 11-5-4

设Σ是有向曲面．在Σ上取一小块曲面ΔS，把ΔS投影到xOy面上得一投影区域，记该投影区域的面积为$(\Delta\sigma)_{xy}$．假定ΔS上各点处的法向量与z轴的夹角γ的余弦$\cos\gamma$有相同的符号（即$\cos\gamma$都是正的或都是负的）．我们规定ΔS在xOy面上的投影为

$$(\Delta S)_{xy} = \begin{cases} (\Delta\sigma)_{xy}, & \cos\gamma > 0 \\ -(\Delta\sigma)_{xy}, & \cos\gamma < 0 \\ 0, & \cos\gamma \equiv 0 \end{cases}.$$

类似地, 可以定义 ΔS 在 yOz 及 zOx 面上的投影 $(\Delta S)_{yz}$ 及 $(\Delta S)_{zx}$.

二、第二类曲面积分的概念与性质

下面以流体的流量为例, 引入第二类曲面积分的概念.

引例　设有一不可压缩流体 (假定密度为1) 的稳定流速场
$$\boldsymbol{v}(x,y,z) = P(x,y,z)\boldsymbol{i} + Q(x,y,z)\boldsymbol{j} + R(x,y,z)\boldsymbol{k},$$
Σ 是流速场中的一片有向光滑曲面, 函数 $P(x,y,z)$, $Q(x,y,z)$, $R(x,y,z)$ 在 Σ 上连续, 求在单位时间内流向曲面 Σ 指定侧的流体的质量 (即流量) Φ.

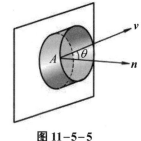

先看一种特殊情形. 设流体流过平面上面积为 A 的一个闭区域, 且流体在该闭区域上各点处的流速为常向量 $\boldsymbol{v}$, 又设 $\boldsymbol{n}$ 为该平面的单位法向量 (见图11−5−5), 则单位时间内流过该闭区域的流体组成一个底面积为 A、斜高为 $|\boldsymbol{v}|$ 的斜柱体, 根据 §7.3 的例 4 知, 该斜柱体的体积为 $A|\boldsymbol{v}|\cos\theta = A\boldsymbol{v}\cdot\boldsymbol{n}$, 即在单位时间内流体通过区域 A 流向 $\boldsymbol{n}$ 所指一侧的流量为

$$\Phi = A\boldsymbol{v}\cdot\boldsymbol{n}.$$

图 11−5−5

对于引例所提的问题, 现在我们采用微元法来解决.

(1) **分割**　把曲面 Σ 任意分成 n 小块 $\Delta S_1, \Delta S_2, \cdots, \Delta S_n, \Delta S_i$ 的面积仍记为 ΔS_i, 在 ΔS_i 上任取一点 (ξ_i, η_i, ζ_i), 记该点处的流速及单位法向量 (见图11−5−6) 分别为

$$\boldsymbol{v}_i = \boldsymbol{v}(\xi_i, \eta_i, \zeta_i)$$

及　　　　$\boldsymbol{n}_i = \cos\alpha_i\,\boldsymbol{i} + \cos\beta_i\,\boldsymbol{j} + \cos\gamma_i\,\boldsymbol{k}.$

于是, 通过 ΔS_i 流向曲面指定侧的流量近似为

$$\boldsymbol{v}_i \cdot \boldsymbol{n}_i \Delta S_i \quad (i = 1, 2, \cdots, n).$$

(2) **求和**　通过 Σ 流向指定侧的流量的近似值为

$$\Phi \approx \sum_{i=1}^{n} \boldsymbol{v}_i \cdot \boldsymbol{n}_i \Delta S_i. \tag{5.1}$$

图 11−5−6

(3) **取极限**　通过 Σ 流向指定侧的流量的精确值为

$$\Phi = \lim_{\lambda \to 0} \sum_{i=1}^{n} \boldsymbol{v}_i \cdot \boldsymbol{n}_i \Delta S_i, \text{ 其中} \lambda = \max\{\Delta S_1, \Delta S_2, \cdots, \Delta S_n\}. \tag{5.2}$$

式 (5.2) 中和式的极限称为向量函数 $\boldsymbol{v}(x,y,z)$ 在曲面 Σ 上的第二类曲面积分. 根据第一类曲面积分的定义, 上述极限可表示为

$$\Phi = \iint\limits_{\Sigma} \boldsymbol{v}\cdot\boldsymbol{n}\,\mathrm{d}S, \tag{5.3}$$

其中 $\boldsymbol{v} = \boldsymbol{v}(x, y, z)$, $\boldsymbol{n} = \cos\alpha\boldsymbol{i} + \cos\beta\boldsymbol{j} + \cos\gamma\boldsymbol{k}$, 于是

$$\Phi = \iint\limits_{\Sigma} \boldsymbol{v} \cdot \boldsymbol{n}\,\mathrm{d}S = \iint\limits_{\Sigma} (P\cos\alpha + Q\cos\beta + R\cos\gamma)\,\mathrm{d}S. \tag{5.4}$$

注: 当 $\boldsymbol{n}$ 改为相反方向时, 流量 Φ 要改变符号.

定义 1　设 Σ 为光滑的有向曲面, 其上任一点 (x, y, z) 处的单位法向量为

$$\boldsymbol{n} = \cos\alpha\boldsymbol{i} + \cos\beta\boldsymbol{j} + \cos\gamma\boldsymbol{k},$$

又设　　　　　　　$\boldsymbol{A}(x, y, z) = P(x, y, z)\boldsymbol{i} + Q(x, y, z)\boldsymbol{j} + R(x, y, z)\boldsymbol{k},$

其中函数 P, Q, R 在 Σ 上有界, 则函数

$$\boldsymbol{A} \cdot \boldsymbol{n} = P\cos\alpha + Q\cos\beta + R\cos\gamma$$

在 Σ 上的第一类曲面积分

$$\iint\limits_{\Sigma} \boldsymbol{A} \cdot \boldsymbol{n}\,\mathrm{d}S = \iint\limits_{\Sigma} (P\cos\alpha + Q\cos\beta + R\cos\gamma)\,\mathrm{d}S \tag{5.5}$$

称为函数 $\boldsymbol{A}(x, y, z)$ 在有向曲面 Σ 上的 **第二类曲面积分**.

可证明当 P, Q, R 在有向光滑曲面 Σ 上连续时, 上述第二类曲面积分存在. 因此, 在以后的讨论中, 我们总假定 P, Q, R 在 Σ 上是连续的.

第二类曲面积分与有向曲面 Σ 的法向量的指向有关, 如果改变曲面 Σ 的法向量的指向, 则积分要改变符号, 即

$$\iint\limits_{\Sigma} \boldsymbol{A} \cdot \boldsymbol{n}\,\mathrm{d}S = -\iint\limits_{-\Sigma} \boldsymbol{A} \cdot \boldsymbol{n}\,\mathrm{d}S. \tag{5.6}$$

若曲面 Σ 由两片光滑的曲面 Σ_1 和 Σ_2 构成, 则

$$\iint\limits_{\Sigma} \boldsymbol{A} \cdot \boldsymbol{n}\,\mathrm{d}S = \iint\limits_{\Sigma_1} \boldsymbol{A} \cdot \boldsymbol{n}\,\mathrm{d}S + \iint\limits_{\Sigma_2} \boldsymbol{A} \cdot \boldsymbol{n}\,\mathrm{d}S.$$

此外, 第二类曲面积分还具有与定积分类似的其他性质, 这里不再细述.

在第二类曲面积分 $\iint\limits_{\Sigma} \boldsymbol{A} \cdot \boldsymbol{n}\,\mathrm{d}S$ 中, 我们称 $\boldsymbol{n}\mathrm{d}S$ 为 **有向曲面元**, 常将其记为 $\mathrm{d}\boldsymbol{S}$. 它在三个坐标面上的投影分别记为

$$\cos\alpha\,\mathrm{d}S = \mathrm{d}y\mathrm{d}z, \quad \cos\beta\,\mathrm{d}S = \mathrm{d}z\mathrm{d}x, \quad \cos\gamma\,\mathrm{d}S = \mathrm{d}x\mathrm{d}y. \tag{5.7}$$

于是, 第二类曲面积分式 (5.5) 可写成如下形式:

$$\iint\limits_{\Sigma} \boldsymbol{A} \cdot \mathrm{d}\boldsymbol{S} = \iint\limits_{\Sigma} \boldsymbol{A} \cdot \boldsymbol{n}\,\mathrm{d}S = \iint\limits_{\Sigma} (P\cos\alpha + Q\cos\beta + R\cos\gamma)\,\mathrm{d}S$$

$$= \iint\limits_{\Sigma} P\mathrm{d}y\mathrm{d}z + Q\mathrm{d}z\mathrm{d}x + R\mathrm{d}x\mathrm{d}y. \tag{5.8}$$

第二类曲面积分在实际应用中常出现的形式是

$$\iint\limits_{\Sigma} P\mathrm{d}y\mathrm{d}z + Q\mathrm{d}z\mathrm{d}x + R\mathrm{d}x\mathrm{d}y,$$

这种形式的第二类曲面积分又称为 **对坐标的曲面积分**.

注: 式(5.8)给出了两类曲面积分之间的联系. 其中要注意到, 这里的 $dydz, dzdx,$ $dxdy$ 可能为正也可能为负, 甚至为零, 而且当 $\boldsymbol{n}$ 改变方向时, 它们都要改变符号, 与二重积分的面积微元 $dxdy$ 总取正值是有区别的.

三、第二类曲面积分的计算

在第二类曲面积分中, 我们先考察积分 $\iint\limits_{\Sigma} R(x, y, z)\,dxdy$ 的计算问题, 其他情形依此类推.

设光滑曲面 $\Sigma: z = z(x, y)$ 与平行于 z 轴的直线至多交于一点(更复杂的情形可分片考虑), 它在 xOy 面上的投影区域为 D_{xy}, 则

$$\iint\limits_{\Sigma} R(x, y, z)\,dxdy = \iint\limits_{\Sigma} R(x, y, z)\cos\gamma\,dS$$

$$= \iint\limits_{D_{xy}} R[x, y, z(x, y)]\frac{\cos\gamma}{|\cos\gamma|}\,d\sigma \quad \left(\gamma \neq \frac{\pi}{2}\right).$$

于是

$$\iint\limits_{\Sigma} R(x, y, z)\,dxdy = \pm\iint\limits_{D_{xy}} R[x, y, z(x, y)]\,dxdy. \tag{5.9}$$

上式右端取"$+$"号或"$-$"号要根据 γ 是锐角还是钝角来定.

当 $\gamma = \dfrac{\pi}{2}$ 时, 有

$$\iint\limits_{\Sigma} R(x, y, z)\,dxdy = 0. \tag{5.10}$$

同理, 如果曲面 Σ 由 $x = x(y, z)$ 给出, 则有

$$\iint\limits_{\Sigma} P(x, y, z)\,dydz = \pm\iint\limits_{D_{yz}} P[x(y, z), y, z]\,dydz. \tag{5.11}$$

当 $\alpha = \dfrac{\pi}{2}$ 时, 有

$$\iint\limits_{\Sigma} P(x, y, z)\,dydz = 0. \tag{5.12}$$

如果曲面 Σ 由 $y = y(z, x)$ 给出, 则有

$$\iint\limits_{\Sigma} Q(x, y, z)\,dzdx = \pm\iint\limits_{D_{zx}} Q[x, y(z, x), z]\,dzdx. \tag{5.13}$$

当 $\beta = \dfrac{\pi}{2}$ 时, 有

$$\iint\limits_{\Sigma} P(x, y, z)\,dydz = 0. \tag{5.14}$$

例1　计算曲面积分

$$\iint_{\Sigma} x^2 \mathrm{d}y\mathrm{d}z + y^2 \mathrm{d}z\mathrm{d}x + z^2 \mathrm{d}x\mathrm{d}y,$$

其中 Σ 是长方体 $\Omega = \{(x,y,z) \mid 0 \le x \le a, 0 \le y \le b, 0 \le z \le c\}$ 的整个表面的外侧.

解　把有向曲面 Σ 分成 6 部分:

$$\Sigma_1 : z = c \ (0 \le x \le a, 0 \le y \le b) \text{ 的上侧};$$
$$\Sigma_2 : z = 0 \ (0 \le x \le a, 0 \le y \le b) \text{ 的下侧};$$
$$\Sigma_3 : x = a \ (0 \le y \le b, 0 \le z \le c) \text{ 的前侧};$$
$$\Sigma_4 : x = 0 \ (0 \le y \le b, 0 \le z \le c) \text{ 的后侧};$$
$$\Sigma_5 : y = b \ (0 \le x \le a, 0 \le z \le c) \text{ 的右侧};$$
$$\Sigma_6 : y = 0 \ (0 \le x \le a, 0 \le z \le c) \text{ 的左侧}.$$

除 Σ_3, Σ_4 外, 其余四片曲面在 yOz 面上的投影为零, 因此

$$\iint_{\Sigma} x^2 \mathrm{d}y\mathrm{d}z = \iint_{\Sigma_3} x^2 \mathrm{d}y\mathrm{d}z + \iint_{\Sigma_4} x^2 \mathrm{d}y\mathrm{d}z = \iint_{D_{yz}} a^2 \mathrm{d}y\mathrm{d}z - \iint_{D_{yz}} 0^2 \mathrm{d}y\mathrm{d}z = a^2 bc.$$

类似地, 可得

$$\iint_{\Sigma} y^2 \mathrm{d}z\mathrm{d}x = b^2 ac, \qquad \iint_{\Sigma} z^2 \mathrm{d}x\mathrm{d}y = c^2 ab.$$

于是, 所求曲面积分为 $(a+b+c)abc$. ∎

例 2　计算 $\displaystyle\iint_{\Sigma} xyz \mathrm{d}x\mathrm{d}y$, 其中 Σ 是球面 $x^2 + y^2 + z^2 = 1$ 外侧在 $x \ge 0$, $y \ge 0$ 的部分.

解　如图 11–5–7 所示, 把 Σ 分成 Σ_1 和 Σ_2 两部分, 则

$$\Sigma_1 \text{ 的方程为 } z_1 = \sqrt{1 - x^2 - y^2};$$
$$\Sigma_2 \text{ 的方程为 } z_2 = -\sqrt{1 - x^2 - y^2}.$$

按题意, 球面 Σ 取外侧, 即 Σ_1 应取上侧, Σ_2 应取下侧, 故

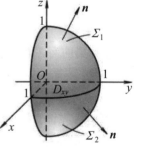

图 11–5–7

$$\iint_{\Sigma} xyz \mathrm{d}x\mathrm{d}y = \iint_{\Sigma_1} xyz \mathrm{d}x\mathrm{d}y + \iint_{\Sigma_2} xyz \mathrm{d}x\mathrm{d}y$$

$$= \iint_{D_{xy}} xy\sqrt{1 - x^2 - y^2}\, \mathrm{d}x\mathrm{d}y - \iint_{D_{xy}} xy(-\sqrt{1 - x^2 - y^2})\, \mathrm{d}x\mathrm{d}y$$

$$= 2\iint_{D_{xy}} xy\sqrt{1 - x^2 - y^2}\, \mathrm{d}x\mathrm{d}y = 2\iint_{D_{xy}} r^2 \sin\theta \cos\theta \sqrt{1 - r^2}\, r\mathrm{d}r\mathrm{d}\theta$$

$$= \int_0^{\pi/2} \sin 2\theta\, \mathrm{d}\theta \int_0^1 r^3 \sqrt{1 - r^2}\, \mathrm{d}r = \frac{2}{15}.$$

计算实验

例 3　计算 $\displaystyle\iint_{\Sigma} (z^2 + x)\mathrm{d}y\mathrm{d}z - z\mathrm{d}x\mathrm{d}y$, 其中 Σ 是旋转抛物面 $z = \dfrac{1}{2}(x^2 + y^2)$ 介于平面 $z = 0$ 及 $z = 2$ 之间部分的下侧.

解 因为

$$\iint\limits_{\Sigma}(z^2+x)\mathrm{d}y\mathrm{d}z = \iint\limits_{\Sigma}(z^2+x)\cos\alpha\mathrm{d}S = \iint\limits_{\Sigma}(z^2+x)\frac{\cos\alpha}{\cos\gamma}\mathrm{d}x\mathrm{d}y,$$

而在曲面 Σ 上, 有

$$\cos\alpha = \frac{x}{\sqrt{1+x^2+y^2}}, \quad \cos\gamma = \frac{-1}{\sqrt{1+x^2+y^2}}.$$

计算实验

所以

$$\iint\limits_{\Sigma}(z^2+x)\mathrm{d}y\mathrm{d}z - z\mathrm{d}x\mathrm{d}y = \iint\limits_{\Sigma}[(z^2+x)(-x)-z]\mathrm{d}x\mathrm{d}y$$

$$= -\iint\limits_{D_{xy}}\left\{\left[\frac{1}{4}(x^2+y^2)^2+x\right]\cdot(-x)-\frac{1}{2}(x^2+y^2)\right\}\mathrm{d}x\mathrm{d}y$$

$$= \iint\limits_{D_{xy}}\left[\frac{1}{4}(x^2+y^2)^2x + x^2 + \frac{1}{2}(x^2+y^2)\right]\mathrm{d}x\mathrm{d}y$$

$$= \int_0^{2\pi}\mathrm{d}\theta\int_0^2 r\left(\frac{r^5}{4}\cos\theta + r^2\cos^2\theta + \frac{r^2}{2}\right)\mathrm{d}r = 8\pi.$$

■

注: 微信扫描右侧二维码, 即可进行计算实验(详见教材配套的网络学习空间).

*数学实验

实验 11.5 试用计算软件完成下列各题:

(1) 计算 $\oiint\limits_{\Sigma}zx\mathrm{d}y\mathrm{d}z + x^2y\mathrm{d}z\mathrm{d}x + y^2z\mathrm{d}x\mathrm{d}y$, 其中 Σ 是由旋转抛物面 $z = x^2+y^2$, 圆柱面 $x^2+y^2=1$ 和坐标平面在第 Ⅰ 卦限中所围立体 Ω 的边界面的外侧.

(2) 计算 $\iint\limits_{\Sigma}x^2z\mathrm{d}x\mathrm{d}y$, 其中 Σ 为圆锥面 $z = H - \sqrt{x^2+y^2}\,(z\ge 0)$ 的上侧, H 为正数.

(3) 计算 $\iint\limits_{\Sigma}x^2z\mathrm{d}y\mathrm{d}z + y^2z\mathrm{d}z\mathrm{d}x + z^2\mathrm{d}x\mathrm{d}y$, 其中曲面 Σ 为由曲线段 $\begin{cases} x=0 \\ az=y^2 \end{cases}$, $a\le z\le 4a$ 绕 Oz 轴旋转一周所成的旋转曲面的内侧, a 为正数.

详见教材配套的网络学习空间.

习题 11-5

1. 设 Σ 为球面 $x^2+y^2+z^2=1$, 若以其球面的外侧为正侧, 试问 $y = \sqrt{1-x^2-z^2}$ 的左侧 (即其法线与 y 轴成钝角的一侧) 是正侧吗? $y = -\sqrt{1-x^2-z^2}$ 的左侧是正侧吗?

2. 在球面 $x^2+y^2+z^2=1$ 上取 $A(1,0,0)$、$B(0,1,0)$、$C\left(\dfrac{1}{\sqrt{2}},0,\dfrac{1}{\sqrt{2}}\right)$ 三点为顶点的球面三角

形 ($\overset{\frown}{AB}$、$\overset{\frown}{BC}$、$\overset{\frown}{CA}$ 均为大圆弧), 若球面密度为 $\rho = x^2 + z^2$, 求此球面三角形块的质量.

3. 计算 $\oiint\limits_{\Sigma} x\mathrm{d}y\mathrm{d}z + y\mathrm{d}z\mathrm{d}x + z\mathrm{d}x\mathrm{d}y$, 其中 Σ 为球面 $x^2 + y^2 + z^2 = a^2$ 的外侧.

4. 计算 $\iint\limits_{\Sigma} z\mathrm{d}x\mathrm{d}y + x\mathrm{d}y\mathrm{d}z + y\mathrm{d}z\mathrm{d}x$, 其中 Σ 是柱面 $x^2 + y^2 = 1$ 被平面 $z = 0$ 及 $z = 3$ 所截得的在第 I 卦限部分的前侧.

5. 设 $f(x, y, z)$ 为连续函数, 计算曲面积分

$$\iint\limits_{\Sigma} [f(x, y, z) + x]\mathrm{d}y\mathrm{d}z + [2f(x, y, z) + y]\mathrm{d}z\mathrm{d}x + [f(x, y, z) + z]\mathrm{d}x\mathrm{d}y,$$

其中 Σ 是平面 $x - y + z = 1$ 在第 IV 卦限部分的上侧.

6. 计算 $\oiint\limits_{S} \dfrac{x\mathrm{d}y\mathrm{d}z + y\mathrm{d}z\mathrm{d}x + z\mathrm{d}x\mathrm{d}y}{(x^2 + y^2 + z^2)^{3/2}}$, 其中 S 为球面 $x^2 + y^2 + z^2 = a^2$ 的外侧.

7. 计算 $\iint\limits_{\Sigma} \dfrac{ax\mathrm{d}y\mathrm{d}z + (z + a)^2 \mathrm{d}x\mathrm{d}y}{(x^2 + y^2 + z^2)^{1/2}}$, 其中 Σ 为下半球面 $z = -\sqrt{a^2 - x^2 - y^2}$ 的上侧, a 为正常数.

§11.6　高斯公式　通量与散度

一、高斯[①]公式

格林公式揭示了平面区域上的二重积分与该区域边界曲线上的曲线积分之间的关系. 本节要介绍的高斯公式则揭示了空间闭区域上的三重积分与其边界曲面上的曲面积分之间的关系. 高斯公式可以认为是格林公式在三维空间中的推广.

定理 1　设空间闭区域 Ω 由分片光滑的闭曲面 Σ 围成, 函数 $P(x, y, z)$, $Q(x, y, z)$, $R(x, y, z)$ 在 Ω 上具有一阶连续偏导数, 则有

$$\iiint\limits_{\Omega} \left(\frac{\partial P}{\partial x} + \frac{\partial Q}{\partial y} + \frac{\partial R}{\partial z} \right) \mathrm{d}v = \oiint\limits_{\Sigma} P\mathrm{d}y\mathrm{d}z + Q\mathrm{d}z\mathrm{d}x + R\mathrm{d}x\mathrm{d}y. \tag{6.1}$$

这里 Σ 是 Ω 的整个边界曲面的外侧. 式 (6.1) 称为**高斯公式**.

证明　设闭区域 Ω 在 xOy 面上的投影区域为 D_{xy}. 以 D_{xy} 的边界为准线, 以平行于 z 轴的直线为母线做成的柱面, 把闭曲面 Σ 分成三部分: 其一是 Σ 的侧面 Σ_3, 另外两部分分别为 Σ 的上底 Σ_2 和下底 Σ_1 (见图 11-6-1), 其中

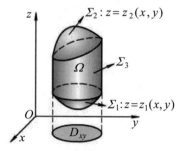

图 11-6-1

---

① 高斯 (C. F. Gauss, 1777—1855), 德国数学家.

$$\Sigma_1 : z = z_1(x, y), \ (x, y) \in D_{xy}, \ \text{取下侧},$$
$$\Sigma_2 : z = z_2(x, y), \ (x, y) \in D_{xy}, \ \text{取上侧}.$$

因为 Σ_3 上的法向量垂直于 z 轴, 故

$$\iint\limits_{\Sigma_3} R(x, y, z)\,\mathrm{d}x\mathrm{d}y = 0.$$

根据三重积分的计算法, 有

$$\iiint\limits_{\Omega} \frac{\partial R}{\partial z}\,\mathrm{d}v = \iint\limits_{D_{xy}} \left\{ \int_{z_1(x, y)}^{z_2(x, y)} \frac{\partial R}{\partial z}\,\mathrm{d}z \right\} \mathrm{d}x\mathrm{d}y$$

$$= \iint\limits_{D_{xy}} \{ R[x, y, z_2(x, y)] - R[x, y, z_1(x, y)] \}\,\mathrm{d}x\mathrm{d}y. \tag{6.2}$$

根据曲面积分的计算法, 有

$$\iint\limits_{\Sigma_1} R\,\mathrm{d}x\mathrm{d}y = -\iint\limits_{D_{xy}} R[x, y, z_1(x, y)]\,\mathrm{d}x\mathrm{d}y,$$

$$\iint\limits_{\Sigma_2} R\,\mathrm{d}x\mathrm{d}y = \iint\limits_{D_{xy}} R[x, y, z_2(x, y)]\,\mathrm{d}x\mathrm{d}y,$$

$$\iint\limits_{\Sigma_3} R\,\mathrm{d}x\mathrm{d}y = 0,$$

故

$$\oiint\limits_{\Sigma} R\,\mathrm{d}x\mathrm{d}y = \iint\limits_{D_{xy}} \{ R[x, y, z_2(x, y)] - R[x, y, z_1(x, y)] \}\mathrm{d}x\mathrm{d}y. \tag{6.3}$$

比较式 (6.2) 和式 (6.3), 得

$$\iiint\limits_{\Omega} \frac{\partial R}{\partial z}\,\mathrm{d}z = \oiint\limits_{\Sigma} R(x, y, z)\,\mathrm{d}x\mathrm{d}y.$$

同理可证

$$\iiint\limits_{\Omega} \frac{\partial P}{\partial x}\,\mathrm{d}v = \oiint\limits_{\Sigma} P(x, y, z)\,\mathrm{d}y\mathrm{d}z, \quad \iiint\limits_{\Omega} \frac{\partial Q}{\partial y}\,\mathrm{d}v = \oiint\limits_{\Sigma} Q(x, y, z)\,\mathrm{d}z\mathrm{d}x.$$

将上述三式相加, 即得

$$\iiint\limits_{\Omega} \left(\frac{\partial P}{\partial x} + \frac{\partial Q}{\partial y} + \frac{\partial R}{\partial z} \right) \mathrm{d}v = \oiint\limits_{\Sigma} P\mathrm{d}y\mathrm{d}z + Q\mathrm{d}z\mathrm{d}x + R\mathrm{d}x\mathrm{d}y. \qquad ∎$$

若曲面 Σ 与平行于坐标轴的直线的交点多于两个, 可用光滑曲面将有界闭区域 Ω 分割成若干个小区域, 使得围成每个小区域的闭曲面满足定理的条件, 从而高斯公式仍是成立的.

此外, 根据两类曲面积分之间的关系, 高斯公式也可表示为

$$\iiint\limits_{\Omega}\left(\frac{\partial P}{\partial x}+\frac{\partial Q}{\partial y}+\frac{\partial R}{\partial z}\right)\mathrm{d}v=\oiint\limits_{\Sigma}(P\cos\alpha+Q\cos\beta+R\cos\gamma)\mathrm{d}S,\qquad(6.4)$$

其中 $\cos\alpha,\cos\beta,\cos\gamma$ 是 Σ 上点 (x,y,z) 处的法向量的方向余弦.

例1　计算

$$\oiint\limits_{\Sigma}(x-y)\mathrm{d}x\mathrm{d}y+(y-z)x\mathrm{d}y\mathrm{d}z,$$

其中 Σ 为柱面 $x^2+y^2=1$ 及平面 $z=0,z=3$ 所围成的空间
闭区域 Ω 的整个边界曲面的外侧 (见图 11−6−2).

解　这里 $P=(y-z)x,Q=0,R=x-y$, 故

$$\frac{\partial P}{\partial x}=y-z,\quad\frac{\partial Q}{\partial y}=0,\quad\frac{\partial R}{\partial z}=0,$$

所以, 利用高斯公式及柱面坐标, 得

$$\oiint\limits_{\Sigma}(x-y)\mathrm{d}x\mathrm{d}y+(y-z)x\mathrm{d}y\mathrm{d}z=\iiint\limits_{\Omega}(y-z)\mathrm{d}x\mathrm{d}y\mathrm{d}z$$

$$=\int_0^{2\pi}\mathrm{d}\theta\int_0^1\mathrm{d}r\int_0^3(r\sin\theta-z)r\mathrm{d}z$$

$$=-\frac{9\pi}{2}.\quad\blacksquare$$

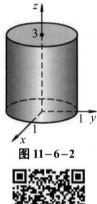

图 11−6−2

计算实验

例2　计算 $\iint\limits_{\Sigma}(z^2-y)\mathrm{d}z\mathrm{d}x+(x^2-z)\mathrm{d}x\mathrm{d}y$, 其中 Σ 为旋转抛物面 $z=1-x^2-y^2$ 在
$0\le z\le1$ 部分的外侧.

解　作辅助平面 $\Sigma_1:z=0$, 则平面 Σ_1 与曲面 Σ 围成空间有界闭区域 Ω (见图
11−6−3), 由高斯公式得

$$\iint\limits_{\Sigma}(z^2-y)\mathrm{d}z\mathrm{d}x+(x^2-z)\mathrm{d}x\mathrm{d}y$$

$$=\iint\limits_{\Sigma+\Sigma_1}(z^2-y)\mathrm{d}z\mathrm{d}x+(x^2-z)\mathrm{d}x\mathrm{d}y$$

$$\qquad\qquad-\iint\limits_{\Sigma_1}(z^2-y)\mathrm{d}z\mathrm{d}x+(x^2-z)\mathrm{d}x\mathrm{d}y$$

$$=\iiint\limits_{\Omega}(-2)\mathrm{d}v-\iint\limits_{\Sigma_1}(x^2-z)\mathrm{d}x\mathrm{d}y$$

$$=-2\int_0^{2\pi}\mathrm{d}\theta\int_0^1\mathrm{d}r\int_0^{1-r^2}r\mathrm{d}z+\iint\limits_{D_{xy}}x^2\mathrm{d}\sigma$$

$$=-4\pi\int_0^1r(1-r^2)\mathrm{d}r+\int_0^{2\pi}\mathrm{d}\theta\int_0^1r^2\cos^2\theta\cdot r\mathrm{d}r$$

$$=-\pi+\frac{\pi}{4}=-\frac{3\pi}{4}.$$

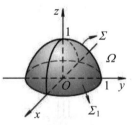

图 11−6−3

计算实验

注: 微信扫描右侧二维码, 即可进行计算实验 (详见教材配套的网络学习空间).

例3 计算 $\iint\limits_{\Sigma}(x^2\cos\alpha+y^2\cos\beta+z^2\cos\gamma)\mathrm{d}S$, 其中 Σ 为锥面 $x^2+y^2=z^2$ $(0\leq z\leq h)$ 的一部分, $\cos\alpha$, $\cos\beta$, $\cos\gamma$ 为此曲面外法线向量的方向余弦.

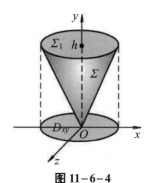

图 11−6−4

解 设曲面 Σ 在 xOy 面上的投影域为 D_{xy}, 因曲面 Σ 不是封闭曲面, 现作一辅助平面

$$\Sigma_1:z=h \quad (x^2+y^2\leq h^2),$$

取 Σ_1 的上侧, 则 $\Sigma+\Sigma_1$ 构成封闭曲面 (见图 11−6−4), 设它所围成的空间区域为 Ω. 在 Ω 上应用高斯公式, 得

$$\oiint\limits_{\Sigma+\Sigma_1}(x^2\cos\alpha+y^2\cos\beta+z^2\cos\gamma)\mathrm{d}S$$

$$=2\iiint\limits_{\Omega}(x+y+z)\mathrm{d}v=2\iint\limits_{D_{xy}}\mathrm{d}x\mathrm{d}y\int_{\sqrt{x^2+y^2}}^{h}(x+y+z)\mathrm{d}z,$$

其中 $D_{xy}=\{(x,y)\,|\,x^2+y^2\leq h^2\}$. 注意到

$$\iint\limits_{D_{xy}}\mathrm{d}x\mathrm{d}y\int_{\sqrt{x^2+y^2}}^{h}(x+y)\mathrm{d}z=0,$$

所以

$$\oiint\limits_{\Sigma+\Sigma_1}(x^2\cos\alpha+y^2\cos\beta+z^2\cos\gamma)\mathrm{d}S$$

$$=2\iint\limits_{D_{xy}}\mathrm{d}x\mathrm{d}y\int_{\sqrt{x^2+y^2}}^{h}z\mathrm{d}z=\iint\limits_{D_{xy}}(h^2-x^2-y^2)\mathrm{d}x\mathrm{d}y=\frac{1}{2}\pi h^4.$$

计算实验

而

$$\iint\limits_{\Sigma_1}(x^2\cos\alpha+y^2\cos\beta+z^2\cos\gamma)\mathrm{d}S=\iint\limits_{\Sigma_1}z^2\mathrm{d}x\mathrm{d}y=\iint\limits_{D_{xy}}h^2\mathrm{d}x\mathrm{d}y=\pi h^4.$$

故

$$\iint\limits_{\Sigma}(x^2\cos\alpha+y^2\cos\beta+z^2\cos\gamma)\mathrm{d}S=\frac{1}{2}\pi h^4-\pi h^4=-\frac{1}{2}\pi h^4.$$

■

注: 微信扫描右侧二维码, 即可进行计算实验 (详见教材配套的网络学习空间).

例4 证明: 若 Σ 为包围有界域 Ω 的光滑曲面, 则

$$\iiint\limits_{\Omega}v\Delta u\mathrm{d}V=\oiint\limits_{\Sigma}v\frac{\partial u}{\partial n}\mathrm{d}S-\iiint\limits_{\Omega}\left(\frac{\partial u}{\partial x}\frac{\partial v}{\partial x}+\frac{\partial u}{\partial y}\frac{\partial v}{\partial y}+\frac{\partial u}{\partial z}\frac{\partial v}{\partial z}\right)\mathrm{d}V,$$

其中 $\dfrac{\partial u}{\partial n}$ 为函数 u 沿曲面 Σ 的外法线方向的方向导数, u,v 在 Ω 上具有一阶和二阶连续偏导数, 符号 $\Delta=\dfrac{\partial^2}{\partial x^2}+\dfrac{\partial^2}{\partial y^2}+\dfrac{\partial^2}{\partial z^2}$ 称为**拉普拉斯**[①]**算子**. 这个公式称为**格林第**

———————————
[①] 拉普拉斯 (P. S. Laplace, 1749 — 1827), 法国数学家.

一公式.

证明　因为

$$\frac{\partial u}{\partial n} = \frac{\partial u}{\partial x}\cos\alpha + \frac{\partial u}{\partial y}\cos\beta + \frac{\partial u}{\partial z}\cos\gamma = \nabla u \cdot \boldsymbol{n},$$

其中 $\boldsymbol{n} = \{\cos\alpha, \cos\beta, \cos\gamma\}$ 是 Σ 在点 (x, y, z) 处的外法线向量的方向余弦，于是

$$\oiint\limits_{\Sigma} v\frac{\partial u}{\partial n}\mathrm{d}S = \oiint\limits_{\Sigma} v(\nabla u \cdot \boldsymbol{n})\mathrm{d}S = \oiint\limits_{\Sigma} [(v\nabla u) \cdot \boldsymbol{n}]\mathrm{d}S$$

$$= \oiint\limits_{\Sigma}\left[\left(v\frac{\partial u}{\partial x}\right)\cos\alpha + \left(v\frac{\partial u}{\partial y}\right)\cos\beta + \left(v\frac{\partial u}{\partial z}\right)\cos\gamma\right]\mathrm{d}S$$

$$= \iiint\limits_{\Omega}\left[\frac{\partial}{\partial x}\left(v\frac{\partial u}{\partial x}\right) + \frac{\partial}{\partial y}\left(v\frac{\partial u}{\partial y}\right) + \frac{\partial}{\partial z}\left(v\frac{\partial u}{\partial z}\right)\right]\mathrm{d}V$$

$$= \iiint\limits_{\Omega} v\Delta u\,\mathrm{d}V + \iiint\limits_{\Omega}\left(\frac{\partial u}{\partial x}\frac{\partial v}{\partial x} + \frac{\partial u}{\partial y}\frac{\partial v}{\partial y} + \frac{\partial u}{\partial z}\frac{\partial v}{\partial z}\right)\mathrm{d}V,$$

将上式右端第二个积分移至左端即得所要证明的等式. ∎

二、通量与散度

在 §11.5 的引例中，我们讨论过流量问题. 设有一不可压缩流体 (假定密度为1) 的稳定流速场

$$\boldsymbol{v}(x, y, z) = P(x, y, z)\boldsymbol{i} + Q(x, y, z)\boldsymbol{j} + R(x, y, z)\boldsymbol{k},$$

其中函数 P, Q, R 有一阶连续偏导数，则单位时间内流体通过有向曲面 Σ 指定侧的流量为

$$\Phi = \iint\limits_{\Sigma} \boldsymbol{v} \cdot \mathrm{d}\boldsymbol{S} = \iint\limits_{\Sigma} \boldsymbol{v} \cdot \boldsymbol{n}^\circ \mathrm{d}S = \iint\limits_{\Sigma} P\mathrm{d}y\mathrm{d}z + Q\mathrm{d}z\mathrm{d}x + R\mathrm{d}x\mathrm{d}y.$$

这里 $\boldsymbol{n}^\circ = \{\cos\alpha, \cos\beta, \cos\gamma\}$ 为曲面 Σ 的单位法向量.

一般地，设有向量场

$$\boldsymbol{A}(x, y, z) = P(x, y, z)\boldsymbol{i} + Q(x, y, z)\boldsymbol{j} + R(x, y, z)\boldsymbol{k},$$

其中函数 P, Q, R 具有一阶连续偏导数，Σ 是场内的一片有向曲面，$\boldsymbol{n}^\circ$ 是曲面 Σ 上点 (x, y, z) 处的单位法向量，则沿曲面 Σ 的第二类曲面积分

$$\Phi = \iint\limits_{\Sigma} \boldsymbol{A} \cdot \mathrm{d}\boldsymbol{S} = \iint\limits_{\Sigma} \boldsymbol{A} \cdot \boldsymbol{n}^\circ \mathrm{d}S = \iint\limits_{\Sigma} P\mathrm{d}y\mathrm{d}z + Q\mathrm{d}z\mathrm{d}x + R\mathrm{d}x\mathrm{d}y$$

称为向量场 $\boldsymbol{A}$ 通过曲面 Σ 流向指定侧的**通量**. 而

$$\frac{\partial P}{\partial x} + \frac{\partial Q}{\partial y} + \frac{\partial R}{\partial z}$$

称为向量场 $\boldsymbol{A}$ 的**散度**，记为 $\mathrm{div}\boldsymbol{A}$，即

$$\mathrm{div}\boldsymbol{A} = \frac{\partial P}{\partial x} + \frac{\partial Q}{\partial y} + \frac{\partial R}{\partial z} \, . \tag{6.5}$$

利用上述概念, 高斯公式可写成

$$\iiint\limits_{\Omega} \mathrm{div}\boldsymbol{A}\,\mathrm{d}v = \oiint\limits_{\Sigma} \boldsymbol{A} \cdot \boldsymbol{n}^{\circ}\,\mathrm{d}S \, . \tag{6.6}$$

在公式 (6.6) 中, 如果向量场 $\boldsymbol{A}$ 表示一不可压缩流体的稳定流速场, 则公式的右端可解释为单位时间内离开闭区域 Ω 的流体的总质量. 由于我们假定流体是不可压缩的和稳定的, 因此在流体离开 Ω 的同时, Ω 内部产生流体的 "源" 必须产生出同样多的流体来进行补充. 所以, 公式的左端可解释为单位时间内在 Ω 内的 "**源**" 所产生的流体的总质量. 如果 $\mathrm{div}\boldsymbol{A}(M) > 0$, 则表明点 M 是 "源", 直观上表示有流体经由点 M 处的一个小洞流入区域 Ω (见图 $11-6-5$), 其值表示源的强度; 如果 $\mathrm{div}\boldsymbol{A}(M) < 0$, 则表明点 M 是 "**汇**", 直观上表示有流体经由点 M 处的一个小洞流入区域 Ω (见图 $11-6-6$), 其值表示汇的强度; 如果 $\mathrm{div}\boldsymbol{A}(M) = 0$, 则表明点 M 既不是 "源" 也不是 "汇".

对公式 (6.6) 左端的三重积分, 由三重积分的中值定理可得

$$\iiint\limits_{\Omega} \mathrm{div}\boldsymbol{A}\,\mathrm{d}v = \mathrm{div}\boldsymbol{A}(M^{*}) \cdot V \, ,$$

其中 M^{*} 为 Ω 内的一点, V 是 Ω 的体积. 于是, 高斯公式变成

$$\mathrm{div}\boldsymbol{A}(M^{*}) \cdot V = \oiint\limits_{\Sigma} \boldsymbol{A} \cdot \boldsymbol{n}^{\circ}\,\mathrm{d}S \, .$$

令 Ω 收缩于点 M (此时必有 $M^{*} \to M$), 则有

$$\mathrm{div}\boldsymbol{A}(M) = \lim_{\Omega \to M} \frac{1}{V} \oiint\limits_{\Sigma} \boldsymbol{A} \cdot \mathrm{d}S \, .$$

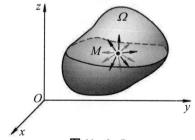

图 $11-6-5$

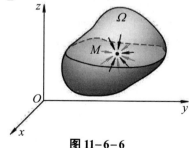

图 $11-6-6$

散度有下列运算性质:

(1) $\mathrm{div}(C\boldsymbol{A}) = C\mathrm{div}\boldsymbol{A}$ (C 为常数);

(2) $\mathrm{div}(\boldsymbol{A}+\boldsymbol{B}) = \mathrm{div}\boldsymbol{A} + \mathrm{div}\boldsymbol{B}$;

(3) $\mathrm{div}(u\boldsymbol{A}) = u\mathrm{div}\boldsymbol{A} + \mathbf{grad}u \cdot \boldsymbol{A}$ (u 为数量函数).

例 5 求向量场 $\boldsymbol{r} = x\boldsymbol{i} + y\boldsymbol{j} + z\boldsymbol{k}$ 穿过曲面 Σ 指定侧的通量.

(1) Σ 为圆锥 $x^2+y^2\leq z^2$ $(0\leq z\leq h)$ 的底，取上侧；

(2) Σ 为上述圆锥的侧表面，取外侧.

解　如图 11-6-7 所示，设 Σ_1,Σ_2,Σ 分别为题设圆锥的底面、侧表面及全表面，因为 $\mathrm{div}\,\boldsymbol{r}=3$，故穿过全表面向外的的通量

$$\varPhi=\oiint_{\Sigma}\boldsymbol{r}\cdot\mathrm{d}\boldsymbol{S}=\iiint_{\varOmega}\mathrm{div}\,\boldsymbol{r}\mathrm{d}v=3\iiint_{\varOmega}\mathrm{d}v=\pi h^3.$$

(1) 穿过底面向上的通量

$$\varPhi_1=\iint_{\Sigma}\boldsymbol{r}\cdot\mathrm{d}\boldsymbol{S}=\iint_{\substack{x^2+y^2\leq h^2\\z=h}}z\mathrm{d}x\mathrm{d}y=\iint_{x^2+y^2\leq h^2}h\mathrm{d}x\mathrm{d}y=\pi h^3.$$

图 11-6-7

(2) 穿过侧表面向外的流量

$$\varPhi_2=\varPhi-\varPhi_1=0.\quad\blacksquare$$

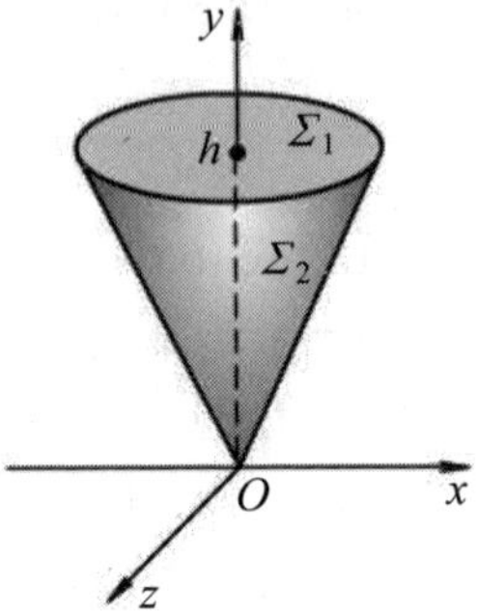

*数学实验

实验 11.6　试用计算软件完成下列各题：

(1) 计算 $\oiint_{\Sigma}y^2\mathrm{d}y\mathrm{d}z+x^2\mathrm{d}z\mathrm{d}x+z^2\mathrm{d}x\mathrm{d}y$，其中 Σ 为 $z=\sqrt{x^2+y^2}$ 与 $z=\sqrt{2-x^2-y^2}$ 所围立体 $\varOmega$ 的表面外侧.

(2) 计算 $\iint_{\Sigma}(8y+1)\mathrm{d}y\mathrm{d}z+2(1-y^2)\mathrm{d}z\mathrm{d}x-4y\mathrm{d}x\mathrm{d}y$，其中 Σ 是曲线段 $\begin{cases}z=\sqrt{y-1}\\x=0\end{cases}(1\leq y\leq3)$ 绕 Oy 轴旋转一周所形成的曲面，其法线向量与 Oy 轴正向的夹角恒大于 $\dfrac{\pi}{2}$.

(3) 求向量场 $\boldsymbol{A}=\mathrm{e}^{4x}\sin(yz)\boldsymbol{i}+\mathrm{e}^{2y}\sin(2zx)\boldsymbol{j}+\mathrm{e}^z\sin(4xy)\boldsymbol{k}$ 在点 $(2,4,8)$ 处的散度.

(4) 设向量场 $\boldsymbol{A}=(x+x^2y-2xyz)\boldsymbol{i}+(y+y^2z-2xyz)\boldsymbol{j}+(z+z^2x-2xyz)\boldsymbol{k}$，闭曲面 S 是由双曲抛物面 $z=xy$，平面 $x+y=1$ 和 $z=0$ 围成的立体的整个边界曲面，求 $\boldsymbol{A}$ 穿过 S 外侧的通量.

详见教材配套的网络学习空间.

习题 11-6

1. 利用高斯公式计算

$$\oiint_{S^+}(x^2-yz)\mathrm{d}y\mathrm{d}z+(y^2-xz)\mathrm{d}z\mathrm{d}x+(z^2-xy)\mathrm{d}x\mathrm{d}y,$$

其中 S^+ 为球面 $(x-a)^2+(y-b)^2+(z-c)^2=R^2$ 的外侧.

2. 计算 $\oiint_{\Sigma}x^3\mathrm{d}y\mathrm{d}z+y^3\mathrm{d}z\mathrm{d}x+z^3\mathrm{d}x\mathrm{d}y$，其中 Σ 为球面 $x^2+y^2+z^2=a^2$ 的内侧.

3. 计算 $\oiint\limits_{\Sigma} xdydz+ydzdx+zdxdy$，其中 Σ 是介于 $z=0$ 和 $z=3$ 之间圆柱体 $x^2+y^2\leq 9$ 的整个表面的外侧.

4. 计算

$$\oiint\limits_{\Sigma} xz^2dydz + (x^2y-z^3)dzdx + (2xy+y^2z)dxdy,$$

其中 Σ 为上半球体 $x^2+y^2\leq a^2,\ 0\leq z\leq\sqrt{a^2-x^2-y^2}$ 的表面外侧.

5. 计算 $\oiint\limits_{\Sigma} 4xzdydz-y^2dzdx+yzdxdy$，其中 Σ 是平面 $x=0,\ y=0,\ z=0$ 与平面 $x=1,\ y=1,\ z=1$ 所围立体的全表面的外侧.

6. 设 $f(u)$ 有连续的导数，计算

$$I = \oiint\limits_{S} \frac{1}{y}f\left(\frac{x}{y}\right)dydz + \frac{1}{x}f\left(\frac{x}{y}\right)dzdx + zdxdy,$$

其中 S 是 $y=x^2+z^2,\ y=8-x^2-z^2$ 所围立体的外侧.

7. 计算 $\iint\limits_{S}(y^2-x)dydz + (z^2-y)dzdx + (x^2-z)dxdy$，其中 S 为抛物面 $z=2-x^2-y^2$ 位于 $z\geq 0$ 内的部分的上侧.

8. 求下列向量 A 穿过曲面 Σ 流向指定侧的流量：

(1) $A=3yz\boldsymbol{i}+2xz\boldsymbol{j}+5xy\boldsymbol{k}$，$\Sigma$ 为圆柱 $x^2+y^2\leq a^2$ ($0\leq z\leq h$) 的全表面，流向外侧；

(2) $A=(2x+5z)\boldsymbol{i}-(3xz+y)\boldsymbol{j}+(7y^2+2z)\boldsymbol{k}$，$\Sigma$ 是以点 $(3,-1,2)$ 为球心，半径 $R=3$ 的球面，流向外侧.

9. 求下列向量场 A 的散度：

(1) $A=(x^2y+y^3)\boldsymbol{i}+(x^3-xy^2)\boldsymbol{j}$；　　　　(2) $A=\mathrm{e}^{xy}\boldsymbol{i}+\cos(xy)\boldsymbol{j}+\cos(xz^2)\boldsymbol{k}$.

10. 证明：若 S 为包围有界域 V 的光滑曲面，则

$$\oiint\limits_{S}\frac{\partial u}{\partial n}dS = \iiint\limits_{V}\Delta udxdydz,$$

其中 $\Delta u=\dfrac{\partial^2 u}{\partial x^2}+\dfrac{\partial^2 u}{\partial y^2}+\dfrac{\partial^2 u}{\partial z^2}$ 称为拉普拉斯算子，$\dfrac{\partial}{\partial n}$ 是关于曲面 S 沿外法线 $\boldsymbol{n}$ 方向的方向导数.

11. 利用高斯公式证明阿基米德原理：浸没在液体中的物体所受液体的压力的合力(即浮力)的方向铅直向上，其大小等于该物体所排开的液体的重力.

§11.7 斯托克斯公式 环流量与旋度

一、斯托克斯[①]公式

斯托克斯公式是格林公式的推广，格林公式建立了平面区域上的二重积分与其

① 斯托克斯 (G.G. Stokes, 1819—1903)，英国数学家.

边界曲线上的曲线积分之间的联系,而斯托克斯公式则建立了沿空间曲面 Σ 的曲面积分与沿 Σ 的边界曲线 Γ 的曲线积分之间的联系.

在引入斯托克斯公式之前,我们先对有向曲面 Σ 的侧与其边界曲线 Γ 的方向作如下规定:当观察者站在曲面 Σ 上指定的一侧沿着 Γ 行进时,指定的侧总在观察者的左方,则观察者行进的方向就是边界曲线 Γ 的正向(见图 11-7-1). 这个规定也称为右手法则.

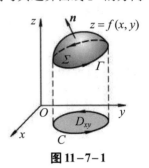

图 11-7-1

定理 1 设 Γ 为分段光滑的空间有向闭曲线,Σ 是以 Γ 为边界的分片光滑的有向曲面,Γ 的正向与 Σ 的侧符合右手法则,函数 $P(x,y,z)$,$Q(x,y,z)$,$R(x,y,z)$ 在包含曲面 Σ 的一个空间区域内具有一阶连续偏导数,则有

$$\iint\limits_{\Sigma} \left(\frac{\partial R}{\partial y}-\frac{\partial Q}{\partial z}\right)\mathrm{d}y\mathrm{d}z + \left(\frac{\partial P}{\partial z}-\frac{\partial R}{\partial x}\right)\mathrm{d}z\mathrm{d}x + \left(\frac{\partial Q}{\partial x}-\frac{\partial P}{\partial y}\right)\mathrm{d}x\mathrm{d}y$$

$$= \oint_{\Gamma} P\mathrm{d}x + Q\mathrm{d}y + R\mathrm{d}z. \tag{7.1}$$

公式 (7.1) 称为**斯托克斯公式**.

证明 设 Σ 与平行于 z 轴的直线相交于最多一点,并设 Σ 为曲面 $z=f(x,y)$ 的上侧,Σ 的正向边界曲线 Γ 在 xOy 的投影为有向曲线 C. 它所围区域为 D_{xy}. 为证明公式 (7.1),我们先证

$$\iint\limits_{\Sigma} \frac{\partial P}{\partial z}\mathrm{d}z\mathrm{d}x - \frac{\partial P}{\partial y}\mathrm{d}x\mathrm{d}y = \oint_{\Gamma} P\mathrm{d}x. \tag{7.2}$$

因为有向曲面 Σ 的法向量的方向余弦为

$$\cos\alpha = \frac{-f_x}{M},\ \cos\beta = \frac{-f_y}{M},\ \cos\gamma = \frac{1}{M},$$

其中 $M=\sqrt{1+f_x^2+f_y^2}$,由此可得

$$f_x = -\frac{\cos\alpha}{\cos\gamma},\ f_y = -\frac{\cos\beta}{\cos\gamma},$$

于是

$$\iint\limits_{\Sigma} \frac{\partial P}{\partial z}\mathrm{d}z\mathrm{d}x - \frac{\partial P}{\partial y}\mathrm{d}x\mathrm{d}y = \iint\limits_{\Sigma} \left(\frac{\partial P}{\partial z}\cos\beta - \frac{\partial P}{\partial y}\cos\gamma\right)\mathrm{d}S$$

$$= -\iint\limits_{\Sigma} \left(\frac{\partial P}{\partial y}+\frac{\partial P}{\partial z}f_y\right)\cos\gamma\mathrm{d}S = -\iint\limits_{\Sigma} \left(\frac{\partial P}{\partial y}+\frac{\partial P}{\partial z}f_y\right)\mathrm{d}x\mathrm{d}y$$

$$= -\iint\limits_{D_{xy}} \frac{\partial}{\partial y}P[x,y,f(x,y)]\mathrm{d}x\mathrm{d}y$$

$$= \oint_C P[x, y, f(x, y)]\mathrm{d}x = \oint_\Gamma P(x, y, z)\,\mathrm{d}x.$$

其次,如果曲面与平行于 z 轴的直线的交点多于一个,则可利用辅助曲线把曲面分成几部分,然后利用公式 (7.2) 并相加.因为沿辅助曲线而方向相反的两个曲线积分相加时正好抵消,所以,对于这一类曲面,公式 (7.2) 也成立.

同理可证

$$\iint\limits_\Sigma \frac{\partial Q}{\partial x}\,\mathrm{d}x\mathrm{d}y - \frac{\partial Q}{\partial z}\,\mathrm{d}y\mathrm{d}z = \oint_\Gamma Q(x, y, z)\,\mathrm{d}y,$$

$$\iint\limits_\Sigma \frac{\partial R}{\partial y}\,\mathrm{d}y\mathrm{d}z - \frac{\partial R}{\partial x}\,\mathrm{d}z\mathrm{d}x = \oint_\Gamma R(x, y, z)\,\mathrm{d}z,$$

把它们与式 (7.2) 相加即证得斯托克斯公式.

为了便于记忆,斯托克斯公式常写成如下形式:

$$\iint\limits_\Sigma \begin{vmatrix} \mathrm{d}y\mathrm{d}z & \mathrm{d}z\mathrm{d}x & \mathrm{d}x\mathrm{d}y \\ \dfrac{\partial}{\partial x} & \dfrac{\partial}{\partial y} & \dfrac{\partial}{\partial z} \\ P & Q & R \end{vmatrix} = \oint_\Gamma P\mathrm{d}x + Q\mathrm{d}y + R\mathrm{d}z.$$

利用两类曲面积分之间的关系,斯托克斯公式也可写成

$$\iint\limits_\Sigma \begin{vmatrix} \cos\alpha & \cos\beta & \cos\gamma \\ \dfrac{\partial}{\partial x} & \dfrac{\partial}{\partial y} & \dfrac{\partial}{\partial z} \\ P & Q & R \end{vmatrix} \mathrm{d}S = \oint_\Gamma P\mathrm{d}x + Q\mathrm{d}y + R\mathrm{d}z.$$

其中 $\boldsymbol{n} = \{\cos\alpha, \cos\beta, \cos\gamma\}$ 为有向曲面 Σ 的单位法向量.

例1 计算曲线积分 $\oint_\Gamma z\mathrm{d}x + x\mathrm{d}y + y\mathrm{d}z$,其中 Γ 是平面 $x + y + z = 1$ 被三坐标面所截得的三角形的整个边界,它的正向与这个三角形上侧的法向量之间符合右手法则 (见图 $11-7-2$).

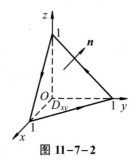

图 11-7-2

解 由斯托克斯公式,有

$$\oint_\Gamma z\mathrm{d}x + x\mathrm{d}y + y\mathrm{d}z = \iint\limits_\Sigma \mathrm{d}y\mathrm{d}z + \mathrm{d}z\mathrm{d}x + \mathrm{d}x\mathrm{d}y,$$

因为 Σ 的法向量的三个方向余弦都为正,再根据对称性,有

$$\iint\limits_\Sigma \mathrm{d}y\mathrm{d}z + \mathrm{d}z\mathrm{d}x + \mathrm{d}x\mathrm{d}y = 3\iint\limits_{D_{xy}} \mathrm{d}\sigma,$$

注意到 D_{xy} 为 xOy 面上由直线 $x + y = 1$ 与两条坐标轴围成的三角形闭区域,所以

$$\oint_\Gamma z\mathrm{d}x + x\mathrm{d}y + y\mathrm{d}z = \frac{3}{2}.$$

例2 计算

$$\oint_{\Gamma}(y^2+z^2)\mathrm{d}x+(x^2+z^2)\mathrm{d}y+(x^2+y^2)\mathrm{d}z,$$

式中 Γ 是 $x^2+y^2+z^2=2Rx$ 与 $x^2+y^2=2rx\,(0<r<R,\,z>0)$ 的交线. 此曲线是顺着如下方向前进的: 它包围在球面 $x^2+y^2+z^2=2Rx$ 上的最小区域保持在左方 (见图11－7－3).

解　注意到球面的法线的方向余弦为

$$\cos\alpha=\frac{x-R}{R},\ \cos\beta=\frac{y}{R},\ \cos\gamma=\frac{z}{R},$$

由斯托克斯公式, 有

$$原式=2\iint_{\Sigma}[(y-z)\cos\alpha+(z-x)\cos\beta+(x-y)\cos\gamma]\mathrm{d}S$$

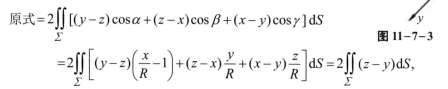

图 11－7－3

$$=2\iint_{\Sigma}\left[(y-z)\left(\frac{x}{R}-1\right)+(z-x)\frac{y}{R}+(x-y)\frac{z}{R}\right]\mathrm{d}S=2\iint_{\Sigma}(z-y)\mathrm{d}S,$$

由于曲面 Σ 关于 xOz 平面对称, 故有

$$\iint_{\Sigma}y\mathrm{d}S=0.$$

于是

$$原式=\iint_{\Sigma}z\mathrm{d}S=\iint_{\Sigma}R\cos\gamma\,\mathrm{d}S=\iint_{\Sigma}R\mathrm{d}x\mathrm{d}y=R\iint_{x^2+y^2\leqslant 2rx}\mathrm{d}\sigma=\pi r^2R.\ \blacksquare$$

*二、空间曲线积分与路径无关的条件

在 §11.3 中, 利用格林公式推出了平面曲线积分与路径无关的条件; 类似地, 我们利用斯托克斯公式, 可以推出空间曲线积分与路径无关的条件.

定理2　设空间区域 G 是一维单连通区域, 函数 P,Q,R 在 G 内具有一阶连续偏导数, 则下列四个条件是等价的:

(1) 对于 G 内任一分段光滑的封闭曲线 Γ, 有

$$\oint_{\Gamma}P\mathrm{d}x+Q\mathrm{d}y+R\mathrm{d}z=0;$$

(2) 对于 G 内任一分段光滑的曲线 Γ, 曲线积分

$$\int_{\Gamma}P\mathrm{d}x+Q\mathrm{d}y+R\mathrm{d}z$$

与路径无关, 仅与起点、终点有关;

(3) $P\mathrm{d}x+Q\mathrm{d}y+R\mathrm{d}z$ 是 G 内某一函数 $u(x,y,z)$ 的全微分, 即

$$\mathrm{d}u=P\mathrm{d}x+Q\mathrm{d}y+R\mathrm{d}z;$$

(4) $\dfrac{\partial P}{\partial y}=\dfrac{\partial Q}{\partial x},\ \dfrac{\partial Q}{\partial z}=\dfrac{\partial R}{\partial y},\ \dfrac{\partial R}{\partial x}=\dfrac{\partial P}{\partial z}$ 在 G 内处处成立.

这个定理的证明类似于平面曲线积分与路径无关的证明, 而且定理的应用也类似于平面曲线积分与路径无关的应用.

注: 定理 2 的条件中 "**空间一维单连通区域**" 是指这样一个空间区域 G: 对 G 中任一封闭曲线 Γ, 若 Γ 不越过 G 的边界曲面, 则可连续收缩成 G 内的一点. 例如两个同心球面所围成的区域就是空间一维单连通区域. 此外还有一种被称为 **空间二维单连通区域**, 是指这样一个空间区域 G: 对 G 中任一封闭曲面 Σ, 若 Σ 不越过 G 的边界曲面, 则可连续收缩成 G 内的一点.

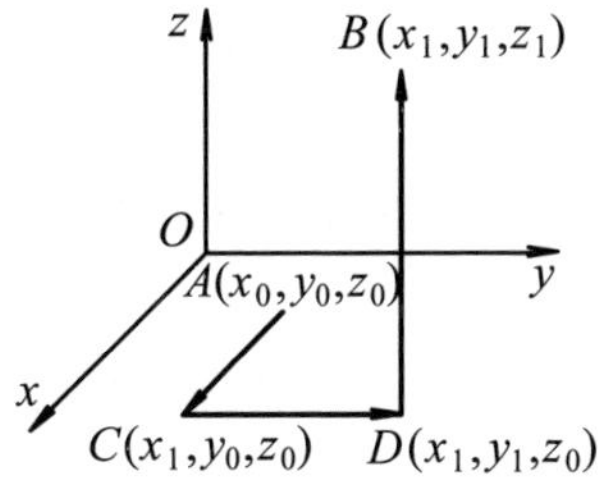

图 11-7-4

若曲线积分 $I = \int_{\Gamma_{AB}} P\mathrm{d}x + Q\mathrm{d}y + R\mathrm{d}z$ 与路径无关, 则沿着折线段 $ACDB$ (见图 11-7-4) 积分, 有

$$I = \int_{x_0}^{x_1} P(x, y_0, z_0)\,\mathrm{d}x + \int_{y_0}^{y_1} Q(x_1, y, z_0)\,\mathrm{d}y + \int_{z_0}^{z_1} R(x_1, y_1, z)\,\mathrm{d}z.$$

若 P, Q, R 在 G 内具有连续偏导数, 且

$$\frac{\partial P}{\partial y} = \frac{\partial Q}{\partial x}, \quad \frac{\partial Q}{\partial z} = \frac{\partial R}{\partial y}, \quad \frac{\partial R}{\partial x} = \frac{\partial P}{\partial z}, \quad (x, y, z) \in G,$$

则 $P\mathrm{d}x + Q\mathrm{d}y + R\mathrm{d}z$ 的全体原函数为

$$u = \int_{x_0}^{x} P(x, y_0, z_0)\,\mathrm{d}x + \int_{y_0}^{y} Q(x, y, z_0)\,\mathrm{d}y + \int_{z_0}^{z} R(x, y, z)\,\mathrm{d}z.$$

若 $(0, 0, 0) \in G$, 则通常取 $(x_0, y_0, z_0) = (0, 0, 0)$.

三、环流量与旋度

设向量场

$$\boldsymbol{A}(x, y, z) = P(x, y, z)\boldsymbol{i} + Q(x, y, z)\boldsymbol{j} + R(x, y, z)\boldsymbol{k},$$

则沿场 $\boldsymbol{A}$ 中某一封闭的有向曲线 Γ 上的曲线积分

$$\oint_{\Gamma} P\mathrm{d}x + Q\mathrm{d}y + R\mathrm{d}z$$

称为向量场 $\boldsymbol{A}$ 沿曲线 Γ 按所取方向的 **环流量**. 而向量函数

$$\left\{ \frac{\partial R}{\partial y} - \frac{\partial Q}{\partial z}, \frac{\partial P}{\partial z} - \frac{\partial R}{\partial x}, \frac{\partial Q}{\partial x} - \frac{\partial P}{\partial y} \right\}$$

称为向量场 $\boldsymbol{A}$ 的 **旋度**, 记为 **rot** $\boldsymbol{A}$, 即

$$\mathbf{rot}\,\boldsymbol{A} = \left(\frac{\partial R}{\partial y} - \frac{\partial Q}{\partial z} \right)\boldsymbol{i} + \left(\frac{\partial P}{\partial z} - \frac{\partial R}{\partial x} \right)\boldsymbol{j} + \left(\frac{\partial Q}{\partial x} - \frac{\partial P}{\partial y} \right)\boldsymbol{k}.$$

此旋度也可以写成如下便于记忆的形式:

$$\mathbf{rot}\,\boldsymbol{A} = \begin{vmatrix} \boldsymbol{i} & \boldsymbol{j} & \boldsymbol{k} \\ \dfrac{\partial}{\partial x} & \dfrac{\partial}{\partial y} & \dfrac{\partial}{\partial z} \\ P & Q & R \end{vmatrix}.$$

旋度有下列运算性质:

(1) $\mathbf{rot}(C\boldsymbol{A}) = C\,\mathbf{rot}\boldsymbol{A}$ (C 为常数);

(2) $\mathbf{rot}(\boldsymbol{A} \pm \boldsymbol{B}) = \mathbf{rot}\boldsymbol{A} \pm \mathbf{rot}\boldsymbol{B}$;

(3) $\mathbf{rot}(u\boldsymbol{A}) = u\mathbf{rot}\boldsymbol{A} + \mathbf{grad}\,u \times \boldsymbol{A}$ (u 为数量函数).

　　下面我们来导出斯托克斯公式的另一种形式, 以便给出斯托克斯公式的一个物理解释.

　　设有向曲面上点 (x,y,z) 的单位法向量为
$$\boldsymbol{n} = \cos\alpha\boldsymbol{i} + \cos\beta\boldsymbol{j} + \cos\gamma\boldsymbol{k},$$
而 Σ 的正向边界曲线 Γ 上点 (x,y,z) 的单位切向量为
$$\boldsymbol{t} = \cos\lambda\boldsymbol{i} + \cos\mu\boldsymbol{j} + \cos\nu\boldsymbol{k}.$$
则斯托克斯公式可表示为
$$\iint_{\Sigma}\left[\left(\frac{\partial R}{\partial y} - \frac{\partial Q}{\partial z}\right)\cos\alpha + \left(\frac{\partial P}{\partial z} - \frac{\partial R}{\partial x}\right)\cos\beta + \left(\frac{\partial Q}{\partial x} - \frac{\partial P}{\partial y}\right)\cos\gamma\right]\mathrm{d}S$$
$$= \oint_{\Gamma}(P\cos\lambda + Q\cos\mu + R\cos\nu)\mathrm{d}s.$$

由此易见, 斯托克斯公式可表示为下列向量形式
$$\iint_{\Sigma}\mathbf{rot}\boldsymbol{A}\cdot\boldsymbol{n}\,\mathrm{d}S = \oint_{\Gamma}\boldsymbol{A}\cdot\boldsymbol{t}\,\mathrm{d}s \quad \text{或} \quad \iint_{\Sigma}(\mathbf{rot}\boldsymbol{A})_n\,\mathrm{d}S = \oint_{\Gamma}A_t\,\mathrm{d}s,$$
其中 $(\mathbf{rot}\boldsymbol{A})_n = \mathbf{rot}\boldsymbol{A}\cdot\boldsymbol{n}$ 表示 $\mathbf{rot}\boldsymbol{A}$ 在 $\boldsymbol{n}$ 上的投影, 而 $A_t = \boldsymbol{A}\cdot\boldsymbol{t}$ 表示向量 $\boldsymbol{A}$ 在 $\boldsymbol{t}$ 上的投影.

　　在流量问题中, 环流量 $\oint_{\Gamma}\boldsymbol{A}\cdot\boldsymbol{t}\,\mathrm{d}s$ 表示流速为 $\boldsymbol{A}$ 的不可压缩流体在单位时间内沿曲线 Γ 的流体总量, 反映了流体沿 Γ 旋转时的强弱程度. 当 $\mathbf{rot}\boldsymbol{A} = 0$ 时, 沿任意封闭曲线的环流量为零, 即流体流动时不形成旋涡, 这时称向量场 $\boldsymbol{A}$ 为**无旋场**. 斯托克斯公式表明: 向量场 $\boldsymbol{A}$ 沿有向闭曲线 Γ 的环流量等于向量场 $\boldsymbol{A}$ 的旋度场通过 Γ 所张的曲面的通量, 这里 Γ 和 Σ 的正向符合右手法则 (见图 11-7-5).

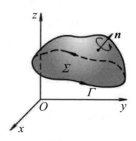

图 11-7-5

　　例 3　设 $u = x^2y + 2xy^2 - 3yz^2$, 求 $\mathbf{grad}\,u$; $\mathrm{div}(\mathbf{grad}\,u)$; $\mathbf{rot}(\mathbf{grad}\,u)$.

　　解　$\mathbf{grad}\,u = \left\{\dfrac{\partial u}{\partial x}, \dfrac{\partial u}{\partial y}, \dfrac{\partial u}{\partial z}\right\} = \{2xy + 2y^2, x^2 + 4xy - 3z^2, -6yz\}.$

$$\mathrm{div}(\mathbf{grad}\,u) = \frac{\partial(2xy+2y^2)}{\partial x} + \frac{\partial(x^2+4xy-3z^2)}{\partial y} + \frac{\partial(-6yz)}{\partial z}$$
$$= 2y + 4x - 6y = 4(x-y).$$
$$\mathbf{rot}(\mathbf{grad}\,u) = \left\{\frac{\partial^2 u}{\partial y\partial z} - \frac{\partial^2 u}{\partial z\partial y}, \frac{\partial^2 u}{\partial z\partial x} - \frac{\partial^2 u}{\partial x\partial z}, \frac{\partial^2 u}{\partial x\partial y} - \frac{\partial^2 u}{\partial y\partial x}\right\},$$

计算实验

因为$u = x^2 y + 2xy^2 - 3yz^2$有二阶连续导数,故二阶混合偏导数与求导次序无关,所以
$$\mathbf{rot}(\mathbf{grad}\,u) = \mathbf{0}.$$

注:一般地,如果u是一单值函数,我们称向量场$A = \mathbf{grad}\,u$为**势量场**或**保守场**,而u称为场A的**势函数**.

例4 设一刚体以等角速度$\boldsymbol{\omega} = \omega_x \mathbf{i} + \omega_y \mathbf{j} + \omega_z \mathbf{k}$绕定轴$l$旋转,求刚体内任意一点$M$的线速度$\boldsymbol{v}$的旋度.

解 取定轴l为z轴(见图11−7−6),点M的向径
$$\boldsymbol{r} = \overrightarrow{OM} = x\mathbf{i} + y\mathbf{j} + z\mathbf{k},$$

则点M的线速度

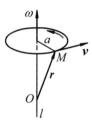

$$\boldsymbol{v} = \boldsymbol{\omega} \times \boldsymbol{r} = \begin{vmatrix} \boldsymbol{i} & \boldsymbol{j} & \boldsymbol{k} \\ \omega_x & \omega_y & \omega_z \\ x & y & z \end{vmatrix}$$
$$= (\omega_y z - \omega_z y)\boldsymbol{i} + (\omega_z x - \omega_x z)\boldsymbol{j} + (\omega_x y - \omega_y x)\boldsymbol{k},$$

于是

图 11−7−6

计算实验

$$\mathbf{rot}\,\boldsymbol{v} = \begin{vmatrix} \boldsymbol{i} & \boldsymbol{j} & \boldsymbol{k} \\ \dfrac{\partial}{\partial x} & \dfrac{\partial}{\partial y} & \dfrac{\partial}{\partial z} \\ \omega_y z - \omega_z y & \omega_z x - \omega_x z & \omega_x y - \omega_y x \end{vmatrix}$$
$$= 2(\omega_x \boldsymbol{i} + \omega_y \boldsymbol{j} + \omega_z \boldsymbol{k}) = 2\boldsymbol{\omega}.$$

即速度场$\boldsymbol{v}$的旋度等于角速度$\boldsymbol{\omega}$的2倍.

注:微信扫描右侧二维码,即可进行计算实验(详见教材配套的网络学习空间).

*四、向量微分算子

定义向量微分算子
$$\nabla = \frac{\partial}{\partial x}\boldsymbol{i} + \frac{\partial}{\partial y}\boldsymbol{j} + \frac{\partial}{\partial z}\boldsymbol{k},$$

它被称为**哈密顿**[①](Hamilton)算子. 利用向量微分算子,我们有

(1) 设$u = u(x, y, z)$,则
$$\nabla u = \frac{\partial u}{\partial x}\boldsymbol{i} + \frac{\partial u}{\partial y}\boldsymbol{j} + \frac{\partial u}{\partial z}\boldsymbol{k} = \mathbf{grad}\,u;$$

$$\nabla^2 u = \nabla \cdot \nabla u = \nabla \cdot \mathbf{grad}\,u = \frac{\partial^2 u}{\partial x^2} + \frac{\partial^2 u}{\partial y^2} + \frac{\partial^2 u}{\partial z^2} = \Delta u,$$

其中$\Delta = \dfrac{\partial^2}{\partial x^2} + \dfrac{\partial^2}{\partial y^2} + \dfrac{\partial^2}{\partial z^2}$称为**拉普拉斯**算子.

---

① 哈密顿 (W. R. Hamilton, 1805 —1865), 爱尔兰数学家.

(2) 设 $A = P(x, y, z)\boldsymbol{i} + Q(x, y, z)\boldsymbol{j} + R(x, y, z)\boldsymbol{k}$, 则

$$\nabla \cdot A = \left(\frac{\partial}{\partial x}\boldsymbol{i} + \frac{\partial}{\partial y}\boldsymbol{j} + \frac{\partial}{\partial z}\boldsymbol{k}\right) \cdot (P\boldsymbol{i} + Q\boldsymbol{j} + R\boldsymbol{k}) = \frac{\partial P}{\partial x} + \frac{\partial Q}{\partial y} + \frac{\partial R}{\partial z} = \mathrm{div}A.$$

$$\nabla \times A = \begin{vmatrix} \boldsymbol{i} & \boldsymbol{j} & \boldsymbol{k} \\ \dfrac{\partial}{\partial x} & \dfrac{\partial}{\partial y} & \dfrac{\partial}{\partial z} \\ P & Q & R \end{vmatrix} = \mathbf{rot}A.$$

于是，高斯公式和斯托克斯公式可分别写成

$$\iiint\limits_{\Omega} \nabla \cdot A \mathrm{d}v = \oiint\limits_{\Sigma} A_n \mathrm{d}S, \quad \iint\limits_{\Sigma} (\nabla \times A)_n \mathrm{d}S = \oint\limits_{\Gamma} A_t \mathrm{d}s.$$

*数学实验

实验 11.7　试用计算软件完成下列各题:

(1) 计算 $\oint_{\Gamma}(\mathrm{e}^x + x^2 y^2 z^2)\mathrm{d}x + (\mathrm{e}^y - y^2 z)\mathrm{d}y + (\mathrm{e}^z + yz^2)\mathrm{d}z$, 其中 Γ 为圆周 $\begin{cases} y^2 + z^2 \leqslant 4 \\ x = 0 \end{cases}$, 且对着 x 轴正向看 Γ 时, Γ 的方向为逆时针方向.

(2) 判断 $yz(2x + y + z)\mathrm{d}x + xz(x + 2y + z)\mathrm{d}y + xy(x + y + 2z)\mathrm{d}z$ 是否为全微分, 若是, 求其原函数.

(3) 设向量场 $A = \{\tan x + \mathrm{e}^y \sec z, \sec y + \mathrm{e}^z \sin x, \sin z + \mathrm{e}^x \tan y\}$, 计算 $\mathbf{rot}A$, $\mathrm{div}(\mathbf{rot}A)$.

(4) 验证向量场 $A = [yz + y\cos(xy)]\boldsymbol{i} + [xz + x\cos(xy)]\boldsymbol{j} + (xy + \sin z)\boldsymbol{k}$ 是有势场, 并求其势函数.

详见教材配套的网络学习空间.

习题 11-7

1. 计算 $\oint_{\Gamma} y\mathrm{d}x + z\mathrm{d}y + x\mathrm{d}z$, 其中 Γ 为圆周 $x^2 + y^2 + z^2 = 1$, $x + y + z = 1$, 若从 y 轴正向看去, Γ 取逆时针方向.

2. 计算 $\oint_{\Gamma}(y - z)\mathrm{d}x + (z - x)\mathrm{d}y + (x - y)\mathrm{d}z$, 其中 Γ 为椭圆 $x^2 + y^2 = a^2$, $\dfrac{x}{a} + \dfrac{z}{b} = 1$ $(a > 0, b > 0)$, 若从 x 轴正向看去, Γ 取逆时针方向.

3. 计算 $\oint_{\Gamma} 3y\mathrm{d}x - xz\mathrm{d}y + yz^2\mathrm{d}z$, 其中 Γ 为圆周 $x^2 + y^2 = 2z$, $z = 2$, 若从 z 轴正向看去, 该圆周取逆时针方向.

4. 计算 $\int_{AmB}(x^2 - yz)\mathrm{d}x + (y^2 - xz)\mathrm{d}y + (z^2 - xy)\mathrm{d}z$, 其中 $\overset{\frown}{AmB}$ 是螺线 $x = a\cos\varphi$, $y = a\sin\varphi$, $z = \dfrac{h\varphi}{2\pi}$ 从 $A(a, 0, 0)$ 到 $B(a, 0, h)$ 的一段曲线.

5. 计算 $\oint_L y^2\mathrm{d}x+x^2\mathrm{d}z$，其中 L 为曲线 $z=x^2+y^2$，$x^2+y^2=2ay$，方向取从 z 轴正向看去为顺时针方向.

6. 求向量场 $A=x^2i-2xyj+z^2k$ 在点 $M_0(1,1,2)$ 处的散度及旋度.

7. 物体以一定的角速度 ω 依逆时针方向绕 Oz 轴旋转，求速度 v 和加速度 w 在空间点 $M(x,y,z)$ 和已知时刻 t 的散度和旋度.

8. 求向量场 $A=-yi+xj+ck$（c 为常量）沿闭曲线 $\Gamma:x^2+y^2=1$，$z=0$（从 z 轴正向看去，Γ 依逆时针方向）的环流量.

9. 求向量 $H=-\dfrac{y}{x^2+y^2}i+\dfrac{x}{x^2+y^2}j$ 沿着闭曲线 C 的环流量，其中 C 不围绕 Oz 轴.

10. 设数量场 $u=u(x,y,z)$ 具有二阶连续偏导数，试证明 $\mathbf{rot}(\mathbf{grad}\,u)=0$.

11. 证明下列等式（其中 ∇ 为梯度算子，Δ 为拉普拉斯算子）：

(1) $\nabla(uv)=u\nabla v+v\nabla u$；

(2) $\Delta(uv)=u\Delta v+v\Delta u+2\nabla u\cdot\nabla v$.

12. 验证曲线积分 $\int_{(1,1,2)}^{(3,5,10)} yz\mathrm{d}x+zx\mathrm{d}y+xy\mathrm{d}z$ 与路径无关，并求其值.

13. 验证曲线积分 $\int_{(-1,0,1)}^{(1,2,\pi/3)} 2xe^{-y}\mathrm{d}x+(\cos z-x^2e^{-y})\mathrm{d}y-y\sin z\mathrm{d}z$ 与路径无关，并求其值.

14. 证明 $yz(2x+y+z)\mathrm{d}x+xz(x+2y+z)\mathrm{d}y+xy(x+y+2z)\mathrm{d}z$ 为全微分，并求其原函数.

15. 证明：场 $a=yz(2x+y+z)i+xz(x+2y+z)j+xy(x+y+2z)k$ 是有势场，并求这个场的势.

§11.8 点函数积分的概念

迄今为止，我们先后学习了定积分、二重积分、三重积分、曲线积分、曲面积分等多种不同类型的积分. 在学习过程中，我们也注意到上述各类积分在定义与性质的表述上相当类似，那么是否可从上述积分概念中抽象出一种统一的积分概念的表述，使得上述各类积分都是它的一种特殊情形呢？这个问题的答案是肯定的. 由此，我们引入点函数积分的概念.

一、点函数积分的定义

为方便起见，我们把一段直线和曲线、一张有界平面或曲面、一个有界立体（包括边界点）统称为空间的有界闭区域 Ω. 区域 Ω 的度量仍记为 Ω，代表它的长度、面积或体积的大小. 如果点 P 是 Ω 上的任意一点，函数 $u=f(P)$ 就是点 P 的函数，简称为**点函数**，其中点 P 为 $P(x)$ 或 $P(x,y)$ 或 $P(x,y,z)$.

定义1 设 Ω 为有界闭区域，函数 $u=f(P)(P\in\Omega)$ 为 Ω 上的有界点函数. 将区

域 Ω 任意分成 n 个子闭区域 $\Delta\Omega_1$, $\Delta\Omega_2$, $\cdots$, $\Delta\Omega_n$, 其中 $\Delta\Omega_i$ 表示第 i 个子闭区域, 也表示它的度量, 在 $\Delta\Omega_i$ 上任取一点 P_i, 作乘积 $f(P_i)\Delta\Omega_i$ $(i=1,2,\cdots,n)$, 并作和

$$\sum_{i=1}^{n} f(P_i)\Delta\Omega_i.$$

如果当各子闭区域 $\Delta\Omega_i$ 的直径的最大值 λ 趋近于零时, 该和式的极限存在, 则称此极限为点函数 $f(P)$ 在 Ω 上的积分, 记为 $\int_{\Omega} f(P)\mathrm{d}\Omega$, 即

$$\int_{\Omega} f(P)\mathrm{d}\Omega = \lim_{\lambda\to 0}\sum_{i=1}^{n} f(P_i)\Delta\Omega_i,$$

其中 Ω 称为**积分区域**, $f(P)$ 称为**被积函数**, P 称为**积分变量**, $f(P)\mathrm{d}\Omega$ 称为**被积表达式**, $\mathrm{d}\Omega$ 称为 Ω 的**度量微元**.

点函数积分具有如下物理意义: 设一物体占有有界闭区域 Ω, 其密度为 $\rho=f(P)$ $(P\in\Omega)$, 则该物体的质量为

$$M = \int_{\Omega} f(P)\mathrm{d}\Omega \quad (f(P)\geq 0).$$

特别地, 当 $f(P)\equiv 1$ 时, 有

$$\int_{\Omega} \mathrm{d}\Omega = \lim_{\lambda\to 0}\sum_{i=1}^{n}\Delta\Omega_i = \Omega\,(\text{度量}).$$

如果点函数 $f(P)$ 在有界闭区域 Ω 上连续, 则 $f(P)$ 在 Ω 上可积.

二、点函数积分的性质

设 $f(P)$, $g(P)$ 在有界闭区域 Ω 上都可积, 则有

性质 1 $\int_{\Omega}[f(P)\pm g(P)]\mathrm{d}\Omega = \int_{\Omega} f(P)\mathrm{d}\Omega \pm \int_{\Omega} g(P)\mathrm{d}\Omega.$

性质 2 $\int_{\Omega} kf(P)\mathrm{d}\Omega = k\int_{\Omega} f(P)\mathrm{d}\Omega$ $(k$ 为常数$).$

性质 3 $\int_{\Omega} f(P)\mathrm{d}\Omega = \int_{\Omega_1} f(P)\mathrm{d}\Omega + \int_{\Omega_2} f(P)\mathrm{d}\Omega$, 其中 $\Omega_1\bigcup\Omega_2=\Omega$, 且 Ω_1 与 Ω_2 无公共内点.

性质 4 若 $f(P)\geq 0$, $P\in\Omega$, 则 $\int_{\Omega} f(P)\mathrm{d}\Omega \geq 0.$

性质 5 若 $f(P)\leq g(P)$, $P\in\Omega$, 则 $\int_{\Omega} f(P)\mathrm{d}\Omega \leq \int_{\Omega} g(P)\mathrm{d}\Omega.$ 特别地, 有

$$\left|\int_{\Omega} f(P)\mathrm{d}\Omega\right| \leq \int_{\Omega} |f(P)|\mathrm{d}\Omega.$$

性质 6 若 $f(P)$ 在积分区域 Ω 上的最大值为 M, 最小值为 m, 则

$$m\Omega \le \int_{\Omega} f(P)\mathrm{d}\Omega \le M\Omega.$$

性质 7（中值定理） 若 $f(P)$ 在有界闭区域 Ω 上连续,则至少有一点 $P^* \in \Omega$,使得

$$\int_{\Omega} f(P)\mathrm{d}\Omega = f(P^*)\Omega,$$

其中 $f(P^*) = \dfrac{\displaystyle\int_{\Omega} f(P)\mathrm{d}\Omega}{\Omega}$ 称为函数 $f(P)$ 在 Ω 上的**平均值**.

三、点函数积分的分类及其关系

(1) 若 $\Omega = [a, b] \subset \mathbf{R}$, 这时 $f(P) = f(x)$, $x \in [a, b]$, 则

$$\int_{\Omega} f(P)\,\mathrm{d}\Omega = \int_a^b f(x)\,\mathrm{d}x. \tag{8.1}$$

这是一元函数 $f(x)$ 在区间 $[a, b]$ 上的定积分. 当 $f(x) = 1$ 时, $\int_a^b \mathrm{d}x = b - a$ 是积分区间的长度.

(2) 若 $\Omega = L \subset \mathbf{R}^2$, 且 L 是平面曲线, 这时 $f(P) = f(x, y)$, $(x, y) \in L$, 于是

$$\int_{\Omega} f(P)\mathrm{d}\Omega = \int_L f(x, y)\mathrm{d}s. \tag{8.2}$$

当 $f(P) \equiv 1$ 时, $\int_L \mathrm{d}s = s$ 是曲线的弧长. 式 (8.2) 称为第一类平面曲线积分.

(3) 若 $\Omega = \Gamma \subset \mathbf{R}^3$, 且 Γ 是空间曲线, 这时 $f(P) = f(x, y, z)$, $(x, y, z) \in \Gamma$, 则

$$\int_{\Omega} f(P)\mathrm{d}\Omega = \int_{\Gamma} f(x, y, z)\mathrm{d}s. \tag{8.3}$$

当 $f(P) \equiv 1$ 时, $\int_{\Gamma} \mathrm{d}s = s$ 是曲线的弧长. 式 (8.3) 称为第一类空间曲线积分.

(2)、(3) 的特殊情形是曲线为一直线段, 而直线段上的点函数积分本质上是一元函数的定积分, 这说明 $\int_L f(x, y)\mathrm{d}s, \int_{\Gamma} f(x, y, z)\mathrm{d}s$ 可用一次定积分计算, 因此用了一次积分号.

(4) 若 $\Omega = D \subset \mathbf{R}^2$, 且 D 是平面区域, 这时 $f(P) = f(x, y)$, $(x, y) \in D$, 则

$$\int_{\Omega} f(P)\mathrm{d}\Omega = \iint_D f(x, y)\mathrm{d}\sigma. \tag{8.4}$$

式 (8.4) 称为二重积分. 当 $f(x, y) = 1$ 时, $\iint_D \mathrm{d}\sigma = \sigma$ 是平面区域 D 的面积.

(5) 若 $\Omega = \Sigma \subset \mathbf{R}^3$, 且 Σ 是空间曲面, 这时 $f(P) = f(x, y, z)$, $(x, y, z) \in \Sigma$, 则

$$\int_{\Omega} f(P)\mathrm{d}\Omega = \iint_{\Sigma} f(x, y, z)\mathrm{d}S. \tag{8.5}$$

式 (8.5) 称为第一类曲面积分. 当 $f(P)\equiv1$ 时, $\iint\limits_{\Sigma}\mathrm{d}S=S$ 是空间曲面 Σ 的面积.

由于 (5) 的特殊情形是平面区域上的二重积分, 说明该积分可化为两次定积分的计算, 因此用二重积分号.

(6) 若 $\Omega\subset\mathbf{R}^3$ 为一空间立体, 这时 $f(P)=f(x,y,z),(x,y,z)\in\Omega,$ 则

$$\int\limits_{\Omega}f(P)\mathrm{d}\Omega=\iiint\limits_{\Omega}f(x,y,z)\,\mathrm{d}v. \tag{8.6}$$

式 (8.6) 称为三重积分. 当 $f(P)\equiv1$, 则 $\iiint\limits_{\Omega}\mathrm{d}v=V$ 是空间立体 Ω 的体积.

更进一步, 我们还可以利用点函数积分的概念统一表述占有有界闭区域 Ω 的物体的重心、转动惯量、引力等物理概念, 此处不再赘述.

总 习 题 十 一

1. 计算 $\oint_L x\mathrm{d}s$, 其中 L 为由 $y=x$ 及 $y=x^2$ 所围区域的边界.

2. 计算 $\int_L y^2\mathrm{d}s$, 其中 L 为摆线的一拱:
$$x=a(t-\sin t),\ \ y=a(1-\cos t),\ \ \ 0\le t\le2\pi.$$

3. 计算球面上的三角形 $x^2+y^2+z^2=a^2$ $(x>0,y>0,z>0)$ 的均匀围线的重心坐标.

4. 计算 $\oint_L xy\mathrm{d}x$, 其中 L 为圆周 $(x-a)^2+y^2=a^2$ $(a>0)$ 及 x 轴所围成的在第一象限内的区域的整个边界 (按逆时针方向).

5. 计算 $\oint_{\Gamma}\mathrm{d}x-\mathrm{d}y+y\mathrm{d}z$, 其中 Γ 为有向闭折线 $ABCA$, 这里, A、B、C 依次为点 $(1,0,0)$, $(0,1,0)$ 和 $(0,0,1)$.

6. 在过点 $O(0,0)$ 与 $A(\pi,0)$ 的曲线族 $y=a\sin x$ $(a>0)$ 中, 求一条曲线 L, 使沿该曲线从 O 到 A 的积分 $\int_L(1+y^3)\mathrm{d}x+(2x+y)\mathrm{d}y$ 的值最小.

7. 一力场由沿横轴正方向的常力 $\boldsymbol{F}$ 构成, 试求当一质量为 m 的质点沿圆周 $x^2+y^2=R^2$ 按逆时针方向移过位于第一象限的那一段弧时场力所作的功.

8. 计算 $\int_{\Gamma}y^2\mathrm{d}x+z^2\mathrm{d}y+x^2\mathrm{d}z$, 其中 Γ 为维维安尼曲线 $x^2+y^2+z^2=a^2,x^2+y^2=ax$ $(z\ge0,a>0)$, 若从 x 轴的正方向 $(x>a)$ 看去, 此曲线是沿逆时针方向行进的.

9. 计算 $\oint_L\dfrac{(x+y)\mathrm{d}x+(y-x)\mathrm{d}y}{x^2+y^2}$, 其中 L 是:

(1) 不包围且不通过原点的任意闭曲线;

(2) 以原点为中心、ε 为半径的圆周取顺时针方向;

(3) 包围原点的任意闭曲线 (无重点) 取正向.

10. 计算 $I = \iint\limits_{D} x^2 \mathrm{d}x\mathrm{d}y$，其中 D 是以 $A(1,1)$、$B(3,2)$、$C(2,3)$ 为顶点的三角形区域.

11. 计算 $I = \int_{L} (\mathrm{e}^y + 3x^2)\mathrm{d}x + (x\mathrm{e}^y + 2y)\mathrm{d}y$，其中 L 为过 $(0,0),(0,1),(1,2)$ 的圆周.

12. 设在右半平面 $x > 0$ 中有一力场 $\boldsymbol{F} = \{yf(x), -xf(x)\}$，$f(x)$ 为可微函数，且 $f(1) = 1$，求 $f(x)$ 使质点在此场内移动时场力所作的功与路径无关，再计算质点由 $(1,0)$ 移动到 $(2,3)$ 时场力所作的功.

13. 证明: $\dfrac{x\mathrm{d}x + y\mathrm{d}y}{x^2 + y^2}$ 在整个 xOy 平面(除去 y 的负半轴及原点的开区域 G)内是某个二元函数的全微分，并求此函数.

14. 证明曲线积分 $\int_{(1,2)}^{(3,4)} (6xy^2 - y^3)\mathrm{d}x + (6x^2y - 3xy^2)\mathrm{d}y$ 在整个 xOy 面内与路径无关，并计算积分值.

15. 选择 a,b，使 $\dfrac{(y^2 + 2xy + ax^2)\mathrm{d}x - (x^2 + 2xy + by^2)\mathrm{d}y}{(x^2 + y^2)^2}$ 为某一函数 $u = u(x,y)$ 的全微分，并求 $u(x,y)$.

16. 求 $\dfrac{2x}{y^3}\mathrm{d}x + \dfrac{y^2 - 3x^2}{y^4}\mathrm{d}y = 0$ 的通解.

17. 求均匀曲面 $\Sigma: z = \sqrt{a^2 - x^2 - y^2}$ 的重心坐标.

18. 计算 $\iint\limits_{\Sigma} \left(2x + \dfrac{4}{3}y + z\right)\mathrm{d}S$，其中 Σ 是平面 $\dfrac{x}{2} + \dfrac{y}{3} + \dfrac{z}{4} = 1$ 在第 I 卦限的部分.

19. 计算 $\iint\limits_{\Sigma} (x + y + z)\mathrm{d}S$，其中 $\Sigma: z = \sqrt{a^2 - x^2 - y^2}$.

20. 计算 $\iint\limits_{\Sigma} z\mathrm{d}S$，其中 Σ 为曲面 $x^2 + z^2 = 2az$ $(a > 0)$ 被曲面 $z = \sqrt{x^2 + y^2}$ 所割出的部分.

21. 设 Ω 为曲面 $x^2 + y^2 = az$ 与 $z = 2a - \sqrt{x^2 + y^2}$ 所围成的空间闭区域，求曲面的面积.

22. 计算 $\oiint\limits_{\Sigma} \dfrac{x\mathrm{d}y\mathrm{d}z + z^2\mathrm{d}x\mathrm{d}y}{(x^2 + y^2 + z^2)^{1/2}}$，其中 Σ 为球面 $x^2 + y^2 + z^2 = R^2$ 的外侧.

23. 计算 $\iint\limits_{\Sigma} xyz\mathrm{d}x\mathrm{d}y + xz\mathrm{d}y\mathrm{d}z + z^2\mathrm{d}z\mathrm{d}x$，其中 Σ 是 $x^2 + z^2 = a^2$ 在 $x \geq 0$ 的一半中被 $y = 0$ 和 $y = h(h > 0)$ 所截下部分的外侧.

24. 设函数 $P(x,y,z), Q(x,y,z), R(x,y,z)$ 在曲面 Σ 上连续，M 为函数 $\sqrt{P^2 + Q^2 + R^2}$ 在 Σ 上的最大值，证明:

$$\left| \iint\limits_{\Sigma} P\mathrm{d}y\mathrm{d}z + Q\mathrm{d}z\mathrm{d}x + R\mathrm{d}x\mathrm{d}y \right| \leq MS,$$

其中 S 为曲面 Σ 的面积.

25. 求向量场 $\boldsymbol{A} = (2x - z)\boldsymbol{i} + x^2y\boldsymbol{j} - xz^2\boldsymbol{k}$ 穿过曲面 Σ 的全表面流向外侧的通量，其中

Σ 为立方体 $0 \le x \le a,\ 0 \le y \le a,\ 0 \le z \le a$.

26. 计算曲面积分

$$I = \iint\limits_{\Sigma} (8y+1)x\,\mathrm{d}y\mathrm{d}z + 2(1-y^2)\,\mathrm{d}z\mathrm{d}x - 4yz\,\mathrm{d}x\mathrm{d}y,$$

其中 Σ 是由曲线 $\begin{cases} z=\sqrt{y-1} \\ x=0 \end{cases}$ $(1 \le y \le 3)$ 绕 y 轴旋转一周所成的曲面, 它的法向量与 y 轴正向的

夹角恒大于 $\dfrac{\pi}{2}$.

27. 设 $u(x,y,z),\ v(x,y,z)$ 是两个定义在闭区域 Ω 上的具有二阶连续偏导数的函数, $\dfrac{\partial u}{\partial n},\ \dfrac{\partial v}{\partial n}$ 依次表示 $u(x,y,z),\ v(x,y,z)$ 沿 Σ 的外法线方向的方向导数, 证明:

$$\iiint\limits_{\Omega} (v\Delta u - u\Delta v)\,\mathrm{d}x\mathrm{d}y\mathrm{d}z = \iint\limits_{\Sigma} \left(v\frac{\partial u}{\partial n} - u\frac{\partial v}{\partial n} \right)\mathrm{d}S,$$

其中 Σ 是空间闭区域 Ω 的整个边界曲面.

28. 设 Σ 为简单闭曲面, $\boldsymbol{l}$ 为任意的固定方向, $\boldsymbol{n}$ 为 Σ 的外法线方向向量, 证明:

$$\iint\limits_{\Sigma} \cos(\boldsymbol{n},\hat{\ }\,\boldsymbol{l})\,\mathrm{d}S = 0.$$

29. (1) 记 $\boldsymbol{r} = \{x,y,z\}$, $r = |\boldsymbol{r}|$, 计算 $\operatorname{div}[\operatorname{\mathbf{grad}} f(r)]$;

(2) 设向量场 $\boldsymbol{A}$ 的各分量都有二阶连续偏导数, 证明 $\operatorname{div}(\operatorname{\mathbf{rot}} \boldsymbol{A}) = 0$.

30. 求 $I = \oiint\limits_{\Sigma} (x-y+z)\,\mathrm{d}y\mathrm{d}z + (y-z+x)\,\mathrm{d}z\mathrm{d}x + (z-x+y)\,\mathrm{d}x\mathrm{d}y$, 其中 Σ 为曲面

$$|x-y+z| + |y-z+x| + |z-x+y| = 1$$

的外侧.

31. 求向量场 $\boldsymbol{A} = (x-z)\boldsymbol{i} + (x^3+yz)\boldsymbol{j} - 3xy^2\boldsymbol{k}$ 沿闭曲线 $\Gamma: z = 2 - \sqrt{x^2+y^2}, z = 0$ (从 z 轴正向看去, Γ 依逆时针方向) 的环流量.

32. 设向量场 $\boldsymbol{A} = xy^2z^2\boldsymbol{i} + z^2\sin y\boldsymbol{j} + x^2\mathrm{e}^y\boldsymbol{k}$, 求 $\operatorname{div}\boldsymbol{A}$, $\operatorname{\mathbf{rot}}\boldsymbol{A}$ 和 $\operatorname{\mathbf{grad}}(\operatorname{div}\boldsymbol{A})$.

33. 计算 $\oint\limits_{\Gamma} xyz\,\mathrm{d}z$, 其中 Γ 是平面 $y=z$ 截球面 $x^2+y^2+z^2=1$ 所得的截痕, 从 z 轴的正向看去, 沿逆时针方向.

34. 求向量 $\boldsymbol{H} = -\dfrac{y}{x^2+y^2}\boldsymbol{i} + \dfrac{x}{x^2+y^2}\boldsymbol{j}$ 沿着闭曲线 C 的环流量, 其中 C 围绕 Oz 轴.

35. 验证存在 $u(x,y,z)$ 使得 $\mathrm{d}u = \dfrac{yz\mathrm{d}x + zx\mathrm{d}y + xy\mathrm{d}z}{1+x^2y^2z^2}$ 成立, 并求 u 及积分

$$\int_{(1,1,1)}^{(1,1,\sqrt{3})} \frac{yz\mathrm{d}x + zx\mathrm{d}y + xy\mathrm{d}z}{1+x^2y^2z^2}.$$

36. 证明 $\mathrm{e}^{x(x^2+y^2+z^2)}[(3x^2+y^2+z^2)\mathrm{d}x + 2xy\mathrm{d}y + 2xz\mathrm{d}z]$ 为全微分, 并求其原函数.

37. 流体在域内运动, 假定在 V 内无源无汇, 试推出连续性方程:

$$\frac{\partial \rho}{\partial t} + \operatorname{div}(\rho \boldsymbol{v}) = 0.$$

式中 $\rho = \rho(x,y,z,t)$ 为时刻 t 时流体在点 $M(x,y,z)$ 处的密度, $\boldsymbol{v}(x,y,z,t)$ 为流体运动速度.

数学家简介 [8]

高　斯
—— 数学王子

高　斯

　　高斯(Gauss,1777—1855),德国数学家、物理学家、天文学家. 高斯是18、19世纪之交最伟大的德国数学家，他的贡献遍及纯数学和应用数学的各个领域，成为世界数学界的光辉旗帜，他的形象已经成为数学告别过去、走向现代数学的象征. 高斯被后人誉为"数学王子".

　　历史上间或出现神童，高斯就是其中之一. 高斯出生于德国不伦瑞克的一个普通工人家庭，童年时期就显示出数学才华. 据说他3岁时就发现父亲记账时的一个错误. 高斯7岁入学，在小学期间学习就十分刻苦，常点自制小油灯演算到深夜. 10岁时就展露出超群的数学思维能力，据记载，有一次他的数学老师比特纳让学生把1到100之间的自然数加起来，题目刚布置完，高斯几乎不假思索就算出了其和为5 050. 11岁时，他发现了二项式定理.

　　1792年，在当地公爵的资助下，不满15岁的高斯进入卡罗琳学院学习. 在校三年间，高斯很快掌握了微积分理论，并在最小二乘法和数论中的二次互反律的研究上取得了重要成果，这是高斯一生数学研究的开始.

　　1795年，高斯选择到哥廷根大学继续学习. 据说，高斯选中这所大学有两个重要原因. 一是它有藏书极为丰富的图书馆；二是它有注重改革、侧重学科的好名声. 当时的哥廷根大学对学生而言可谓是个"四无世界"：无必修科目，无指导教师，无考试和课堂约束，无学生社团. 高斯完全在学术自由的环境中成长. 1796年对19岁的高斯而言是其学术生涯中的第一个转折点：他敲开了自古希腊欧几里得时代起就困扰着数学家的尺规作图这一难题的大门，证明了正十七边形可用欧几里得型的圆规和直尺作图. 这一难题的解决轰动了当时整个数学界. 之后，22岁的高斯证明了当时许多数学家想证明而不会证明的代数基本定理. 为此，他获得了博士学位. 1807年，高斯开始在哥廷根大学任数学和天文学教授，并任该校天文台台长.

　　高斯在许多领域都有卓越的建树. 如果说微分几何是他将数学应用于实际的产物，那么非欧几何则是他的纯粹数学思维的结晶. 他在数论、超几何级数、复变函数论、椭圆函数论、统计数学、向量分析等方面也都取得了辉煌的成就. 高斯关于数论的研究贡献殊多. 他认为"数学是科学之王，数论是数学之王". 他的工作对后世影响深远. 19世纪德国代数数论有着突飞猛进的发展与高斯是分不开的.

　　有人说"在数学世界里，高斯处处流芳". 除了纯数学研究之外，高斯亦十分重视数学的应用，其大量著作都与天文学、大地测量学、物理学有关. 特别值得一提的是谷神星的发现. 19世纪的第一个凌晨，天文学家皮亚齐似乎发现了一颗"没有尾巴的彗星"，他一连追踪观察41天，终因疲劳过度而累倒了. 当他把测量结果告诉其他天文学家时，这颗星却已消逝了. 24岁的高斯得知后，经过几个星期苦心钻研，创立了行星椭圆法. 根据这种方法计算，终于重新找到了这颗小行星. 这一事实充分显示了数学科学的威力. 高斯在电磁学和光学方面亦有杰出的贡献. 磁通量密度单位就是以"高斯"命名的. 高斯还与韦伯共享电磁波发现者的殊荣.

　　高斯是一位严肃的科学家, 工作刻苦踏实, 精益求精. 他思维敏捷, 立论极端谨慎. 他遵循三条原则: "宁肯少些, 但要好些""不留下进一步要做的事情""极度严格的要求". 他的著作都是精心构思、反复推敲过的, 以最精炼的形式发表出来. 高斯生前只公开发表过 155 篇论文, 还有大量著作没有发表. 直到后来, 人们发现许多数学成果早在半个世纪以前高斯就已经知道了. 也许正是由于高斯过分谨慎和许多成果没有公开发表, 他对当时一些青年数学家的影响并不是很大. 他称赞阿贝尔、狄利克雷等人的工作, 却对他们的信件和文章表现冷淡. 和青年数学家缺少接触, 缺乏思想交流, 因此在高斯周围没能形成一个人才济济、思想活跃的学派. 德国数学到了魏尔斯特拉斯和希尔伯特时代才形成了柏林学派和哥廷根学派, 成为世界数学的中心. 但德国传统数学的奠基人仍被认为是高斯.

　　高斯一生勤奋好学, 多才多艺, 喜爱音乐和诗歌. 他懂得多国文字, 擅长欧洲语言. 62 岁开始学习俄语, 并达到能用俄文写作的程度, 晚年还一度学习梵文.

　　高斯的一生是不平凡的一生, 几乎在数学的每个领域都有他的足迹. 无怪后人常用他的事迹和格言鞭策自己. 100 多年来, 不少有才华的青年在高斯的影响下成长为杰出的数学家, 并为人类的文化作出了巨大的贡献. 高斯于 1855 年 2 月 23 日逝世, 终年 78 岁. 他的墓碑朴实无华, 仅镌刻"高斯"二字. 为纪念高斯, 其故乡不伦瑞克改名为高斯堡. 哥廷根大学为他建立了一个以正十七棱柱为底座的纪念像. 在慕尼黑博物馆悬挂的高斯画像上有这样一首题诗:

　　　　　　他的思想深入数学、空间、大自然的奥秘,

　　　　　　他测量了星星的路径、地球的形状和自然力.

　　　　　　他推动了数学的进展,

　　　　　　直到下个世纪.

第12章　无穷级数

正如有限中包含着无穷级数,而无限中呈现极限一样,无限之灵魂居于细微之处,而最紧密地趋近极限却并无止境.区分无穷大之中的细节令人喜悦!小中见大,多么伟大的神力.

—— 雅各布·伯努利[①]

历史上,无穷级数的求和问题曾困扰数学家长达几个世纪.有时一个无穷级数的和是一个数,如

$$\frac{1}{2}+\frac{1}{4}+\frac{1}{8}+\frac{1}{16}+\cdots=1,$$

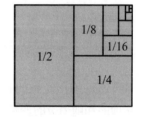

我们可以从右图看出这一事实.有时一个无穷级数的和为无穷大,如

$$1+\frac{1}{2}+\frac{1}{3}+\frac{1}{4}+\frac{1}{5}+\cdots=\infty,$$

这个事实我们将在§12.1的例8中加以证明.有时一个无穷级数的和没有确定的结果,如

$$1-1+1-1+1-1+\cdots,$$

我们无法确定其结果是 0 还是 1,或是其他结果.

19世纪上半叶,法国数学家柯西建立了严密的无穷级数的理论基础,使得无穷级数成为一个威力强大的数学工具,例如,它使我们能把许多函数表示成无穷多项式,并告诉我们把它截断成有限多项式时带来多少误差.这些无穷多项式(称为幂级数)不仅提供了可微函数的有效的多项式逼近,而且有许多其他的实际应用.它还能使我们将更广泛的具有第一类间断点的函数表示成正弦函数项和余弦函数项的无穷级数,称为傅里叶级数,这种表示形式在科学和工程技术领域中具有非常重要的应用.从以上角度可见,无穷级数在表达函数、研究函数的性质、计算函数值以及求解方程等方面都有着重要的应用.研究无穷级数及其和,可以说是研究数列及其极限的另一种形式,但无论是研究极限的存在性还是计算极限,无穷级数这种形式都显示出了巨大的优越性.

---

① 雅各布·伯努利 (J. Bernoulli, 1654 — 1705), 瑞士数学家.

§12.1　常数项级数的概念和性质

一、常数项级数的概念

人们认识事物在数量方面的特性往往有一个由近似到精确的过程. 例如, 在计算半径为 R 的圆的面积 A 时, 我们就通过圆内接正多边形的面积来逐步逼近圆的面积(见教材配套的网络学习空间).

一般地, 设 $u_1, u_2, u_3, \cdots, u_n, \cdots$ 是一个给定的数列, 按照数列 $\{u_n\}$ 下标的大小依次相加, 得

$$u_1 + u_2 + u_3 + \cdots + u_n + \cdots.$$

这个表达式称为(**常数项**)**无穷级数**, 简称为**级数**, 记为 $\sum\limits_{n=1}^{\infty} u_n$, 即

$$\sum_{n=1}^{\infty} u_n = u_1 + u_2 + u_3 + \cdots + u_n + \cdots, \tag{1.1}$$

式中的每个数称为常数项级数的**项**, 其中 u_n 称为级数 (1.1) 的**一般项**或**通项**.

无穷级数的定义只是形式上表达了无穷多个数的和. 应该怎样理解其意义呢? 由于任意有限个数的和是可以完全确定的, 因此, 我们可以通过考察无穷级数的前 n 项的和随着 n 的变化趋势来认识这个级数.

级数 (1.1) 的前 n 项的和

$$s_n = u_1 + u_2 + \cdots + u_n = \sum_{i=1}^{n} u_i \tag{1.2}$$

称为级数 (1.1) 的前 n 项的**部分和**. 当 n 依次取 $1, 2, 3, \cdots$ 时, 它们构成一个新的数列 $\{s_n\}$, 即

$$s_1 = u_1, \ s_2 = u_1 + u_2, \ \cdots, \ s_n = u_1 + u_2 + \cdots + u_n, \ \cdots.$$

数列 $\{s_n\}$ 称为**部分和数列**. 根据数列 $\{s_n\}$ 是否存在极限, 我们引入级数 (1.1) 的收敛与发散的概念.

定义 1　如果级数 $\sum\limits_{n=1}^{\infty} u_n$ 的部分和数列 $\{s_n\}$ 存在极限 s, 即

$$\lim_{n \to \infty} s_n = s,$$

则称无穷级数 $\sum\limits_{n=1}^{\infty} u_n$ **收敛**, 极限 s 称为级数 $\sum\limits_{n=1}^{\infty} u_n$ 的**和**, 并写成

$$s = u_1 + u_2 + \cdots + u_n + \cdots;$$

如果 $\{s_n\}$ 没有极限, 则称无穷级数 $\sum\limits_{n=1}^{\infty} u_n$ **发散**.

如果级数 $\displaystyle\sum_{n=1}^{\infty} u_n$ 收敛于 s, 则部分和 $s_n \approx s$, 它们之间的差

$$r_n = s - s_n = u_{n+1} + u_{n+2} + \cdots \tag{1.3}$$

称为级数的**余项**. 显然有 $\displaystyle\lim_{n\to\infty} r_n = 0$, 而 $|r_n|$ 是用 s_n 近似代替 s 所产生的**误差**.

根据上述定义, 级数 $\displaystyle\sum_{n=1}^{\infty} u_n$ 与数列 $\{s_n\}$ 同时收敛或同时发散, 且在收敛时, 有

$\displaystyle\sum_{n=1}^{\infty} u_n = \lim_{n\to\infty} s_n$. 而发散的级数没有 "和" 可言.

例1 讨论级数 $\dfrac{1}{1\cdot2} + \dfrac{1}{2\cdot3} + \cdots + \dfrac{1}{n(n+1)} + \cdots$ 的敛散性.

解 由 $u_n = \dfrac{1}{n(n+1)} = \dfrac{1}{n} - \dfrac{1}{n+1}$, 得

$$s_n = \frac{1}{1\cdot2} + \frac{1}{2\cdot3} + \cdots + \frac{1}{n(n+1)}$$

$$= \left(1 - \frac{1}{2}\right) + \left(\frac{1}{2} - \frac{1}{3}\right) + \cdots + \left(\frac{1}{n} - \frac{1}{n+1}\right) = 1 - \frac{1}{n+1}.$$

计算实验

所以

$$\lim_{n\to\infty} s_n = \lim_{n\to\infty}\left(1 - \frac{1}{n+1}\right) = 1,$$

即题设级数收敛, 其和为 1.

注: 微信扫描右侧二维码, 即可进行计算实验(详见教材配套的网络学习空间).

例2 证明级数 $1 + 2 + 3 + \cdots + n + \cdots$ 是发散的.

证明 题设级数的部分和为

$$s_n = 1 + 2 + 3 + \cdots + n = \frac{n(n+1)}{2},$$

显然, $\displaystyle\lim_{n\to\infty} s_n = \infty$, 因此题设级数发散.

例3 讨论**等比级数** (又称为**几何级数**)

$$\sum_{n=0}^{\infty} aq^n = a + aq + aq^2 + \cdots + aq^n + \cdots \quad (a \neq 0)$$

的敛散性.

解 当 $q \neq 1$ 时, 有

$$s_n = a + aq + aq^2 + \cdots + aq^{n-1} = \frac{a(1-q^n)}{1-q}.$$

如果 $|q| < 1$, 有 $\displaystyle\lim_{n\to\infty} q^n = 0$, 则

$$\lim_{n\to\infty} s_n = \lim_{n\to\infty} \frac{a(1-q^n)}{1-q} = \frac{a}{1-q}.$$

如果 $|q|>1$, 有 $\lim\limits_{n\to\infty} q^n=\infty$, 则 $\lim\limits_{n\to\infty} s_n=\infty$.

如果 $q=1$, 有 $s_n=na$, 则 $\lim\limits_{n\to\infty} s_n=\infty$.

如果 $q=-1$, 则级数变为

$$s_n=\underbrace{a-a+a-a+\cdots+(-1)^{n-1}a}_{n\uparrow}=\frac{1}{2}a[1-(-1)^n].$$

易见 $\lim\limits_{n\to\infty} s_n$ 不存在.

综上所述得到: 当 $|q|<1$ 时, 等比级数收敛, 且

$$a+aq+aq^2+\cdots+aq^n+\cdots=\frac{a}{1-q}. \hspace{2em} \blacksquare \;(1.4)$$

注: 几何级数是收敛级数中最著名的一个级数. 阿贝尔[①]曾经指出: "除了几何级数之外, 数学中不存在任何一种它的和已被严格确定的无穷级数". 几何级数在判断无穷级数的敛散性、求无穷级数的和以及将一个函数展开为无穷级数等方面都有广泛而重要的应用.

例4　一个球从 a 米高下落到地平面上. 球每次落下距离 h 后碰到地平面再弹起的距离为 rh, 其中 r 是小于 1 的正数. 求这个球上下的总距离(见图 12-1-1).

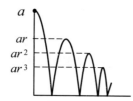

图 12-1-1

解　总距离是

$$s=a+2ar+2ar^2+2ar^3+\cdots=a+\frac{2ar}{1-r}=\frac{a(1+r)}{1-r}.$$

若 $a=6$, $r=2/3$, 则总距离是 $s=\dfrac{a(1+r)}{1-r}=\dfrac{6(1+2/3)}{1-2/3}=30$ (米). $\blacksquare$

例5　把循环小数 $5.232\,323\cdots$ 表示成两个整数之比.

解　$5.232\,323\cdots=5+\dfrac{23}{100}+\dfrac{23}{100^2}+\dfrac{23}{100^3}+\cdots$

$$=5+\frac{23}{100}\left(1+\frac{1}{100}+\frac{1}{100^2}+\cdots\right)$$

$$=5+\frac{23}{100}\cdot\frac{1}{0.99}=\frac{518}{99}. \hspace{3em} \blacksquare$$

---

① 阿贝尔(N.H.Abel, 1802—1829), 挪威数学家.

二、收敛级数的基本性质

由于对无穷级数的敛散性的讨论可以转化为对其部分和数列的敛散性的讨论，因此，根据收敛数列的基本性质可得到下列关于收敛级数的基本性质．

性质1 如果级数 $\sum\limits_{n=1}^{\infty} u_n$，$\sum\limits_{n=1}^{\infty} v_n$ 分别收敛于和 A、B，则对于任意常数 α，β，级

数 $\sum\limits_{n=1}^{\infty} (\alpha u_n + \beta v_n)$ 收敛，且 $\sum\limits_{n=1}^{\infty} (\alpha u_n + \beta v_n) = \alpha A + \beta B$. (1.5)

证明 设级数 $\sum\limits_{n=1}^{\infty} u_n$，$\sum\limits_{n=1}^{\infty} v_n$ 及 $\sum\limits_{n=1}^{\infty} (\alpha u_n + \beta v_n)$ 的部分和分别为 A_n，B_n 及 s_n，则

$$s_n = (\alpha u_1 + \beta v_1) + (\alpha u_2 + \beta v_2) + \cdots + (\alpha u_n + \beta v_n)$$
$$= \alpha (u_1 + u_2 + \cdots + u_n) + \beta (v_1 + v_2 + \cdots + v_n) = \alpha A_n + \beta B_n.$$

于是

$$\lim_{n \to \infty} s_n = \lim_{n \to \infty} (\alpha A_n + \beta B_n) = \alpha A + \beta B = \alpha \sum_{n=1}^{\infty} u_n + \beta \sum_{n=1}^{\infty} v_n.$$

因此 $\sum\limits_{n=1}^{\infty} (\alpha u_n + \beta v_n)$ 收敛，且

$$\sum_{n=1}^{\infty} (\alpha u_n + \beta v_n) = \alpha \sum_{n=1}^{\infty} u_n + \beta \sum_{n=1}^{\infty} v_n = \alpha A + \beta B. \qquad \blacksquare$$

例6 证明 $\sum\limits_{n=1}^{\infty} \left(\dfrac{1}{n} - \dfrac{1}{2^n} \right)$ 发散．

证明 假设 $\sum\limits_{n=1}^{\infty} \left(\dfrac{1}{n} - \dfrac{1}{2^n} \right)$ 收敛，又因为 $\sum\limits_{n=1}^{\infty} \dfrac{1}{2^n}$ 收敛，所以，由性质1知

$$\sum_{n=1}^{\infty} \left(\left(\frac{1}{n} - \frac{1}{2^n} \right) + \frac{1}{2^n} \right) = \sum_{n=1}^{\infty} \frac{1}{n}$$

收敛，这与 $\sum\limits_{n=1}^{\infty} \dfrac{1}{n}$ 发散矛盾．故 $\sum\limits_{n=1}^{\infty} \left(\dfrac{1}{n} - \dfrac{1}{2^n} \right)$ 发散． $\blacksquare$

性质2 在级数中去掉、加上或改变有限项，不会改变级数的敛散性．

证明 这里只证明"改变级数的前面有限项不会改变级数的敛散性"，其他两种情况容易由此结果推出．

设有级数

$$\sum_{n=1}^{\infty} u_n = u_1 + u_2 + \cdots + u_k + u_{k+1} + \cdots + u_n + \cdots, \qquad (1.6)$$

若改变它的前 k 个有限项，得到一个新的级数

$$v_1 + v_2 + \cdots + v_k + u_{k+1} + \cdots + u_n + \cdots, \tag{1.7}$$

设级数 (1.6) 的前 n 项和为 A_n, $u_1 + u_2 + \cdots + u_k = a$, 则

$$A_n = a + u_{k+1} + \cdots + u_n.$$

设级数 (1.7) 的前 n 项和为 B_n, $v_1 + v_2 + \cdots + v_k = b$, 则

$$B_n = v_1 + v_2 + \cdots + v_k + u_{k+1} + \cdots + u_n$$
$$= u_1 + u_2 + \cdots + u_k + u_{k+1} + \cdots + u_n - a + b = A_n - a + b,$$

于是, 数列 $\{B_n\}$ 与 $\{A_n\}$ 具有相同的收敛性, 即级数 (1.6) 与 (1.7) 具有相同的敛散性. ■

性质3 在一个收敛级数中, 任意添加括号所得到的新级数仍收敛于原来的和.

证明 设级数 $\displaystyle\sum_{n=1}^{\infty} u_n = s$, 其部分和为 s_n. 将这个级数的项任意加括号, 所得的新级数为

$$(u_1 + \cdots + u_{n_1}) + (u_{n_1+1} + \cdots + u_{n_2}) + \cdots + (u_{n_{k-1}+1} + \cdots + u_{n_k}) + \cdots = \sum_{k=1}^{\infty} v_k.$$

设它的前 k 项和为 σ_k, 则

$$\sigma_k = (u_1 + \cdots + u_{n_1}) + (u_{n_1+1} + \cdots + u_{n_2}) + \cdots + (u_{n_{k-1}+1} + \cdots + u_{n_k}).$$

于是

$$\lim_{k \to \infty} \sigma_k = \lim_{k \to \infty} s_{n_k} = s.$$

所以 $\displaystyle\sum_{k=1}^{\infty} v_k$ 收敛, 且 $\displaystyle\sum_{k=1}^{\infty} v_k = s$.

注: 性质3成立的前提是级数收敛, 否则结论不成立. 如级数

$$\sum_{k=1}^{\infty} (-1)^{n-1} = 1 - 1 + 1 - 1 + \cdots + (-1)^{n-1} + \cdots$$

是发散的, 加括号后所得到的级数

$$(1-1) + (1-1) + \cdots + (1-1) + \cdots$$

是收敛的.

推论1 如果加括号后所成的级数发散, 则原来的级数也发散.

例7 求级数 $\displaystyle\sum_{n=1}^{\infty} \left(\frac{1}{2^n} + \frac{3}{n(n+1)} \right)$ 的和.

解 由等比级数知 $\displaystyle\sum_{n=1}^{\infty} \frac{1}{2^n} = \frac{1/2}{1-1/2} = 1$, 而由例1知

$$\sum_{n=1}^{\infty} \frac{1}{n(n+1)} = 1,$$

计算实验

故 $$\sum_{n=1}^{\infty}\left(\frac{1}{2^n}+\frac{3}{n(n+1)}\right)=\sum_{n=1}^{\infty}\frac{1}{2^n}+\sum_{n=1}^{\infty}\frac{3}{n(n+1)}=4.\ \blacksquare$$

注:微信扫描右侧二维码,即可进行计算实验(详见教材配套的网络学习空间).

性质4 若级数 $\sum\limits_{n=1}^{\infty}u_n$ 收敛,则 $\lim\limits_{n\to\infty}u_n=0$.

证明 设 $\sum\limits_{n=1}^{\infty}u_n=s$,其部分和为 s_n,则由 $u_n=s_n-s_{n-1}$,得

$$\lim_{n\to\infty}u_n=\lim_{n\to\infty}s_n-\lim_{n\to\infty}s_{n-1}=s-s=0.$$

注:由性质4知,若级数的一般项不趋于零,则级数发散.例如,

$$\frac{1}{2}+\frac{2}{3}+\frac{3}{4}+\cdots+\frac{n}{n+1}+\cdots,$$

它的一般项 $u_n=\dfrac{n}{n+1}$ 在 $n\to\infty$ 时不趋于零,因此,该级数是发散的.

级数的一般项趋于零只是级数收敛的必要条件.

例8 证明**调和级数** $1+\dfrac{1}{2}+\dfrac{1}{3}+\cdots+\dfrac{1}{n}+\cdots$ 是发散的.

证明 对题设级数 $\sum\limits_{n=1}^{\infty}\dfrac{1}{n}$ 按下列方式加括号:

$$1+\frac{1}{2}+\left(\frac{1}{3}+\frac{1}{4}\right)+\left(\frac{1}{5}+\frac{1}{6}+\frac{1}{7}+\frac{1}{8}\right)+\cdots+\left(\frac{1}{2^m+1}+\frac{1}{2^m+2}+\cdots+\frac{1}{2^{m+1}}\right)+\cdots,$$

即从第三项起,依次按 2 项、2^2 项、2^3 项、$\cdots$、2^m 项、$\cdots$ 加括号,

设所得新级数为 $\sum\limits_{m=1}^{\infty}v_m$,则

调和级数实验

$$v_1=1,\ v_2=\frac{1}{2},\ v_3=\frac{1}{3}+\frac{1}{4}>\frac{1}{2},\ v_4=\frac{1}{5}+\frac{1}{6}+\frac{1}{7}+\frac{1}{8}>\frac{1}{2},\ \cdots,$$

$$v_m=\frac{1}{2^m+1}+\frac{1}{2^m+2}+\cdots+\frac{1}{2^{m+1}}>\underbrace{\frac{1}{2^{m+1}}+\frac{1}{2^{m+1}}+\cdots+\frac{1}{2^{m+1}}}_{2^m个}=2^m\cdot\frac{1}{2^{m+1}}=\frac{1}{2},\ \cdots.$$

易见当 $m\to\infty$ 时,v_m 不趋于零,由性质4知 $\sum\limits_{m=1}^{\infty}v_m$ 发散,再由性质3的推论即知,调和级数 $\sum\limits_{n=1}^{\infty}\dfrac{1}{n}$ 发散.

注:当 n 越来越大时,调和级数的项变得越来越小,然而,慢慢地——非常缓慢

地——它的和将增大并超过任何有限值. 调和级数的这种特性使一代又一代数学家困惑并为之着迷. 它的发散性是由法国学者尼古拉·奥雷姆 (1323 — 1382) 在极限概念被完全理解之前约 400 年首次证明的. 下面的数字将有助于我们更好地理解这个级数. 这个级数的前 1 000 项相加约为 7.485; 前 100 万项相加约为 14.357; 前 10 亿项相加约为 21; 前一万亿项相加约为 28, 等等. 更有学者估计过, 为了使调和级数的和等于 100, 必须把 10^{43} 项加起来. 如果我们试图在一个很长的纸带上写下这个级数, 直到它的和超过 100, 即使每个项只占 1 mm 长的纸带, 也必须使用 10^{43} mm 长的纸带, 这大约为 10^{25} 光年, 但是宇宙的已知尺寸估计只有 10^{12} 光年. 调和级数的某些特性至今仍未得到解决.

*三、柯西审敛原理

对无穷级数的部分和数列应用柯西审敛原理, 即可得到下述关于无穷级数的柯西审敛原理.

定理 1 (柯西审敛原理) 级数 $\sum\limits_{n=1}^{\infty} u_n$ 收敛的充分必要条件为:

对于任意给定的正数 ε, 总存在自然数 N, 使得当 $n > N$ 时, 对于任意的自然数 p, 恒有

$$|u_{n+1} + u_{n+2} + \cdots + u_{n+p}| < \varepsilon.$$

证明 设级数 $\sum\limits_{n=1}^{\infty} u_n$ 的部分和为 s_n, 因为

$$|u_{n+1} + u_{n+2} + \cdots + u_{n+p}| = |s_{n+p} - s_n|,$$

所以由数列的柯西审敛原理 (§1.7), 即得本定理结论. ■

例 9 利用柯西审敛原理判定级数 $\sum\limits_{n=1}^{\infty} \dfrac{1}{n^2}$ 的敛散性.

解 因为对任何自然数 p, 有

$$|u_{n+1} + u_{n+2} + \cdots + u_{n+p}| = \frac{1}{(n+1)^2} + \frac{1}{(n+2)^2} + \cdots + \frac{1}{(n+p)^2}$$

$$< \frac{1}{n(n+1)} + \frac{1}{(n+1)(n+2)} + \cdots + \frac{1}{(n+p-1)(n+p)}$$

计算实验

$$= \left(\frac{1}{n} - \frac{1}{n+1} \right) + \left(\frac{1}{n+1} - \frac{1}{n+2} \right) + \cdots + \left(\frac{1}{n+p-1} - \frac{1}{n+p} \right) = \frac{1}{n} - \frac{1}{n+p} < \frac{1}{n},$$

故对任意给定的正数 ε, 若取自然数 $N \geq [1/\varepsilon]$, 则当 $n > N$ 时, 对任何自然数 p, 恒有

$$|u_{n+1} + u_{n+2} + \cdots + u_{n+p}| < \varepsilon.$$

因此, 由柯西审敛原理知, 题设级数收敛. ■

注: 微信扫描右侧二维码, 即可进行计算实验 (详见教材配套的网络学习空间).

*数学实验

实验12.1 试用计算软件完成下列各题:

(1) 计算级数 $\displaystyle\sum_{n=1}^{\infty}\dfrac{n}{1+n^3}$,并观察它的部分和序列的变化趋势;

(2) 画出级数 $\displaystyle\sum_{n=1}^{\infty}\dfrac{(-1)^{n-1}}{n}$ 的部分和分布图;

计算实验

(3) 设 $a_n=\dfrac{10^n}{n!}$,求 $\displaystyle\sum_{n=1}^{\infty}a_n$.

详见教材配套的网络学习空间.

<h1 style="text-align:center">习题 12-1</h1>

1. 写出下列级数的前五项:

(1) $\displaystyle\sum_{n=1}^{\infty}\dfrac{1+n}{1+n^2}$; (2) $\displaystyle\sum_{n=1}^{\infty}\dfrac{1\cdot 3\cdots\cdots(2n-1)}{2\cdot 4\cdots\cdots 2n}$; (3) $\displaystyle\sum_{n=1}^{\infty}\dfrac{(-1)^{n-1}}{3^n}$; (4) $\displaystyle\sum_{n=1}^{\infty}\dfrac{n!}{n^n}$.

2. 写出下列级数的一般项:

(1) $\dfrac{2}{1}-\dfrac{3}{2}+\dfrac{4}{3}-\dfrac{5}{4}+\dfrac{6}{5}-\dfrac{7}{6}+\cdots$;

(2) $-\dfrac{3}{1}+\dfrac{4}{4}-\dfrac{5}{9}+\dfrac{6}{16}-\dfrac{7}{25}+\dfrac{8}{36}-\cdots$;

(3) $\dfrac{\sqrt{x}}{2}+\dfrac{x}{2\cdot 4}+\dfrac{x\sqrt{x}}{2\cdot 4\cdot 6}+\dfrac{x^2}{2\cdot 4\cdot 6\cdot 8}+\cdots$;

(4) $\dfrac{a^2}{3}-\dfrac{a^3}{5}+\dfrac{a^4}{7}-\dfrac{a^5}{9}+\cdots$;

(5) $1+\dfrac{1}{2}+3+\dfrac{1}{4}+5+\dfrac{1}{6}+\cdots$;

(6) $\dfrac{2}{2}x+\dfrac{2^2}{5}x^2+\dfrac{2^3}{10}x^3+\dfrac{2^4}{17}x^4+\cdots$.

3. 根据级数收敛与发散的定义判定下列级数的敛散性:

(1) $\displaystyle\sum_{n=1}^{\infty}(\sqrt[n]{n+2}-2\sqrt[n]{n+1}+\sqrt[n]{n})$; (2) $\dfrac{1}{1\cdot 6}+\dfrac{1}{6\cdot 11}+\cdots+\dfrac{1}{(5n-4)(5n+1)}+\cdots$;

(3) $\sin\dfrac{\pi}{6}+\sin\dfrac{2\pi}{6}+\sin\dfrac{3\pi}{6}+\cdots+\sin\dfrac{n\pi}{6}+\cdots$.

4. 判定下列级数的敛散性:

(1) $-\dfrac{8}{9}+\dfrac{8^2}{9^2}-\dfrac{8^3}{9^3}+\cdots+(-1)^n\dfrac{8^n}{9^n}+\cdots$;

(2) $\dfrac{1}{3}+\dfrac{1}{6}+\dfrac{1}{9}+\dfrac{1}{12}+\cdots+\dfrac{1}{3n}+\cdots$;

(3) $\displaystyle\sum_{n=1}^{\infty}\dfrac{3n^n}{(1+n)^n}$; (4) $\displaystyle\sum_{n=1}^{\infty}n^2\left(1-\cos\dfrac{1}{n}\right)$;

(5) $\displaystyle\sum_{n=1}^{\infty}\left(\dfrac{\ln^n 2}{2^n}+\dfrac{1}{3^n}\right)$; (6) $\displaystyle\sum_{n=1}^{\infty}\dfrac{n^{n+\frac{1}{n}}}{\left(n+\dfrac{1}{n}\right)^n}$.

5. 求收敛几何级数的和 s 与部分和 s_n 之差 $(s-s_n)$.

6. 求级数 $\displaystyle\sum_{n=1}^{\infty}\dfrac{1}{n(n+1)(n+2)}$ 的和.

7. 求常数项级数 $\displaystyle\sum_{n=1}^{\infty}\frac{n}{3^n}$ 之和.

8. 设级数 $\displaystyle\sum_{n=1}^{\infty}a_n$ 的前 n 项和为 $s_n=\dfrac{1}{n+1}+\cdots+\dfrac{1}{n+n}$, 求级数的一般项 a_n 及和 s.

9. 利用柯西审敛原理判别下列级数的敛散性:

(1) $\displaystyle\sum_{n=1}^{\infty}\frac{(-1)^{n+1}}{n}$;　　　　　　(2) $\displaystyle\sum_{n=1}^{\infty}\frac{\sin nx}{2^n}$;　　　　　　(3) $\displaystyle\sum_{n=1}^{\infty}\frac{1}{n}\cos\frac{1}{n}$.

§12.2　正项级数的判别法

　　一般情况下, 利用定义和柯西审敛原理来判别级数的敛散性是很困难的, 能否找到更简单有效的判别方法呢? 我们先从最简单的一类级数找到突破口, 那就是正项级数.

　　定义 1　若 $u_n\geq 0\,(n=1,2,3,\cdots)$, 则称级数 $\displaystyle\sum_{n=1}^{\infty}u_n$ 为**正项级数**.

　　易知正项级数 $\displaystyle\sum_{n=1}^{\infty}u_n$ 的部分和数列 $\{s_n\}$ 是单调增加数列, 即

$$s_1\leq s_2\leq\cdots\leq s_n\leq\cdots,$$

根据数列的单调有界准则知, $\{s_n\}$ 收敛的充分必要条件是 $\{s_n\}$ 有界. 因此得到下述重要定理.

　　定理 1　正项级数 $\displaystyle\sum_{n=1}^{\infty}u_n$ 收敛的充分必要条件是: 它的部分和数列 $\{s_n\}$ 有界.

　　上述定理的重要性主要并不在于利用它来直接判别正项级数的敛散性, 而在于它是证明下面一系列判别法的基础.

　　定理 2 (比较判别法)　设 $\displaystyle\sum_{n=1}^{\infty}u_n$, $\displaystyle\sum_{n=1}^{\infty}v_n$ 均为正项级数, 且 $u_n\leq v_n\,(n=1,2,\cdots)$, 则

(1) 当 $\displaystyle\sum_{n=1}^{\infty}v_n$ 收敛时, $\displaystyle\sum_{n=1}^{\infty}u_n$ 收敛;　　　(2) 当 $\displaystyle\sum_{n=1}^{\infty}u_n$ 发散时, $\displaystyle\sum_{n=1}^{\infty}v_n$ 发散.

　　证明　设 $\displaystyle\sum_{n=1}^{\infty}u_n$, $\displaystyle\sum_{n=1}^{\infty}v_n$ 的部分和分别为 A_n, B_n, 则有

$$A_n=u_1+u_2+\cdots+u_n\leq v_1+v_2+\cdots+v_n=B_n.$$

(1) 若 $\displaystyle\sum_{n=1}^{\infty}v_n$ 收敛, 则其部分和数列 $\{B_n\}$ 有界, 从而 $\displaystyle\sum_{n=1}^{\infty}u_n$ 的部分和数列 $\{A_n\}$ 有界, 故由定理 1 知 $\displaystyle\sum_{n=1}^{\infty}u_n$ 收敛.

(2) 若 $\sum\limits_{n=1}^{\infty} u_n$ 发散, 则 $\sum\limits_{n=1}^{\infty} v_n$ 发散. 如若不然, $\sum\limits_{n=1}^{\infty} v_n$ 收敛, 则由(1) 知 $\sum\limits_{n=1}^{\infty} u_n$ 也收

敛, 与条件 $\sum\limits_{n=1}^{\infty} u_n$ 发散相矛盾, 故 $\sum\limits_{n=1}^{\infty} v_n$ 发散. ∎

注: 由级数的每一项同乘不为零的常数 k, 以及去掉级数前面有限项不改变级数的敛散性可知, 定理2的条件可减弱为

$$u_n \le C v_n \ (C > 0 \text{ 为常数}, n = k, k+1, \cdots). \tag{2.1}$$

例 1 讨论 $p-$级数 $\sum\limits_{n=1}^{\infty} \dfrac{1}{n^p}$ 的敛散性, 其中常数 $p > 0$.

解　当 $p \le 1$ 时, $\dfrac{1}{n^p} \ge \dfrac{1}{n}$, 而调和级数 $\sum\limits_{n=1}^{\infty} \dfrac{1}{n}$ 是发散的, 故由比较判别法知, 此时

$p-$级数是发散的.

当 $p > 1$ 时, 由 $n-1 \le x < n$, 有 $\dfrac{1}{n^p} < \dfrac{1}{x^p}$, 所以

$$\frac{1}{n^p} = \int_{n-1}^{n} \frac{1}{n^p}\,\mathrm{d}x < \int_{n-1}^{n} \frac{1}{x^p}\,\mathrm{d}x \quad (n = 2, 3, \cdots),$$

从而级数 $\sum\limits_{n=1}^{\infty} \dfrac{1}{n^p}$ 的部分和

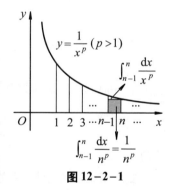

图 12-2-1

$$s_n = 1 + \frac{1}{2^p} + \frac{1}{3^p} + \cdots + \frac{1}{n^p} < 1 + \int_{1}^{2} \frac{\mathrm{d}x}{x^p} + \cdots + \int_{n-1}^{n} \frac{\mathrm{d}x}{x^p}$$

$$= 1 + \int_{1}^{n} \frac{\mathrm{d}x}{x^p} = 1 + \frac{1}{p-1}\left(1 - \frac{1}{n^{p-1}}\right) < 1 + \frac{1}{p-1},$$

即部分和数列 $\{s_n\}$ 有界, 故此时 $p-$级数是收敛的.

综上所述, 当 $p > 1$ 时, $p-$级数收敛; 当 $0 < p \le 1$ 时,

$p-$级数发散(见图12-2-1). ∎

注: 比较判别法是判别正项级数敛散性的一个重要方法. 对于给定的正项级数, 如果要用比较判别法来判别其敛散性, 则首先要通过观察, 找到另一个已知级数与其进行比较, 并应用定理2进行判断. 只有知道一些重要级数的敛散性, 并加以灵活应用, 才能熟练掌握比较判别法. 至今为止, 我们熟悉的重要级数包括等比级数、调和级数以及 $p-$级数等.

例 2 证明级数 $\sum\limits_{n=1}^{\infty} \dfrac{1}{\sqrt{n(n+1)}}$ 是发散的.

证明　因为 $\dfrac{1}{\sqrt{n(n+1)}} > \dfrac{1}{n+1}$, 而级数 $\sum\limits_{n=1}^{\infty} \dfrac{1}{n+1}$ 发散, 所以, 根据比较判别法知,

题设级数是发散的. ∎

例 3　判别级数 $\sum\limits_{n=1}^{\infty}\dfrac{2n+1}{(n+1)^2(n+2)^2}$ 的敛散性.

解　因为

$$\frac{2n+1}{(n+1)^2(n+2)^2}<\frac{2n+2}{(n+1)^2(n+2)^2}<\frac{2}{(n+1)^3}<\frac{2}{n^3},$$

而级数 $\sum\limits_{n=1}^{\infty}\dfrac{1}{n^3}$ 是收敛的, 所以, 由比较判别

法知, 题设级数是收敛的. ■

计算实验

注: 收敛级数可求和, 借助于计算软件
易分别绘出前 50 项部分和的变化趋势图(见
图 12–2–2), 从图可见, 该级数大约收敛于
0.17, 事实上, 进一步计算知该级数收敛于

$$\frac{27}{4}-\frac{2}{3}\pi^2\approx 0.170\,264.$$

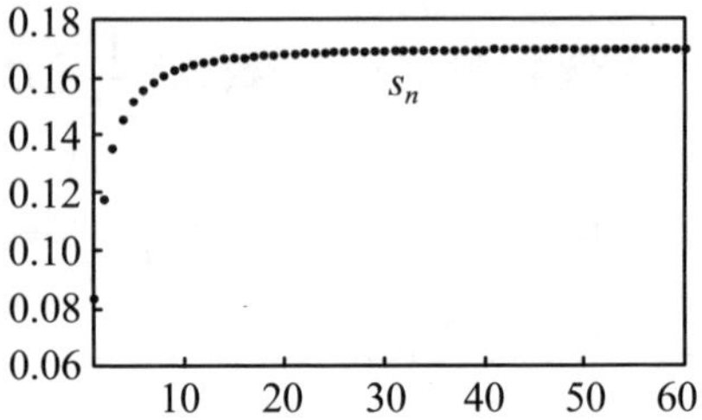

图 12–2–2

例 4　设 $a_n\le c_n\le b_n$ $(n=1,2,\cdots)$, 且 $\sum\limits_{n=1}^{\infty}a_n$ 及 $\sum\limits_{n=1}^{\infty}b_n$ 均收敛, 证明级数 $\sum\limits_{n=1}^{\infty}c_n$

收敛.

证明　按题设条件, 有 $0\le c_n-a_n\le b_n-a_n$, 由 $\sum\limits_{n=1}^{\infty}a_n$, $\sum\limits_{n=1}^{\infty}b_n$ 均收敛, 知级数

$\sum\limits_{n=1}^{\infty}(b_n-a_n)$ 收敛. 由比较判别法知级数 $\sum\limits_{n=1}^{\infty}(c_n-a_n)$ 也收敛. 因此级数

$$\sum_{n=1}^{\infty}c_n=\sum_{n=1}^{\infty}[a_n+(c_n-a_n)]$$

收敛. ■

要应用比较判别法来判别给定级数的敛散性, 就必须给定级数的一般项与某一
已知级数的一般项之间的不等式. 但有时直接建立这样的不等式相当困难, 为应用
方便, 我们给出比较判别法的极限形式.

定理 2′　设 $\sum\limits_{n=1}^{\infty}u_n$ 与 $\sum\limits_{n=1}^{\infty}v_n$ 均为正项级数, 且 $\lim\limits_{n\to\infty}\dfrac{u_n}{v_n}=l$.

(1) 当 $0<l<+\infty$ 时, 这两个级数有相同的敛散性;

(2) 当 $l=0$ 时, 若 $\sum\limits_{n=1}^{\infty}v_n$ 收敛, 则 $\sum\limits_{n=1}^{\infty}u_n$ 收敛;

(3) 当 $l=+\infty$ 时, 若 $\sum\limits_{n=1}^{\infty}v_n$ 发散, 则 $\sum\limits_{n=1}^{\infty}u_n$ 发散.

证明　(1) 由 $\lim\limits_{n\to\infty}\dfrac{u_n}{v_n}=l>0$, 对于 $\varepsilon=\dfrac{l}{2}>0$, 存在正数 N, 当 $n>N$ 时, 有

$$\left|\frac{u_n}{v_n} - l\right| < \frac{l}{2}, \quad 即 \quad l - \frac{l}{2} < \frac{u_n}{v_n} < l + \frac{l}{2},$$

从而

$$\frac{l}{2} v_n < u_n < \frac{3l}{2} v_n,$$

所以,由比较判别法知 $\sum\limits_{n=1}^{\infty} u_n$ 与 $\sum\limits_{n=1}^{\infty} v_n$ 有相同的敛散性.

(2) 当 $l = 0$ 时,取 $\varepsilon = 1$,则存在正数 N,当 $n > N$ 时,有

$$\left|\frac{u_n}{v_n}\right| < 1, \quad 得 \frac{u_n}{v_n} < 1, \quad 即 u_n < v_n,$$

由比较判别法即可得证.

(3) 当 $l = +\infty$ 时,取 $M = 1$,则存在正数 N,当 $n > N$ 时,有 $\frac{u_n}{v_n} > 1$,即 $u_n > v_n$,
由比较判别法即可得证.

注:在情形(1)中,当 $0 < l < +\infty$ 时,可表述为:若 u_n 与 lv_n 是 $n \to \infty$ 时的等价无穷小,则级数 $\sum\limits_{n=1}^{\infty} u_n$ 与 $\sum\limits_{n=1}^{\infty} v_n$ 有相同的敛散性.

如果将所给级数与 $p -$ 级数作比较,即可得到下列常用结论:

推论1 设 $\sum\limits_{n=1}^{\infty} u_n$ 为正项级数:

(1) 若 $\lim\limits_{n \to \infty} n u_n = l > 0$ 或 $\lim\limits_{n \to \infty} n u_n = +\infty$,则级数 $\sum\limits_{n=1}^{\infty} u_n$ 发散;

(2) 若 $p > 1$,而 $\lim\limits_{n \to \infty} n^p u_n$ 存在,则级数 $\sum\limits_{n=1}^{\infty} u_n$ 收敛.

例5 判定下列级数的敛散性:

(1) $\sum\limits_{n=1}^{\infty} \ln\left(1 + \frac{1}{n^2}\right);$ (2) $\sum\limits_{n=1}^{\infty} \sqrt{n+1}\left(1 - \cos\frac{\pi}{n}\right).$

解 (1) 因为 $\ln\left(1 + \frac{1}{n^2}\right) \sim \frac{1}{n^2} (n \to \infty)$,所以

计算实验

$$\lim\limits_{n \to \infty} n^2 u_n = \lim\limits_{n \to \infty} n^2 \ln\left(1 + \frac{1}{n^2}\right) = \lim\limits_{n \to \infty} n^2 \cdot \frac{1}{n^2} = 1,$$

故由上述推论知,题设级数收敛.

(2) 因为 $1 - \cos\frac{\pi}{n} \sim \frac{1}{2}\left(\frac{\pi}{n}\right)^2 (n \to \infty)$,而

$$\lim\limits_{n \to \infty} n^{3/2} u_n = \lim\limits_{n \to \infty} n^{3/2} \sqrt{n+1}\left(1 - \cos\frac{\pi}{n}\right) = \lim\limits_{n \to \infty} n^2 \sqrt{\frac{n+1}{n}} \cdot \frac{1}{2}\left(\frac{\pi}{n}\right)^2 = \frac{1}{2}\pi^2,$$

故由上述推论知,题设级数收敛.

注:微信扫描右侧二维码,即可进行计算实验(详见教材配套的网络学习空间).

例6 判别级数 $\sum\limits_{n=1}^{\infty}\left(\dfrac{1}{n}-\ln\dfrac{n+1}{n}\right)$ 的敛散性.

解 令 $u(x)=x-\ln(1+x)>0\,(x>0)$, $v(x)=x^2$, 由于

计算实验

$$\lim_{x\to 0^+}\frac{x-\ln(1+x)}{x^2}=\lim_{x\to 0^+}\frac{1-\dfrac{1}{1+x}}{2x}=\lim_{x\to 0^+}\frac{1}{2(1+x)}=\frac{1}{2},$$

从而

$$\lim_{n\to\infty}\frac{\dfrac{1}{n}-\ln\left(1+\dfrac{1}{n}\right)}{\dfrac{1}{n^2}}=\lim_{n\to\infty}n^2\left(\frac{1}{n}-\ln\frac{n+1}{n}\right)=\frac{1}{2}.$$

由 $p=2>1$ 知, 题设级数收敛. ■

　　注: 收敛级数可求和, 借助于计算软件易分别绘出前70项部分和的变化趋势图(见图12–2–3). 从图可见, 该级数大约收敛于0.58, 事实上, 进一步计算知该级数收敛于近似值 0.577 214 66⋯.

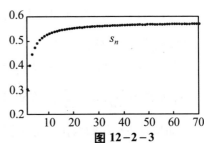

图 12–2–3

　　使用比较判别法或其极限形式, 需要找到一个已知级数作比较, 这多少有些困难. 下面介绍的几个判别法, 可以利用级数自身的特点来判别级数的敛散性.

　　定理3 (比值判别法或达朗贝尔判别法) 设 $\sum\limits_{n=1}^{\infty}u_n$ 是正项级数, 且 $\lim\limits_{n\to\infty}\dfrac{u_{n+1}}{u_n}=\rho$

(或 $+\infty$), 则

　　(1) 当 $\rho<1$ 时, 级数收敛;

　　(2) 当 $\rho>1$ (包括 $\rho=+\infty$) 时, 级数发散;

　　(3) 当 $\rho=1$ 时, 本判别法失效.

　　证明 当 ρ 为有限数时, 对于任意的 $\varepsilon>0$, 存在 $N>0$. 当 $n>N$ 时, 有

$$\left|\frac{u_{n+1}}{u_n}-\rho\right|<\varepsilon,$$

即

$$\rho-\varepsilon<\frac{u_{n+1}}{u_n}<\rho+\varepsilon\ (n>N).$$

　　(1) 当 $\rho<1$ 时, 取 $0<\varepsilon<1-\rho$, 使 $r=\rho+\varepsilon<1$, 则有

$$u_{N+2}<ru_{N+1},\ u_{N+3}<ru_{N+2}<r^2u_{N+1},\cdots,$$

$$u_{N+m}<ru_{N+m-1}<r^2u_{N+m-2}<\cdots<r^{m-1}u_{N+1},\cdots,$$

而级数 $\sum\limits_{m=1}^{\infty}r^{m-1}u_{N+1}$ 收敛, 由比较判别法知 $\sum\limits_{m=1}^{\infty}u_{N+m}=\sum\limits_{n=N+1}^{\infty}u_n$ 收敛, 再由定理2及其

附注知，级数 $\sum\limits_{n=1}^{\infty} u_n$ 收敛.

(2) 当 $\rho > 1$ 时，取 $0 < \varepsilon < \rho - 1$，使 $r = \rho - \varepsilon > 1$，则当 $n > N$ 时，有 $\dfrac{u_{n+1}}{u_n} > r$，即

$u_{n+1} > r u_n > u_n$，即当 $n > N$ 时，级数 $\sum\limits_{n=1}^{\infty} u_n$ 的一般项逐渐增大，从而 $\lim\limits_{n \to \infty} u_n \neq 0$. 根据

级数收敛的必要条件知，级数 $\sum\limits_{n=1}^{\infty} u_n$ 发散.

类似地，可以证明当 $\lim\limits_{n \to \infty} \dfrac{u_{n+1}}{u_n} = \infty$ 时，级数 $\sum\limits_{n=1}^{\infty} u_n$ 发散.

(3) 当 $\rho = 1$ 时，比值判别法失效.

例如，对于级数 $\sum\limits_{n=1}^{\infty} \dfrac{1}{n}$ 和 $\sum\limits_{n=1}^{\infty} \dfrac{1}{n^2}$，分别有

$$\lim_{n \to \infty} \frac{\dfrac{1}{n+1}}{\dfrac{1}{n}} = \lim_{n \to \infty} \frac{n}{n+1} = 1, \quad \lim_{n \to \infty} \frac{\dfrac{1}{(n+1)^2}}{\dfrac{1}{n^2}} = \lim_{n \to \infty} \frac{n^2}{(n+1)^2} = 1,$$

但级数 $\sum\limits_{n=1}^{\infty} \dfrac{1}{n}$ 发散，而级数 $\sum\limits_{n=1}^{\infty} \dfrac{1}{n^2}$ 收敛. 因此，如果 $\rho = 1$，就应利用其他判别法进行

判断.

比值判别法适用于 u_{n+1} 与 u_n 有公因式且 $\lim\limits_{n \to \infty} \dfrac{u_{n+1}}{u_n}$ 存在或等于 $+\infty$ 的情形.

例7 判别下列级数的敛散性：

(1) $\sum\limits_{n=1}^{\infty} \dfrac{1}{n!}$；　　　　　　　　　(2) $\sum\limits_{n=1}^{\infty} \dfrac{n!}{10^n}$.

解 (1) $u_n = \dfrac{1}{n!}$，由于

$$\frac{u_{n+1}}{u_n} = \frac{\dfrac{1}{(n+1)!}}{\dfrac{1}{n!}} = \frac{1}{n+1} \to 0 \ (n \to \infty),$$

所以级数 $\sum\limits_{n=1}^{\infty} \dfrac{1}{n!}$ 收敛.

(2) $u_n = \dfrac{n!}{10^n}$，由于

$$\frac{u_{n+1}}{u_n} = \frac{(n+1)!}{10^{n+1}} \cdot \frac{10^n}{n!} = \frac{n+1}{10} \to +\infty \ (n \to \infty),$$

所以级数 $\sum\limits_{n=1}^{\infty} \dfrac{n!}{10^n}$ 发散.

计算实验

注: 微信扫描右侧二维码, 即可进行计算实验(详见教材配套的网络学习空间).

例 8　判别级数 $\sum\limits_{n=1}^{\infty} \dfrac{n^2}{(2+1/n)^n}$ 的敛散性.

解　由 $\dfrac{n^2}{(2+1/n)^n} < \dfrac{n^2}{2^n}$, 先判别级数 $\sum\limits_{n=1}^{\infty} \dfrac{n^2}{2^n}$ 的敛散性. 因

计算实验

$$\lim_{n\to\infty} \frac{u_{n+1}}{u_n} = \lim_{n\to\infty} \frac{(n+1)^2}{2^{n+1}} \cdot \frac{2^n}{n^2} = \lim_{n\to\infty} \frac{1}{2}\left(1+\frac{1}{n}\right)^2 = \frac{1}{2} < 1.$$

根据比值判别法知, 级数 $\sum\limits_{n=1}^{\infty} \dfrac{n^2}{2^n}$ 收敛, 再根据比较判别法知, 题设级数收敛.

注: 收敛级数可求和, 借助于计算软件易分别绘出前50项部分和的变化趋势图(见图 12−2−4). 从图可见, 该级数大约收敛于 3.8.

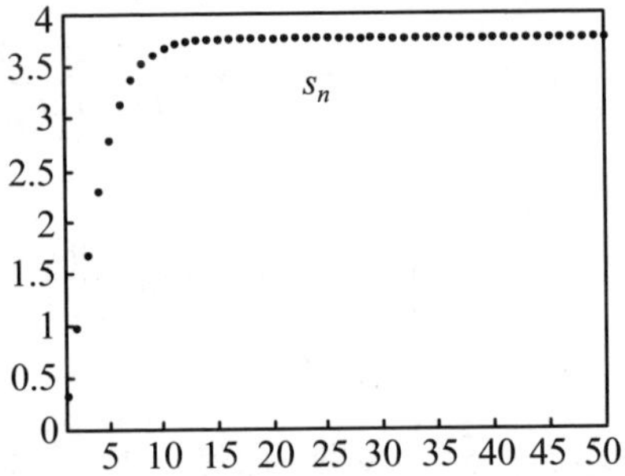

图 12−2−4

定理 4 (根值判别法或柯西判别法)

设 $\sum\limits_{n=1}^{\infty} u_n$ 是正项级数, 且 $\lim\limits_{n\to\infty} \sqrt[n]{u_n} = \rho$ (或 $+\infty$), 则

(1) 当 $\rho < 1$ 时, 级数收敛;

(2) 当 $\rho > 1$ (包括 $\rho = +\infty$ 时, 级数发散;

(3) 当 $\rho = 1$ 时, 本判别法失效.

证明　当 ρ 为有限数时, 对于任意的 $\varepsilon > 0$, 存在 $N > 0$, 当 $n > N$ 时, 有

$$\left| \sqrt[n]{u_n} - \rho \right| < \varepsilon, \quad \text{即} \quad \rho - \varepsilon < \sqrt[n]{u_n} < \rho + \varepsilon \ (n > N).$$

(1) 当 $\rho < 1$ 时, 取 $0 < \varepsilon < 1 - \rho$, 使 $r = \rho + \varepsilon < 1$, 则当 $n > N$ 时, 有

$$\sqrt[n]{u_n} < r, \quad \text{即} \quad u_n < r^n \ (n > N).$$

因为级数 $\sum\limits_{n=1}^{\infty} r^n$ 收敛, 所以由比较判别法知, 级数 $\sum\limits_{n=1}^{\infty} u_n$ 收敛.

(2) 当 $\rho > 1$ (或 $+\infty$) 时, 取 $0 < \varepsilon < \rho - 1$, 使 $r = \rho - \varepsilon > 1$, 则当 $n > N$ 时, 有

$$\sqrt[n]{u_n} > r, \quad \text{即} \quad u_n > r^n,$$

即当 $n > N$ 时, 级数 $\sum\limits_{n=1}^{\infty} u_n$ 的一般项不趋于零, 根据级数收敛的必要条件知 $\sum\limits_{n=1}^{\infty} u_n$ 发散.

(3) 当 $\rho = 1$ 时, 本判别法失效.

例如, 对于级数 $\sum\limits_{n=1}^{\infty} \dfrac{1}{n}$ 和 $\sum\limits_{n=1}^{\infty} \dfrac{1}{n^2}$, 分别有

$$\lim_{n\to\infty} \sqrt[n]{\dfrac{1}{n}} = 1, \quad \lim_{n\to\infty} \sqrt[n]{\dfrac{1}{n^2}} = 1,$$

但级数 $\sum\limits_{n=1}^{\infty} \dfrac{1}{n}$ 发散, 而级数 $\sum\limits_{n=1}^{\infty} \dfrac{1}{n^2}$ 收敛.

根值判别法适用于 u_n 中含有表达式的 n 次幂且 $\lim\limits_{n\to\infty} \sqrt[n]{u_n}$ 存在或等于 $+\infty$ 的情形.

例 9 判别级数 $\sum\limits_{n=1}^{\infty} 2^{-n-(-1)^n}$ 的敛散性.

解 因为

$$\lim_{n\to\infty} \sqrt[n]{u_n} = \lim_{n\to\infty} \sqrt[n]{2^{-n-(-1)^n}} = \lim_{n\to\infty} 2^{-1-\frac{(-1)^n}{n}} = \dfrac{1}{2} < 1,$$

计算实验

由根值判别法知题设级数收敛.

例 10 判别级数 $\sum\limits_{n=1}^{\infty} \dfrac{2+(-1)^n}{2^n}$ 的敛散性.

解 由于 $\dfrac{1}{2^n} \le \dfrac{2+(-1)^n}{2^n} \le \dfrac{3}{2^n}$, 且

$$\lim_{n\to\infty} \sqrt[n]{\dfrac{1}{2^n}} = \dfrac{1}{2}, \quad \lim_{n\to\infty} \sqrt[n]{\dfrac{3}{2^n}} = \dfrac{1}{2},$$

计算实验

所以

$$\lim_{n\to\infty} \sqrt[n]{\dfrac{2+(-1)^n}{2^n}} = \dfrac{1}{2} < 1,$$

由根值判别法知题设级数收敛.

注: 微信扫描右侧二维码, 即可进行计算实验(详见教材配套的网络学习空间).

最后, 我们再介绍一个关于正项级数的积分判别法.

对于给定的正项级数 $\sum\limits_{n=1}^{\infty} a_n$, 若 $\{a_n\}$ 可看作由一个在 $[1, +\infty)$ 上单调减少的函数 $f(x)$ 所产生, 即有 $a_n = f(n)$, 则可用下述积分判别法来判定正项级数 $\sum\limits_{n=1}^{\infty} a_n$ 的敛散性.

定理 5 (积分判别法) 对于给定的正项级数 $\sum\limits_{n=1}^{\infty} a_n$, 若存在 $[1, +\infty)$ 上单调减少的连续函数 $f(x)$, 使得 $a_n = f(n)$, 则

(1) $\displaystyle\sum_{n=1}^{\infty} a_n$ 收敛的充要条件是对应的广义积分 $\displaystyle\int_1^{+\infty} f(x)\mathrm{d}x$ 收敛;

(2) $\displaystyle\sum_{n=1}^{\infty} a_n$ 发散的充要条件是对应的广义积分 $\displaystyle\int_1^{+\infty} f(x)\mathrm{d}x$ 发散.

证明　由于结论(2)是结论(1)的逆否命题,所以只要证明结论(1)即可.

根据定理所给出的条件,借助于图12-2-5,可以推出下面两个明显成立的不等式:

$$a_2 + a_3 + \cdots + a_n \le \int_1^n f(x)\mathrm{d}x \le a_1 + a_2 + \cdots + a_{n-1}. \tag{2.2}$$

充分性　设广义积分 $\displaystyle\int_1^{+\infty} f(x)\mathrm{d}x$ 收敛. 由于

$$s_n = \sum_{k=1}^n a_k = a_1 + \sum_{k=2}^n a_k \le a_1 + \int_1^n f(x)\mathrm{d}x \le a_1 + \int_1^{+\infty} f(x)\mathrm{d}x,$$

因此,部分和数列 $\{s_n\}$ 有界,根据定理1知

正项级数 $\displaystyle\sum_{n=1}^{\infty} a_n$ 收敛.

必要性　只需证若广义积分 $\displaystyle\int_1^{+\infty} f(x)\mathrm{d}x$

发散,则 $\displaystyle\sum_{n=1}^{\infty} a_n$ 必发散. 事实上,因为现在

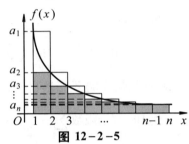

图 12-2-5

有 $f(x) \ge 0$,故对任意的 $A > 1$,积分 $\displaystyle\int_1^A f(x)\mathrm{d}x$ 是 A 在 $[1, +\infty)$ 上的单调增加函数.

故若极限 $\displaystyle\lim_{A\to+\infty}\int_1^A f(x)\mathrm{d}x$ 不存在,则必有 $\displaystyle\lim_{A\to+\infty}\int_1^A f(x)\mathrm{d}x = +\infty$. 由于

$$\int_1^A f(x)\mathrm{d}x \le \int_1^{[A]+1} f(x)\mathrm{d}x \le \sum_{k=1}^{[A]} a_k = s_{[A]},$$

故知部分和数列 $\{s_n\}$ 无界,从而级数 $\displaystyle\sum_{n=1}^{\infty} a_n$ 发散.　∎

注意到在使用定理5时,若将积分下限和级数的开始项号改成某个正整数 N,函数 $f(x)$ 改为在 $[N, +\infty)$ 上单调减少连续,并且当 $n > N$ 时 $a_n = f(n)$ 成立,则定理的结论仍然正确.

例11　试确定级数 $\displaystyle\sum_{n=1}^{\infty} \frac{\ln n}{n}$ 的敛散性.

解　若设 $f(x) = \dfrac{\ln x}{x}$,则显然 $f(x)$ 在 $x > 1$ 时非负且连续. 因

$$f'(x) = \frac{1 - \ln x}{x^2},$$

所以在 $x > \mathrm{e}$ 时有 $f'(x) < 0$,函数 $f(x)$ 单调减少. 于是,可对级数 $\displaystyle\sum_{n=1}^{\infty} \frac{\ln n}{n}$ 应用积分判

别法. 注意到

$$\int_e^\infty \frac{\ln x}{x}\,dx = \lim_{b\to+\infty}\int_e^b \frac{\ln x}{x}\,dx = \lim_{b\to+\infty}\left[\frac{\ln^2 x}{2}\right]\Big|_e^b$$

$$= \lim_{b\to+\infty}\frac{\ln^2 b - \ln^2 e}{2} = +\infty,$$

计算实验

即广义积分发散, 所以级数 $\sum_{n=3}^\infty \dfrac{\ln n}{n}$ 发散, 从而级数 $\sum_{n=1}^\infty \dfrac{\ln n}{n}$ 发散.

注: 微信扫描右侧二维码, 即可进行计算实验(详见教材配套的网络学习空间).

*数学实验

实验12.2 试用计算软件判断下列级数的敛散性:

计算实验

(1) $\displaystyle\sum_{n=1}^\infty \frac{\ln n}{\sqrt{n^7+n^5+2}}$;

(2) $\displaystyle\sum_{n=1}^\infty n^2(e^{\sin\frac{1}{n^3}}-1)$;

(3) $\displaystyle\sum_{n=1}^\infty \int_0^{\pi/n}\frac{\sin^3 x}{1+x}\,dx$;

(4) $\displaystyle\sum_{n=1}^\infty \frac{2^{n-1}}{n^n}\cos^2\left(\frac{n\pi}{4}\right)$;

(5) $\displaystyle\sum_{n=1}^\infty \frac{(4n+1)!}{7^n n^4}$;

(6) $\displaystyle\sum_{n=1}^\infty \frac{n^{n-1}}{(2n^2+n+1)^{\frac{n+1}{2}}}$.

详见教材配套的网络学习空间.

习题 12-2

1. 用比较判别法或其极限形式判别下列级数的敛散性:

(1) $\displaystyle\sum_{n=1}^\infty \frac{1+n}{1+n^2}$;

(2) $\displaystyle\sum_{n=1}^\infty \frac{1}{n^2+1}$;

(3) $\displaystyle\sum_{n=1}^\infty \frac{1}{(n+1)(n+4)}$;

(4) $\displaystyle\sum_{n=1}^\infty \frac{1}{n\sqrt{n+1}}$;

(5) $\displaystyle\sum_{n=1}^\infty \sin\frac{\pi}{2^n}$;

(6) $\displaystyle\sum_{n=1}^\infty \frac{1}{na+b}$ $(a>0, b>0)$;

(7) $\displaystyle\sum_{n=1}^\infty \frac{1}{\sqrt{n}}\sin\frac{2}{\sqrt{n}}$;

(8) $\displaystyle\sum_{n=1}^\infty \frac{1}{1+a^n}$ $(a>0)$.

2. 用比值判别法判别下列级数的敛散性:

(1) $\displaystyle\sum_{n=1}^\infty \frac{3^n}{n\cdot 2^n}$;

(2) $\dfrac{1}{2}+\dfrac{3}{2^2}+\dfrac{5}{2^3}+\dfrac{7}{2^4}+\cdots$;

(3) $\displaystyle\sum_{n=1}^\infty \frac{1}{2^{2n-1}(2n-1)}$;

(4) $1+\dfrac{5}{2!}+\dfrac{5^2}{3!}+\dfrac{5^3}{4!}+\cdots$;

(5) $\dfrac{2}{1\cdot 2}+\dfrac{2^2}{2\cdot 3}+\dfrac{2^3}{3\cdot 4}+\dfrac{2^4}{4\cdot 5}+\cdots$;

(6) $\displaystyle\sum_{n=1}^\infty \frac{a^n}{n^k}$ $(a>0)$;

(7) $\displaystyle\sum_{n=1}^\infty \frac{4^n}{5^n-3^n}$;

(8) $\displaystyle\sum_{n=1}^\infty n\left(\frac{3}{5}\right)^n$.

3. 用根值判别法判别下列级数的敛散性:

(1) $\displaystyle\sum_{n=1}^{\infty}\left(\frac{n}{2n+1}\right)^{n}$;　　　　　(2) $\displaystyle\sum_{n=1}^{\infty}\frac{1}{[\ln(n+1)]^{n}}$;　　　　　(3) $\displaystyle\sum_{n=1}^{\infty}\left(\frac{n}{3n-1}\right)^{2n-1}$;

(4) $\displaystyle\sum_{n=1}^{\infty}\frac{3^{n}}{\left(\frac{n+1}{n}\right)^{n^{2}}}$;　　　　　(5) $\displaystyle\sum_{n=1}^{\infty}\left(\frac{3n^{2}}{n^{2}+1}\right)^{n}$;　　　　　(6) $\displaystyle\sum_{n=1}^{\infty}\frac{3^{n}}{1+e^{n}}$.

4. 在下列各题中, 由公式定义的级数 $\displaystyle\sum_{n=1}^{\infty}a_{n}$, 哪些收敛? 哪些发散? 对你的回答给出理由.

(1) $a_{1}=2$, $a_{n+1}=\dfrac{1+\sin n}{n}a_{n}$;　　　(2) $a_{1}=\dfrac{1}{3}$, $a_{n+1}=\dfrac{3n-1}{2n+5}a_{n}$;　　　(3) $a_{1}=\dfrac{1}{3}$, $a_{n+1}=\sqrt{a_{n}}$.

5. 用积分判别法讨论下列级数的敛散性:

(1) $\displaystyle\sum_{n=3}^{+\infty}\frac{1}{n(\ln n)^{p}}$;　　　　　　　　　(2) $\displaystyle\sum_{n=3}^{+\infty}\frac{\ln n}{n^{p}}$ $(p\geq 1)$.

6. 若 $\displaystyle\sum_{n=1}^{\infty}a_{n}^{2}$ 及 $\displaystyle\sum_{n=1}^{\infty}b_{n}^{2}$ 收敛, 证明下列级数也收敛:

(1) $\displaystyle\sum_{n=1}^{\infty}|a_{n}b_{n}|$;　　　　　　(2) $\displaystyle\sum_{n=1}^{\infty}(a_{n}+b_{n})^{2}$;　　　　　　(3) $\displaystyle\sum_{n=1}^{\infty}\frac{|a_{n}|}{n}$.

7. 判别级数 $\displaystyle\sum_{n=1}^{\infty}\left(\frac{b}{a_{n}}\right)^{n}$ 的敛散性, 其中 $a_{n}\to\alpha$ $(n\to\infty)$, 且 a_{n}, b, α 均为正数.

8. 设 $u_{n}>0$, $v_{n}>0$ $(n=1,2,\cdots)$, 且 $\dfrac{u_{n+1}}{u_{n}}\leq\dfrac{v_{n+1}}{v_{n}}$, 证明: 若 $\displaystyle\sum_{n=1}^{\infty}v_{n}$ 收敛, 则 $\displaystyle\sum_{n=1}^{\infty}u_{n}$ 也收敛.

9. 设 $\displaystyle\lim_{n\to\infty}n^{\lambda}[\ln(1+n)-\ln n]V_{n}=3$ $(\lambda>0)$, 试讨论正项级数 $\displaystyle\sum_{n=1}^{\infty}V_{n}$ 的敛散性.

§12.3　一般常数项级数

在 §12.2 中我们讨论了关于正项级数敛散性的判别法, 本节我们要进一步讨论一般常数项级数敛散性的判别法, 这里所谓的 "一般常数项级数" 是指级数的各项可以是正数、负数或零. 下面先来讨论一种特殊的级数 —— 交错级数, 然后再讨论一般常数项级数.

一、交错级数

若 $u_{n}>0$ $(n=1,2,\cdots)$, 称级数 $\displaystyle\sum_{n=1}^{\infty}(-1)^{n-1}u_{n}$ 为**交错级数**. 对于交错级数, 我们有下面的判别法.

定理 1 (莱布尼茨定理)　若交错级数 $\displaystyle\sum_{n=1}^{\infty}(-1)^{n-1}u_{n}$ 满足条件:

(1) $u_{n}\geq u_{n+1}$ $(n=1,2,\cdots)$,

(2) $\lim\limits_{n\to\infty} u_n = 0$,

则级数 $\sum\limits_{n=1}^{\infty} (-1)^{n-1} u_n$ 收敛，并且它的和 $s \le u_1$.

证明 设题设级数的部分和为 s_n，由

$$0 \le s_{2n} = (u_1 - u_2) + (u_3 - u_4) + \cdots + (u_{2n-1} - u_{2n}),$$

易见数列 $\{s_{2n}\}$ 是单调增加的；又由条件(1)，有

$$s_{2n} = u_1 - (u_2 - u_3) - \cdots - (u_{2n-2} - u_{2n-1}) - u_{2n} \le u_1,$$

即数列 $\{s_{2n}\}$ 是有界的，故 $\{s_{2n}\}$ 的极限存在. 设 $\lim\limits_{n\to\infty} s_{2n} = s$，由条件(2)，有

$$\lim_{n\to\infty} s_{2n+1} = \lim_{n\to\infty} (s_{2n} + u_{2n+1}) = s,$$

所以 $\lim\limits_{n\to\infty} s_n = s$，从而题设级数收敛于和 s，且 $s \le u_1$. ■

推论 1 若交错级数满足莱布尼茨定理的条件，则以部分和 s_n 作为级数和的近似值时，其误差 r_n 不超过 u_{n+1}，即

$$|r_n| = |s - s_n| \le u_{n+1}.$$

证明 交错级数 $\sum\limits_{n=1}^{\infty} (-1)^{n-1} u_n$ 的余项的绝对值

$$|r_n| = \left| (-1)^n u_{n+1} + (-1)^{n+1} u_{n+2} + \cdots \right|$$
$$= u_{n+1} - u_{n+2} + u_{n+3} - u_{n+4} + \cdots \le u_{n+1}. \quad ■$$

例 1 判断级数 $\sum\limits_{n=1}^{\infty} \dfrac{(-1)^{n-1}}{n}$ 的敛散性.

解 易见题设级数的一般项 $(-1)^{n-1} u_n = \dfrac{(-1)^{n-1}}{n}$ 满足

(1) $\dfrac{1}{n} \ge \dfrac{1}{n+1}$ $(n = 1, 2, 3, \cdots)$; \qquad (2) $\lim\limits_{n\to\infty} \dfrac{1}{n} = 0$.

计算实验

所以级数 $\sum\limits_{n=1}^{\infty} \dfrac{(-1)^{n-1}}{n}$ 收敛，其和 $s \le 1$，用 s_n 近似 s 产生的误差

$$|r_n| \le \frac{1}{n+1}. \quad ■$$

注：判别交错级数 $\sum\limits_{n=1}^{\infty} (-1)^{n-1} f(n)$（其中 $f(n) > 0$）的敛散性时，如果数列 $\{f(n)\}$
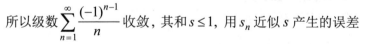
单调减少不容易判断，可通过讨论当 x 充分大时 $f'(x)$ 的符号来判断当 n 充分大时数列 $\{f(n)\}$ 是否单调减少；如果直接求极限 $\lim\limits_{n\to\infty} f(n)$ 有困难，亦可通过求 $\lim\limits_{x\to+\infty} f(x)$（假定它存在）来求 $\lim\limits_{n\to\infty} f(n)$.

例2　判断 $\displaystyle\sum_{n=1}^{\infty}(-1)^{n-1}\frac{\ln n}{n}$ 的敛散性.

解　由于 $u_n=\dfrac{\ln n}{n}>0\,(n>1)$，所以 $\displaystyle\sum_{n=1}^{\infty}(-1)^{n-1}\frac{\ln n}{n}$ 是交错级数.

令 $f(x)=\dfrac{\ln x}{x}\,(x>3)$，则

计算实验

$$f'(x)=\frac{1-\ln x}{x^2}<0\,(x>3),$$

即 $n>3$ 时，$\left\{\dfrac{\ln n}{n}\right\}$ 是递减数列，又利用洛必达法则，有

$$\lim_{n\to\infty}\frac{\ln n}{n}=\lim_{x\to+\infty}\frac{\ln x}{x}=\lim_{x\to+\infty}\frac{1}{x}=0,$$

故由莱布尼茨定理知该级数收敛. ■

　　注：由于交错级数的莱布尼茨判别法只是一个充分条件，并非必要条件，故当莱布尼茨定理的条件不满足时，不能由此断定交错级数是发散的. 例如级数

$$\sum_{n=1}^{\infty}\frac{(-1)^{n+1}}{\sqrt{n+(-1)^{n+1}}}$$

不满足 $u_{n+1}<u_n$，但易知该级数是收敛的.

二、绝对收敛与条件收敛

　　现在，我们来讨论一般的常数项级数

$$\sum_{n=1}^{\infty}u_n=u_1+u_2+u_3+\cdots+u_n+\cdots, \tag{3.1}$$

其中 u_n 可以是正数、负数或零. 对应于这个级数，可以构造一个正项级数

$$\sum_{n=1}^{\infty}|u_n|=|u_1|+|u_2|+|u_3|+\cdots+|u_n|+\cdots, \tag{3.2}$$

称级数 (3.2) 为原级数 (3.1) 的**绝对值级数**.

　　上述两个级数的敛散性有一定的联系.

　　定理2　如果 $\displaystyle\sum_{n=1}^{\infty}|u_n|$ 收敛，则 $\displaystyle\sum_{n=1}^{\infty}u_n$ 收敛.

　　证明　由于 $0\le u_n+|u_n|\le 2|u_n|$，且级数 $\displaystyle\sum_{n=1}^{\infty}2|u_n|$ 收敛，故由比较判别法知

$\displaystyle\sum_{n=1}^{\infty}(u_n+|u_n|)$ 收敛，又

$$\sum_{n=1}^{\infty}u_n=\sum_{n=1}^{\infty}\left[(u_n+|u_n|)-|u_n|\right],$$

所以级数 $\sum\limits_{n=1}^{\infty} u_n$ 收敛. ■

根据这个定理, 我们可以将许多一般常数项级数的敛散性判别问题转化为正项级数的敛散性判别问题. 即当一个一般常数项级数所对应的绝对值级数收敛时, 这个一般常数项级数必收敛. 对于级数的这种收敛性, 我们给出以下定义.

定义 1 设 $\sum\limits_{n=1}^{\infty} u_n$ 为一般常数项级数, 则

(1) 当 $\sum\limits_{n=1}^{\infty} |u_n|$ 收敛时, 称 $\sum\limits_{n=1}^{\infty} u_n$ **绝对收敛**;

(2) 当 $\sum\limits_{n=1}^{\infty} |u_n|$ 发散, 但 $\sum\limits_{n=1}^{\infty} u_n$ 收敛时, 称 $\sum\limits_{n=1}^{\infty} u_n$ **条件收敛**.

根据上述定义, 对于一般常数项级数, 我们应当判别它是绝对收敛、条件收敛, 还是发散. 而判断一般常数项级数的绝对收敛性时, 我们可以借助正项级数的判别法来讨论.

例 3 判别级数 $\sum\limits_{n=1}^{\infty} \dfrac{(-1)^{n-1}}{n^p}\ (p>0)$ 的敛散性.

解 由 $\sum\limits_{n=1}^{\infty} \left| \dfrac{(-1)^{n-1}}{n^p} \right| = \sum\limits_{n=1}^{\infty} \dfrac{1}{n^p}$, 易见当 $p>1$ 时, 题设级数绝对收敛; 当 $0<p\le 1$ 时, 由莱布尼茨定理知 $\sum\limits_{n=1}^{\infty} \dfrac{(-1)^{n-1}}{n^p}$ 收敛, 但是 $\sum\limits_{n=1}^{\infty} \dfrac{1}{n^p}$ 发散, 故题设级数条件收敛. ■

例 4 判别级数 $\sum\limits_{n=1}^{\infty} \dfrac{\sin n}{n^2}$ 的敛散性.

解 因为 $\left| \dfrac{\sin n}{n^2} \right| \le \dfrac{1}{n^2}$, 而级数 $\sum\limits_{n=1}^{\infty} \dfrac{1}{n^2}$ 收敛, 故级数 $\sum\limits_{n=1}^{\infty} \left| \dfrac{\sin n}{n^2} \right|$ 收敛, 从而题设级数绝对收敛. ■

计算实验

注: 微信扫描右侧二维码, 即可进行计算实验(详见教材配套的网络学习空间).

例 5 判别级数 $\sum\limits_{n=1}^{\infty} (-1)^n \dfrac{n^{n+1}}{(n+1)!}$ 的敛散性.

解 这是一个交错级数, 其一般项为 $u_n = (-1)^n \dfrac{n^{n+1}}{(n+1)!}$. 先判断 $\sum\limits_{n=1}^{\infty} |u_n|$ 是否收敛. 利用比值判别法. 因为

$$\lim_{n\to\infty} \frac{|u_{n+1}|}{|u_n|} = \lim_{n\to\infty} \frac{(n+1)^{n+2}}{[(n+1)+1]!} \frac{(n+1)!}{n^{n+1}}$$

$$= \lim_{n \to \infty} \left(\frac{n+1}{n} \right)^n \cdot \frac{(n+1)^2}{n(n+2)} = \lim_{n \to \infty} \left(1 + \frac{1}{n} \right)^n = e > 1,$$

所以级数 $\displaystyle\sum_{n=1}^{\infty} |u_n|$ 发散,亦即题设级数非绝对收敛.

其次,由 $\displaystyle\lim_{n \to \infty} \frac{|u_{n+1}|}{|u_n|} > 1$ 知,当 n 充分大时,有 $|u_{n+1}| > |u_n|$,故 $\displaystyle\lim_{n \to \infty} u_n \neq 0$,所以

题设级数发散. ■

三、绝对收敛级数的性质

我们知道有限个数相加满足加法交换律,那么无限多个数相加是否具有加法交换律?如若不然,那么在什么条件下它满足加法交换律?下面我们针对绝对收敛的级数来讨论上述问题.

设有级数 $\displaystyle\sum_{n=1}^{\infty} u_n$,我们把改变该级数的项的位置后得到的新级数 $\displaystyle\sum_{n=1}^{\infty} u_n'$ 称为 $\displaystyle\sum_{n=1}^{\infty} u_n$

的一个**重排级数**.

定理3　设级数 $\displaystyle\sum_{n=1}^{\infty} u_n$ 绝对收敛,则重排的级数 $\displaystyle\sum_{n=1}^{\infty} u_n'$ 也绝对收敛,且

$$\sum_{n=1}^{\infty} u_n = \sum_{n=1}^{\infty} u_n'.$$

证明　(1) 先设 $\displaystyle\sum_{n=1}^{\infty} u_n$ 为正项级数,由条件知 $\displaystyle\sum_{n=1}^{\infty} u_n$ 收敛,设其和为 s. 这时显然

有 $\displaystyle\sum_{n=1}^{k} u_n' \leq \sum_{n=1}^{\infty} u_n = s$.

又 $\displaystyle\sum_{n=1}^{\infty} u_n'$ 也是正项级数,由正项级数收敛的充分必要条件是其部分和有界知,

$\displaystyle\sum_{n=1}^{\infty} u_n'$ 也是收敛的正项级数,并且有

$$\sum_{n=1}^{\infty} u_n' \leq s = \sum_{n=1}^{\infty} u_n.$$

又因为 $\displaystyle\sum_{n=1}^{\infty} u_n$ 也可看成是级数 $\displaystyle\sum_{n=1}^{\infty} u_n'$ 的一个重排级数,同理有

$$\sum_{n=1}^{\infty} u_n \leq \sum_{n=1}^{\infty} u_n',$$

所以

$$\sum_{n=1}^{\infty} u'_n = \sum_{n=1}^{\infty} u_n = s.$$

(2) 现在设 $\sum_{n=1}^{\infty} u_n$ 为一般的绝对收敛级数. 记

$$p_n = \frac{|u_n| + u_n}{2}, \quad q_n = \frac{|u_n| - u_n}{2}, \quad n = 1, 2, 3, \cdots,$$

显然有

$$0 \le p_n \le |u_n|, \quad 0 \le q_n \le |u_n|, \quad n = 1, 2, 3, \cdots,$$

而

$$|u_n| = p_n + q_n, \quad u_n = p_n - q_n, \quad n = 1, 2, 3, \cdots,$$

由比较判别法知, 正项级数 $\sum_{n=1}^{\infty} p_n$, $\sum_{n=1}^{\infty} q_n$ 均收敛. 由 (1) 知重排后的级数 $\sum_{n=1}^{\infty} p'_n$,

$\sum_{n=1}^{\infty} q'_n$ 也都收敛, 并且有

$$\sum_{n=1}^{\infty} p'_n = \sum_{n=1}^{\infty} p_n, \quad \sum_{n=1}^{\infty} q'_n = \sum_{n=1}^{\infty} q_n,$$

由此可知, 级数 $\sum_{n=1}^{\infty} |u'_n| = \sum_{n=1}^{\infty} (p'_n + q'_n)$ 也收敛, 即 $\sum_{n=1}^{\infty} u'_n$ 绝对收敛, 并且有

$$\sum_{n=1}^{\infty} u'_n = \sum_{n=1}^{\infty} (p'_n - q'_n) = \sum_{n=1}^{\infty} p'_n - \sum_{n=1}^{\infty} q'_n$$

$$= \sum_{n=1}^{\infty} p_n - \sum_{n=1}^{\infty} q_n = \sum_{n=1}^{\infty} (p_n - q_n) = \sum_{n=1}^{\infty} u_n. \qquad ∎$$

定理 3 的结论表明: 可数无限多个数相加在满足绝对收敛的条件下满足加法交换律.

绝对收敛的级数有很多性质是条件收敛所没有的. 下面的定理表明: 条件收敛的级数不满足加法交换律.

*定理 4　设 $\sum_{n=1}^{\infty} a_n$ 是条件收敛级数, 则对于任意给定的一个常数 $C \in \mathbf{R}$, 都必定存在级数 $\sum_{n=1}^{\infty} a_n$ 的一个重排级数 $\sum_{n=1}^{\infty} a'_n$, 使得 $\sum_{n=1}^{\infty} a'_n = C$.

*定理 5　设 $\sum_{n=1}^{\infty} a_n$ 是条件收敛级数, 则存在 $\sum_{n=1}^{\infty} a_n$ 的重排级数 $\sum_{n=1}^{\infty} a'_n$, 使得

$$\sum_{n=1}^{\infty} a'_n = +\infty \ (\text{或} -\infty).$$

定理 4 与定理 5 的证明略.

在给出绝对收敛级数的另一个性质之前, 我们先来讨论级数的乘法运算.

根据收敛级数的线性运算法则, 如果 C 为一常数, 且级数 $\sum\limits_{n=1}^{\infty} u_n$ 收敛, 则

$$C \sum_{n=1}^{\infty} u_n = \sum_{n=1}^{\infty} C u_n.$$

利用数学归纳法可以推广到级数 $\sum\limits_{n=1}^{\infty} u_n$ 与有限项常数和的乘积, 例如, 有

$$(c_1 + c_2 + \cdots + c_m) \sum_{n=1}^{\infty} u_n = \sum_{n=1}^{\infty} \sum_{k=1}^{m} c_k u_n \quad (c_i \text{ 为常数}).$$

如何将这一法则推广到无穷级数之间的乘积?

设级数 $\sum\limits_{n=1}^{\infty} u_n$ 与 $\sum\limits_{n=1}^{\infty} v_n$ 均收敛, 我们可仿照有限项之和相乘的规则来作出两个级数的项所有可能的乘积, 将其排成下表:

$$
\begin{array}{ccccc}
u_1 v_1 & u_1 v_2 & u_1 v_3 & \cdots & u_1 v_n & \cdots \\
u_2 v_1 & u_2 v_2 & u_2 v_3 & \cdots & u_2 v_n & \cdots \\
u_3 v_1 & u_3 v_2 & u_3 v_3 & \cdots & u_3 v_n & \cdots \\
\vdots & \vdots & \vdots & & \vdots & \\
u_n v_1 & u_n v_2 & u_n v_3 & \cdots & u_n v_n & \cdots \\
\vdots & \vdots & \vdots & & \vdots &
\end{array}
$$

这些乘积可以用很多方法将它们排成不同的级数. 这里我们介绍两种常用的方法, 即 "对角线法" 和 "正方形法".

对角线法

$$
\begin{array}{ccccc}
u_1 v_1 & u_1 v_2 & u_1 v_3 & \cdots & u_1 v_n & \cdots \\
u_2 v_1 & u_2 v_2 & u_2 v_3 & \cdots & u_2 v_n & \cdots \\
u_3 v_1 & u_3 v_2 & u_3 v_3 & \cdots & u_3 v_n & \cdots \\
\vdots & \vdots & \vdots & & \vdots & \\
u_n v_1 & u_n v_2 & u_n v_3 & & u_n v_n & \cdots \\
\vdots & \vdots & \vdots & & \vdots &
\end{array}
$$

按 "对角线法" 排列所组成的级数

$$u_1 v_1 + (u_1 v_2 + u_2 v_1) + \cdots + (u_1 v_n + u_2 v_{n-1} + \cdots + u_n v_1) + \cdots$$

称为级数 $\sum\limits_{n=1}^{\infty} u_n$ 与 $\sum\limits_{n=1}^{\infty} v_n$ 的**柯西乘积**.

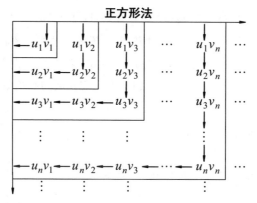

按"正方形法"排列所组成的级数为

$$u_1v_1 + (u_1v_2 + u_2v_2 + u_2v_1) + \cdots + (u_nv_n + u_nv_{n-1} + \cdots + u_nv_1) + \cdots.$$

*定理6（柯西定理） 设级数 $\sum\limits_{n=1}^{\infty} u_n$ 和 $\sum\limits_{n=1}^{\infty} v_n$ 绝对收敛，其和分别为 s 和 σ，则它们的柯西乘积

$$u_1v_1 + (u_1v_2 + u_2v_1) + \cdots + (u_1v_n + u_2v_{n-1} + \cdots + u_nv_1) + \cdots \tag{3.3}$$

也是绝对收敛的，且其和为 $s \cdot \sigma$.

证明 考虑把级数 (3.3) 的括号去掉后所成的级数

$$u_1v_1 + u_1v_2 + u_2v_1 + \cdots + u_1v_n + \cdots + u_nv_1 + \cdots. \tag{3.4}$$

如果级数 (3.4) 绝对收敛且其和为 w，则由 §12.1 中收敛级数的基本性质 3 及比较判别法可知，级数 (3.3) 也绝对收敛且其和为 w. 因此只要证明级数 (3.4) 绝对收敛且其和 $w = s \cdot \sigma$ 即可.

(1) 先证级数 (3.4) 绝对收敛.

设 w_m 为级数 (3.4) 的前 m 项分别取绝对值后的和，又设

$$\sum_{n=1}^{\infty} |u_n| = A, \qquad \sum_{n=1}^{\infty} |v_n| = B,$$

则显然有

$$w_m \le \sum_{n=1}^{\infty} |u_n| \cdot \sum_{n=1}^{\infty} |v_n| \le A \cdot B.$$

由此可见单调增加数列 $\{w_m\}$ 上有界 AB，所以级数 (3.4) 绝对收敛.

(2) 再证级数 (3.4) 的和 $w = s \cdot \sigma$.

把级数 (3.4) 的各项位置重新排列并加上括号，使它成为按"正方形法"排列所组成的级数

$$u_1 v_1 + (u_1 v_2 + u_2 v_2 + u_2 v_1) + \cdots + (u_1 v_n + u_2 v_n + \cdots$$
$$+ u_n v_n + u_n v_{n-1} + \cdots + u_n v_1) + \cdots. \tag{3.5}$$

根据定理 3 及 §12.1 中收敛级数的基本性质 3 可知, 对于绝对收敛级数 (3.4), 这样的做法是不会改变其和的. 容易看出, 级数 (3.5) 的前 n 项的和恰好为

$$(u_1 + u_2 + \cdots + u_n) \cdot (v_1 + v_2 + \cdots + v_n) = s_n \cdot \sigma_n,$$

因此 $\quad w = \lim\limits_{n \to \infty} (s_n \cdot \sigma_n) = s \cdot \sigma.$ ■

例 6 证明 $\left(\sum\limits_{n=0}^{\infty} q^n \right)^2 = \sum\limits_{n=0}^{\infty} (n+1) q^n, \ |q| < 1.$

证明 由 $|q| < 1$, 知级数 $\sum\limits_{n=0}^{\infty} q^n$ 绝对收敛, 故可将其写成 $\left(\sum\limits_{n=0}^{\infty} q^n \right)^2 = \sum\limits_{n=0}^{\infty} c_n$, 其中

$$c_n = \sum_{k=0}^{n} q^k q^{n-k} = q^n \sum_{k=0}^{n} 1 = (n+1) q^n, \quad n = 0, 1, 2, 3, \cdots.$$

由定理 6, 得

$$\left(\sum_{n=0}^{\infty} q^n \right)^2 = \sum_{n=0}^{\infty} (n+1) q^n.$$ ■

注: 如果抛开绝对收敛的假设, 定理 6 不一定成立.

例如, 已知级数 $\sum\limits_{n=1}^{\infty} (-1)^{n-1} \dfrac{1}{\sqrt{n}}$ 收敛, 此级数自乘, 它的柯西乘积是

$$\left(\sum_{n=1}^{\infty} (-1)^{n-1} \frac{1}{\sqrt{n}} \right)^2 = \sum_{k=1}^{\infty} (-1)^{k-1} c_k, \tag{3.6}$$

其中 $\quad c_k = \dfrac{1}{1 \cdot \sqrt{k}} + \dfrac{1}{\sqrt{2} \cdot \sqrt{k-1}} + \cdots + \dfrac{1}{\sqrt{i} \cdot \sqrt{k-i+1}} + \cdots + \dfrac{1}{\sqrt{k} \cdot 1},$

由于 $\quad \dfrac{1}{\sqrt{i} \cdot \sqrt{k-i+1}} \geq \dfrac{1}{\sqrt{k} \cdot \sqrt{k}} = \dfrac{1}{k},$

从而 $\quad c_k \geq \dfrac{1}{k} \cdot k = 1,$

即级数 (3.6) 的一般项不收敛于 0, 故级数 (3.6) 发散.

*数学实验

实验 12.3 试用计算软件判断下列级数的敛散性:

(1) $\sum\limits_{n=1}^{\infty} (-1)^n \dfrac{n-1}{n+1} \cdot \dfrac{1}{\sqrt[10]{n}}$;

(2) $\sum\limits_{n=1}^{\infty} \sin\left(n\pi + \dfrac{1}{n}\right)$;

(3) $\sum\limits_{n=1}^{\infty} (-1)^n \int_n^{n+1} \dfrac{1}{\sqrt{x}} \mathrm{d}x$;

(4) $\sum\limits_{n=1}^{\infty} \dfrac{(-1)^n}{\ln^2(n+1)} \left(1 - \cos \dfrac{1}{\sqrt{n}}\right)$.

详见教材配套的网络学习空间.

计算实验

习题 12-3

1. 判别下列级数的敛散性，若收敛，是条件收敛还是绝对收敛？

(1) $\sum\limits_{n=1}^{\infty} (-1)^{n-1} \dfrac{1}{\sqrt{n}}$; (2) $\sum\limits_{n=1}^{\infty} (-1)^{n} \dfrac{n}{3^{n-1}}$; (3) $\sum\limits_{n=1}^{\infty} \dfrac{\sin na}{(n+1)^2}$;

(4) $\sum\limits_{n=1}^{\infty} \dfrac{(-1)^{n}}{na^{n}}\ (a>0)$; (5) $\dfrac{1}{2} - \dfrac{3}{10} + \dfrac{1}{2^2} - \dfrac{3}{10^2} + \dfrac{1}{2^3} - \dfrac{3}{10^3} + \cdots$;

(6) $\dfrac{1}{2} + \sum\limits_{n=1}^{\infty} (-1)^{\frac{n(n-1)}{2}} \dfrac{(2n+1)^2}{2^{n+1}}$.

2. 判别级数 $\sum\limits_{n=2}^{\infty} \dfrac{(-1)^{n}\sqrt{n}}{n-1}$ 的敛散性.

3. 级数 $\sum\limits_{n=2}^{\infty} \sin\left(n\pi + \dfrac{1}{\ln n}\right)$ 是绝对收敛、条件收敛，还是发散？

4. 判别级数 $\sum\limits_{n=2}^{\infty} \dfrac{(-1)^{n-1}}{[n+(-1)^{n-1}]^{p}}\ (p>0)$ 的敛散性.

5. 讨论 x 取何值时，下列级数绝对收敛、条件收敛.

(1) $\sum\limits_{n=1}^{+\infty} 2^{n} x^{2n}$; (2) $\sum\limits_{n=1}^{+\infty} \dfrac{(-1)^{n}}{(n+x)^{p}}$.

6. 若 $\sum\limits_{n=1}^{\infty} a_n$ 和 $\sum\limits_{n=1}^{\infty} b_n$ 绝对收敛，证明下列级数也绝对收敛：

(1) $\sum\limits_{n=1}^{\infty} (a_n + b_n)$; (2) $\sum\limits_{n=1}^{\infty} (a_n - b_n)$; (3) $\sum\limits_{n=1}^{\infty} ka_n$.

7. 设 $f(x)$ 在 $x=0$ 的某一邻域具有二阶连续导数，且 $\lim\limits_{x\to 0} \dfrac{f(x)}{x} = 0$. 证明级数 $\sum\limits_{n=1}^{\infty} \sqrt{n} f\left(\dfrac{1}{n}\right)$ 绝对收敛.

§12.4 幂 级 数

一、函数项级数的一般概念

设 $\{u_n(x)\}$ 是定义在数集 I 上的函数列，表达式

$$u_1(x) + u_2(x) + \cdots + u_n(x) + \cdots = \sum_{n=1}^{\infty} u_n(x) \tag{4.1}$$

称为定义在 I 上的**函数项级数**，而

$$s_n(x) = u_1(x) + u_2(x) + \cdots + u_n(x) \tag{4.2}$$

称为函数项级数(4.1)的**部分和**.

对于 $x_0 \in I$, 如果常数项级数 $\sum\limits_{n=1}^{\infty} u_n(x_0)$ 收敛, 即 $\lim\limits_{n\to\infty} s_n(x_0)$ 存在, 则称函数项级

数 $\sum\limits_{n=1}^{\infty} u_n(x)$ 在点 x_0 处**收敛**, x_0 称为该函数项级数的**收敛点**. 如果 $\lim\limits_{n\to\infty} s_n(x_0)$ 不存在,

则称函数项级数 $\sum\limits_{n=1}^{\infty} u_n(x)$ 在点 x_0 处**发散**. 函数项级数 $\sum\limits_{n=1}^{\infty} u_n(x)$ 全体收敛点的集合称

为该函数项级数的**收敛域**, 而全体发散点的集合称为**发散域**.

设函数项级数 $\sum\limits_{n=1}^{\infty} u_n(x)$ 的收敛域为 D, 则对于 D 内的每一点 x, $\lim\limits_{n\to\infty} s_n(x)$ 存在. 记

$\lim\limits_{n\to\infty} s_n(x) = s(x)$, 它是 x 的函数, 称为函数项 $\sum\limits_{n=1}^{\infty} u_n(x)$ 的**和函数**, 称

$$r_n(x) = s(x) - s_n(x) = u_{n+1}(x) + u_{n+2}(x) + \cdots$$

为函数项级数 $\sum\limits_{n=1}^{\infty} u_n(x)$ 的**余项**. 对于收敛域上的每一点 x, 有 $\lim\limits_{n\to\infty} r_n(x) = 0$.

根据上述定义可知, 函数项级数在某区域的敛散性问题是指函数项级数在该区域内任意一点的敛散性问题, 而函数项级数在某点 x 处的敛散性问题实质上是常数项级数的敛散性问题. 这样, 我们仍可利用常数项级数的敛散性判别法来判断函数项级数的敛散性.

例1 求级数 $\sum\limits_{n=1}^{\infty} \dfrac{(-1)^n}{n} \left(\dfrac{1}{1+x} \right)^n$ 的收敛域.

解 由比值判别法, 有

$$\frac{|u_{n+1}(x)|}{|u_n(x)|} = \frac{n}{n+1} \cdot \frac{1}{|1+x|} \to \frac{1}{|1+x|} \quad (n \to \infty).$$

计算实验

(1) 当 $\dfrac{1}{|1+x|} < 1$ 时, 有 $|1+x| > 1$, 即 $x > 0$ 或 $x < -2$, 此时, 题设级数绝对收敛.

(2) 当 $\dfrac{1}{|1+x|} > 1$ 时, 有 $|1+x| < 1$, 即 $-2 < x < 0$, 此时, 题设级数发散.

(3) 当 $|1+x| = 1$ 时, $x = 0$ 或 $x = -2$, 易见, $x = 0$ 时, 级数 $\sum\limits_{n=1}^{\infty} \dfrac{(-1)^n}{n}$ 收敛; $x = -2$

时, 级数 $\sum\limits_{n=1}^{\infty} \dfrac{1}{n}$ 发散.

综上所述, 题设级数的收敛域为 $(-\infty, -2) \bigcup [0, +\infty)$. ■

注: 微信扫描右侧二维码, 即可进行计算实验(详见教材配套的网络学习空间).

例2 求级数 $\displaystyle\sum_{n=1}^{\infty} \frac{(n+x)^n}{n^{n+x}}$ 的收敛域.

解 因为

$$u_n = \frac{(n+x)^n}{n^{n+x}} = \frac{\left(1+\dfrac{x}{n}\right)^n}{n^x},$$

易见,当 $x=0$ 时, $u_n=1(n=1,2,3,\cdots)$,所以题设级数发散.

当 $x \neq 0$ 时,题设级数去掉前面有限项后为正项级数,而

$$\lim_{n\to\infty} \frac{u_n}{\dfrac{1}{n^x}} = \lim_{n\to\infty}\left(1+\frac{x}{n}\right)^n = \lim_{n\to\infty}\left[\left(1+\frac{x}{n}\right)^{n/x}\right]^x = \mathrm{e}^x,$$

因为 $p-$ 级数 $\displaystyle\sum_{n=1}^{\infty}\frac{1}{n^x}$ 当 $x>1$ 时收敛, $x \leq 1$ 时发散,故由比较判别法的极限形式知,

题设级数当 $x>1$ 时收敛,即收敛域为 $(1,+\infty)$. ■

二、幂级数及其敛散性

函数项级数中最简单且最常见的一类级数就是各项都是幂函数的函数项级数,即所谓的**幂级数**,它的形式为

$$\sum_{n=0}^{\infty} a_n x^n = a_0 + a_1 x + a_2 x^2 + \cdots + a_n x^n + \cdots, \tag{4.3}$$

其中常数 $a_0, a_1, a_2, \cdots, a_n, \cdots$ 称为**幂级数的系数**. 例如

$$\sum_{n=0}^{\infty} x^n = 1 + x + x^2 + x^3 + \cdots + x^n + \cdots,$$

$$\sum_{n=0}^{\infty} \frac{x^n}{n!} = 1 + x + \frac{x^2}{2!} + \frac{x^3}{3!} + \cdots + \frac{x^n}{n!} + \cdots,$$

都是幂级数.

注: 对于形如 $\displaystyle\sum_{n=0}^{\infty} a_n(x-x_0)^n$ 的幂级数,可通过作变量代换 $t=x-x_0$ 转化为 $\displaystyle\sum_{n=0}^{\infty} a_n t^n$ 的形式,所以,以后主要针对形如式 (4.3) 的级数展开讨论.

对于给定的幂级数,它的收敛域是怎样的呢?

显然,当 $x=0$ 时,幂级数 $\displaystyle\sum_{n=0}^{\infty} a_n x^n$ 收敛于 a_0,这说明幂级数的收敛域总是非空的. 再来考察幂级数

$$\sum_{n=0}^{\infty} x^n = 1 + x + x^2 + x^3 + \cdots + x^n + \cdots \tag{4.4}$$

的敛散性. 这个级数是等比级数, 当 $|x| < 1$ 时, 它收敛于和 $\dfrac{1}{1-x}$; 当 $|x| \geq 1$ 时, 它发散. 因此, 该级数的收敛域为一开区间 $(-1, 1)$, 发散域为 $(-\infty, -1] \bigcup [1, +\infty)$.

这个例子表明, 幂级数 (4.4) 的收敛域是一个区间. 事实上, 这个结论对于一般的幂级数也是成立的.

定理1 (阿贝尔定理)　如果级数 $\displaystyle\sum_{n=0}^{\infty} a_n x_0^n \ (x_0 \neq 0)$ 收敛, 则对于满足不等式 $|x| < |x_0|$ 的一切 x, 级数 $\displaystyle\sum_{n=0}^{\infty} a_n x^n$ 绝对收敛; 反之, 如果级数 $\displaystyle\sum_{n=0}^{\infty} a_n x_0^n$ 发散, 则对于满足不等式 $|x| > |x_0|$ 的一切 x, 级数 $\displaystyle\sum_{n=0}^{\infty} a_n x^n$ 发散.

证明　(1) 设点 x_0 是收敛点, 即 $\displaystyle\sum_{n=0}^{\infty} a_n x_0^n$ 收敛, 根据级数收敛的必要条件, 有 $\displaystyle\lim_{n \to \infty} a_n x_0^n = 0$, 于是, 存在常数 M, 使得 $|a_n x_0^n| \leq M \ (n = 0, 1, 2, \cdots)$. 因为

$$|a_n x^n| = \left| a_n x_0^n \cdot \frac{x^n}{x_0^n} \right| = |a_n x_0^n| \cdot \left| \frac{x}{x_0} \right|^n \leq M \left| \frac{x}{x_0} \right|^n,$$

而当 $\left| \dfrac{x}{x_0} \right| < 1$ 时, 等比级数 $\displaystyle\sum_{n=0}^{\infty} M \left| \dfrac{x}{x_0} \right|^n$ 收敛, 所以, 根据比较判别法知级数 $\displaystyle\sum_{n=0}^{\infty} |a_n x^n|$ 收敛, 即级数 $\displaystyle\sum_{n=0}^{\infty} a_n x^n$ 绝对收敛.

(2) 采用反证法来证明第二部分. 设 $x = x_0$ 时发散, 而另有一点 x_1 存在, 它满足 $|x_1| > |x_0|$, 并使得级数 $\displaystyle\sum_{n=0}^{\infty} a_n x_1^n$ 收敛, 则根据 (1) 的结论, 当 $x = x_0$ 时级数也应收敛, 这与假设矛盾. 从而得证. ∎

定理1的结论表明, 如果幂级数在 $x = x_0 \neq 0$ 处收敛, 则可断定对于开区间 $(-|x_0|, |x_0|)$ 内的任意 x, 幂级数必收敛; 若已知幂级数在点 $x = x_1$ 处发散, 则可断定对闭区间 $[-|x_1|, |x_1|]$ 外的任意 x, 幂级数必发散. 这样, 如果幂级数在数轴上既有收敛点 (不仅是原点) 也有发散点, 则从数轴的原点出发沿正向走去, 最初只遇到收敛点, 越过一个分界点后, 就只遇到发散点, 这个分界点可能是收敛点, 也可能是发散点. 从原点出发沿负向走去的情形也是如此, 且两个边界点 P 与 P' 关于原点对称 (见图12-4-1).

根据上述分析, 可得到以下重要结论:

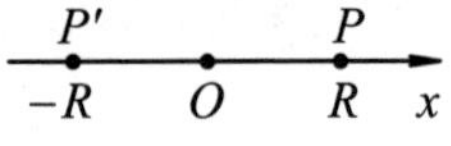

推论1　如果幂级数 $\displaystyle\sum_{n=0}^{\infty} a_n x^n$ 不是仅在 $x = 0$ 一点收敛,

图 12-4-1

也不是在整个数轴上都收敛, 则必存在一个完全确定的正数 R, 使得

(1) 当 $|x| < R$ 时, 幂级数绝对收敛;

(2) 当 $|x| > R$ 时, 幂级数发散;

(3) 当 $x = R$ 与 $x = -R$ 时, 幂级数可能收敛, 也可能发散.

上述推论中的正数 R 称为幂级数的**收敛半径**, $(-R, R)$ 称为幂级数的**收敛区间**. 若幂级数的收敛域为 D, 则

$$(-R, R) \subseteq D \subseteq [-R, R].$$

所以幂级数的收敛域 D 是收敛区间 $(-R, R)$ 与收敛端点的并集.

特别地, 如果幂级数只在 $x = 0$ 处收敛, 则规定收敛半径 $R = 0$, 收敛域只有一个点 $x = 0$; 如果幂级数对一切 x 都收敛, 则规定收敛半径 $R = +\infty$, 此时收敛域为 $(-\infty, +\infty)$.

关于幂级数收敛半径的求法, 我们有下面的定理.

定理 2 设幂级数 $\sum\limits_{n=0}^{\infty} a_n x^n$ 的所有系数 $a_n \neq 0$, 如果 $\lim\limits_{n \to \infty} \left| \dfrac{a_{n+1}}{a_n} \right| = \rho$, 则

(1) 当 $\rho \neq 0$ 时, 此幂级数的收敛半径 $R = \dfrac{1}{\rho}$;

(2) 当 $\rho = 0$ 时, 此幂级数的收敛半径 $R = +\infty$;

(3) 当 $\rho = +\infty$ 时, 此幂级数的收敛半径 $R = 0$.

证明 对绝对值级数 $\sum\limits_{n=0}^{\infty} |a_n x^n|$ 应用比值判别法, 有

$$\lim_{n \to \infty} \frac{|a_{n+1} x^{n+1}|}{|a_n x^n|} = \lim_{n \to \infty} \frac{|a_{n+1}|}{|a_n|} |x| = \rho |x|.$$

(1) 若 $\lim\limits_{n \to \infty} \left| \dfrac{a_{n+1}}{a_n} \right| = \rho \ (\rho \neq 0)$ 存在, 则当 $|x| < \dfrac{1}{\rho}$ 时, 题设级数绝对收敛; 当 $|x| > \dfrac{1}{\rho}$ 时, 级数 $\sum\limits_{n=0}^{\infty} |a_n x^n|$ 发散, 且当 n 充分大时有 $|a_{n+1} x^{n+1}| > |a_n x^n|$, 故一般项 $|a_n x^n|$ 不趋于零, 从而题设级数发散, 即收敛半径 $R = \dfrac{1}{\rho}$.

(2) 若 $\rho = 0$, 则对任意 $x \neq 0$, 有

$$\frac{|a_{n+1} x^{n+1}|}{|a_n x^n|} \to 0 \quad (n \to \infty),$$

所以级数 $\sum\limits_{n=0}^{\infty} |a_n x^n|$ 收敛, 从而题设级数绝对收敛, 即收敛半径 $R = +\infty$.

(3) 若 $\rho = +\infty$, 则对任意非零的 x, 有 $\rho |x| = +\infty$, 所以幂级数 $\sum\limits_{n=0}^{\infty} |a_n x^n|$ 发散.

于是 $R = 0$.

注：根据幂级数的系数的形式，有时，我们也可用根值判别法来求收敛半径，此时，有 $\lim\limits_{n\to\infty}\sqrt[n]{|a_n|} = \rho$.

在定理2中，我们假设幂级数 $\sum\limits_{n=0}^{\infty}a_n x^n$ 的所有系数 $a_n \neq 0$，这样幂级数的各项是依幂次 n 连续的. 如果幂级数有缺项，如缺少奇数次幂的项等，则应直接利用比值判别法或根值判别法来判断幂级数的敛散性.

求幂级数 $\sum\limits_{n=0}^{\infty}a_n x^n$ 收敛域的基本步骤：

(1) 求出收敛半径 R；

(2) 判别常数项级数 $\sum\limits_{n=0}^{\infty}a_n R^n$，$\sum\limits_{n=0}^{\infty}a_n(-R)^n$ 的敛散性；

(3) 写出幂级数的收敛域.

例3 求下列幂级数的收敛域：

(1) $\sum\limits_{n=1}^{\infty}(-1)^n\dfrac{x^n}{n}$；　　　(2) $\sum\limits_{n=1}^{\infty}(-nx)^n$；　　　(3) $\sum\limits_{n=1}^{\infty}\dfrac{x^n}{n!}$.

计算实验

解 (1) 因为

$$\rho = \lim_{n\to\infty}\left|\frac{a_{n+1}}{a_n}\right| = \lim_{n\to\infty}\frac{\dfrac{1}{n+1}}{\dfrac{1}{n}} = \lim_{n\to\infty}\frac{n}{n+1} = 1,$$

所以收敛半径 $R = 1$.

当 $x = 1$ 时，级数成为 $\sum\limits_{n=1}^{\infty}\dfrac{(-1)^n}{n}$，该级数收敛；当 $x = -1$ 时，级数成为 $\sum\limits_{n=1}^{\infty}\dfrac{1}{n}$，该级数发散. 从而所求收敛域为 $(-1, 1]$.

(2) 因为 $\rho = \lim\limits_{n\to\infty}\sqrt[n]{|a_n|} = \lim\limits_{n\to\infty}n = +\infty$，故收敛半径 $R = 0$，即题设级数只在 $x = 0$ 处收敛.

(3) 因为

$$\rho = \lim_{n\to\infty}\left|\frac{a_{n+1}}{a_n}\right| = \lim_{n\to\infty}\frac{\dfrac{1}{(n+1)!}}{\dfrac{1}{n!}} = \lim_{n\to\infty}\frac{1}{n+1} = 0,$$

所以收敛半径 $R = +\infty$，所求收敛域为 $(-\infty, +\infty)$.

注：微信扫描右侧二维码，即可进行计算实验(详见教材配套的网络学习空间).

例 4 求幂级数 $\displaystyle\sum_{n=1}^{\infty}(-1)^{n}\frac{2^{n}}{\sqrt{n}}\left(x-\frac{1}{2}\right)^{n}$ 的收敛域.

解 令 $t=x-\dfrac{1}{2}$，题设级数化为 $\displaystyle\sum_{n=1}^{\infty}(-1)^{n}\frac{2^{n}}{\sqrt{n}}t^{n}$，因为

计算实验

$$\rho=\lim_{n\to\infty}\left|\frac{a_{n+1}}{a_{n}}\right|=\lim_{n\to\infty}\frac{2^{n+1}}{\sqrt{n+1}}\cdot\frac{\sqrt{n}}{2^{n}}=2,$$

所以收敛半径 $R=\dfrac{1}{2}$，收敛区间为 $|t|<\dfrac{1}{2}$，即 $0<x<1$.

当 $x=0$ 时，级数成为 $\displaystyle\sum_{n=1}^{\infty}\frac{1}{\sqrt{n}}$，该级数发散；当 $x=1$ 时，级数成为 $\displaystyle\sum_{n=1}^{\infty}\frac{(-1)^{n}}{\sqrt{n}}$，该级数收敛. 从而所求收敛域为 $(0,1]$. ■

例 5 求幂级数 $\displaystyle\sum_{n=1}^{\infty}\frac{x^{2n-1}}{2^{n}}$ 的收敛域.

解 题设级数缺少偶数次幂，此时不能用定理 2 中的方法求收敛半径，但可直接利用比值判别法来求，由于

$$\lim_{n\to\infty}\left|\frac{u_{n+1}(x)}{u_{n}(x)}\right|=\lim_{n\to\infty}\frac{x^{2n+1}}{2^{n+1}}\cdot\frac{2^{n}}{x^{2n-1}}=\frac{1}{2}|x|^{2},$$

计算实验

所以，当 $\dfrac{1}{2}|x|^{2}<1$，即 $|x|<\sqrt{2}$ 时，级数收敛.

当 $\dfrac{1}{2}|x|^{2}>1$，即 $|x|>\sqrt{2}$ 时，级数发散. 所以收敛半径 $R=\sqrt{2}$.

当 $x=\sqrt{2}$ 时，级数成为 $\displaystyle\sum_{n=1}^{\infty}\frac{1}{\sqrt{2}}$，该级数发散.

当 $x=-\sqrt{2}$ 时，级数成为 $\displaystyle\sum_{n=1}^{\infty}\frac{-1}{\sqrt{2}}$，该级数发散. 故所求收敛域为 $(-\sqrt{2},\sqrt{2})$. ■

注：微信扫描右侧二维码，即可进行计算实验(详见教材配套的网络学习空间).

三、幂级数的运算

设幂级数 $\displaystyle\sum_{n=0}^{\infty}a_{n}x^{n}$ 和 $\displaystyle\sum_{n=0}^{\infty}b_{n}x^{n}$ 的收敛半径分别为 R_{1} 和 R_{2}，记

$$R=\min\{R_{1},R_{2}\},$$

则根据常数项级数的相应运算性质知，这两个幂级数可进行下列代数运算.

(1) 加减法：

$$\sum_{n=0}^{\infty}a_{n}x^{n}\pm\sum_{n=0}^{\infty}b_{n}x^{n}=\sum_{n=0}^{\infty}c_{n}x^{n},$$

其中 $c_{n}=a_{n}\pm b_{n}$，$x\in(-R,R)$.

(2) 乘法:

$$\left(\sum_{n=0}^{\infty} a_n x^n\right) \cdot \left(\sum_{n=0}^{\infty} b_n x^n\right) = \sum_{n=0}^{\infty} c_n x^n,$$

其中 $c_n = a_0 \cdot b_n + a_1 \cdot b_{n-1} + \cdots + a_n \cdot b_0$, $x \in (-R, R)$. 这里的乘法是这两个幂级数的柯西乘积.

(3) 除法:

$$\frac{\displaystyle\sum_{n=0}^{\infty} a_n x^n}{\displaystyle\sum_{n=0}^{\infty} b_n x^n} = \sum_{n=0}^{\infty} c_n x^n \, (b_0 \neq 0),$$

为了确定系数 $c_n \, (n = 0, 1, 2, \cdots)$, 可将级数 $\displaystyle\sum_{n=0}^{\infty} b_n x^n$ 与 $\displaystyle\sum_{n=0}^{\infty} c_n x^n$ 相乘, 并令乘积中各项的系数分别等于级数 $\displaystyle\sum_{n=0}^{\infty} a_n x^n$ 中同幂次的系数, 即得

$$a_0 = b_0 c_0, \quad a_1 = b_1 c_0 + b_0 c_1, \quad a_2 = b_2 c_0 + b_1 c_1 + b_0 c_2, \quad \cdots,$$

由这些方程就可以顺次求出系数 $c_n \, (n = 0, 1, 2, \cdots)$. 一般来说, 相除后得到的幂级数 $\displaystyle\sum_{n=0}^{\infty} c_n x^n$ 的收敛半径可能比原来两级数的收敛半径小得多.

例6　求幂级数 $\displaystyle\sum_{n=1}^{\infty} \left[\frac{(-1)^n}{n} + \frac{1}{4^n} \right] x^n$ 的收敛域.

解　从例3的(1)知, 级数 $\displaystyle\sum_{n=1}^{\infty} \frac{(-1)^n}{n} x^n$ 的收敛域为 $(-1, 1]$.

对于级数 $\displaystyle\sum_{n=1}^{\infty} \frac{1}{4^n} x^n$, 有

计算实验

$$\rho = \lim_{n \to \infty} \left| \frac{a_{n+1}}{a_n} \right| = \lim_{n \to \infty} \frac{1}{4^{n+1}} \cdot \frac{4^n}{1} = \frac{1}{4},$$

所以, 其收敛半径 $R_2 = 4$. 易见当 $x = \pm 4$ 时, 该级数发散. 因此级数 $\displaystyle\sum_{n=1}^{\infty} \frac{1}{4^n} x^n$ 的收敛域为 $(-4, 4)$.

根据幂级数的代数运算性质, 题设级数的收敛域为 $(-1, 1]$. ■

注: 微信扫描右侧二维码, 即可进行计算实验(详见教材配套的网络学习空间).

我们知道, 幂级数的和函数是在其收敛区域内定义的一个函数, 关于这个函数的连续性、可导性及可积性, 我们有下列定理:

定理 3 设幂级数 $\displaystyle\sum_{n=0}^{\infty} a_n x^n$ 的收敛半径为 R, 则

(1) 幂级数的和函数 $s(x)$ 在其收敛域 I 上连续;

(2) 幂级数的和函数 $s(x)$ 在其收敛域 I 上可积, 并在 I 上有逐项积分公式

$$\int_0^x s(x)\,\mathrm{d}x = \int_0^x \left(\sum_{n=0}^{\infty} a_n x^n\right)\mathrm{d}x = \sum_{n=0}^{\infty}\int_0^x a_n x^n\,\mathrm{d}x = \sum_{n=0}^{\infty}\frac{a_n}{n+1}x^{n+1},$$

且逐项积分后得到的幂级数和原级数有相同的收敛半径;

(3) 幂级数的和函数 $s(x)$ 在其收敛区间 $(-R, R)$ 内可导, 并在 $(-R, R)$ 内有逐项求导公式

$$s'(x) = \left(\sum_{n=0}^{\infty} a_n x^n\right)' = \sum_{n=0}^{\infty}(a_n x^n)' = \sum_{n=1}^{\infty} n a_n x^{n-1},$$

且逐项求导后得到的幂级数和原级数有相同的收敛半径.

注: 反复应用结论 (3) 可得: 幂级数的和函数 $s(x)$ 在其收敛区间 $(-R, R)$ 内具有任意阶导数.

定理 3 的证明参见 §12.7.

上述运算性质称为幂级数的**分析运算性质**. 它常用于求幂级数的和函数. 此外, 几何级数的和函数

$$1 + x + x^2 + \cdots + x^n + \cdots = \frac{1}{1-x} \quad (-1 < x < 1)$$

是幂级数求和中的一个基本结果. 我们讨论的许多级数求和的问题都可以利用幂级数的运算性质转化为几何级数的求和问题来解决.

例 7 求幂级数 $\displaystyle\sum_{n=1}^{\infty}(-1)^{n-1}\frac{x^n}{n}$ 的和函数.

解 由例 3 (1) 的结果知, 题设级数的收敛域为 $(-1, 1]$, 设其和函数为 $s(x)$, 即

$$s(x) = x - \frac{x^2}{2} + \frac{x^3}{3} - \frac{x^4}{4} + \cdots + (-1)^{n-1}\frac{x^n}{n} + \cdots,$$

显然 $s(0) = 0$, 且

$$s'(x) = 1 - x + x^2 - x^3 + \cdots + (-1)^{n-1}x^{n-1} + \cdots$$

$$= \frac{1}{1-(-x)} = \frac{1}{1+x}\ (-1 < x < 1).$$

计算实验

由积分公式 $\displaystyle\int_0^x s'(x)\,\mathrm{d}x = s(x) - s(0)$, 得

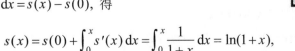

$$s(x) = s(0) + \int_0^x s'(x)\,\mathrm{d}x = \int_0^x \frac{1}{1+x}\,\mathrm{d}x = \ln(1+x),$$

因题设级数在 $x=1$ 时收敛，所以

$$\sum_{n=1}^{\infty}(-1)^{n-1}\frac{x^n}{n}=\ln(1+x)\ (-1<x\le 1).$$

图 12-4-1 分别给出了前 2 项、前 4 项与和函数
的图形.

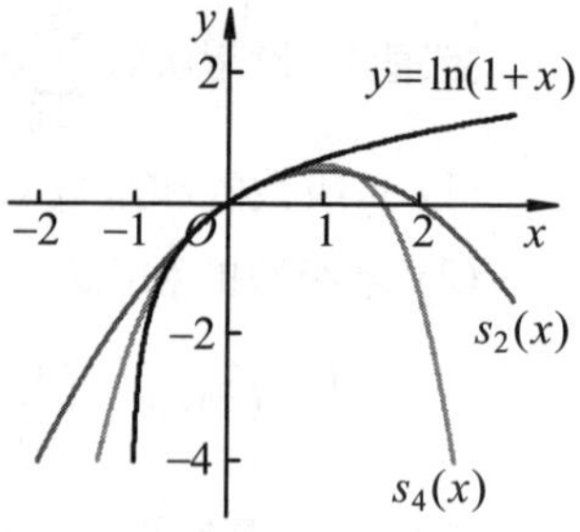

图 12-4-1

例 8　求幂级数 $\displaystyle\sum_{n=0}^{\infty}(n+1)^2 x^n$ 的和函数.

解　因为

$$\left|\frac{a_{n+1}}{a_n}\right|=\frac{(n+2)^2}{(n+1)^2}\to 1\ \ (n\to\infty),$$

故题设级数的收敛半径 $R=1$，易见当 $x=\pm 1$ 时，题设级数发散，所以题设级数的收

敛域为 $(-1,1)$. 设 $s(x)=\displaystyle\sum_{n=0}^{\infty}(n+1)^2 x^n\ (|x|<1)$，则

$$\int_0^x s(x)\,\mathrm{d}x=\sum_{n=0}^{\infty}(n+1)x^{n+1}=x\sum_{n=0}^{\infty}(x^{n+1})'$$

$$=x\left(\sum_{n=0}^{\infty}x^{n+1}\right)'=x\left(\frac{x}{1-x}\right)'=\frac{x}{(1-x)^2},$$

计算实验

在上式两端求导，得所求和函数为 $s(x)=\dfrac{1+x}{(1-x)^3}\ \ (|x|<1)$.

注：微信扫描右侧二维码，即可进行计算实验(详见教材配套的网络学习空间).

*数学实验

实验 12.4　试用计算软件计算下列级数的收敛域与和函数：

(1) $\displaystyle\sum_{n=1}^{\infty}\frac{4^{2n}(x-3)^n}{n+1}$;

(2) $\displaystyle\sum_{n=1}^{\infty}\frac{(x-1)^{2n+1}}{(-5)^n}$;

(3) $\displaystyle\sum_{n=1}^{\infty}\frac{(n+1)^5 x^{2n}}{2n+1}$;

(4) $x+\displaystyle\sum_{n=1}^{\infty}(-1)^n\frac{2n+2}{(2n-1)!}x^{2n+1}$;

计算实验

(5) $\displaystyle\sum_{n=1}^{\infty}\frac{(-1)^n(2n^2+1)x^{2n+1}}{(2n+1)!}$.

详见教材配套的网络学习空间.

习题 12-4

1. 求下列幂级数的收敛域：

(1) $\displaystyle\sum_{n=1}^{\infty}(-1)^{n-1}\frac{x^n}{n^2}$;

(2) $\displaystyle\sum_{n=1}^{\infty}\frac{x^n}{n\cdot 3^n}$;

(3) $\displaystyle\sum_{n=1}^{\infty}\frac{x^n}{2\cdot 4\cdots\cdots(2n)}$;

(4) $\sum\limits_{n=1}^{\infty} \dfrac{2^n}{n^2+1} x^n$; (5) $\sum\limits_{n=1}^{\infty} (-1)^n \dfrac{x^n}{5^n \sqrt{n+1}}$; (6) $\sum\limits_{n=1}^{\infty} \dfrac{\ln(n+1)}{n+1} x^{n+1}$;

(7) $\sum\limits_{n=1}^{\infty} \dfrac{(x-2)^n}{n^2}$; (8) $\sum\limits_{n=1}^{\infty} \dfrac{(x-5)^n}{\sqrt{n}}$; (9) $\sum\limits_{n=1}^{\infty} (-1)^n \dfrac{x^{2n+1}}{2n+1}$.

2. 求下列幂级数的收敛半径:

(1) $\sum\limits_{n=1}^{\infty} \dfrac{(n+1)^n}{n!} x^n$; (2) $\sum\limits_{n=1}^{\infty} \dfrac{(-1)^n}{\sqrt[n]{n!}} x^n$.

3. 级数 $e^x = 1 + x + \dfrac{x^2}{2!} + \dfrac{x^3}{3!} + \dfrac{x^4}{4!} + \cdots$ 对所有 x 收敛到 e^x.

(1) 求 $\dfrac{d}{dx} e^x$ 的级数. 是否得到 e^x 的级数? 说明理由.

(2) 求 $\int e^x dx$ 的级数. 是否得到 e^x 的级数? 说明理由.

4. 求下列幂级数的和函数:

(1) $\sum\limits_{n=1}^{\infty} n x^{n-1}$; (2) $\sum\limits_{n=1}^{\infty} \dfrac{x^n}{n(n+1)}$; (3) $\sum\limits_{n=1}^{\infty} \dfrac{x^{2n-1}}{2n-1}$.

5. 求幂级数 $\sum\limits_{n=0}^{\infty} \dfrac{x^{2n+1}}{n!}$ 的和函数, 并求数项级数 $\sum\limits_{n=0}^{\infty} \dfrac{2n+1}{n!}$ 的和.

6. 试求极限 $\lim\limits_{n\to\infty} \left(\dfrac{1}{a} + \dfrac{2}{a^2} + \cdots + \dfrac{n}{a^n} \right)$, 其中 $a > 1$.

7. 求级数 $\sum\limits_{n=0}^{\infty} \dfrac{(-1)^n(n^2-n+1)}{2^n}$ 的和.

§12.5 函数展开成幂级数

前面几节我们讨论了幂级数的收敛域以及幂级数在收敛域上的和函数. 现在我们要考虑相反的问题, 即对给定的函数 $f(x)$, 要确定它能否在某一区间上"表示成幂级数", 或者说, 能否找到这样的幂级数, 它在某一区间内收敛, 且其和恰好等于给定的函数 $f(x)$. 如果能找到这样的幂级数, 我们就称**函数 $f(x)$ 在该区间内能展开成幂级数**, 而这个幂级数在该区间内就表达了函数 $f(x)$.

一、泰勒级数的概念

由泰勒公式知, 如果函数 $f(x)$ 在点 x_0 的某邻域内有 $n+1$ 阶导数, 则对于该邻域内的任意一点, 有

$$f(x) = f(x_0) + f'(x_0)(x-x_0) + \frac{f''(x_0)}{2!}(x-x_0)^2 + \cdots + \frac{f^{(n)}(x_0)}{n!}(x-x_0)^n + R_n(x),$$

其中

$$R_n(x) = \frac{f^{(n+1)}(\xi)}{(n+1)!}(x-x_0)^{n+1},$$

这里 ξ 是介于 x_0 与 x 之间的某个值.

如果 $f(x)$ 存在任意阶导数, 且 $\sum\limits_{n=0}^{\infty}\dfrac{f^{(n)}(x_0)}{n!}(x-x_0)^n$ 的收敛半径为 R, 则

$$f(x) = \lim_{n\to\infty}\left[f(x_0) + f'(x_0)(x-x_0) + \frac{f''(x_0)}{2!}(x-x_0)^2 \right.$$
$$\left. + \cdots + \frac{f^{(n)}(x_0)}{n!}(x-x_0)^n + R_n(x) \right].$$

于是, 有下面的定理.

定理 1　设 $f(x)$ 在区间 $|x-x_0| < R$ 内存在任意阶导数, 幂级数

$$\sum_{n=0}^{\infty} \frac{f^{(n)}(x_0)}{n!} \cdot (x-x_0)^n$$

的收敛区间为 $|x-x_0| < R$, 则在区间 $|x-x_0| < R$ 内,

$$f(x) = \sum_{n=0}^{\infty} \frac{f^{(n)}(x_0)}{n!}(x-x_0)^n \tag{5.1}$$

成立的充分必要条件是: 在该区间内,

$$\lim_{n\to\infty} R_n(x) = \lim_{n\to\infty} \frac{f^{(n+1)}(\xi)}{(n+1)!}(x-x_0)^{n+1} = 0. \tag{5.2}$$

证明　由泰勒公式知

$$f(x) = \sum_{n=0}^{k} \frac{f^{(n)}(x_0)}{n!}(x-x_0)^n + R_k(x),$$

令 $k \to \infty$, 有

$$f(x) = \lim_{k\to\infty}\left[\sum_{n=0}^{k} \frac{f^{(n)}(x_0)}{n!}(x-x_0)^n + R_k(x) \right],$$

其中, 级数 $\sum\limits_{n=0}^{\infty}\dfrac{f^{(n)}(x_0)}{n!}(x-x_0)^n$ 在 $|x-x_0| < R$ 内收敛, 即

$$\lim_{k\to\infty} \sum_{n=0}^{k} \frac{f^{(n)}(x_0)}{n!}(x-x_0)^n = \sum_{n=0}^{\infty} \frac{f^{(n)}(x_0)}{n!}(x-x_0)^n,$$

且当 $|x-x_0| < R$ 时, $\lim\limits_{k\to\infty} R_k(x) = 0$. 故由极限运算法则知

$$f(x) = \sum_{n=0}^{\infty} \frac{f^{(n)}(x_0)}{n!} (x - x_0)^n.$$

反之亦然.

式 (5.1) 右端的级数称为 $f(x)$ 在点 $x = x_0$ 处的**泰勒级数**. 而

$$P_n(x) = \sum_{i=0}^{n} \frac{f^{(i)}(x_0)}{i!} (x - x_0)^i$$

称为由 f 在 $x = x_0$ 处产生的 **n 阶泰勒多项式**.

当 $x_0 = 0$ 时, 泰勒级数为

$$f(0) + f'(0)x + \frac{f''(0)}{2!} x^2 + \cdots + \frac{f^{(n)}(0)}{n!} x^n + \cdots, \tag{5.3}$$

称其为 $f(x)$ 的**麦克劳林级数**.

注: 由 §12.4 的定理 3 中的结论 (3) 知, 如果函数 $f(x)$ 能在某个区间内展开成幂级数, 则它必定在这个区间内的每一点处具有任意阶导数, 即**没有任意阶导数的函数是不可能展开成幂级数的**.

函数的麦克劳林级数是 x 的幂级数, 可以证明, 如果 $f(x)$ 能展开成 x 的幂级数, 则这种展开式是唯一的, 它一定等于 $f(x)$ 的麦克劳林级数.

事实上, 如果 $f(x)$ 在点 $x_0 = 0$ 的某邻域 $(-R, R)$ 内能展开成 x 的幂级数, 即在 $(-R, R)$ 内恒有

$$f(x) = a_0 + a_1 x + a_2 x^2 + \cdots + a_n x^n + \cdots,$$

则根据幂级数在收敛区间内可逐项求导, 有

$$f'(x) = a_1 + 2a_2 x + 3a_3 x^2 + \cdots + n a_n x^{n-1} + \cdots,$$
$$f''(x) = 2! a_2 + 3 \cdot 2 a_3 x + \cdots + n(n-1) a_n x^{n-2} + \cdots,$$
$$f'''(x) = 3! a_3 + \cdots + n(n-1)(n-2) a_n x^{n-3} + \cdots,$$
$$\cdots\cdots$$
$$f^{(n)}(x) = n! a_n + (n+1) n \cdot \cdots \cdot 3 \cdot 2 a_{n+1} x + \cdots.$$

把 $x = 0$ 代入以上各式, 得

$$a_n = \frac{1}{n!} f^{(n)}(0) \quad (n = 0, 1, 2, \cdots), \tag{5.4}$$

这就是所要证明的.

由函数 $f(x)$ 展开式的唯一性可知, 如果 $f(x)$ 能展开成 x 的幂级数, 则这个幂级数就是 $f(x)$ 的麦克劳林级数. 但是, 反过来, 如果 $f(x)$ 的麦克劳林级数在点 $x_0 = 0$ 的某邻域内收敛, 它却不一定收敛于 $f(x)$. 例如, 函数

$$f(x) = \begin{cases} \mathrm{e}^{-\frac{1}{x^2}}, & x \neq 0 \\ 0, & x = 0 \end{cases}$$

在 $x_0 = 0$ 点任意阶可导，且 $f^{(n)}(0) = 0$ $(n = 0, 1, 2, \cdots)$，所以 $f(x)$ 的麦克劳林级数

为 $\sum\limits_{n=0}^{\infty} 0 \cdot x^n$，该级数在 $(-\infty, +\infty)$ 内的和函数 $s(x) \equiv 0$. 显然，除 $x = 0$ 外，$f(x)$ 的麦克

劳林级数处处不收敛于 $f(x)$.

　　因此，当 $f(x)$ 在 $x_0 = 0$ 处具有各阶导数时，虽然 $f(x)$ 的麦克劳林级数能被作出来，但这个级数是否能在某个区间内收敛，以及是否收敛于 $f(x)$ 却需要进一步考虑. 下面我们将具体讨论把函数 $f(x)$ 展开成 x 的幂级数的方法.

二、函数展开成幂级数的方法

1. 直接法

把函数 $f(x)$ 展开成泰勒级数，可按下列步骤进行：

(1) 计算 $f^{(n)}(x_0)$，$n = 0, 1, 2, \cdots$；

(2) 写出对应的泰勒级数 $\sum\limits_{n=0}^{\infty} \dfrac{f^{(n)}(x_0)}{n!}(x-x_0)^n$，并求出该级数的收敛区间

$$|x - x_0| < R;$$

(3) 验证在 $|x - x_0| < R$ 内，$\lim\limits_{n \to \infty} R_n(x) = 0$；

(4) 写出所求函数 $f(x)$ 的泰勒级数及其收敛区间

$$f(x) = \sum_{n=0}^{\infty} \frac{f^{(n)}(x_0)}{n!}(x-x_0)^n, \quad |x-x_0| < R.$$

下面我们来讨论基本初等函数的麦克劳林级数.

例1 将函数 $f(x) = \mathrm{e}^x$ 展开成 x 的幂级数.

解 由 $f^{(n)}(x) = \mathrm{e}^x$，得 $f^{(n)}(0) = 1 (n = 0, 1, 2, \cdots)$，于是 $f(x)$ 的麦克劳林级数为

$$1 + x + \frac{1}{2!}x^2 + \cdots + \frac{1}{n!}x^n + \cdots,$$

该级数的收敛半径为 $R = +\infty$.

对于任意有限的数 x，ξ（ξ 介于 0 与 x 之间），有

计算实验

$$|R_n(x)| = \left| \frac{\mathrm{e}^\xi}{(n+1)!} x^{n+1} \right| < \mathrm{e}^{|x|} \cdot \frac{|x|^{n+1}}{(n+1)!}.$$

因 $\mathrm{e}^{|x|}$ 有限，而 $\dfrac{|x|^{n+1}}{(n+1)!}$ 是收敛级数 $\sum\limits_{n=0}^{\infty} \dfrac{|x|^{n+1}}{(n+1)!}$ 的一般项，所以 $\mathrm{e}^{|x|} \cdot \dfrac{|x|^{n+1}}{(n+1)!} \to 0$

$(n \to \infty)$, 即有 $\lim\limits_{n \to \infty} R_n(x) = 0$, 于是

$$e^x = 1 + x + \frac{1}{2!}x^2 + \cdots + \frac{1}{n!}x^n + \cdots, \quad x \in (-\infty, +\infty). \quad \blacksquare \quad (5.5)$$

例2 将函数 $f(x) = \sin x$ 展开成 x 的幂级数.

解 题设函数的各阶导数为

$$f^{(n)}(x) = \sin\left(x + \frac{n\pi}{2}\right)(n = 0, 1, 2, \cdots),$$

$f^{(n)}(0)$ 按顺序循环地取 $0, 1, 0, -1, \cdots (n = 0, 1, 2, \cdots)$, 于是, $f(x)$ 的麦克劳林级数为

$$x - \frac{1}{3!}x^3 + \frac{1}{5!}x^5 - \cdots + (-1)^n \frac{x^{2n+1}}{(2n+1)!} + \cdots,$$

计算实验

该级数的收敛半径为 $R = +\infty$.

对于任意有限的数 x, ξ (ξ 介于 0 与 x 之间), 有

$$|R_n(x)| = \left| \frac{\sin\left[\xi + \frac{(n+1)\pi}{2}\right]}{(n+1)!} x^{n+1} \right| < \frac{|x|^{n+1}}{(n+1)!} \to 0 \ (n \to \infty),$$

于是

$$\sin x = x - \frac{1}{3!}x^3 + \cdots + (-1)^n \frac{x^{2n+1}}{(2n+1)!} + \cdots, \quad x \in (-\infty, +\infty). \quad \blacksquare \quad (5.6)$$

例3 将函数 $f(x) = \cos x$ 展开成 x 的幂级数.

解 利用幂级数的运算性质, 对展开式(5.6)逐项求导, 得

$$\cos x = 1 - \frac{x^2}{2!} + \frac{x^4}{4!} - \cdots + (-1)^n \frac{x^{2n}}{(2n)!} + \cdots, \quad x \in (-\infty, +\infty). \quad \blacksquare \quad (5.7)$$

例4 将函数 $f(x) = \ln(1+x)$ 展开成 x 的幂级数.

解 因为 $f'(x) = \dfrac{1}{1+x}$, 而

$$\frac{1}{1+x} = 1 - x + x^2 - x^3 + \cdots + (-1)^n x^n + \cdots, \quad x \in (-1, 1).$$

计算实验

对上式两端从 0 到 x 逐项积分, 得

$$\ln(1+x) = x - \frac{x^2}{2} + \frac{x^3}{3} - \cdots + (-1)^n \frac{x^{n+1}}{n+1} + \cdots, \quad x \in (-1, 1). \quad (5.8)$$

上式对 $x = 1$ 也成立. 因为式(5.8)右端的幂级数在 $x = 1$ 时收敛, 而左端的函数 $\ln(1+x)$ 在 $x = 1$ 处有定义且连续. $\blacksquare$

注: 微信扫描右侧二维码, 即可进行计算实验(详见教材配套的网络学习空间).

例5 将函数 $f(x) = (1+x)^\alpha (\alpha \in \mathbf{R})$ 展开成 x 的幂级数.

解　题设函数的各阶导数为

$$f'(x)=\alpha(1+x)^{\alpha-1},\ f''(x)=\alpha(\alpha-1)(1+x)^{\alpha-2},\ \cdots$$

$$f^{(n)}(x)=\alpha(\alpha-1)(\alpha-2)\cdots(\alpha-n+1)(1+x)^{\alpha-n},\ \cdots$$

所以

$$f(0)=1,\ f'(0)=\alpha,\ f''(0)=\alpha(\alpha-1),\ \cdots$$

$$f^{(n)}(0)=\alpha(\alpha-1)\cdots(\alpha-n+1),\ \cdots$$

于是 $f(x)$ 的麦克劳林级数为

$$1+\alpha x+\frac{\alpha(\alpha-1)}{2!}x^2+\cdots+\frac{\alpha(\alpha-1)\cdots(\alpha-n+1)}{n!}x^n+\cdots.$$

该级数相邻两项的系数之比的绝对值

$$\left|\frac{a_{n+1}}{a_n}\right|=\left|\frac{\alpha-n}{n+1}\right|\to1\ (n\to\infty).$$

因此, 该级数的收敛半径 $R=1$, 收敛区间为 $(-1,1)$.

为避免直接研究余项, 设该级数在区间 $(-1,1)$ 内收敛于函数 $s(x)$, 即有

$$s(x)=1+\alpha x+\cdots+\frac{\alpha(\alpha-1)\cdots(\alpha-n+1)}{n!}x^n+\cdots,$$

逐项求导, 得

$$s'(x)=\alpha+\alpha(\alpha-1)x+\cdots+\frac{\alpha(\alpha-1)\cdots(\alpha-n+1)}{(n-1)!}x^{n-1}+\cdots,$$

$$xs'(x)=\alpha x+\alpha(\alpha-1)x^2+\cdots+\frac{\alpha(\alpha-1)\cdots(\alpha-n+1)}{(n-1)!}x^n+\cdots,$$

利用恒等式

$$\frac{(m-1)\cdots(m-n+1)}{(n-1)!}+\frac{(m-1)\cdots(m-n)}{n!}=\frac{m(m-1)\cdots(m-n+1)}{n!},\ n=1,2,\cdots,$$

就得到

$$(1+x)s'(x)=\alpha+\alpha^2x+\frac{\alpha^2(\alpha-1)}{2!}x^2+\cdots$$

$$+\frac{\alpha^2(\alpha-1)\cdots(\alpha-n+1)}{n!}x^{n-1}+\cdots=\alpha s(x),$$

即 $\dfrac{s'(x)}{s(x)}=\dfrac{\alpha}{1+x}$, 故有

$$\int_0^x\frac{s'(x)}{s(x)}\,\mathrm{d}x=\int_0^x\frac{\alpha}{1+x}\,\mathrm{d}x,\ x\in(-1,1),\ \ln s(x)-\ln s(0)=\alpha\ln(1+x).$$

因为 $s(0)=1$, 有 $\ln s(x)=\ln(1+x)^\alpha$, 所以 $s(x)=(1+x)^\alpha$, $x\in(-1,1)$, 于是

$$(1+x)^{\alpha} = 1 + \alpha x + \frac{\alpha(\alpha-1)}{2!}x^2 + \cdots$$

$$+ \frac{\alpha(\alpha-1)\cdots(\alpha-n+1)}{n!}x^n + \cdots, \quad x \in (-1, 1). \quad \blacksquare \qquad (5.9)$$

在区间的端点 $x = \pm 1$ 处, 展开式 (5.9) 是否成立要视 α 的取值而定. 可以证明: 当 $\alpha \le -1$ 时, 收敛域为 $(-1, 1)$; 当 $-1 < \alpha < 0$ 时, 收敛域为 $(-1, 1]$; 当 $\alpha > 0$ 时, 收敛域为 $[-1, 1]$.

公式 (5.9) 称为**二项展开式**. 特别地, 当 α 为正整数时, 级数成为 x 的 α 次多项式, 它就是初等代数中的二项式定理.

例如, 对应于 $\alpha = \frac{1}{2}$, $\alpha = -\frac{1}{2}$ 的二项展开式分别为

$$\sqrt{1+x} = 1 + \frac{1}{2}x - \frac{1}{2\cdot4}x^2 + \frac{1\cdot3}{2\cdot4\cdot6}x^3 + \cdots, \quad x \in [-1, 1],$$

$$\frac{1}{\sqrt{1+x}} = 1 - \frac{1}{2}x + \frac{1\cdot3}{2\cdot4}x^2 - \frac{1\cdot3\cdot5}{2\cdot4\cdot6}x^3 + \cdots, \quad x \in (-1, 1].$$

综合例1至例5的结果, 得到5个常用的麦克劳林展开式:

$$e^x = 1 + x + \frac{x^2}{2!} + \cdots + \frac{x^n}{n!} + \cdots, \quad x \in (-\infty, +\infty);$$

$$\sin x = x - \frac{x^3}{3!} + \cdots + (-1)^n \frac{x^{2n+1}}{(2n+1)!} + \cdots, \quad x \in (-\infty, +\infty);$$

$$\cos x = 1 - \frac{x^2}{2!} + \frac{x^4}{4!} - \cdots + (-1)^n \frac{x^{2n}}{(2n)!} + \cdots, \quad x \in (-\infty, +\infty);$$

$$\ln(1+x) = x - \frac{x^2}{2} + \frac{x^3}{3} - \cdots + (-1)^n \frac{x^{n+1}}{n+1} + \cdots, \quad x \in (-1, 1];$$

$$(1+x)^{\alpha} = 1 + \alpha x + \frac{\alpha(\alpha-1)}{2!}x^2 + \cdots + \frac{\alpha(\alpha-1)\cdots(\alpha-n+1)}{n!}x^n + \cdots, \quad x \in (-1, 1).$$

此外, 利用几何级数的结果, 可导出两个更为常用的函数的麦克劳林展开式:

$$\frac{1}{1-x} = 1 + x + x^2 + x^3 + \cdots + x^n + \cdots, \qquad x \in (-1, 1);$$

$$\frac{1}{1+x} = 1 - x + x^2 - x^3 + \cdots + (-1)^n x^n + \cdots, \qquad x \in (-1, 1).$$

2. 间接法

一般情况下, 只有少数简单函数的幂级数展开式能利用直接法得到它的麦克劳林展开式. 更多的函数是根据唯一性定理, 利用已知函数的展开式(尤其是上面总结的7个基本函数的麦克劳林展开式), 通过线性运算法则、变量代换、恒等变形、逐项求导或逐项积分等方法间接地求得幂级数的展开式. 这种方法我们称为函数展开

成幂级数的**间接法**. 实质上函数的幂级数展开是求幂级数和函数的逆过程.

例 6　将函数 $f(x) = \arctan x$ 展开成 x 的幂级数.

解　$\arctan x = \int_0^x \dfrac{dx}{1+x^2} = \int_0^x [1 - x^2 + x^4 - \cdots + (-1)^n x^{2n} + \cdots] dx$

$$= x - \frac{1}{3} x^3 + \frac{1}{5} x^5 - \cdots + (-1)^n \frac{x^{2n+1}}{2n+1} + \cdots, \quad x \in (-1,\, 1).$$

计算实验

当 $x = 1$ 时, 级数 $\displaystyle\sum_{n=0}^{\infty} \frac{(-1)^n}{2n+1}$ 收敛; 当 $x = -1$ 时, 级数 $\displaystyle\sum_{n=0}^{\infty} \frac{(-1)^{n+1}}{2n+1}$ 也收敛. 且当 $x = \pm 1$

时, 函数 $\arctan x$ 连续, 所以

$$\arctan x = x - \frac{1}{3} x^3 + \frac{1}{5} x^5 - \cdots + (-1)^n \frac{x^{2n+1}}{2n+1} + \cdots, \quad x \in [-1,\, 1]. \quad ∎$$

例 7　将函数 $f(x) = \dfrac{1}{4} \ln \dfrac{1+x}{1-x} + \dfrac{1}{2} \arctan x - x$ 展开成 x 的幂级数.

解　由于

$$f'(x) = \frac{1}{4} \left(\frac{1}{1+x} + \frac{1}{1-x} \right) + \frac{1}{2} \cdot \frac{1}{1+x^2} - 1$$

$$= \frac{1}{1-x^4} - 1 = \sum_{n=0}^{\infty} x^{4n} - 1 = \sum_{n=1}^{\infty} x^{4n},$$

且 $f(0) = 0$, 所以

$$f(x) = \int_0^x f'(x) \, dx = \int_0^x \left(\sum_{n=1}^{\infty} x^{4n} \right) dx$$

$$= \sum_{n=1}^{\infty} \frac{x^{4n+1}}{4n+1}, \quad x \in (-1,\, 1).$$

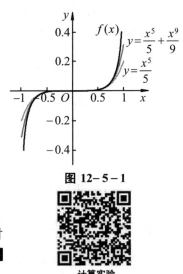

图 12 - 5 - 1

图 12 - 5 - 1 分别给出了函数 $f(x)$ 及当 $n = 1$、$n = 2$ 时其展开式的图形. ∎

例 8　将函数 $3^{\frac{x+1}{2}}$ 展开成 x 的幂级数.

解　$3^{\frac{x+1}{2}} = 3^{\frac{1}{2}} \cdot 3^{\frac{x}{2}} = \sqrt{3} \, e^{\frac{x}{2} \ln 3}$

$$= \sqrt{3} \left[1 + \frac{\ln 3}{2} x + \frac{1}{2!} \left(\frac{\ln 3}{2} \right)^2 x^2 + \cdots \right],$$

$$x \in (-\infty,\, +\infty). ∎$$

计算实验

注: 微信扫描右侧二维码, 即可进行计算实验 (详见教材配套的网络学习空间).

掌握了函数展开成麦克劳林级数的方法后, 当要把函数展开成 $x - x_0$ 的幂级数

时, 只需把 $f(x)$ 转化成 $x-x_0$ 的表达式, 把 $x-x_0$ 看成变量 t, 展开成 t 的幂级数, 即得 $x-x_0$ 的幂级数. 对于较复杂的函数, 可作变量替换 $x-x_0=t$, 于是

$$f(x)=f(x_0+t)=\sum_{n=0}^{\infty} a_n t^n = \sum_{n=0}^{\infty} a_n (x-x_0)^n.$$

例 9 将函数 $f(x)=\dfrac{1}{x^2+4x+3}$ 展开成 $(x-1)$ 的幂级数.

解
$$f(x)=\frac{1}{x^2+4x+3}=\frac{1}{(x+1)(x+3)}=\frac{1}{2(1+x)}-\frac{1}{2(3+x)}$$
$$=\frac{1}{4\left(1+\dfrac{x-1}{2}\right)}-\frac{1}{8\left(1+\dfrac{x-1}{4}\right)},$$

计算实验

而
$$\frac{1}{4\left(1+\dfrac{x-1}{2}\right)}=\frac{1}{4}\sum_{n=0}^{\infty}\frac{(-1)^n}{2^n}(x-1)^n \quad (-1<x<3),$$

$$\frac{1}{8\left(1+\dfrac{x-1}{4}\right)}=\frac{1}{8}\sum_{n=0}^{\infty}\frac{(-1)^n}{4^n}(x-1)^n \quad (-3<x<5),$$

所以
$$\frac{1}{x^2+4x+3}=\sum_{n=0}^{\infty}(-1)^n\left(\frac{1}{2^{n+2}}-\frac{1}{2^{2n+3}}\right)(x-1)^n \quad (-1<x<3). \blacksquare$$

利用函数的幂级数展开式和唯一性定理, 还可以求函数 $f(x)$ 在点 $x=x_0$ 处的高阶导数.

注: 微信扫描右侧二维码, 即可进行计算实验(详见教材配套的网络学习空间).

例 10 将 $f(x)=\dfrac{x-1}{4-x}$ 展开成 $x-1$ 的幂级数, 并求 $f^{(n)}(1)$.

解 因为
$$\frac{1}{4-x}=\frac{1}{3-(x-1)}=\frac{1}{3\left(1-\dfrac{x-1}{3}\right)}$$

计算实验

$$=\frac{1}{3}\left[1+\frac{x-1}{3}+\left(\frac{x-1}{3}\right)^2+\cdots+\left(\frac{x-1}{3}\right)^n+\cdots\right], \quad |x-1|<3,$$

所以
$$\frac{x-1}{4-x}=(x-1)\frac{1}{4-x}=\frac{1}{3}(x-1)+\frac{(x-1)^2}{3^2}+\cdots+\frac{(x-1)^n}{3^n}+\cdots, \quad |x-1|<3.$$

根据函数的麦克劳林展开式的系数公式, 得
$$\frac{f^{(n)}(1)}{n!}=\frac{1}{3^n}, \quad \text{即} \quad f^{(n)}(1)=\frac{n!}{3^n}. \blacksquare$$

*数学实验

实验 12.5 试用计算软件将下列函数展开成幂级数：

计算实验

(1) $\dfrac{1+x+x^2}{1-x+x^2}$ （至 x^4 项）；　　　　(2) $\dfrac{\ln(x+\sqrt{1+x^2})}{\sqrt{1+x^2}}$ （至 x^7 项）；

(3) $\ln(x^2+3x+2)$ （至 x^4 项）；　　(4) $\dfrac{1}{x^2-5x+6}$ （至 $(x-6)^5$ 项）．

详见教材配套的网络学习空间．

习题 12-5

1. 将下列函数展开成 x 的幂级数，并求其成立的区间：

(1) $f(x)=\ln(a+x)$；　　　(2) $f(x)=a^x$；　　　(3) $f(x)=\mathrm{e}^{-x^2}$；

(4) $f(x)=\cos^2 x$；　　　(5) $f(x)=\dfrac{x}{\sqrt{1+x^2}}$；　　　(6) $f(x)=\dfrac{x}{x^2-2x-3}$．

2. 将函数 $\sqrt[3]{x}$ 展开成 $x+1$ 的幂级数．

3. 将函数 $f(x)=\dfrac{1}{1+x}$ 展开成 $x-3$ 的幂级数．

4. 将函数 $f(x)=\ln(3x-x^2)$ 在 $x=1$ 处展开成 x 的幂级数．

5. 将函数 $f(x)=\dfrac{1}{(1+x)(1+x^2)(1+x^4)(1+x^8)}$ 展开成 x 的幂级数．

6. 将函数 $f(x)=\dfrac{1+x}{(1-x)^3}$ 展开成 x 的幂级数．

7. 将函数 $f(x)=x\ln(x+\sqrt{1+x^2})$ 展开成 x 的幂级数．

8. 将函数 $f(x)=\arctan\dfrac{1+x}{1-x}$ 展开成 x 的幂级数．

9. 如果二次可导函数 $f(x)$ 在 $x=a$ 处有一个拐点，证明：$f(x)$ 在 $x=a$ 的线性化是 $f(x)$ 在 $x=a$ 的二阶泰勒多项式．

10. 积分定义的误差函数 $\mathrm{erf}\, x=\dfrac{2}{\sqrt{\pi}}\displaystyle\int_0^x \mathrm{e}^{-x^2}\mathrm{d}x$ 在工程学中十分重要，试把它展开成 x 的幂级数．

§12.6　幂级数的应用

一、函数值的近似计算

在函数的幂级数展开式中，用泰勒多项式代替泰勒级数，就可得到函数的近似公式，这对于计算复杂函数的值是非常方便的，可以把函数近似表示为 x 的多项式，而多项式的计算只需用到四则运算，非常简便.

例如，当 $|x|$ 很小时，由正弦函数的幂级数展开式，可得到下列近似计算公式：

$$\sin x \approx x, \quad \sin x \approx x - \frac{x^3}{3!}, \quad \sin x \approx x - \frac{x^3}{3!} + \frac{x^5}{5!}.$$

级数的主要应用之一是利用它来进行数值计算，常用的三角函数表、对数表等都是利用级数计算出来的. 如果将未知数 A 表示成级数

$$A = a_1 + a_2 + \cdots + a_n + \cdots, \tag{6.1}$$

而取其部分和 $A_n = a_1 + a_2 + \cdots + a_n$ 作为 A 的近似值，此时所产生的误差源于两个方面：一是级数的余项

$$r_n = A - A_n = a_{n+1} + a_{n+2} + \cdots, \tag{6.2}$$

称为**截断误差**；二是在计算 A_n 时，由于四舍五入而产生的误差，称为**舍入误差**.

如果级数 (6.1) 是交错级数，并且满足莱布尼茨定理，则

$$|r_n| \le |a_{n+1}|.$$

如果所考虑的级数 (6.1) 不是交错级数，一般可通过适当放大余项中的各项，设法找出一个比原级数稍大且容易估计余项的新级数 (如等比级数等)，从而可取新级数余项 r_n' 的数值作为原级数的截断误差 r_n 的估计值，且有 $r_n \le r_n'$.

例1　利用 $\sin x \approx x - \dfrac{x^3}{3!}$，求 $\sin 9°$ 的近似值，并估计误差.

解　利用所给的近似公式

$$\sin 9° = \sin \frac{\pi}{20} \approx \frac{\pi}{20} - \frac{1}{3!}\left(\frac{\pi}{20}\right)^3.$$

因为 $\sin x$ 的展开式是收敛的交错级数，且各项的绝对值单调减少，所以

$$|r_2| \le \frac{1}{5!}\left(\frac{\pi}{20}\right)^5 < \frac{1}{120}(0.2)^5 < \frac{1}{300\,000} < 10^{-5},$$

因此，若取 $\dfrac{\pi}{20} \approx 0.157\,080$，$\left(\dfrac{\pi}{20}\right)^3 \approx 0.003\,876$，则

$$\sin 9° \approx 0.157\,080 - 0.000\,646 \approx 0.156\,434.$$

计算实验

其误差不超过 10^{-5}.

注：微信扫描右侧二维码，即可进行计算实验 (详见教材配套的网络学习空间).

例2　计算 $\sqrt[5]{240}$ 的近似值，要求误差不超过 $0.000\,1$.

解　因为

$$\sqrt[5]{240} = \sqrt[5]{243 - 3} = 3\left(1 - \frac{1}{3^4}\right)^{1/5},$$

在二项展开式中, 取 $\alpha = \dfrac{1}{5}$, $x = -\dfrac{1}{3^4}$, 即得

计算实验

$$\sqrt[5]{240} = 3\left(1 - \frac{1}{5} \cdot \frac{1}{3^4} - \frac{1 \cdot 4}{5^2 \cdot 2!} \cdot \frac{1}{3^8} - \frac{1 \cdot 4 \cdot 9}{5^3 \cdot 3! \cdot 3^{12}} - \cdots\right).$$

这个级数收敛得很快. 取前两项的和作为 $\sqrt[5]{240}$ 的近似值, 其误差为

$$\begin{aligned}
|r_2| &= 3\left(\frac{1 \cdot 4}{5^2 \cdot 2!} \cdot \frac{1}{3^8} + \frac{1 \cdot 4 \cdot 9}{5^3 \cdot 3!} \cdot \frac{1}{3^{12}} + \frac{1 \cdot 4 \cdot 9 \cdot 14}{5^4 \cdot 4!} \cdot \frac{1}{3^{16}} + \cdots\right) \\
&< 3 \cdot \frac{1 \cdot 4}{5^2 \cdot 2!} \cdot \frac{1}{3^8}\left[1 + \frac{1}{81} + \left(\frac{1}{81}\right)^2 + \cdots\right] \\
&= \frac{6}{25} \cdot \frac{1}{3^8} \cdot \frac{1}{1 - 1/81} = \frac{1}{25 \cdot 27 \cdot 40} < \frac{1}{20\,000}.
\end{aligned}$$

于是取近似式为 $\sqrt[5]{240} \approx 3\left(1 - \dfrac{1}{5} \cdot \dfrac{1}{3^4}\right)$.

为使舍入误差与截断误差之和不超过 10^{-4}, 计算时应取五位小数, 然后再四舍五入. 因此最后得

$$\sqrt[5]{240} \approx 2.992\,6.$$

注: 微信扫描右侧二维码, 即可进行计算实验(详见教材配套的网络学习空间).

二、计算定积分

许多函数, 如 e^{-x^2}, $\dfrac{\sin x}{x}$, $\dfrac{1}{\ln x}$ 等, 其原函数不能用初等函数表示, 但若被积函数在积分区间上能展开成幂级数, 则可通过幂级数展开式的逐项积分, 用积分后的级数近似计算所给定的积分.

例3　计算 $\displaystyle\int_0^1 \dfrac{\sin x}{x}\,\mathrm{d}x$ 的近似值, 精确到 10^{-4}.

解　利用 $\sin x$ 的麦克劳林展开式, 得

计算实验

$$\frac{\sin x}{x} = 1 - \frac{1}{3!}x^2 + \frac{1}{5!}x^4 - \frac{1}{7!}x^6 + \cdots, \quad x \in (-\infty, +\infty),$$

所以

$$\int_0^1 \frac{\sin x}{x}\,\mathrm{d}x = 1 - \frac{1}{3 \cdot 3!} + \frac{1}{5 \cdot 5!} - \frac{1}{7 \cdot 7!} + \cdots.$$

这是一个收敛的交错级数, 因其第4项中 $\dfrac{1}{7 \cdot 7!} < \dfrac{1}{30\,000} < 10^{-4}$, 故取前3项作为积分的近似值, 得

$$\int_0^1 \frac{\sin x}{x}\,\mathrm{d}x \approx 1 - \frac{1}{3 \cdot 3!} + \frac{1}{5 \cdot 5!} \approx 0.946\,1.$$

例4 计算定积分 $\dfrac{2}{\sqrt{\pi}}\displaystyle\int_0^{1/2}\mathrm{e}^{-x^2}\mathrm{d}x$ 的近似值,要求误差不超过 $0.000\,1$(取 $1/\sqrt{\pi}\approx$ $0.564\,19$).

解 利用指数函数的幂级数展开式,得

$$\mathrm{e}^{-x^2}=\sum_{n=0}^{\infty}\frac{(-1)^n}{n!}x^{2n}\quad(-\infty<x<+\infty).$$

于是,根据幂级数在收敛区间内逐项可积,得

$$\begin{aligned}\frac{2}{\sqrt{\pi}}\int_0^{1/2}\mathrm{e}^{-x^2}\mathrm{d}x&=\frac{2}{\sqrt{\pi}}\int_0^{1/2}\left[\sum_{n=0}^{\infty}\frac{(-1)^n}{n!}x^{2n}\right]\mathrm{d}x\\&=\frac{2}{\sqrt{\pi}}\sum_{n=0}^{\infty}\frac{(-1)^n}{n!}\int_0^{1/2}x^{2n}\mathrm{d}x\\&=\frac{1}{\sqrt{\pi}}\left(1-\frac{1}{2^2\cdot3}+\frac{1}{2^4\cdot5\cdot2!}-\frac{1}{2^6\cdot7\cdot3!}+\cdots\right).\end{aligned}$$

计算实验

取前 4 项的和作为近似值,则其误差为

$$|r_4|\le\frac{1}{\sqrt{\pi}}\frac{1}{2^8\cdot9\cdot4!}<\frac{1}{90\,000},$$

所求近似值为

$$\frac{2}{\sqrt{\pi}}\int_0^{1/2}\mathrm{e}^{-x^2}\mathrm{d}x\approx\frac{1}{\sqrt{\pi}}\left(1-\frac{1}{2^2\cdot3}+\frac{1}{2^4\cdot5\cdot2!}-\frac{1}{2^6\cdot7\cdot3!}\right)\approx0.520\,5.\quad\blacksquare$$

注:微信扫描右侧二维码,即可进行计算实验(详见教材配套的网络学习空间).

三、求常数项级数的和

在本章的前 3 节中,我们已经熟悉了常数项级数求和的几种常用方法,包括利用定义和已知公式直接求和、对所给数拆项重新组合后再求和、利用推导得到的递推公式求和等方法.

这里,我们再介绍一种借助于幂级数的和函数来求常数项级数的和的方法,即所谓的**阿贝尔方法**,其基本步骤如下:

(1) 对于所给常数项级数 $\displaystyle\sum_{n=0}^{\infty}a_n$,构造幂级数 $\displaystyle\sum_{n=0}^{\infty}a_nx^n$;

(2) 利用幂级数的运算性质,求出 $\displaystyle\sum_{n=0}^{\infty}a_nx^n$ 的和函数 $s(x)$;

(3) 所求常数项级数 $\displaystyle\sum_{n=0}^{\infty}a_n=\lim_{x\to1^-}s(x)$.

例5 求级数 $\displaystyle\sum_{n=1}^{\infty}\frac{2n-1}{2^n}$ 的和.

解　构造幂级数 $\sum\limits_{n=1}^{\infty}\dfrac{2n-1}{2^n}x^{2n-2}$，利用比值判别法知，该级数的

计算实验

收敛区间为 $(-\sqrt{2},\ \sqrt{2})$. 设

$$s(x)=\sum_{n=1}^{\infty}\frac{2n-1}{2^n}x^{2n-2},\ x\in(-\sqrt{2},\sqrt{2}),$$

因为

$$s(x)=\left(\sum_{n=1}^{\infty}\int_0^x\frac{2n-1}{2^n}x^{2n-2}\mathrm{d}x\right)'=\left(\sum_{n=1}^{\infty}\frac{x^{2n-1}}{2^n}\right)'=\left(\frac{1}{x}\sum_{n=1}^{\infty}\left(\frac{x^2}{2}\right)^n\right)'$$

$$=\left(\frac{1}{x}\cdot\frac{x^2}{2-x^2}\right)'=\left(\frac{x}{2-x^2}\right)'=\frac{x^2+2}{(2-x^2)^2},\ x\in(-\sqrt{2},\sqrt{2}),$$

所以　　　　　　　$\sum\limits_{n=1}^{\infty}\dfrac{2n-1}{2^n}=\lim\limits_{x\to1^-}s(x)=\lim\limits_{x\to1^-}\dfrac{x^2+2}{(2-x^2)^2}=3.$

例6　求级数 $\sum\limits_{n=1}^{\infty}\dfrac{n^2}{n!\,2^n}$ 的和.

解　构造幂级数 $\sum\limits_{n=1}^{\infty}\dfrac{n^2}{n!}x^n$，利用比值判别法知，该级数的收敛区间为 $(-\infty,+\infty)$.

设　　　　　　　　　$s(x)=\sum\limits_{n=1}^{\infty}\dfrac{n^2}{n!}x^n,\ x\in(-\infty,+\infty),$

因为

$$s(x)=\sum_{n=1}^{\infty}\frac{n(n-1)+n}{n!}x^n=\sum_{n=1}^{\infty}\frac{n(n-1)}{n!}x^n+\sum_{n=1}^{\infty}\frac{1}{(n-1)!}x^n,$$

而 $\sum\limits_{n=1}^{\infty}\dfrac{n(n-1)}{n!}x^n$ 和 $\sum\limits_{n=1}^{\infty}\dfrac{1}{(n-1)!}x^n$ 的收敛区间为 $(-\infty,+\infty)$，则

$$s(x)=\sum_{n=1}^{\infty}\frac{n(n-1)+n}{n!}x^n=\sum_{n=1}^{\infty}\frac{n(n-1)}{n!}x^n+\sum_{n=1}^{\infty}\frac{1}{(n-1)!}x^n$$

计算实验

$$=x^2\left(\sum_{n=1}^{\infty}\frac{x^n}{n!}\right)''+x\sum_{n=0}^{\infty}\frac{x^n}{n!}=x^2(\mathrm{e}^x-1)''+x\mathrm{e}^x=\mathrm{e}^x(x+1)x,$$

所以　　　　　　$\sum\limits_{n=1}^{\infty}\dfrac{n^2}{n!\,2^n}=s\left(\dfrac{1}{2}\right)=\mathrm{e}^{1/2}\left(\dfrac{1}{2}+1\right)\dfrac{1}{2}=\dfrac{3}{4}\sqrt{\mathrm{e}}.$

注：微信扫描右侧二维码，即可进行计算实验(详见教材配套的网络学习空间).

四、欧拉公式

当 x 为实数时，我们有

$$\mathrm{e}^x=1+x+\frac{x^2}{2!}+\frac{x^3}{3!}+\frac{x^4}{4!}+\cdots+\frac{x^n}{n!}+\cdots.$$

现把它推广到纯虚数情形, 定义 e^{ix} 的意义如下 (其中 x 为实数):

$$e^{ix} = 1 + ix + \frac{(ix)^2}{2!} + \frac{(ix)^3}{3!} + \frac{(ix)^4}{4!} + \cdots + \frac{(ix)^n}{n!} + \cdots$$

$$= \left(1 - \frac{x^2}{2!} + \frac{x^4}{4!} - \cdots\right) + i\left(x - \frac{x^3}{3!} + \frac{x^5}{5!} - \cdots\right),$$

即有

$$e^{ix} = \cos x + i \sin x. \tag{6.3}$$

用 $-x$ 替换 x, 得

$$e^{-ix} = \cos x - i \sin x, \tag{6.4}$$

从而

$$\cos x = \frac{e^{ix} + e^{-ix}}{2}, \quad \sin x = \frac{e^{ix} - e^{-ix}}{2i}. \tag{6.5}$$

式 (6.3) ~ 式 (6.5) 统称为**欧拉公式**. 在式 (6.3) 中, 令 $x = \pi$, 即得到著名的欧拉公式

$$e^{i\pi} + 1 = 0.$$

这个公式被认为是数学领域中最优美的结果之一, 因为它在一个简单的方程中, 把算术基本常数 (0 和 1)、几何基本常数 (π)、分析常数 (e) 和复数 (i) 联系在一起.

*数学实验

实验 12.6 试用计算软件完成下列各题:

(1) 试求 $\ln 1.1$ 的近似值, 精确到 0.001;

(2) 计算积分 $\int_0^{1/2} \frac{1 - e^{-x}}{x} dx$ 的近似值, 精确到 0.001;

计算实验

(3) 构造级数 $\sum_{n=1}^{\infty} \frac{n}{3^n}$ 的和函数, 并求此级数的和;

(4) 用级数展开, 验证: 当 $|x| \leq 0.1$ 时, $\int_0^x e^{-t^2} dt \approx \arctan x - \frac{x^5}{10}$, 其误差不超过 10^{-7}.

详见教材配套的网络学习空间.

习题 12-6

1. 利用函数的幂级数展开式求下列各数的近似值:

(1) e (误差不超过 0.000 01); (2) $\cos 2°$ (精确到 0.000 1).

2. 利用被积函数的幂级数展开式求下列定积分的近似值:

(1) $\int_0^{0.5} \frac{1}{1+x^4} dx$ (精确到 0.000 1); (2) $\int_0^{0.1} \cos \sqrt{t} \, dt$ (精确到 0.000 1).

3. 求正弦曲线 $y = \sin x \, (0 \leq x \leq \pi)$ 的弧长, 并精确到 0.01.

4. 将函数 $e^x \cos x$ 展开成 x 的幂级数.

5. 求下列级数的和:

(1) $\displaystyle\sum_{n=1}^{\infty} \frac{n(n+1)}{2^n}$;　　　　　　　　　　(2) $\displaystyle\sum_{n=1}^{\infty} \frac{1}{n \cdot 2^n}$.

§12.7　函数项级数的一致收敛性

一、一致收敛的概念

我们知道,有限个连续函数的和仍是连续函数,有限个函数的和的导数及积分也分别等于它们的导数及积分的和.无限个函数的和是否具有这些性质呢?对于幂级数而言,答案是肯定的,但对于一般的函数项级数,情况却并非如此.

例1　考察函数项级数

$$x + (x^2 - x) + (x^3 - x^2) + \cdots + (x^n - x^{n-1}) + \cdots$$

的和函数的连续性.

解　因为该级数的每一项都在 $[0, 1]$ 上连续,且

$$s_n(x) = x + (x^2 - x) + (x^3 - x^2) + \cdots + (x^n - x^{n-1}) = x^n,$$

因此该级数的和函数

$$s(x) = \lim_{n \to \infty} s_n(x) = \begin{cases} 0, & 0 \le x < 1 \\ 1, & x = 1 \end{cases}.$$

易见,和函数 $s(x)$ 在 $x=1$ 处是间断的.　■

本例表明,即使函数项级数的每一项都在 $[a, b]$ 上连续,并且级数在 $[a,b]$ 上收敛,但其和函数却不一定在 $[a,b]$ 上连续;同样也可举例说明,函数项级数的每一项的导数及积分所成的级数的和也不一定等于它们的和函数的导数及积分.那么,在什么条件下,我们才能够从级数每一项的连续性得出它的和函数的连续性,从级数每一项的导数及积分所成的级数之和得出原级数的和函数的导数及积分呢?要回答这个问题,就需要引入函数项级数的一致收敛性概念.

函数项级数在区间 I 上收敛于和 $s(x)$,指的是它在 I 上的每一点都收敛,即对任意给定的 $\varepsilon > 0$ 及区间 I 上的每一点 x,总相应地存在自然数 $N(\varepsilon, x)$,使得当 $n > N$ 时,恒有

$$|s(x) - s_n(x)| < \varepsilon.$$

一般来说,此处 N 不仅与 ε 有关,而且与 x 也有关.如果对某个函数项级数能够找到这样的一个只与 ε 有关而不依赖于 x 的自然数 N,当 $n>N$ 时,不等式 $|s(x)-s_n(x)|<\varepsilon$ 对于区间 I 上的每一点都成立,则这类函数项级数就是所谓的一致收敛的级数.

定义1　设函数项级数 $\displaystyle\sum_{n=1}^{\infty} u_n(x)$ 在区间 I 上收敛于和函数 $s(x)$,如果对任意给定

的 $\varepsilon > 0$, 都存在着一个与 x 无关的自然数 N, 使得当 $n > N$ 时, 对区间 I 上的一切 x,
恒有

$$|r_n(x)| = |s(x) - s_n(x)| < \varepsilon,$$

则称该函数项级数在区间 I 上**一致收敛**于和 $s(x)$.
此时也称函数序列 $\{s_n(x)\}$ 在区间 I 上**一致收敛**
于 $s(x)$.

一致收敛级数的几何解释: 对于任意给定的
$\varepsilon > 0$, 总存在与 x 无关的自然数 $N(\varepsilon)$, 当 $n > N$ 时,
对一切 $x \in I$, 曲线 $y = s_n(x)$ 都落在曲线 $y = s(x) + \varepsilon$
与 $y = s(x) - \varepsilon$ 之间 (见图 12-7-1).

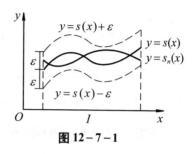

图 12-7-1

例2 研究级数 $\displaystyle\sum_{n=1}^{\infty} \left(\frac{x^n}{n} - \frac{x^{n+1}}{n+1} \right)$ 在区间 $[-1, 1]$ 上的一致收敛性.

解 $$s_n(x) = \sum_{k=1}^{n} \left(\frac{x^k}{k} - \frac{x^{k+1}}{k+1} \right) = x - \frac{x^{n+1}}{n+1},$$

当 $-1 \le x \le 1$ 时, 有

$$\lim_{n \to \infty} s_n(x) = \lim_{n \to \infty} \left(x - \frac{x^{n+1}}{n+1} \right) = x = s(x).$$

由于

$$|s_n(x) - s(x)| = \frac{|x|^{n+1}}{n+1} \le \frac{1}{n+1} \le \frac{1}{n},$$

若要 $|s_n(x) - s(x)| < \varepsilon$, 只需 $\frac{1}{n} < \varepsilon$. 于是对任意给定的 $\varepsilon > 0$, 取 $N = \left[\frac{1}{\varepsilon} \right]$, 当 $n > N$
时, 对于一切 $x \in [-1, 1]$, 都有

$$|s_n(x) - s(x)| < \frac{1}{n} < \varepsilon.$$

因此, 级数 $\displaystyle\sum_{n=1}^{\infty} \left(\frac{x^n}{n} - \frac{x^{n+1}}{n+1} \right)$ 在 $[-1, 1]$ 上一致收敛. ∎

例3 研究级数 $\displaystyle\sum_{n=0}^{\infty} (1-x) x^n$ 在区间 $[0, 1]$ 上的一致收敛性.

解 由于 $$s_n(x) = \sum_{k=0}^{n} (1-x) x^k = (1-x) \sum_{k=0}^{n} x^k = 1 - x^{n+1},$$
于是

$$s(x) = \lim_{n \to \infty} s_n(x) = \lim_{n \to \infty} (1 - x^{n+1}) = \begin{cases} 1, & 0 \le x < 1 \\ 0, & x = 1 \end{cases}.$$

取 $\varepsilon_0 = \dfrac{1}{4}$，不论 n 多大，只要取 $x = \dfrac{1}{\sqrt[n]{2}} \in (0, 1)$，就有

$$\left| s_n\left(\frac{1}{\sqrt[n]{2}} \right) - s\left(\frac{1}{\sqrt[n]{2}} \right) \right| = \left| \frac{1}{2} - 1 \right| = \frac{1}{2} > \varepsilon_0.$$

因此，级数 $\displaystyle\sum_{n=0}^{\infty} (1-x)x^n$ 在 $[0, 1]$ 上收敛，但不一致收敛. ■

上面两个例子也说明了级数的一致收敛性与所讨论的区间有关，题中都是直接根据定义来判定所给级数的一致收敛性的，下面我们介绍一个较为方便的判别法.

定理 1(魏尔斯特拉斯判别法)　如果函数项级数 $\displaystyle\sum_{n=1}^{\infty} u_n(x)$ 在区间 I 上满足条件：

(1) $|u_n(x)| \leq a_n$ $(n = 1, 2, 3, \cdots)$，　　　　　　(2) 正项级数 $\displaystyle\sum_{n=1}^{\infty} a_n$ 收敛，

则该函数项级数在区间 I 上一致收敛.

证明　因为正项级数 $\displaystyle\sum_{n=1}^{\infty} a_n$ 收敛，由常数项级数收敛的柯西准则知，对于任意给定的 $\varepsilon > 0$，存在自然数 N，使得当 $n > N$ 时，对于任意自然数 p，有

$$\left| a_{n+1} + a_{n+2} + \cdots + a_{n+p} \right| < \frac{\varepsilon}{2}.$$

于是，对一切 $x \in I$，都有

$$|u_{n+1}(x) + u_{n+2}(x) + \cdots + u_{n+p}(x)| \leq |u_{n+1}(x)| + |u_{n+2}(x)| + \cdots + |u_{n+p}(x)|$$

$$\leq |a_{n+1} + a_{n+2} + \cdots + a_{n+p}| < \frac{\varepsilon}{2},$$

令 $p \to \infty$，则由上式得 $|r_n(x)| \leq \dfrac{\varepsilon}{2} < \varepsilon$，所以函数项级数 $\displaystyle\sum_{n=1}^{\infty} u_n(x)$ 在区间 I 上一致收敛. ■

例 4　证明级数

$$\frac{\sin x}{1^2} + \frac{\sin 2^2 x}{2^2} + \cdots + \frac{\sin n^2 x}{n^2} + \cdots$$

在 $(-\infty, +\infty)$ 上一致收敛.

证明　因为在 $(-\infty, +\infty)$ 内

$$\left| \frac{\sin n^2 x}{n^2} \right| \leq \frac{1}{n^2} \quad (n = 1, 2, 3, \cdots),$$

而正项级数 $\displaystyle\sum_{n=1}^{\infty} \frac{1}{n^2}$ 收敛，故由魏尔斯特拉斯判别法知，题设级数在 $(-\infty, +\infty)$ 内一致收敛. ■

例 5 判别级数 $\sum\limits_{n=1}^{\infty} \dfrac{x}{1+n^4 x^2}$ 在 $(-\infty, +\infty)$ 上是否一致收敛.

解 因为 $1+n^4 x^2 \ge 2n^2 |x|$, 所以

$$\left| \frac{x}{1+n^4 x^2} \right| \le \frac{1}{2n^2}, \quad x \in (-\infty, +\infty),$$

计算实验

而级数 $\sum\limits_{n=1}^{\infty} \dfrac{1}{2n^2}$ 收敛, 所以题设级数在 $(-\infty, +\infty)$ 上一致收敛.

注: 微信扫描右侧二维码, 即可进行计算实验(详见教材配套的网络学习空间).

二、一致收敛级数的基本性质

定理 2 如果级数 $\sum\limits_{n=1}^{\infty} u_n(x)$ 的各项 $u_n(x)$ 在区间 $[a, b]$ 上都连续, 且级数在区间 $[a, b]$ 上一致收敛于 $s(x)$, 则 $s(x)$ 在 $[a, b]$ 上也连续.

证明 任意取定 $x_0 \in [a, b]$, x 为 $[a, b]$ 上任意点, 由

$$s(x) = s_n(x) + r_n(x), \quad s(x_0) = s_n(x_0) + r_n(x_0),$$

有

$$|s(x) - s(x_0)| = |s_n(x) - s_n(x_0) + r_n(x) - r_n(x_0)|$$
$$\le |s_n(x) - s_n(x_0)| + |r_n(x)| + |r_n(x_0)|.$$

因为级数 $\sum\limits_{n=1}^{\infty} u_n(x)$ 一致收敛于 $s(x)$, 所以对于任意给定的 $\varepsilon > 0$, 必有自然数 $N = N(\varepsilon)$, 使得当 $n > N$ 时, 对任一 $x \in [a, b]$, 都有 $|r_n(x)| < \dfrac{\varepsilon}{3}$, 从而也有 $|r_n(x_0)| < \dfrac{\varepsilon}{3}$. 由于 $u_n(x)$ 在 $[a, b]$ 上连续, 从而有限和 $s_n(x)$ 在点 x_0 处连续, 因而对于上述的 $\varepsilon > 0$, 存在 $\delta > 0$, 当 $|x - x_0| < \delta$ 时, 总有

$$|s_n(x) - s_n(x_0)| < \frac{\varepsilon}{3}.$$

综上所述, 对于任意给定的 $\varepsilon > 0$, 存在 $\delta > 0$, 当 $|x - x_0| < \delta$ 时, 总有

$$|s(x) - s(x_0)| < \varepsilon,$$

即 $s(x)$ 在点 x_0 处连续. 由 x_0 在 $[a, b]$ 上的任意性知, $s(x)$ 在 $[a, b]$ 上连续.

在定理 2 的条件下, 有

$$\lim_{x \to x_0} \sum_{n=1}^{\infty} u_n(x) = \sum_{n=1}^{\infty} \lim_{x \to x_0} u_n(x). \tag{7.1}$$

即在定理 2 的条件下, 极限运算与求和运算可交换顺序.

定理 3 设 $u_n(x) \, (n=1, 2, 3, \cdots)$ 在 $[a, b]$ 上连续, 且级数 $\sum\limits_{n=1}^{\infty} u_n(x)$ 在区间 $[a, b]$

上一致收敛于 $s(x)$，则 $\int_{x_0}^{x} s(x)\mathrm{d}x$ 存在，且级数 $\sum_{n=1}^{\infty} u_n(x)$ 在 $[a,b]$ 上可以逐项积分，即

$$\int_{x_0}^{x} s(x)\,\mathrm{d}x = \int_{x_0}^{x}\left[\sum_{n=1}^{\infty} u_n(x)\right]\mathrm{d}x = \sum_{n=1}^{\infty}\left[\int_{x_0}^{x} u_n(x)\mathrm{d}x\right], \tag{7.2}$$

其中 $a \le x_0 < x \le b$，且上式右端的级数在 $[a,b]$ 上也一致收敛.

　　证明　由定理 2 知，$s(x)$ 在 $[a,b]$ 上连续，从而在闭区间 $[a,b]$ 上可积. 因为级数 $\sum_{n=1}^{\infty} u_n(x)$ 在区间 $[a,b]$ 上一致收敛于 $s(x)$，故对于任意给定的 $\varepsilon>0$，存在 $N(\varepsilon)$，使得当 $n>N$ 时，都有 $|s_n(x)-s(x)|<\dfrac{\varepsilon}{b-a}$，从而

$$\left|\int_{x_0}^{x} s(x)\,\mathrm{d}x - \int_{x_0}^{x} s_n(x)\,\mathrm{d}x\right| = \left|\int_{x_0}^{x}[s_n(x)-s(x)]\mathrm{d}x\right|$$

$$\le \int_{x_0}^{x}|s_n(x)-s(x)|\,\mathrm{d}x < \int_{a}^{b}\frac{\varepsilon}{b-a}\,\mathrm{d}x = \varepsilon.$$

于是，根据极限定义，有

$$\lim_{n\to\infty}\int_{x_0}^{x} s_n(x)\,\mathrm{d}x = \int_{x_0}^{x} s(x)\,\mathrm{d}x.$$

即有

$$\int_{x_0}^{x} s(x)\,\mathrm{d}x = \int_{x_0}^{x}\left[\sum_{n=1}^{\infty} u_n(x)\right]\mathrm{d}x = \sum_{n=1}^{\infty}\left[\int_{x_0}^{x} u_n(x)\mathrm{d}x\right]. \qquad\blacksquare$$

　　这表明在满足定理 3 的条件下，积分运算与求和运算可交换顺序.

　　定理 4　如果级数 $\sum_{n=1}^{\infty} u_n(x)$ 在区间 $[a,b]$ 上收敛于和 $s(x)$，它的各项 $u_n(x)$ 都有连续导数 $u_n'(x)$，并且级数 $\sum_{n=1}^{\infty} u_n'(x)$ 在 $[a,b]$ 上一致收敛，则级数 $\sum_{n=1}^{\infty} u_n(x)$ 在 $[a,b]$ 上也一致收敛，且可逐项求导，即有

$$s'(x) = \left(\sum_{n=1}^{\infty} u_n(x)\right)' = \sum_{n=1}^{\infty} u_n'(x). \tag{7.3}$$

　　证明　设 $\sum_{n=1}^{\infty} u_n'(x)=\sigma(x)$，根据题设条件知级数 $\sum_{n=1}^{\infty} u_n'(x)$ 满足定理 3 的条件，因而可逐项积分，即有

$$\int_{x_0}^{x}\sigma(x)\,\mathrm{d}x = \int_{x_0}^{x}\sum_{n=1}^{\infty} u_n'(x)\,\mathrm{d}x = \sum_{n=1}^{\infty}\int_{x_0}^{x} u_n'(x)\,\mathrm{d}x$$

$$= \sum_{n=1}^{\infty}[u_n(x)-u_n(x_0)] = \sum_{n=1}^{\infty} u_n(x) - \sum_{n=1}^{\infty} u_n(x_0) = s(x)-s(x_0).$$

因 $\sigma(x)$ 连续, 故有

$$\sigma(x) = \frac{\mathrm{d}}{\mathrm{d}x} \int_{x_0}^{x} \sigma(x)\mathrm{d}x = \frac{\mathrm{d}}{\mathrm{d}x}[s(x) - s(x_0)] = \frac{\mathrm{d}}{\mathrm{d}x}s(x),$$

即

$$\left(\sum_{n=1}^{\infty} u_n(x)\right)' = s'(x) = \sigma(x) = \sum_{n=1}^{\infty} u_n'(x).$$

这表明, 在满足定理 4 的条件下, 求导运算与求和运算可以交换顺序.

注: 仅有函数项级数的一致收敛性并不能保证可以逐项求导. 例如, 级数

$$\frac{\sin x}{1^2} + \frac{\sin 2^2 x}{2^2} + \cdots + \frac{\sin n^2 x}{n^2} + \cdots$$

在任意区间 $[a, b]$ 上都是一致收敛的. 但逐项求导后所得级数为

$$\cos x + \cos 2^2 x + \cdots + \cos n^2 x + \cdots,$$

因其一般项不趋于零, 所以对于任意 x 都是发散的. 从而该级数不可以逐项求导.

三、幂级数的一致收敛性

定理 5 如果幂级数 $\sum_{n=1}^{\infty} a_n x^n$ 的收敛半径为 $R > 0$, 则此级数在 $(-R, R)$ 内的任一闭区间 $[a, b]$ 上一致收敛.

证明 记 $r = \max\{|a|, |b|\}$, 则对于一切 $x \in [a, b]$, 都有

$$|a_n x^n| \leq |a_n r^n| \quad (n = 0, 1, 2, \cdots),$$

而 $0 < r < R$, 根据 §12.4 的定理 1 知级数 $\sum_{n=1}^{\infty} a_n r^n$ 绝对收敛, 再由魏尔斯特拉斯判别法即得到所要证明的结论.

进一步还可证明, 如果幂级数 $\sum_{n=1}^{\infty} a_n x^n$ 在收敛区间的端点收敛, 则一致收敛的区间可扩大到包含端点.

下面我们来证明 §12.4 中指出的关于幂级数在其收敛区间内的和函数的连续性、逐项可导、逐项可积的结论.

关于幂级数的和函数的连续性和逐项可积的结论, 由定理 2 和定理 3、定理 5 立即可得. 关于逐项可导的结论, 我们重新叙述如下并给出证明.

定理 6 如果幂级数 $\sum_{n=1}^{\infty} a_n x^n$ 的收敛半径 $R > 0$, 则其和函数 $s(x)$ 在 $(-R, R)$ 内可导, 且有逐项求导公式

$$s'(x) = \left(\sum_{n=1}^{\infty} a_n x^n\right)' = \sum_{n=1}^{\infty} n a_n x^{n-1},$$

逐项求导后所得到的幂级数与原级数有相同的收敛半径.

证明　先证级数 $\sum\limits_{n=1}^{\infty} na_n x^{n-1}$ 在 $(-R, R)$ 内收敛. 在 $(-R, R)$ 内任取 x, x_1, 使得 $|x| < x_1 < R$, 记 $q = \dfrac{|x|}{x_1} < 1$, 则

$$|na_n x^{n-1}| = n\left|\frac{x}{x_1}\right|^{n-1} \cdot \frac{1}{x_1}|a_n x_1^n| = nq^{n-1} \cdot \frac{1}{x_1}|a_n x_1^n|.$$

由比值审敛法知级数 $\sum\limits_{n=1}^{\infty} nq^{n-1}$ 收敛, 于是 $nq^{n-1} \to 0 \,(n\to\infty)$, 故数列 $\{nq^{n-1}\}$ 有界, 必有 $M > 0$, 使得

$$nq^{n-1} \cdot \frac{1}{x_1} \le M \quad (n = 1, 2, \cdots).$$

又 $0 < x_1 < R$, 级数 $\sum\limits_{n=1}^{\infty} |a_n x_1^n|$ 收敛, 由比较判别法即得级数 $\sum\limits_{n=1}^{\infty} na_n x^{n-1}$ 在 $(-R, R)$ 内收敛, 由定理 5, 级数 $\sum\limits_{n=1}^{\infty} na_n x^{n-1}$ 在 $(-R, R)$ 内的任意闭区间 $[a, b]$ 上一致连续. 故幂级数 $\sum\limits_{n=1}^{\infty} a_n x^n$ 在 $[a, b]$ 上满足定理 4 的条件, 从而可以逐项求导. 再由 $[a, b]$ 在 $(-R, R)$ 内的任意性, 即得幂级数 $\sum\limits_{n=1}^{\infty} a_n x^n$ 在 $(-R, R)$ 内可逐项求导.

设幂级数 $\sum\limits_{n=1}^{\infty} na_n x^{n-1}$ 的收敛半径为 $R'(R \le R')$, 将此幂级数 $\sum\limits_{n=1}^{\infty} na_n x^{n-1}$ 在 $[0, x]\,(|x| < R')$ 上逐项积分, 即得 $\sum\limits_{n=1}^{\infty} a_n x^n$, 因逐项积分所得级数的收敛半径不会缩小, 所以 $R' \le R$, 于是 $R' = R$. 即 $\sum\limits_{n=1}^{\infty} na_n x^{n-1}$ 与 $\sum\limits_{n=1}^{\infty} a_n x^n$ 的收敛半径相同. ∎

*数学实验

实验 12.7　试用计算软件完成下列各题:

(1) 讨论级数 $\sum\limits_{n=1}^{\infty} \dfrac{\mathrm{e}^{-nx}}{n!}$ 在区间 $|x| < 10$ 上的一致收敛性;

(2) 判断函数项级数 $\sum\limits_{n=1}^{\infty} \dfrac{(-1)^{n-1}}{x^2 + n}$ 在 $(-\infty, +\infty)$ 上是否一致收敛;

计算实验

(3) 求积分 $\int_0^1 \ln\left(\dfrac{1+x}{1-x}\right) \cdot \dfrac{1}{x}\, \mathrm{d}x$ 的级数形式;

(4) 验证函数项级数 $\sum\limits_{n=1}^{\infty} \dfrac{x}{[(n-1)x+1](nx+1)}$ 在区间 $(0, +\infty)$ 上不一致收敛.

详见教材配套的网络学习空间.

习题 12-7

1. 证明：级数

$$\frac{1}{x+1}+\left(\frac{1}{x+2}-\frac{1}{x+1}\right)+\cdots+\left(\frac{1}{x+n}-\frac{1}{x+n-1}\right)+\cdots$$

在区间 $[0,+\infty)$ 上一致收敛.

2. 设等比级数 $\sum_{n=1}^{+\infty} x^n = 1+x+x^2+\cdots+x^n+\cdots$，证明：

(1) 级数在 $|x|<1$ 上并非一致收敛到极限函数 $\dfrac{1}{1-x}$；

(2) 级数在 $|x|<1$ 内部任意一个闭区间 $|x|\le r<1$ 上一致收敛到极限函数 $\dfrac{1}{1-x}$.

3. 按定义讨论 $\sum_{n=1}^{\infty}(-1)^{n-1}\dfrac{x^2}{(1+x^2)^n}$，$x\in(-\infty,+\infty)$ 在所给区间上的一致收敛性.

4. 证明级数 $\sum_{n=1}^{+\infty}\dfrac{nx}{4+n^5x^2}$ 在 $(-\infty,+\infty)$ 内绝对收敛且一致收敛.

5. 讨论下列级数在所给区间上的一致收敛性：

(1) $\sum_{n=1}^{\infty}\dfrac{\sin nx}{x+3^n}$，$x\in(-3,+\infty)$；

(2) $\sum_{n=1}^{\infty}\dfrac{\sin x}{\sqrt[3]{n^4+x^4}}$，$x\in\mathbf{R}$；

(3) $\sum_{n=1}^{\infty}x^2 e^{-nx}$，$x\in(0,+\infty)$；

(4) $\sum_{n=1}^{\infty}\arctan\dfrac{2x}{x^2+n^3}$，$x\in\mathbf{R}$.

6. 求下列级数的收敛域：

(1) $\sum_{n=1}^{\infty}\dfrac{(-1)^n}{2n-1}\left(\dfrac{1-x}{1+x}\right)^n$；

(2) $\sum_{n=1}^{\infty}\left(\dfrac{(n+x)^n}{n^{n+x}}\right)$；

(3) $\sum_{n=1}^{\infty}\dfrac{x^n}{(1+x)(1+x^2)\cdots(1+x^n)}$.

7. 证明级数 $\sum_{n=1}^{\infty}\dfrac{x^2}{(1+x^2)^n}$ 在 $[0,1]$ 上收敛，但不一致收敛.

§12.8 傅里叶级数

一、三角级数 三角函数系的正交性

在科学试验与工程技术领域中，经常会遇到周期性现象. 例如, 各种各样的振动就是最常见的周期现象，其他如交流电的变化、发动机中的活塞运动等也都属于这类现象. 为了描述周期现象，就需要用到周期函数. 正弦函数和余弦函数均是常见而简单的周期函数. 例如，最简单的振动可表示为

$$y = A\sin(\omega t + \varphi),$$

这种振动称为**谐振动**，y 表示动点的位置，t 表示时间，A 称为**振幅**，φ 称为**初相**.

现实世界中的周期现象是多种多样的、复杂的，并不都可以用简单的正弦函数来描述.例如，在电子技术中常用到的周期为 2π 的矩形波 (见图 12-8-1) 就是这样一种周期现象.

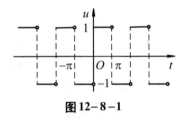

图 12-8-1

如何研究这一类非正弦周期函数呢？从物理学现象来看，很多周期现象都可以分解成若干个不同的谐振动之和.实际上，对于更一般的情况，早在 18 世纪中叶，丹尼尔·伯努利[①] 在解决弦振动问题时就提出了这样的见解:任何复杂的振动都可以分解成一系列谐振动之和.这一事实用数学语言来描述即为: 在一定的条件下，任何周期为 $T(=2\pi/\omega)$ 的函数 $f(t)$ 都可用一系列以 T 为周期的正弦函数所组成的级数来表示，即

$$f(t) = A_0 + \sum_{n=1}^{\infty} A_n\sin(n\omega t + \varphi_n), \tag{8.1}$$

其中 $A_0, A_n, \varphi_n\,(n=1,2,3,\cdots)$ 都是常数.例如，如图 12-8-1 所示的矩形波

$$u(t) = \begin{cases} -1, & -\pi \le t < 0 \\ 1, & 0 \le t < \pi \end{cases}$$

就可用一系列不同频率的正弦函数

$$\frac{4}{\pi}\sin t, \quad \frac{4}{\pi}\cdot\frac{1}{3}\sin 3t, \quad \frac{4}{\pi}\cdot\frac{1}{5}\sin 5t, \quad \frac{4}{\pi}\cdot\frac{1}{7}\sin 7t, \cdots$$

所组成的级数来表示.图 12-8-2 (a)、(b) 中分别给出了取前 3 项和前 5 项函数的和来近似 $u(t)$ 的情况.

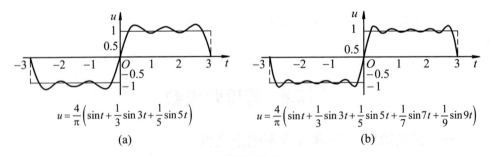

$$u = \frac{4}{\pi}\left(\sin t + \frac{1}{3}\sin 3t + \frac{1}{5}\sin 5t\right)$$

(a)

$$u = \frac{4}{\pi}\left(\sin t + \frac{1}{3}\sin 3t + \frac{1}{5}\sin 5t + \frac{1}{7}\sin 7t + \frac{1}{9}\sin 9t\right)$$

(b)

图 12-8-2

将式 (8.1) 中的正弦函数做如下变形:

$$A_n\sin(nx + \varphi_n) = a_n\cos nx + b_n\sin nx,$$

---

① 丹尼尔·伯努利 (D. Bernoulli, 1700—1782)，荷兰数学家.

其中 $a_n = A_n \sin\varphi_n$, $b_n = A_n \cos\varphi_n$, $\omega t = x$. 再记 $A_0 = \dfrac{a_0}{2}$, 则式 (8.1) 的右端可写成

$$\frac{a_0}{2} + \sum_{n=1}^{\infty} (a_n \cos nx + b_n \sin nx). \tag{8.2}$$

一般地, 形如式 (8.2) 的级数称为**三角级数**, 其中 a_0, a_n, b_n ($n=1, 2, 3, \cdots$) 均为常数.

19 世纪初, 法国数学家傅里叶[①]曾大胆地断言: "任意" 函数都可以展开成三角级数. 虽然他没有给出明确的条件和严格的证明, 但是毕竟由此开创了"**傅里叶分析**"这一重要的数学分支, 拓广了传统的函数概念. 傅里叶的工作被认为是19世纪科学迈出的极为重要的第一大步, 它对数学的发展产生的影响是他本人及同时代的其他人都难以预料的. 而且, 这种影响至今还在发展中. 这里所介绍的知识主要是傅里叶以及与他同时代的德国数学家狄利克雷[②]等人的研究结果.

如同讨论幂级数时一样, 我们必须讨论三角级数 (8.2) 的收敛性问题, 以及给定周期为 2π 的周期函数如何把它展开成三角级数 (8.2).

为了深入研究三角级数的性态, 我们首先介绍三角函数系的正交性的概念. 所谓**三角函数系**

$$1, \cos x, \sin x, \cos 2x, \sin 2x, \cdots, \cos nx, \sin nx, \cdots \tag{8.3}$$

在区间 $[-\pi, \pi]$ 上**正交**, 是指三角函数系 (8.3) 中任意两个不同函数的乘积在该区间上的积分等于零, 即

(1) $\displaystyle\int_{-\pi}^{\pi} \cos nx \, dx = 0$ ($n = 1, 2, 3, \cdots$);

(2) $\displaystyle\int_{-\pi}^{\pi} \sin nx \, dx = 0$ ($n = 1, 2, 3, \cdots$);

(3) $\displaystyle\int_{-\pi}^{\pi} \sin mx \sin nx \, dx = 0$ ($m \neq n$, $m, n = 1, 2, 3, \cdots$);

(4) $\displaystyle\int_{-\pi}^{\pi} \cos mx \cos nx \, dx = 0$ ($m \neq n$, $m, n = 1, 2, 3, \cdots$);

(5) $\displaystyle\int_{-\pi}^{\pi} \sin mx \cos nx \, dx = 0$ ($m, n = 1, 2, 3, \cdots$).

以上等式都可以通过直接计算定积分来验证. 这里我们只验证等式 (4). 其余请读者自证.

利用三角学中的积化和差公式, 有

$$\int_{-\pi}^{\pi} \cos mx \cos nx \, dx = \frac{1}{2} \int_{-\pi}^{\pi} [\cos(m+n)x + \cos(m-n)x] \, dx$$

① 傅里叶 (J. B. J. Fourier, 1768—1830), 法国数学家.
② 狄利克雷 (P. G. L. Dirichlet, 1805—1859), 德国数学家.

$$= \frac{1}{2} \left[\frac{\sin(m+n)x}{m+n} + \frac{\sin(m-n)x}{m-n} \right] \Bigg|_{-\pi}^{\pi} = 0 \ (m \neq n, \ m, \ n = 1, 2, 3, \cdots).$$

在三角函数系(8.3)中，两个相同函数的乘积在区间$[-\pi, \pi]$上的积分不等于零，即

$$\int_{-\pi}^{\pi} \sin^2 nx \, dx = \pi \ (n = 1, 2, 3, \cdots), \qquad \int_{-\pi}^{\pi} \cos^2 nx \, dx = \pi \ (n = 0, 1, 2, 3, \cdots).$$

二、函数展开成傅里叶级数

要将函数$f(x)$展开成三角级数

$$\frac{a_0}{2} + \sum_{n=1}^{\infty} (a_n \cos nx + b_n \sin nx),$$

首先要确定三角级数的系数$a_0, a_n, b_n (n = 1, 2, 3, \cdots)$，然后要讨论用这样的系数构造出的三角级数的敛散性．如果级数收敛，还要考虑它的和函数与函数$f(x)$是否相同，如果在某个范围内两者相同，则在这个范围内函数$f(x)$可以展开成这个三角级数．

设$f(x)$是周期为2π的周期函数，且能展开成三角级数，即

$$f(x) = \frac{a_0}{2} + \sum_{k=1}^{\infty} (a_k \cos kx + b_k \sin kx), \tag{8.4}$$

现在我们来求系数$a_0, a_1, b_1, a_2, b_2, \cdots$．

先求a_0．为此在式(8.4)的两端从$-\pi$到π逐项积分：

$$\int_{-\pi}^{\pi} f(x) dx = \int_{-\pi}^{\pi} \frac{a_0}{2} dx + \sum_{k=1}^{\infty} \left[a_k \int_{-\pi}^{\pi} \cos kx \, dx + b_k \int_{-\pi}^{\pi} \sin kx \, dx \right].$$

根据三角函数系(8.3)的正交性，等式右端除第1项外，其余各项均为零，所以

$$\int_{-\pi}^{\pi} f(x) dx = \frac{a_0}{2} \cdot 2\pi,$$

于是

$$a_0 = \frac{1}{\pi} \int_{-\pi}^{\pi} f(x) dx.$$

其次求a_n．为此用$\cos nx$乘式(8.4)的两端，再从$-\pi$到π逐项积分，可得

$$\int_{-\pi}^{\pi} f(x) \cos nx \, dx = \frac{a_0}{2} \int_{-\pi}^{\pi} \cos nx \, dx$$
$$+ \sum_{k=1}^{\infty} \left[a_k \int_{-\pi}^{\pi} \cos kx \cos nx \, dx + b_k \int_{-\pi}^{\pi} \sin kx \cos nx \, dx \right].$$

根据三角函数系(8.3)的正交性，等式右端除$k = n$的一项外，其余各项均为零，所以

$$\int_{-\pi}^{\pi} f(x) \cos nx \, dx = a_n \int_{-\pi}^{\pi} \cos^2 nx \, dx = a_n \pi,$$

于是

$$a_n = \frac{1}{\pi} \int_{-\pi}^{\pi} f(x) \cos nx \mathrm{d}x \quad (n = 1, 2, 3, \cdots).$$

类似地，用 $\sin nx$ 乘式 (8.4) 的两端，再从 $-\pi$ 到 π 逐项积分，可得

$$b_n = \frac{1}{\pi} \int_{-\pi}^{\pi} f(x) \sin nx \mathrm{d}x \quad (n = 1, 2, 3, \cdots).$$

由于当 $n = 0$ 时，a_n 的表达式正好给出 a_0，因此所求系数为

$$\begin{cases} a_n = \dfrac{1}{\pi} \displaystyle\int_{-\pi}^{\pi} f(x) \cos nx \mathrm{d}x \quad (n = 0, 1, 2, \cdots) \\ b_n = \dfrac{1}{\pi} \displaystyle\int_{-\pi}^{\pi} f(x) \sin nx \mathrm{d}x \quad (n = 1, 2, 3, \cdots) \end{cases}, \tag{8.5}$$

如果公式 (8.5) 中的积分都存在，则称由式 (8.5) 确定的系数 a_0, a_n, b_n $(n = 1, 2, 3, \cdots)$ 为函数 $f(x)$ 的**傅里叶系数**. 将这些系数代入式 (8.4) 的右端，所得的三角级数

$$\frac{a_0}{2} + \sum_{n=1}^{\infty} (a_n \cos nx + b_n \sin nx) \tag{8.6}$$

称为函数 $f(x)$ 的**傅里叶级数**.

根据上述分析可见，如果一个定义在 $(-\infty, +\infty)$ 上周期为 2π 的函数 $f(x)$ 在一个周期上可积，则一定可以作出 $f(x)$ 的傅里叶级数. 接下来我们要解决的一个基本问题是：在什么条件下，函数 $f(x)$ 的傅里叶级数收敛到函数 $f(x)$？即函数 $f(x)$ 满足什么条件就可以展开成傅里叶级数？这个问题自 18 世纪中叶提出以来，当时欧洲的许多数学家都曾致力于它的解决，直到 1829 年，狄利克雷才首次给出了这个问题的一个严格的数学证明. 随后，还有其他一些数学家也给出了条件有些不同的证明. 对这一问题的研究，极大地促进了数学分析的发展. 这里我们不加证明地叙述狄利克雷关于傅里叶级数收敛问题的一个充分条件.

定理 1（收敛定理，狄利克雷充分条件） 设 $f(x)$ 是周期为 2π 的周期函数. 如果 $f(x)$ 满足在一个周期内连续或只有有限个第一类间断点，并且至多只有有限个极值点，则 $f(x)$ 的傅里叶级数收敛，并且

(1) 当 x 是 $f(x)$ 的连续点时，级数收敛于 $f(x)$；

(2) 当 x 是 $f(x)$ 的间断点时，收敛于

$$\frac{f(x-0) + f(x+0)}{2}.$$

狄利克雷收敛定理告诉我们：只要函数 $f(x)$ 在区间 $[-\pi, \pi]$ 上至多只有有限个第一类间断点，并且不作无限次振动，函数 $f(x)$ 的傅里叶级数就会在函数的连续点处收敛于该点的函数值，在函数的间断点处收敛于该点处的函数的左极限与右极限的算术平均值. 由此可见，函数展开成傅里叶级数的条件要比函数展开成幂级数的条件低得多.

例1　将以 2π 为周期的函数

$$u(t)=\begin{cases} -1, & -\pi \le t<0 \\ 1, & 0 \le t<\pi \end{cases}$$

展开成傅里叶级数.

解　先求 $u(t)$ 傅里叶系数.

$$a_n=\frac{1}{\pi}\int_{-\pi}^{\pi} u(t)\cos nt\,dt=\frac{1}{\pi}\int_{-\pi}^{0}(-1)\cos nt\,dt+\frac{1}{\pi}\int_{0}^{\pi}1\cdot\cos nt\,dt=0\ (n=0,1,2,\cdots);$$

$$b_n=\frac{1}{\pi}\int_{-\pi}^{\pi} u(t)\sin nt\,dt=\frac{1}{\pi}\int_{-\pi}^{0}(-1)\sin nt\,dt+\frac{1}{\pi}\int_{0}^{\pi}1\cdot\sin nt\,dt$$

$$=\frac{2}{n\pi}(1-\cos n\pi)=\frac{2}{n\pi}\left[1-(-1)^n\right]$$

$$=\begin{cases} \dfrac{4}{n\pi}, & n=1,3,5,\cdots \\[2mm] 0, & n=2,4,6,\cdots \end{cases}.$$

所以函数 $u(t)$ 的傅里叶级数展开式为

$$\frac{4}{\pi}\sum_{n=1}^{\infty}\frac{1}{2n-1}\sin(2n-1)t=\frac{4}{\pi}\left[\sin t+\frac{1}{3}\sin 3t+\cdots+\frac{1}{2n-1}\sin(2n-1)t+\cdots\right].$$

注意到函数 $u(t)$ 满足狄利克雷收敛定理的条件. 它在点 $x=k\pi\ (k=0,\ \pm1,\ \pm2,\ \cdots)$ 处间断 (属于第一类间断), 在其他点处连续. 因此, $u(t)$ 的傅里叶级数收敛, 并且当 $x=k\pi$ 时, 级数收敛于

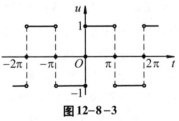

图 12-8-3

$$\frac{(-1)+1}{2}=0 \quad \text{或} \quad \frac{1+(-1)}{2}=0.$$

当 $x\neq k\pi$ 时, 级数收敛于 $u(t)$, 即 $u(t)$ 的傅里叶级数的和函数为

$$s(t)=\begin{cases} u(t), & x\neq k\pi \\ 0, & x=k\pi \end{cases} \quad (k=0,\pm1,\pm2,\cdots),$$

和函数的图形如图 12-8-3 所示. 故 $u(t)$ 的傅里叶级数展开式为

计算实验

$$u(t)=\frac{4}{\pi}\sum_{n=1}^{\infty}\frac{1}{2n-1}\sin(2n-1)t \quad (-\infty<x<+\infty,\ x\neq 0,\ \pm\pi,\ \pm2\pi,\cdots).$$

图 12-8-4 中分别给出了用上述级数展开式的前 2、4、8、16、32、64 项部分和逼近函数的示意. 从中可见, 随着 n 的增加, 傅里叶级数前 n 项的和将逐渐逼近 $u(x)$. 另外, 在 $u(x)$ 的不连续点 $x=0$ 处, 傅里叶级数收敛于 0, 这与收敛定理是一致的.　■

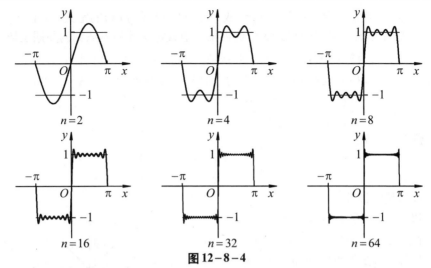

图 12-8-4

注：如果将本例中的函数 $u(t)$ 理解为矩形波的波形函数，则 $u(t)$ 的展开式表明：矩形波是由一系列不同频率的正弦波叠加而成的．

根据狄利克雷收敛定理，为求函数 $f(x)$ 的傅里叶级数展开式的和函数，并不需要求出函数 $f(x)$ 的傅里叶级数．

例 2 设 $f(x)$ 是周期为 2π 的周期函数，它在 $(-\pi, \pi]$ 上的表达式为

$$f(x) = \begin{cases} -1, & -\pi < x \le 0 \\ 1+x^2, & 0 < x \le \pi \end{cases},$$

试写出 $f(x)$ 的傅里叶级数展开式在区间 $(-\pi, \pi]$ 上的和函数 $s(x)$ 的表达式．

解 此题只求 $f(x)$ 的傅里叶级数的和函数，因此不需要求出 $f(x)$ 的傅里叶级数．

因为函数 $f(x)$ 满足狄利克雷收敛定理的条件，在 $(-\pi, \pi]$ 上的第一类间断点为 $x = 0, \pi$，在其余点处均连续．故由收敛定理知，在间断点 $x = 0$ 处，和函数

$$s(x) = \frac{f(0-0)+f(0+0)}{2} = \frac{-1+1}{2} = 0,$$

在间断点 $x = \pi$ 处，和函数

$$s(x) = \frac{f(\pi-0)+f(-\pi+0)}{2} = \frac{(1+\pi^2)+(-1)}{2} = \frac{\pi^2}{2}.$$

计算实验

因此，所求和函数为

$$s(x) = \begin{cases} -1, & -\pi < x < 0 \\ 1+x^2, & 0 < x < \pi \\ 0, & x = 0 \\ \pi^2/2, & x = \pi \end{cases}.$$

注：微信扫描右侧二维码，即可进行计算实验（详见教材配套的网络学习空间）．

对于非周期函数 $f(x)$，如果它只在区间 $[-\pi, \pi]$ 上有定义，并且在该区间上满足狄利克雷收敛定理的条件，那么函数 $f(x)$ 也可以展开成它的傅里叶级数．

事实上，我们只要在区间 $[-\pi,\pi)$ 或 $(-\pi,\pi]$ 外补充 $f(x)$ 的定义，就能使它拓广成一个周期为 2π 的周期函数 $F(x)$，这种拓广函数定义域的方法称为**周期延拓**. 将作周期延拓后的函数 $F(x)$ 展开成傅里叶级数，然后再限制 x 在区间 $(-\pi,\pi)$ 内，此时显然有 $F(x)=f(x)$，这样便得到了 $f(x)$ 的傅里叶级数展开式，这个级数在区间端点 $x=\pm\pi$ 处收敛于 $\dfrac{f(\pi-0)+f(-\pi+0)}{2}$.

例3 将函数

$$f(x)=\begin{cases} -x, & -\pi\leq x<0 \\ x, & 0\leq x\leq\pi \end{cases}$$

展开成傅里叶级数.

解 所给函数在区间 $[-\pi,\pi]$ 上满足收敛定理的条件，并且拓广为周期函数时，它在每点 x 处都连续（见图 12-8-5），因此拓广的周期函数的傅里叶级数在 $[-\pi,\pi]$ 上收敛于 $f(x)$.

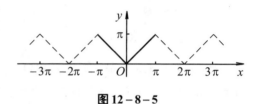

图 12-8-5

计算傅里叶系数如下：

$$a_n=\frac{1}{\pi}\int_{-\pi}^{\pi}f(x)\cos nx\,\mathrm{d}x=\frac{1}{\pi}\int_{-\pi}^{0}(-x)\cos nx\,\mathrm{d}x+\frac{1}{\pi}\int_{0}^{\pi}x\cos nx\,\mathrm{d}x$$

$$=-\frac{1}{\pi}\left[\frac{x\sin nx}{n}+\frac{\cos nx}{n^2}\right]\Bigg|_{-\pi}^{0}+\frac{1}{\pi}\left[\frac{x\sin nx}{n}+\frac{\cos nx}{n^2}\right]\Bigg|_{0}^{\pi}$$

$$=\frac{2}{n^2\pi}(\cos n\pi-1)=\begin{cases} -\dfrac{4}{n^2\pi}, & n=1,3,5,\cdots \\ 0, & n=2,4,6,\cdots \end{cases}.$$

计算实验

$$a_0=\frac{1}{\pi}\int_{-\pi}^{\pi}f(x)\,\mathrm{d}x=\frac{1}{\pi}\int_{-\pi}^{0}(-x)\,\mathrm{d}x+\frac{1}{\pi}\int_{0}^{\pi}x\,\mathrm{d}x=\frac{1}{\pi}\left[-\frac{x^2}{2}\right]\Bigg|_{-\pi}^{0}+\frac{1}{\pi}\left[\frac{x^2}{2}\right]\Bigg|_{0}^{\pi}=\pi.$$

$$b_n=\frac{1}{\pi}\int_{-\pi}^{\pi}f(x)\sin nx\,\mathrm{d}x=\frac{1}{\pi}\int_{-\pi}^{0}(-x)\sin nx\,\mathrm{d}x+\frac{1}{\pi}\int_{0}^{\pi}x\sin nx\,\mathrm{d}x$$

$$=-\frac{1}{\pi}\left[-\frac{x\cos nx}{n}+\frac{\sin nx}{n^2}\right]\Bigg|_{-\pi}^{0}+\frac{1}{\pi}\left[-\frac{x\cos nx}{n}+\frac{\sin nx}{n^2}\right]\Bigg|_{0}^{\pi}=0\ (n=1,2,3,\cdots).$$

所以函数 $f(x)$ 的傅里叶级数为

$$f(x)=\frac{\pi}{2}-\frac{4}{\pi}\left(\cos x+\frac{1}{3^2}\cos 3x+\frac{1}{5^2}\cos 5x+\cdots\right)\quad(-\pi\leq x\leq\pi). \quad\blacksquare$$

注：微信扫描右侧二维码，即可进行计算实验（详见教材配套的网络学习空间）.

利用函数的傅里叶级数展开式，我们可以求出某些特殊的常数项级数的和. 如在例3的展开式中，令 $x=0$，则由 $f(0)=0$，得

$$\frac{\pi^2}{8}=1+\frac{1}{3^2}+\frac{1}{5^2}+\cdots.$$

设
$$\sigma = 1 + \frac{1}{2^2} + \frac{1}{3^2} + \frac{1}{4^2} + \cdots, \qquad \sigma_1 = 1 + \frac{1}{3^2} + \frac{1}{5^2} + \frac{1}{7^2} + \cdots,$$

$$\sigma_2 = \frac{1}{2^2} + \frac{1}{4^2} + \frac{1}{6^2} + \cdots, \qquad \sigma_3 = 1 - \frac{1}{2^2} + \frac{1}{3^2} - \frac{1}{4^2} + \cdots,$$

因为 $\sigma_2 = \dfrac{\sigma}{4} = \dfrac{\sigma_1 + \sigma_2}{4}$，所以

$$\sigma_2 = \frac{\sigma_1}{3} = \frac{\pi^2}{24}, \quad \sigma = \sigma_1 + \sigma_2 = \frac{\pi^2}{8} + \frac{\pi^2}{24} = \frac{\pi^2}{6}, \quad \sigma_3 = 2\sigma_1 - \sigma = \frac{\pi^2}{4} - \frac{\pi^2}{6} = \frac{\pi^2}{12}.$$

三、正弦级数与余弦级数

一般地，一个函数的傅里叶级数既含有正弦项，又含有余弦项，但是，也有一些函数的傅里叶级数只含有正弦项 (如例 1) 或者只含有常数项和余弦项 (如例 3)，导致这种现象的原因与所给函数的奇偶性有关. 事实上，根据在对称区间上奇偶函数的积分性质，易得到下列结论：

设 $f(x)$ 是周期为 2π 的周期函数，则

(1) 当 $f(x)$ 为奇函数时，其傅里叶系数为

$$a_n = 0 \ (n = 0, 1, 2, \cdots), \qquad b_n = \frac{2}{\pi}\int_0^\pi f(x)\sin nx \mathrm{d}x \ \ (n = 1, 2, \cdots),$$

即奇函数的傅里叶级数是只含有正弦项的**正弦级数**

$$\sum_{n=1}^\infty b_n \sin nx.$$

(2) 当 $f(x)$ 为偶函数时，其傅里叶系数为

$$a_n = \frac{2}{\pi}\int_0^\pi f(x)\cos nx \mathrm{d}x \ \ (n = 0, 1, 2, \cdots), \qquad b_n = 0 \ \ (n = 1, 2, \cdots),$$

即偶函数的傅里叶级数是只含有余弦项的**余弦级数**

$$\frac{a_0}{2} + \sum_{n=1}^\infty a_n \cos nx.$$

例 4 试将函数 $f(x) = x \ (-\pi \leq x \leq \pi)$ 展开成傅里叶级数.

解 题设函数满足狄利克雷收敛定理的条件，但作周期延拓后的函数 $F(x)$ 在区间的端点 $x = -\pi$ 和 $x = \pi$ 处不连续.

故 $F(x)$ 的傅里叶级数在区间 $(-\pi, \pi)$ 内收敛于和 $f(x)$，在端点处收敛于

$$\frac{f(-\pi+0) + f(\pi-0)}{2} = \frac{(-\pi) + \pi}{2} = 0,$$

和函数的图形如图 12-8-6 所示.

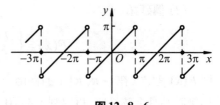

图 12-8-6

计算实验

注意到 $f(x)$ 是奇函数, 故其傅里叶系数中

$$a_n = 0 \quad (n = 0, 1, 2, \cdots).$$

$$b_n = \frac{2}{\pi} \int_0^\pi f(x) \sin nx \, dx = \frac{2}{\pi} \int_0^\pi x \sin nx \, dx$$

$$= \frac{2}{\pi} \left[-\frac{x \cos nx}{n} + \frac{\sin nx}{n^2} \right] \Big|_0^\pi = -\frac{2}{n} \cos n\pi = \frac{2}{n} (-1)^{n-1}$$

$$(n = 1, 2, 3 \cdots).$$

于是

$$f(x) = 2 \sum_{n=1}^{\infty} \frac{(-1)^{n-1}}{n} \sin nx \quad (-\pi < x < \pi).$$

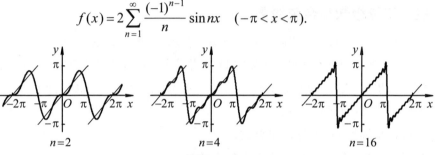

图 12-8-7

图 12-8-7 分别给出了函数 $f(x)$ 及其前 2、4、16 项展开式的图形. ■

注: 微信扫描右侧二维码, 即可进行计算实验(详见教材配套的网络学习空间).

在实际应用中, 有时还需要把定义在区间 $[0, \pi]$ 的函数 $f(x)$ 展开成正弦级数或余弦级数. 这个问题可按如下方法解决.

设函数 $f(x)$ 定义在区间 $[0, \pi]$ 上且满足狄利克雷收敛定理的条件. 我们先把函数 $f(x)$ 的定义延拓到区间 $(-\pi, 0]$ 上, 得到定义在 $(-\pi, \pi]$ 上的函数 $F(x)$, 根据实际的需要, 常采用以下两种延拓方式:

(1) 奇延拓 令

$$F(x) = \begin{cases} f(x), & 0 < x \le \pi \\ 0, & x = 0 \\ -f(-x), & -\pi < x < 0 \end{cases},$$

则 $F(x)$ 是定义在 $(-\pi, \pi]$ 上的奇函数, 将 $F(x)$ 在 $(-\pi, \pi]$ 上展开成傅里叶级数, 所得级数必是正弦级数. 再限制 x 在 $(0, \pi]$ 上, 就得到 $f(x)$ 的正弦级数展开式.

(2) 偶延拓 令

$$F(x) = \begin{cases} f(x), & 0 \le x \le \pi \\ f(-x), & -\pi < x < 0 \end{cases},$$

则 $F(x)$ 是定义在 $(-\pi, \pi]$ 上的偶函数, 将 $F(x)$ 在 $(-\pi, \pi]$ 上展开成傅里叶级数, 所得级数必是余弦级数. 再限制 x 在 $(0, \pi]$ 上, 就得到 $f(x)$ 的余弦级数展开式.

例5 将函数 $f(x) = x + 1 \ (0 \le x \le \pi)$ 分别展开成正弦级数和余弦级数.

解 先求正弦级数. 为此对 $f(x)$ 进行奇延拓 (见图12-8-8), 则

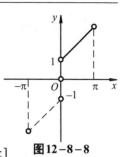

$$b_n = \frac{2}{\pi} \int_0^\pi f(x) \sin nx \, \mathrm{d}x = \frac{2}{\pi} \int_0^\pi (x+1) \sin nx \, \mathrm{d}x$$

$$= \frac{2}{\pi} \left[-\frac{(x+1)\cos nx}{n} + \frac{\sin nx}{n^2} \right]_0^\pi = \frac{2}{n\pi} \left[1 - (\pi+1)\cos n\pi \right]$$

$$= \begin{cases} \dfrac{2}{\pi} \cdot \dfrac{\pi+2}{n}, & n = 1,\ 3,\ 5,\ \cdots \\[2mm] -\dfrac{2}{n}, & n = 2,\ 4,\ 6,\ \cdots \end{cases}.$$

图12-8-8

于是

$$x + 1 = \frac{2}{\pi} \left[(\pi+2)\sin x - \frac{\pi}{2}\sin 2x + \frac{1}{3}(\pi+2)\sin 3x - \cdots \right] \quad (0 < x < \pi).$$

再求余弦级数. 为此对 $f(x)$ 进行偶延拓 (见图12-8-9), 则

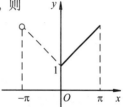

$$a_0 = \frac{2}{\pi} \int_0^\pi (x+1) \, \mathrm{d}x = \pi + 2,$$

$$a_n = \frac{2}{\pi} \int_0^\pi (x+1)\cos nx \, \mathrm{d}x$$

$$= \frac{2}{\pi} \left[\frac{(x+1)\sin nx}{n} + \frac{\cos nx}{n^2} \right]_0^\pi$$

图12-8-9

$$= \frac{2}{n^2\pi}(\cos n\pi - 1) = \begin{cases} 0, & n = 2,\ 4,\ 6,\ \cdots \\[2mm] -\dfrac{4}{n^2\pi}, & n = 1,\ 3,\ 5,\ \cdots \end{cases}.$$

计算实验

于是

$$x + 1 = \frac{\pi}{2} + 1 - \frac{4}{\pi} \left(\cos x + \frac{1}{3^2}\cos 3x + \frac{1}{5^2}\cos 5x + \cdots \right) \quad (0 \le x \le \pi).$$

注: 微信扫描右侧二维码, 即可进行计算实验 (详见教材配套的网络学习空间).

例6 把给定在区间 $(0, \pi/2)$ 内满足狄利克雷收敛定理且连续的函数 $f(x)$ 延拓到区间 $(-\pi, \pi)$ 内, 从而使它的傅里叶级数展开式为

$$f(x) = \sum_{n=1}^\infty a_{2n-1}\cos(2n-1)x, \quad -\pi < x < \pi, \ x \ne 0,\ \pm\frac{\pi}{2}.$$

解 由于展开式中无正弦项, 故 $f(x)$ 延拓到 $(-\pi, \pi)$ 内应满足 $f(-x) = f(x)$. 设函数 $f(x)$ 延拓到 $(\pi/2, \pi)$ 的部分记为 $g(x)$, 则按题意, 有

$$a_{2n} = \int_0^{\pi/2} f(x)\cos 2nx \, \mathrm{d}x + \int_{\pi/2}^\pi g(x)\cos 2nx \, \mathrm{d}x = 0, \quad n = 0, 1, 2, \cdots.$$

由 $\displaystyle\int_0^{\pi/2} f(x)\cos 2nx\mathrm{d}x \xrightarrow{\ \pi-x=y\ } -\int_\pi^{\pi/2} f(\pi-y)\cos 2ny\mathrm{d}y = \int_{\pi/2}^\pi f(\pi-x)\cos 2nx\mathrm{d}x,$

于是

$$\int_{\pi/2}^\pi [f(\pi-x)+g(x)]\cos 2nx\mathrm{d}x = 0,\ n=0,1,2,\cdots.$$

若要上式成立，只要对于每一个 $x\in(\pi/2,\pi)$，使 $f(\pi-x)+g(x)=0$，即

$$g(x)=-f(\pi-x).$$

因此，首先要在 $(\pi/2,\pi)$ 内定义一个函数，使它等于 $-f(\pi-x)$，然后，再进行偶延拓．把 $f(x)$ 延拓到 $(-\pi,0)$，不妨将延拓到 $(-\pi,\pi)$ 上的函数仍记为 $f(x)$，则由上面的讨论知

$$f(\pi-x)=-f(x),\ \frac{\pi}{2}<x<\pi;\quad f(-x)=f(x),\ -\pi<x<\pi,\ x\ne 0,\ \pm\frac{\pi}{2}.\quad\blacksquare$$

*数学实验

实验12.8　试用计算软件完成下列各题：

(1) 设 $f(x)$ 是以 2π 为周期的周期函数，它在 $[-\pi,\pi]$ 内的表达式是

$$f(x)=\begin{cases} x^2+\pi x, & -\pi\le x\le 0 \\ \pi x-x^2, & 0<x\le\pi \end{cases},$$

计算实验

求 $f(x)$ 的以 2π 为周期的傅里叶级数；

(2) 设 $f(x)=\begin{cases} 1, & 0\le x<\dfrac{\pi}{2} \\ 0, & \dfrac{\pi}{2}\le x<\pi \end{cases}$，求 $f(x)$ 的余弦级数，并作图．

详见教材配套的网络学习空间．

习题 12-8

1. 把函数 $f(x)=\begin{cases} 0, & -\pi<x<0 \\ 1, & 0\le x\le\pi \end{cases}$ 展开成傅里叶级数．

2. 设下列 $f(x)$ 的周期为 2π，试将其展开成傅里叶级数：

(1) $f(x)=\pi^2-x^2,\ x\in(-\pi,\pi);$ 　　　　　　　　(2) $f(x)=\mathrm{e}^{2x},\ x\in[-\pi,\pi);$

(3) $f(x)=\sin^4 x,\ x\in[-\pi,\pi].$

3. 在区间 $\left(-\dfrac{\pi}{2},\dfrac{\pi}{2}\right)$ 内将 $f(x)=x\cos x$ 展开成傅里叶级数．

4. 在区间 $(-\pi,\pi)$ 内将函数 $f(x)=\begin{cases} x, & -\pi<x<0 \\ 1, & x=0 \\ 2x, & 0<x<\pi \end{cases}$ 展开成傅里叶级数．

5. 将函数 $f(x)=\operatorname{sgn}x\,(-\pi<x<\pi)$ 展开成傅里叶级数，并利用展式，求 $\displaystyle\sum_{n=0}^\infty \frac{(-1)^n}{2n+1}$ 的和．

6. 将函数 $f(x) = \dfrac{\pi - x}{2}$ $(0 \le x \le \pi)$ 展开成正弦级数.

7. 将函数 $f(x) = 2x^2$ $(0 \le x \le \pi)$ 分别展开成正弦级数和余弦级数.

8. 设 $f(x)$ 是周期为 2π 的周期函数, 证明:

(1) 如果 $f(x - \pi) = -f(x)$, 则 $f(x)$ 的傅里叶系数 $a_0 = 0$, $a_{2k} = 0$, $b_{2k} = 0$ $(k = 1, 2, \cdots)$;

(2) 如果 $f(x - \pi) = f(x)$, 则 $f(x)$ 的傅里叶系数 $a_{2k+1} = 0$, $b_{2k+1} = 0$ $(k = 0, 1, 2, \cdots)$.

9. 把函数 $f(x) = \dfrac{\pi}{4}$ 在 $[0, \pi]$ 上展开成正弦级数, 并由它推导出:

(1) $1 - \dfrac{1}{3} + \dfrac{1}{5} - \dfrac{1}{7} + \cdots = \dfrac{\pi}{4}$; (2) $1 - \dfrac{1}{5} + \dfrac{1}{7} - \dfrac{1}{11} + \dfrac{1}{13} - \dfrac{1}{17} + \cdots = \dfrac{\sqrt{3}}{6}\pi$.

10. 把函数 $f(x) = x^3$ $(0 \le x \le \pi)$ 展开成余弦级数, 并由此求级数 $\displaystyle\sum_{n=1}^{\infty} \dfrac{1}{n^4}$ 的和.

§12.9 一般周期函数的傅里叶级数

一、一般周期函数的傅里叶级数

§12.8 中所讨论的函数都是以 2π 为周期的周期函数. 但在很多实际问题中, 我们常常会遇到周期不是 2π 的周期函数, 本节我们要讨论这样一类周期函数的傅里叶级数的展开问题. 实际上, 根据 §12.8 的讨论结果, 只需经过适当的变量替换, 就可以得到下面的定理.

定理 1 设周期为 $2l$ 的周期函数 $f(x)$ 在区间 $[-l, l]$ 上满足狄利克雷收敛定理的条件, 则它的傅里叶级数展开式为

$$f(x) = \frac{a_0}{2} + \sum_{n=1}^{\infty} \left(a_n \cos \frac{n\pi x}{l} + b_n \sin \frac{n\pi x}{l} \right), \tag{9.1}$$

其中

$$\begin{cases} a_n = \dfrac{1}{l} \displaystyle\int_{-l}^{l} f(x) \cos \dfrac{n\pi x}{l} \, \mathrm{d}x & (n = 0, 1, 2, \cdots) \\ b_n = \dfrac{1}{l} \displaystyle\int_{-l}^{l} f(x) \sin \dfrac{n\pi x}{l} \, \mathrm{d}x & (n = 1, 2, 3, \cdots) \end{cases}. \tag{9.2}$$

如果函数 $f(x)$ 为奇函数, 则

$$f(x) = \sum_{n=1}^{\infty} b_n \sin \frac{n\pi x}{l}, \tag{9.3}$$

其中

$$b_n = \frac{2}{l} \int_{0}^{l} f(x) \sin \frac{n\pi x}{l} \, \mathrm{d}x \quad (n = 1, 2, 3, \cdots). \tag{9.4}$$

如果函数 $f(x)$ 为偶函数，则

$$f(x) = \frac{a_0}{2} + \sum_{n=1}^{\infty} a_n \cos\frac{n\pi x}{l}, \tag{9.5}$$

其中

$$a_n = \frac{2}{l}\int_0^l f(x)\cos\frac{n\pi x}{l}\,dx \quad (n=0,1,2,\cdots). \tag{9.6}$$

注：当 x 为函数 $f(x)$ 的间断点时，公式 (9.1)、(9.3) 和 (9.5) 的左端应用

$$\frac{1}{2}[f(x-0)+f(x+0)]$$

代之.

证明　作变量替换 $z = \frac{\pi x}{l}$，则区间 $-l \le x \le l$ 变成 $-\pi \le z \le \pi$，设函数

$$f(x) = f\left(\frac{lz}{\pi}\right) = F(z),$$

从而 $F(z)$ 是周期为 2π 的周期函数，并且在区间 $-\pi \le z \le \pi$ 上满足狄利克雷收敛定理的条件. 将 $F(z)$ 展开成傅里叶级数

$$F(z) = \frac{a_0}{2} + \sum_{n=1}^{\infty}(a_n\cos nz + b_n\sin nz),$$

其中

$$a_n = \frac{1}{\pi}\int_{-\pi}^{\pi} F(z)\cos nz\,dz, \quad b_n = \frac{1}{\pi}\int_{-\pi}^{\pi} F(z)\sin nz\,dz.$$

注意到变换关系 $z = \frac{\pi x}{l}$ 及 $F(z) = f(x)$，则有

$$f(x) = \frac{a_0}{2} + \sum_{n=1}^{\infty}\left(a_n\cos\frac{n\pi x}{l} + b_n\sin\frac{n\pi x}{l}\right),$$

而且

$$a_n = \frac{1}{l}\int_{-l}^{l} f(x)\cos\frac{n\pi x}{l}\,dx, \quad b_n = \frac{1}{l}\int_{-l}^{l} f(x)\sin\frac{n\pi x}{l}\,dx.$$

类似地，可以证明定理的其余部分. ∎

例1　设 $f(x)$ 是周期为 4 的周期函数，它在 $[-2,2)$ 上的表达式为

$$f(x) = \begin{cases} 0, & -2 \le x < 0 \\ k, & 0 \le x < 2 \end{cases},$$

试将 $f(x)$ 展开成傅里叶级数.

解　这里 $l=2$，且 $f(x)$ 满足狄利克雷收敛定理的条件，根据公式 (9.2)，有

$$a_0 = \frac{1}{2}\int_{-2}^{0} 0\,dx + \frac{1}{2}\int_0^2 k\,dx = k;$$

$$a_n = \frac{1}{2}\int_0^2 k \cdot \cos\frac{n\pi}{2}x\,\mathrm{d}x = \left[\frac{k}{n\pi}\sin\frac{n\pi x}{2}\right]\Bigg|_0^2 = 0 \quad (n \neq 0);$$

$$b_n = \frac{1}{2}\int_0^2 k \cdot \sin\frac{n\pi}{2}x\,\mathrm{d}x = \left[-\frac{k}{n\pi}\cos\frac{n\pi x}{2}\right]\Bigg|_0^2$$

$$= \frac{k}{n\pi}(1 - \cos n\pi) = \begin{cases} \dfrac{2k}{n\pi}, & n = 1, 3, 5, \cdots \\ 0, & n = 2, 4, 6, \cdots \end{cases}.$$

将所求系数代入式 (9.1)，得

$$f(x) = \frac{k}{2} + \frac{2k}{\pi}\left(\sin\frac{\pi x}{2} + \frac{1}{3}\sin\frac{3\pi x}{2} + \frac{1}{5}\sin\frac{5\pi x}{2} + \cdots\right)$$

$$(-\infty < x < +\infty; \ x \neq 0, \pm 2, \pm 4, \cdots).$$

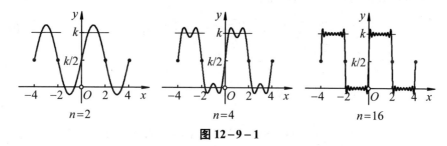

图 12−9−1

$f(x)$ 的傅里叶级数的和函数的图形如图12−9−1所示.

例2　将如图12−9−2所示的函数

$$M(x) = \begin{cases} px/2, & 0 \leq x < l/2 \\ p(l-x)/2, & l/2 \leq x \leq l \end{cases}$$

展开成正弦级数.

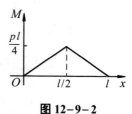

图 12−9−2

解　$M(x)$ 是定义在 $[0, l]$ 上的函数, 要将它展开成正弦级数, 必须对 $M(x)$ 进行奇延拓, 并按公式 (9.4) 计算延拓后的函数的傅里叶系数.

$$b_n = \frac{2}{l}\int_0^l M(x)\sin\frac{n\pi x}{l}\,\mathrm{d}x$$

$$= \frac{2}{l}\left[\int_0^{l/2}\frac{px}{2}\sin\frac{n\pi x}{l}\,\mathrm{d}x + \int_{l/2}^l \frac{p(l-x)}{2}\sin\frac{n\pi x}{l}\,\mathrm{d}x\right].$$

对于上式右端的第二项, 令 $t = l - x$, 则

$$b_n = \frac{2}{l}\left[\int_0^{l/2}\frac{px}{2}\sin\frac{n\pi x}{l}\,\mathrm{d}x + \int_{l/2}^0 \frac{pt}{2}\sin\frac{n\pi(l-t)}{l}(-\mathrm{d}t)\right]$$

$$= \frac{2}{l}\left[\int_0^{l/2} \frac{px}{2} \sin\frac{n\pi x}{l}\,\mathrm{d}x + (-1)^{n+1}\int_0^{l/2} \frac{pt}{2} \sin\frac{n\pi t}{l}\,\mathrm{d}t\right].$$

当 $n = 2, 4, 6, \cdots$ 时, $b_n = 0$;　当 $n = 1, 3, 5, \cdots$ 时,

$$b_n = \frac{4p}{2l}\int_0^{l/2} x \sin\frac{n\pi x}{l}\,\mathrm{d}x = \frac{2pl}{n^2\pi^2}\sin\frac{n\pi}{2}.$$

将求得的 b_n 代入式 (9.3), 得

$$M(x) = \frac{2pl}{\pi^2}\left(\sin\frac{\pi x}{l} - \frac{1}{3^2}\sin\frac{3\pi x}{l} + \frac{1}{5^2}\sin\frac{5\pi x}{l} - \cdots\right) \quad (0 \le x \le l). \quad ■$$

*二、傅里叶级数的复数形式

傅里叶级数还可以用复数形式表示. 这种表示形式在电子技术中常常用到.

设周期为 $2l$ 的周期函数 $f(x)$ 的傅里叶级数为

$$\frac{a_0}{2} + \sum_{n=1}^{\infty}\left(a_n\cos\frac{n\pi x}{l} + b_n\sin\frac{n\pi x}{l}\right), \tag{9.7}$$

其中

$$\begin{cases} a_n = \dfrac{1}{l}\displaystyle\int_{-l}^{l} f(x)\cos\dfrac{n\pi x}{l}\,\mathrm{d}x & (n = 0, 1, 2, \cdots) \\[2mm] b_n = \dfrac{1}{l}\displaystyle\int_{-l}^{l} f(x)\sin\dfrac{n\pi x}{l}\,\mathrm{d}x & (n = 1, 2, 3, \cdots) \end{cases} \tag{9.8}$$

利用欧拉公式

$$\cos\frac{n\pi x}{l} = \frac{\mathrm{e}^{\mathrm{i}\frac{n\pi x}{l}} + \mathrm{e}^{-\mathrm{i}\frac{n\pi x}{l}}}{2}, \quad \sin\frac{n\pi x}{l} = \frac{\mathrm{e}^{\mathrm{i}\frac{n\pi x}{l}} - \mathrm{e}^{-\mathrm{i}\frac{n\pi x}{l}}}{2\mathrm{i}},$$

代入式 (9.7), 得

$$\frac{a_0}{2} + \sum_{n=1}^{\infty}\left(a_n\cos\frac{n\pi x}{l} + b_n\sin\frac{n\pi x}{l}\right)$$

$$= \frac{a_0}{2} + \sum_{n=1}^{\infty}\left[\frac{a_n}{2}\left(\mathrm{e}^{\mathrm{i}\frac{n\pi x}{l}} + \mathrm{e}^{-\mathrm{i}\frac{n\pi x}{l}}\right) - \frac{\mathrm{i}b_n}{2}\left(\mathrm{e}^{\mathrm{i}\frac{n\pi x}{l}} - \mathrm{e}^{-\mathrm{i}\frac{n\pi x}{l}}\right)\right]$$

$$= \frac{a_0}{2} + \sum_{n=1}^{\infty}\left[\frac{a_n - \mathrm{i}b_n}{2}\mathrm{e}^{\mathrm{i}\frac{n\pi x}{l}} + \frac{a_n + \mathrm{i}b_n}{2}\mathrm{e}^{-\mathrm{i}\frac{n\pi x}{l}}\right]$$

$$= c_0 + \sum_{n=1}^{\infty}\left[c_n\mathrm{e}^{\mathrm{i}\frac{n\pi x}{l}} + c_{-n}\mathrm{e}^{-\mathrm{i}\frac{n\pi x}{l}}\right]. \tag{9.9}$$

其中

$$c_0 = \frac{a_0}{2} = \frac{1}{2l}\int_{-l}^{l} f(x)\,\mathrm{d}x,$$

$$c_n = \frac{a_n - \mathrm{i}b_n}{2} = \frac{1}{2l}\int_{-l}^{l} f(x)\left(\cos\frac{n\pi x}{l} - \mathrm{i}\sin\frac{n\pi x}{l}\right)\mathrm{d}x = \frac{1}{2l}\int_{-l}^{l} f(x)\mathrm{e}^{-\mathrm{i}\frac{n\pi x}{l}}\mathrm{d}x$$

$$(n = 1, 2, 3, \cdots),$$

$$c_{-n} = \frac{a_n + \mathrm{i}b_n}{2} = \frac{1}{2l}\int_{-l}^{l} f(x)\left(\cos\frac{n\pi x}{l} + \mathrm{i}\sin\frac{n\pi x}{l}\right)\mathrm{d}x = \frac{1}{2l}\int_{-l}^{l} f(x)\mathrm{e}^{\mathrm{i}\frac{n\pi x}{l}}\mathrm{d}x$$

$$(n = 1, 2, 3, \cdots).$$

根据上述讨论, 级数(9.9)可进一步简洁地写成

$$\sum_{n=-\infty}^{\infty} c_n \mathrm{e}^{\mathrm{i}\frac{n\pi x}{l}}, \tag{9.10}$$

其中

$$c_n = \frac{1}{2l}\int_{-l}^{l} f(x)\mathrm{e}^{-\mathrm{i}\frac{n\pi x}{l}}\mathrm{d}x \quad (n = 0, \pm 1, \pm 2, \cdots). \tag{9.11}$$

我们把式 (9.10) 称为**傅里叶级数的复数形式**.

例3　把宽为 τ、高为 h、周期为 T 的矩形波(见图12–9–3)展开成复数形式的傅里叶级数.

解　在一个周期 $[-T/2, T/2)$ 内, 矩形波的函数表达式为

$$u(t) = \begin{cases} 0, & -T/2 \leqslant t < -\tau/2 \\ h, & -\tau/2 \leqslant t < \tau/2 \\ 0, & \tau/2 \leqslant t \leqslant T/2 \end{cases}.$$

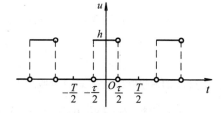

图 12–9–3

利用公式 (9.11), 有

$$c_0 = \frac{1}{T}\int_{-T/2}^{T/2} u(t)\mathrm{d}t = \frac{1}{T}\int_{-\tau/2}^{\tau/2} h\mathrm{d}t = \frac{h\tau}{T},$$

$$c_n = \frac{1}{T}\int_{-T/2}^{T/2} u(t)\mathrm{e}^{-\mathrm{i}\frac{2n\pi t}{T}}\mathrm{d}t = \frac{1}{T}\int_{-\tau/2}^{\tau/2} h\mathrm{e}^{-\mathrm{i}\frac{2n\pi t}{T}}\mathrm{d}t$$

$$= \frac{h}{T}\left[\frac{-T}{2n\pi\mathrm{i}}\mathrm{e}^{-\mathrm{i}\frac{2n\pi t}{T}}\right]\Bigg|_{-\tau/2}^{\tau/2}$$

$$= \frac{h}{n\pi}\sin\frac{n\pi\tau}{T} \quad (n = \pm 1, \pm 2, \cdots),$$

将系数 c_0, c_n 代入级数(9.10), 得

$$u(t) = \frac{h\tau}{T} + \frac{h}{\pi}\sum_{\substack{n=-\infty \\ n\neq 0}}^{\infty}\frac{1}{n}\sin\frac{n\pi\tau}{T}\mathrm{e}^{\mathrm{i}\frac{2n\pi t}{T}} \quad \left(-\infty < t < +\infty, \ t \neq \frac{\tau}{2}, \pm\frac{\tau}{2}\pm\frac{T}{2}, \cdots\right). \quad \blacksquare$$

*数学实验

实验12.9 试用计算软件完成下列各题:

(1) 设 $f(x)$ 在一个周期内的表达式为

$$f(x) = 1 - 2x^3 \quad \left(-\frac{1}{2} \leq x < \frac{1}{2}\right),$$

将它展开成傅里叶级数, 并作图;

(2) 设 $f(x)$ 在一个周期内的表达式为

$$f(x) = \begin{cases} -1, & 0 \leq x < 1 \\ 2-x, & 1 \leq x < 2 \end{cases},$$

将它展开成傅里叶级数, 并作图;

(3) 在 $(0, 1/2)$ 内把 $f(x) = \cos \pi x$ 展开成以 1 为周期的正弦级数;

(4) 在区间 $(-h, h)$ 内把函数 $f(x) = e^{ax}$ 展开成傅里叶级数.

详见教材配套的网络学习空间.

习题 12-9

1. (1) 设 $f(x)$ 是周期为 2 的周期函数, 它在区间 $(-1,1]$ 上定义为

$$f(x) = \begin{cases} 2, & -1 < x \leq 0 \\ x^3, & 0 < x \leq 1 \end{cases},$$

则 $f(x)$ 的傅里叶级数在 $x = 1$ 处收敛于 _____ .

(2) 设函数 $f(x) = x^2$, $0 \leq x < 1$, 而 $S(x) = \sum_{n=1}^{\infty} b_n \sin(n\pi x)$, $-\infty < x < +\infty$, 其中

$$b_n = 2\int_0^1 f(x)\sin(n\pi x)\,\mathrm{d}x, \quad n = 1, 2, 3, \cdots,$$

则 $S(-1/2) =$ _____ .

2. 在区间 $(-l, l)$ 上, 函数 $f(x)$ 的傅里叶系数是 a_0, a_n, b_n, 函数 $g(x)$ 的傅里叶系数是 $\alpha_0, \alpha_n,$ β_n (其中 $n = 1,2,\cdots$), 若 $f(-x) = -g(x)$, 则必有 (　).

(A) $a_0 = \alpha_0, a_n = \alpha_n, b_n = \beta_n$; 　　　　(B) $a_0 = -\alpha_0, a_n = -\alpha_n, b_n = \beta_n$;

(C) $a_0 = -\alpha_0, a_n = -\alpha_n, b_n = -\beta_n$; 　　　(D) $a_0 = \alpha_0, a_n = \alpha_n, b_n = -\beta_n$.

3. 设周期函数在一个周期内的表达式为 $f(x) = \begin{cases} 2x+1, & -3 \leq x < 0 \\ 1, & 0 \leq x < 3 \end{cases}$, 试将其展开成傅里叶级数.

4. 设 $f(x)$ 是周期为 2 的周期函数, 它在 $[-1, 1)$ 上的表达式为 $f(x) = e^{-x}$, 将其展开成复数形式的傅里叶级数.

5. 将函数 $f(x) = x - 1 (0 \leq x \leq 2)$ 展开成周期为 4 的余弦级数.

6. 证明:

(1) $\int_{-l}^{l} \cos \frac{n\pi x}{l} \, \mathrm{d}x = 0$ 对所有正整数 n 成立.

(2) $\int_{-l}^{l} \sin \frac{n\pi x}{l} \, \mathrm{d}x = 0$ 对所有正整数 n 成立.

总 习 题 十 二

1. 求级数 $\sum_{n=1}^{\infty} \dfrac{1}{\sqrt{n(n+1)}\left(\sqrt{n}+\sqrt{n+1}\right)}$ 的和.

2. 求级数 $\dfrac{1}{3}+\dfrac{3}{3^2}+\dfrac{5}{3^3}+\cdots+\dfrac{2n-1}{3^n}+\cdots$ 之和.

3. 已知 $\lim\limits_{n\to\infty} n u_n = 0$, 级数 $\sum\limits_{n=1}^{\infty}(n+1)(u_{n+1}-u_n)$ 收敛, 证明级数 $\sum\limits_{n=1}^{\infty} u_n$ 也收敛.

4. 判断下列级数的敛散性:

(1) $\sum\limits_{n=1}^{\infty} (\sqrt[n]{a}-1)\ (a\geq 1)$; (2) $\sum\limits_{n=1}^{\infty} \dfrac{2^n \cdot n!}{n^n}$; (3) $\sum\limits_{n=1}^{\infty} n \tan \dfrac{\pi}{2^{n+1}}$;

(4) $\sum\limits_{n=1}^{\infty} \dfrac{(n!)^2}{2^{n^2}}$; (5) $\sum\limits_{n=1}^{\infty} \dfrac{[(n+1)!]^n}{2!\,4!\cdots(2n)!}$; (6) $\sum\limits_{n=1}^{\infty} \dfrac{n^2}{\left(n+\frac{1}{n}\right)^n}$.

5. 证明: $\lim\limits_{n\to\infty} \dfrac{n^n}{(n!)^2}=0$.

6. 求极限 $\lim\limits_{n\to\infty} \dfrac{(a+1)(2a+1)\cdots(na+1)}{(b+1)(2b+1)\cdots(nb+1)}$, $b>a>0$.

7. 讨论级数 $\sum\limits_{n=1}^{\infty} \dfrac{\sqrt{n+2}-\sqrt{n-2}}{n^a}$ 的敛散性.

8. 设数列 $S_1=1, S_2, S_3, \cdots$, 由公式 $2S_{n+1}=S_n+\sqrt{S_n^2+u_n}$ 决定, 其中 u_n 是正项级数 $u_1+u_2+\cdots+u_n+\cdots$ 的一般项, 且 $u_n>0$, 证明: 级数 $\sum\limits_{n=1}^{\infty} u_n$ 收敛的充分必要条件是数列 $\{S_n\}$ 也收敛.

9. 判别下列级数的敛散性. 若收敛, 是条件收敛还是绝对收敛?

(1) $\sum\limits_{n=1}^{\infty} \dfrac{(-1)^{n-1}}{\ln(1+n)}$; (2) $\sum\limits_{n=1}^{\infty} (-1)^{n+1} \dfrac{2^{n^2}}{n!}$; (3) $\sum\limits_{n=1}^{\infty} (-1)^{n+1} \dfrac{(n+1)^n}{2n^{n+1}}$.

10. 设 $|a_n|\leq 1\ (n=1,2,3,\cdots)$, $|a_n-a_{n-1}|\leq \dfrac{1}{4}|a_{n-1}^2-a_{n-2}^2|\ (n=3,4,5,\cdots)$, 证明:

(1) 级数 $\sum\limits_{n=2}^{\infty}(a_n-a_{n-1})$ 绝对收敛; (2) 数列 $\{a_n\}$ 收敛.

11. 设 $f(x)$ 在 $x=0$ 处存在二阶导数, 且 $\lim\limits_{x\to 0} \dfrac{f(x)}{x}=0$, 证明级数 $\sum\limits_{n=1}^{\infty} f\left(\dfrac{1}{n}\right)$ 绝对收敛.

12. 求下列幂级数的收敛域:

(1) $\displaystyle\sum_{n=1}^{\infty} n!\left(\frac{x}{n}\right)^n$;　　　　(2) $\displaystyle\sum_{n=1}^{\infty}\frac{n}{2^n}x^{2n}$;　　　　(3) $\displaystyle\sum_{n=1}^{\infty}(-1)^n\frac{(x-2)^{2n+1}}{2n+1}$.

13. 求下列幂级数的和函数:

(1) $\displaystyle\sum_{n=1}^{\infty}\frac{x^{4n+1}}{4n+1}$;　　　　　　　　　　(2) $\displaystyle\sum_{n=0}^{\infty}\frac{n^2+1}{2^n n!}x^n$.

14. 将函数 $x\arctan x-\ln\sqrt{1+x^2}$ 展开成麦克劳林级数.

15. 将函数 $\dfrac{1}{(2-x)^2}$ 展开成 x 的幂级数.

16. 将函数 $f(x)=\dfrac{1}{x^2+3x+2}$ 展开成 $x+4$ 的幂级数.

17. 将函数 $f(x)=\ln(1+x+x^2+x^3)$ 展开成 x 的幂级数.

18. 用幂级数求下列极限:

(1) $\displaystyle\lim_{x\to 0}\frac{\sin x-\tan x}{x^3}$;　　　　　(2) $\displaystyle\lim_{x\to 0}\left(\frac{1}{\sin x}-\frac{1}{x}\right)$.

19. 求级数 $\displaystyle\sum_{n=1}^{\infty}(n+1)(x-1)^n$ 的收敛域及和函数.

20. 利用幂级数求数项级数 $\displaystyle\sum_{n=0}^{\infty}\frac{1}{2^n}\cdot\frac{2n+1}{n!}$ 的和.

21. 设 $y=\operatorname{arccot}x$, 求 $y^{(n)}(0)$.

22. 利用函数的幂级数展开式求 $\sqrt{e}$ 的近似值(精确到 0.001).

23. 利用被积函数的幂级数展开式求定积分 $\displaystyle\int_0^{0.5}\frac{\arctan x}{x}\mathrm{d}x$ 的近似值(精确到 0.000 1).

24. 已知 $\displaystyle\sum_{n=1}^{\infty}\frac{1}{n^2}=\frac{\pi^2}{6}$, 求积分 $\displaystyle\int_0^1\frac{\ln x}{1+x}\mathrm{d}x$.

25. 设函数 $f(x)=\begin{cases}x, & 0\le x<l/2 \\ l-x, & l/2\le x\le l\end{cases}$ 试将其展开成正弦级数和余弦级数.

26. 将函数 $f(x)=2+|x|\,(-1\le x\le 1)$ 展开成以 2 为周期的傅里叶级数.

27. 设 $f(x)$ 是周期为 2π 的函数, 且 $f(x)=\begin{cases}0, & -\pi\le x<0 \\ \mathrm{e}^x, & 0\le x<\pi\end{cases}$, 试将 $f(x)$ 展开成傅里叶级数.

28. 将函数 $f(x)=\begin{cases}x, & -\pi/2\le x<\pi/2 \\ \pi-x, & \pi/2\le x\le 3\pi/2\end{cases}$ 展开成傅里叶级数.

29. 证明: 当 $0\le x\le\pi$ 时, $\displaystyle\sum_{n=1}^{\infty}\frac{\cos nx}{n^2}=\frac{x^2}{4}-\frac{\pi x}{2}+\frac{\pi^2}{6}$.

30. 设函数 $f(x)$ 在区间 $[-\pi,\pi]$ 上可积, 且 a_k,b_k 是函数 $f(x)$ 的傅里叶系数, 试证对任意自然数 n, 有:

$$\frac{a_0^2}{2}+\sum_{k=1}^{\infty}(a_k^2+b_k^2)\le\frac{1}{\pi}\int_{-\pi}^{\pi}[f(x)]^2\mathrm{d}x.$$

31. 证明: 若 $\displaystyle\lim_{n\to\infty}(n^{2n\sin\frac{1}{n}}\cdot a_n)=1$, 则级数 $\displaystyle\sum_{n=1}^{\infty}a_n$ 收敛.

32. 求极限 $\displaystyle\lim_{n\to\infty}\frac{1}{n}\sum_{k=1}^{n}\frac{1}{3^k}\left(1+\frac{1}{k}\right)^{k^2}$.

33. 设函数 $f(x) = \begin{cases} \dfrac{\sin x}{x}, & x \neq 0 \\ 1, & x = 0 \end{cases}$，求 $f^{(n)}(0)$, $n = 1, 2, \cdots$.

34. 证明函数 $f(x) = \begin{cases} \mathrm{e}^{-\frac{1}{x^2}}, & x \neq 0 \\ 0, & x = 0 \end{cases}$ 在任意区间 $(-R, R)$ $(R > 0)$ 上不能展开成幂级数 $\sum\limits_{n=0}^{\infty} a_n x^n$.

35. 把边长为 $2b$ 的等边三角形"正放"，如图所示，"倒放"的等边三角形从原来的三角形中挖去. 从原来三角形中挖去的面积之和形成一个无穷级数.

(1) 求这个无穷级数.

(2) 求这个无穷级数的和，从而求出从原来三角形中挖去的总面积.

(3) 是否原来三角形的每个点都被挖去了？为什么？

  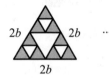 ······

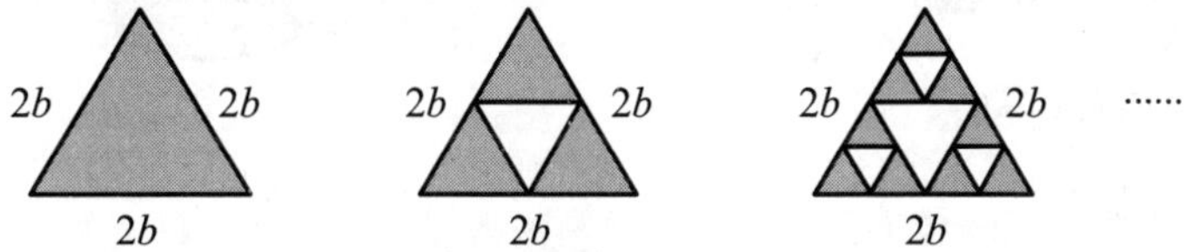

题 35 图

附录　常用曲面

(1) 柱面

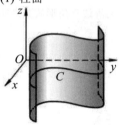

$$F(x, y) = 0$$

(2) 圆柱面

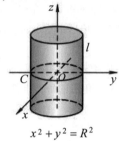

$$x^2 + y^2 = R^2$$

(3) 圆柱面

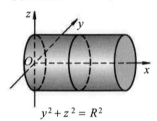

$$y^2 + z^2 = R^2$$

(4) 圆柱面

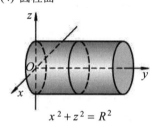

$$x^2 + z^2 = R^2$$

(5) 圆柱面

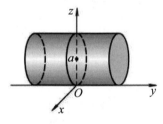

$$x^2 + z^2 = 2az$$

(6) 圆柱面

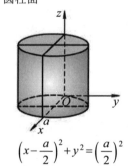

$$\left(x - \frac{a}{2}\right)^2 + y^2 = \left(\frac{a}{2}\right)^2$$

(7) 椭圆柱面

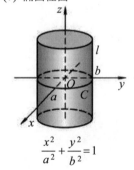

$$\frac{x^2}{a^2} + \frac{y^2}{b^2} = 1$$

(8) 椭圆柱面

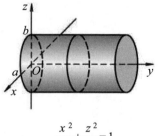

$$\frac{x^2}{a^2} + \frac{z^2}{b^2} = 1$$

(9) 双曲柱面

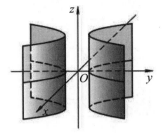

$$-\frac{x^2}{a^2}+\frac{y^2}{b^2}=1$$

(10) 抛物柱面

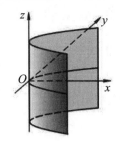

$$y^2=2x$$

(11) 抛物柱面

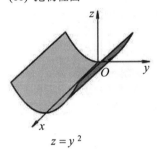

$$z=y^2$$

(12) 抛物柱面

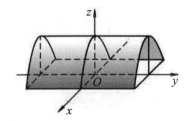

$$z=2-x^2$$

(13) 柱面特例（平面）

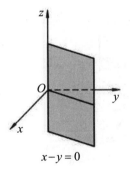

$$x-y=0$$

(14) 柱面特例（平面）

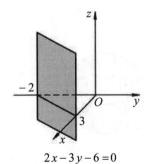

$$2x-3y-6=0$$

(15) 柱面特例（平面）

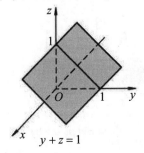

$$y+z=1$$

(16) 曲面

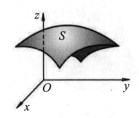

$$F(x,y,z)=0$$

(17) 两柱面相交例

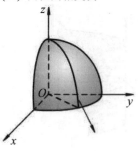

$$\begin{cases} z=\sqrt{4-x^2-y^2} \\ x-y=0 \end{cases}$$

(18) 两柱面相交例

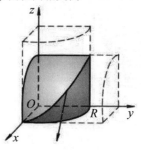

$$\begin{cases} x^2+y^2=a^2 \\ x^2+z^2=a^2 \end{cases}$$

(19) 椭球面

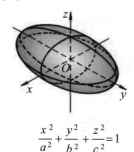

$$\frac{x^2}{a^2}+\frac{y^2}{b^2}+\frac{z^2}{c^2}=1$$

(20) 椭圆抛物面

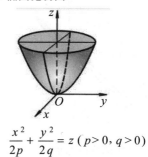

$$\frac{x^2}{2p}+\frac{y^2}{2q}=z\ (p>0,\ q>0)$$

(21) 球面方程

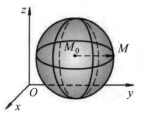

$$(x-x_0)^2+(y-y_0)^2+(z-z_0)^2=R^2$$

(22) 球面方程

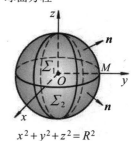

$$x^2+y^2+z^2=R^2$$

(23) 旋转曲面

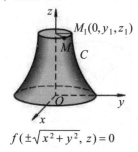

$$f(\pm\sqrt{x^2+y^2},z)=0$$

(24) 双曲抛物面(马鞍面)

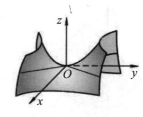

$$-\frac{x^2}{2p}+\frac{y^2}{2q}=z\ (p\cdot q>0)$$

(25) 圆锥面

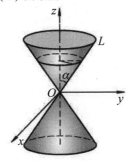

$$z = \pm a\sqrt{x^2+y^2},$$
或 $z^2 = a^2(x^2+y^2)$，其中 $a = \cot\alpha$

(26) 单叶双曲面

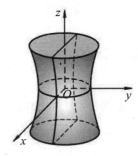

$$\frac{x^2}{a^2} + \frac{y^2}{b^2} - \frac{z^2}{c^2} = 1$$

(27) 旋转抛物面

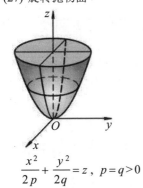

$$\frac{x^2}{2p} + \frac{y^2}{2q} = z,\ p = q > 0$$

(28) 旋转抛物面

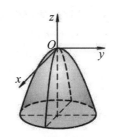

$$\frac{x^2}{2p} + \frac{y^2}{2q} = z,\ p = q < 0$$

(29) 双叶双曲面

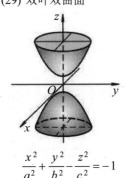

$$\frac{x^2}{a^2} + \frac{y^2}{b^2} - \frac{z^2}{c^2} = -1$$

(30) 二次锥面

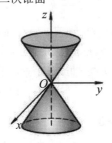

$$\frac{x^2}{a^2} + \frac{y^2}{b^2} - \frac{z^2}{c^2} = 0$$

习题答案

第8章　答案

习题 8-1

1. (1) a 垂直于 b；　　(2) a 与 b 同向.　　　　　　　　2. $5a - 11b + 7c$.

3. $\overrightarrow{AB} = \dfrac{1}{2}(a - b)$,　$\overrightarrow{BC} = \dfrac{1}{2}(a + b)$,　$\overrightarrow{CD} = \dfrac{1}{2}(b - a)$,　$\overrightarrow{DA} = -\dfrac{1}{2}(b + a)$.

4. $\overrightarrow{D_1 A} = -\dfrac{a}{5} - c$,　$\overrightarrow{D_2 A} = -\dfrac{2}{5}a - c$,　$\overrightarrow{D_3 A} = -\dfrac{3}{5}a - c$,　$\overrightarrow{D_4 A} = -\dfrac{4}{5}a - c$.

习题 8-2

1. A，B，C，D 依次在第 IV,V,VIII,III 卦限.

2. A，B，C，D 依次在 xOy 面上，yOz 面上，x 轴上，y 轴上.

3. (1) $(a, b, -c)$，$(-a, b, c)$，$(a, -b, c)$；

    (2) $(a, -b, -c)$，$(-a, b, -c)$，$(-a, -b, c)$；　　　　(3) $(-a, -b, -c)$.

4. 过点 P_0 且平行于 z 轴的直线上的点的坐标为 (x_0, y_0, z)；过点 P_0 且平行于 xOy 面的平面上的点的坐标为 (x, y, z_0).

5. x 轴: 5；y 轴: $\sqrt{41}$；z 轴: $\sqrt{34}$.　　　　　　6. $(0, 1, -2)$.

8. $\overrightarrow{M_1 M_2} = \{1, -2, -2\}$；$-2\overrightarrow{M_1 M_2} = \{-2, 4, 4\}$.　　　　9. $\left\{ \pm \dfrac{6}{11}, \pm \dfrac{7}{11}, \mp \dfrac{6}{11} \right\}$.

10. 2；$\cos\alpha = -\dfrac{1}{2}$, $\cos\beta = -\dfrac{\sqrt{2}}{2}$, $\cos\gamma = \dfrac{1}{2}$；$\alpha = \dfrac{2\pi}{3}$, $\beta = \dfrac{3\pi}{4}$, $\gamma = \dfrac{\pi}{3}$.

11. $\dfrac{3}{2}i + \dfrac{3\sqrt{2}}{2}j + \dfrac{3}{2}k$.

12. (1) $a \perp Ox$ 轴或 $a \parallel yOz$ 面；

    (2) $a \parallel Oy$ 轴(或 $a \perp xOz$ 面)且与 y 轴正向一致；

    (3) $a \parallel Oz$ 轴或 $a \perp xOy$ 面.

13. 2.　　　　　　　　14. $A(-2, 3, 0)$.　　　　　　15. $b = \{-48, 45, -36\}$.

习题 8-3

1. -103.　　　　2. $\left\{ \dfrac{\pm 3}{\sqrt{17}}, \dfrac{\mp 2}{\sqrt{17}}, \dfrac{\mp 2}{\sqrt{17}} \right\}$.　　3. $10(\mathrm{N \cdot m})$.　　　4. 2.　　　5. $\lambda = 2\mu$.

6. $x_1 |F_1| \sin\theta_1 = x_2 |F_2| \sin\theta_2$.　　7. (1) $-8j - 24k$；　　(2) $-j - k$；　　(3) 2.

8. $10\sqrt{2}$.　　　　　　10. (1) -2；(2) -1 或 5.

习题 8-4

1. $x^2 + y^2 + z^2 - 2x + 4y - 4z = 0$.　　　　　　2. $4x + 4y + 10z - 63 = 0$.

3. 以 $(1, -2, 2)$ 为球心，半径为 4 的球面.

4. $y^2 + z^2 = 5x$.　　　　　　　　　　　5. $x^2 + y^2 + z^2 = 9$.

6.

方程	平面解析几何中	空间解析几何中
$x = 0$	平面上的 y 轴	空间中的坐标平面 yOz
$y = x + 1$	斜率为 1 的直线	平行于 z 轴的平面
$x^2 + y^2 = 4$	圆心在原点、半径为 2 的圆	以 z 轴为中心轴、半径为 2 的圆柱面
$x^2 - y^2 = 1$	两半轴均为 1 的双曲线	母线平行于 z 轴的双曲柱面

7. (1) xOy 平面上的椭圆 $\dfrac{x^2}{4} + \dfrac{y^2}{9} = 1$ 绕 x 轴旋转一周；或 xOz 平面上的椭圆 $\dfrac{x^2}{4} + \dfrac{z^2}{9} = 1$ 绕 x 轴旋转一周.

(2) xOy 平面上的双曲线 $x^2 - \dfrac{y^2}{4} = 1$ 绕 y 轴旋转一周；或 yOz 平面上的双曲线 $z^2 - \dfrac{y^2}{4} = 1$ 绕 y 轴旋转一周.

(3) xOy 平面上的双曲线 $x^2 - y^2 = 1$ 绕 x 轴旋转一周；或 xOz 平面上的等轴双曲线绕 x 轴旋转一周.

8. (1) 旋转抛物面；　　(2) 两相交平面；　　(3) z 轴；　　(4) 过 x 轴的平面；

(5) 两平行平面；　　(6) 椭圆柱面；　　(7) 双曲柱面；　　(8) 抛物柱面；

(9) 圆锥面.

习题 8–5

2. 在平面解析几何中，表示两直线的交点；在空间解析几何中，表示两平面的交线.

3. 在平面解析几何中，表示椭圆 $\dfrac{x^2}{4} + \dfrac{y^2}{9} = 1$ 与其垂直切线 $x = 2$ 的交点；

在空间解析几何中，表示椭圆柱面 $\dfrac{x^2}{4} + \dfrac{y^2}{9} = 1$ 与其切平面 $x = 2$ 的交线.

4. $\begin{cases} y^2 = \dfrac{10}{9}z \\ x = 0 \end{cases}$.　　5. $3y^2 - z^2 = 16$ 及 $3x^2 + 2z^2 = 16$.　　6. $\begin{cases} 2(x - 1/2)^2 + y^2 = 17/2 \\ z = 0 \end{cases}$.

7. $\begin{cases} x^2 + 4z^2 - 2x - 3 = 0 \\ y = 0 \end{cases}$.　　　　8. $x = y = \dfrac{3}{\sqrt{2}}\cos\theta$, $z = 3\sin\theta$ $(0 \le \theta \le 2\pi)$.

9. $x = 1 + \sqrt{3}\cos\theta$, $y = \sqrt{3}\sin\theta$, $z = 0$ $(0 \le \theta \le 2\pi)$.

10. (1) 两平面的交线：$\begin{cases} x = -2 \\ y = 3 \end{cases}$;

(2) 球面与平面的交线：$\begin{cases} x^2 + y^2 = 16 \\ z = 2 \end{cases}$ (圆)；

(3) 单叶双曲面与平面的交线：$\begin{cases} x^2 + 9z^2 = 40 \\ y = 1 \end{cases}$ (椭圆)；

(4) 双曲抛物面与平面的交线：$\begin{cases} x^2 - 16 = 4z \\ y = -2 \end{cases}$（抛物线）；

(5) 双曲抛物面与平面的交线：$\begin{cases} x^2 - 4y^2 = 64 \\ z = 8 \end{cases}$（双曲线）.

11. xOy 面：$\begin{cases} x^2 + y^2 \le 4 \\ z = 0 \end{cases}$；$yOz$ 面：$\begin{cases} y^2 \le z \le 4 \\ x = 0 \end{cases}$；$xOz$ 面：$\begin{cases} x^2 \le z \le 4 \\ y = 0 \end{cases}$.　12. $\begin{cases} 3x + 2y = 7 \\ z = 0 \end{cases}$.

习题 8-6

1. $2x + 3y - 5z = 31$.　　　　2. $2x + 9y - 6z = 121$.　　　　3. $2x - y - 3z + 5 = 0$.

4. $x + y - z = 0$.

5. (1) 平行于 yOz 面的平面.　　　　(2) 平行于 xOz 面的平面.

(3) 在 xOy 平面上，它是直线；在空间，它是过该直线且平行于 z 轴的平面.

(4) 在 xOy 平面上，它是过原点的直线；在空间，它是过 z 轴的平面.

(5) 在 yOz 平面上，它是直线；在空间，它是平行于 x 轴的平面.

(6) 在 xOz 平面上，它是过原点的直线；在空间，它是过 y 轴的平面.

(7) 过原点的平面.

6. $1/3$；$2/3$；$2/3$.　　　　　7. $-11x + 2y - 10z + 27 = 0$ 或 $-11x + 2y - 10z - 33 = 0$.

8. (1) $k = 2$；　　　　(2) $k = 1$；　　　　(3) $k = -7/3$；

(4) $k = \pm \dfrac{1}{2}\sqrt{70}$；　　　　(5) $k = \pm 2$；　　　　(6) $k = -3$.

9. 1.　　　　　10. $x + y + z + 2\sqrt{3} = 0$ 或 $x + y + z - 2\sqrt{3} = 0$.

11. $23x - 25y + 61z + 255 = 0$，$2x - 25y - 11z + 270 = 0$.

习题 8-7

1. $\dfrac{x-3}{4} = \dfrac{y+1}{1} = \dfrac{z-2}{3}$.　　　　　2. $\dfrac{x-2}{-3} = \dfrac{y+1}{1} = \dfrac{z-5}{1}$.

3. $\dfrac{x-2/5}{7} = \dfrac{y-14/5}{-1} = \dfrac{z-0}{5}$，$\begin{cases} x = 7t + 2/5 \\ y = -t + 14/5 \\ z = 5t \end{cases}$.　　　5. $x - y + z = 0$.

6. $\dfrac{x}{-2} = \dfrac{y-2}{3} = \dfrac{z-4}{1}$.　　　7. $8x - 9y - 22z - 59 = 0$.　　　8. $\varphi = 0$.

9. (1) 平行；(2) 垂直；(3) 直线在平面上.　　10. $\left(-\dfrac{5}{3}, \dfrac{2}{3}, \dfrac{2}{3}\right)$.　　12. $\begin{cases} y - z = 1 \\ x + y + z = 0 \end{cases}$.

13. (1) $\begin{cases} x = 0 \\ 2y + 3z - 5 = 0 \end{cases}$；　　　(2) $\begin{cases} z = 0 \\ 3x - 4y + 16 = 0 \end{cases}$；　　　(3) $\begin{cases} x - y + 3z + 8 = 0 \\ x - 2y - z + 7 = 0 \end{cases}$.

14. $\dfrac{x-1}{7} = \dfrac{y-9}{15} = \dfrac{z-3}{4}$.

习题 8-8

1. (1) 单叶双曲面；　　　(2) 双叶双曲面；　　　(3) 椭圆抛物面.

2. (1) 平面 $x = 3$ 上的一个圆 $y^2 + z^2 = 16$；　　　　　　(2) 椭圆：$\begin{cases} x^2 + 9z^2 = 32 \\ y = 1 \end{cases}$；

(3) 双曲线：$\begin{cases} z^2 - 4y^2 = 16 \\ x = -3 \end{cases}$；　　　　　　(4) 抛物线：$\begin{cases} z^2 = 4(x-6) \\ y = 4 \end{cases}$.

总习题八

1. $-3/2$.　　　　3. $\pi/3$.　　　　4. $\lambda = 40$.　　　　5. $\{-4, 2, -4\}$.　　　　6. $\boldsymbol{c} = 5\boldsymbol{a} + \boldsymbol{b}$.

8. $\dfrac{4}{3}\boldsymbol{i} - \dfrac{1}{3}\boldsymbol{j} + \dfrac{1}{3}\boldsymbol{k}$.

9. 绕 x 轴：$4x^2 - 9y^2 - 9z^2 = 36$；绕 y 轴：$4x^2 - 9y^2 + 4z^2 = 36$.　　10. $x^2 + y^2 = z^2 + 4(z-1)^2$.

11. 曲线在 xOy 面上的投影曲线方程为 $\begin{cases} z = 0 \\ x^2 + y^2 = x + y \end{cases}$；

曲线在 zOx 面上的投影曲线方程为 $\begin{cases} y = 0 \\ 2x^2 + 2xz + z^2 - 4x - 3z + 2 = 0 \end{cases}$；

曲线在 yOz 面上的投影曲线方程为 $\begin{cases} x = 0 \\ 2y^2 + 2yz + z^2 - 4y - 3z + 2 = 0 \end{cases}$.

12. xOy 面：$\begin{cases} 2x - y + 5 = 0 \\ z = 0 \end{cases}$；　xOz 面：$\begin{cases} 6x + z + 14 = 0 \\ y = 0 \end{cases}$；　yOz 面：$\begin{cases} 3y + z - 1 = 0 \\ x = 0 \end{cases}$.

13. xOy 面：$\begin{cases} x^2 + y^2 = a^2 \\ z = 0 \end{cases}$；　xOz 面：$\begin{cases} x = a\cos(z/b) \\ y = 0 \end{cases}$；　yOz 面：$\begin{cases} y = a\sin(z/b) \\ x = 0 \end{cases}$.

14. xOy 面：$\begin{cases} \left(x - \dfrac{a}{2}\right)^2 + y^2 \le \left(\dfrac{a}{2}\right)^2 \\ z = 0 \end{cases}$；　xOz 面：$\begin{cases} z^2 + ax \le a^2 \ (z \ge 0, x \ge 0) \\ y = 0 \end{cases}$.

15. $2x + y + 2z \pm 2\sqrt[3]{3} = 0$.　　　　　16. $5x + 7y + 11z - 8 = 0$.

17. $7x - 2y - 2z + 1 = 0$.　　　　　18. $3x + 4y - z + 1 = 0$，$x - 2y - 5z + 3 = 0$.

19. $\dfrac{2x}{-2} = \dfrac{2y - 3}{1} = \dfrac{2z - 5}{3}$；$\begin{cases} x = -2t \\ y = t + 3/2 \\ z = 3t + 5/2 \end{cases}$.　　　　20. $L: \begin{cases} x - 3z + 1 = 0 \\ 37x + 20y - 11z + 122 = 0 \end{cases}$.

21. $(-12, -4, 18)$.　　　　22. $\dfrac{3}{2}\sqrt{2}$.　　　　23. $\dfrac{1}{14}$.

24. $\begin{cases} x = -3 + t \\ y = 5 + 22t \\ z = -9 + 2t \end{cases}$.　　　　25. $(-5, 2, 4)$.　　　　26. $\begin{cases} 3x - y + z - 1 = 0 \\ x + 2y - z = 0 \end{cases}$.

27. $\dfrac{x^2}{3} + \dfrac{(y-2)^2}{2} + \dfrac{(z-3)^2}{2} = 1$，$\begin{cases} \dfrac{(y-2)^2}{2} + \dfrac{(z-3)^2}{2} = 1 \\ x = 0 \end{cases}$.　　28. $\dfrac{x-5}{-5} = \dfrac{y+2}{1} = \dfrac{z+4}{1}$.

第 9 章　答案

习题 9-1

1. $\dfrac{2xy}{x^2 + y^2}$.　　　　　2. $(x+y)^{xy} + (xy)^{2x}$.　　　　　3. $x^2 - x$.

4. (1) $\{(x,y)\,|\,y^2-2x+1>0\}$;　　　　　　　　(2) $\{(x,y)\,|\,x\geq0,\ x^2\geq y\geq0\}$;

　(3) $\{(x,y,z)\,|\,x^2+y^2\geq z^2,\ x^2+y^2\neq0\}$;

　(4) $\{(x,y)\,|\,y^2\leq4x,\ 0<x^2+y^2<1\}$;　　　(5) $\{(x,y)\,|\,y>x\geq0,\ x^2+y^2<1\}$.

5. (1) $\ln2$;　　　(2) $-1/4$;　　　(3) 0;　　　(4) 0;　　　(5) $1/6$;　　　(6) 0.

7. (1) 间断点集: $\{(x,y)\,|\,y^2-2x=0\}$; (2) 点 $(0,0)$ 为 $f(x,y)$ 的可去间断点.　　　8. 不连续.

习题 9-2

1. (1) $\dfrac{\partial z}{\partial x}=2x-2y,\ \dfrac{\partial z}{\partial y}=-2x+3y^2$;　　　(2) $\dfrac{\partial z}{\partial x}=\sin y\cdot x^{\sin y-1},\ \dfrac{\partial z}{\partial y}=x^{\sin y}\cdot\ln x\cdot\cos y$;

　(3) $\dfrac{\partial z}{\partial x}=-\dfrac{y}{x^2+y^2},\ \dfrac{\partial z}{\partial y}=\dfrac{x}{x^2+y^2}$;

　(4) $\dfrac{\partial z}{\partial x}=3x^2y+6xy^2-y^3,\ \dfrac{\partial z}{\partial y}=x^3+6x^2y-3xy^2$;

　(5) $\dfrac{\partial z}{\partial x}=\dfrac{1}{y}-\dfrac{y}{x^2},\ \dfrac{\partial z}{\partial y}=\dfrac{1}{x}-\dfrac{x}{y^2}$;　　　(6) $\dfrac{\partial z}{\partial x}=\dfrac{y^2}{(x^2+y^2)^{3/2}},\ \dfrac{\partial z}{\partial y}=\dfrac{-xy}{(x^2+y^2)^{3/2}}$;

　(7) $\dfrac{\partial z}{\partial x}=\dfrac{1}{2x\sqrt{\ln(xy)}},\ \dfrac{\partial z}{\partial y}=\dfrac{1}{2y\sqrt{\ln(xy)}}$;

　(8) $\dfrac{\partial z}{\partial x}=y\,[\cos(xy)-\sin(2xy)],\ \dfrac{\partial z}{\partial y}=x\,[\cos(xy)-\sin(2xy)]$;

　(9) $\dfrac{\partial z}{\partial x}=y^2(1+xy)^{y-1},\ \dfrac{\partial z}{\partial y}=(1+xy)^y\left[\ln(1+xy)+\dfrac{xy}{1+xy}\right]$;

　(10) $\dfrac{\partial z}{\partial x}=\dfrac{2}{y}\csc\dfrac{2x}{y},\ \dfrac{\partial z}{\partial y}=-\dfrac{2x}{y^2}\csc\dfrac{2x}{y}$;

　(11) $\dfrac{\partial u}{\partial x}=\dfrac{z}{y}\left(\dfrac{x}{y}\right)^{z-1},\ \dfrac{\partial u}{\partial y}=-\dfrac{z}{y}\left(\dfrac{x}{y}\right)^z,\ \dfrac{\partial u}{\partial z}=\left(\dfrac{x}{y}\right)^z\ln\dfrac{x}{y}$.

2. $f_x(x,1)=1$.　　　3. $f_x{}'(0,0)=0,\ f_y{}'(0,0)$ 不存在.　　　4. $\pi/4$.

5. (1) $\dfrac{\partial^2 z}{\partial x^2}=2ye^y,\ \dfrac{\partial^2 z}{\partial y^2}=x^2(2+y)e^y,\ \dfrac{\partial^2 z}{\partial x\partial y}=2x(1+y)e^y$;

　(2) $\dfrac{\partial^2 z}{\partial x^2}=\dfrac{2xy}{(x^2+y^2)^2},\ \dfrac{\partial^2 z}{\partial y^2}=-\dfrac{2xy}{(x^2+y^2)^2},\ \dfrac{\partial^2 z}{\partial x\partial y}=\dfrac{y^2-x^2}{(x^2+y^2)^2}$;

　(3) $\dfrac{\partial^2 z}{\partial x^2}=y^x\cdot\ln^2 y,\ \dfrac{\partial^2 z}{\partial y^2}=x(x-1)y^{x-2},\ \dfrac{\partial^2 z}{\partial x\partial y}=y^{x-1}(1+x\ln y)$.

6. $f_{xx}(0,0,1)=2,\ f_{xz}(1,0,2)=2,\ f_{yz}(0,-1,0)=0,\ f_{zzx}(2,0,1)=0$.

8. $\dfrac{\partial^3 z}{\partial x^2\partial y}=0,\ \dfrac{\partial^3 z}{\partial x\partial y^2}=-\dfrac{1}{y^2}$.

习题 9-3

1. (1) $\left(6xy+\dfrac{1}{y}\right)\mathrm{d}x+\left(3x^2-\dfrac{x}{y^2}\right)\mathrm{d}y$;　　　(2) $\cos(x\cos y)\cos y\,\mathrm{d}x-x\sin y\cos(x\cos y)\,\mathrm{d}y$;

(3) $yzx^{yz-1}\mathrm{d}x + zx^{yz}\cdot\ln x\mathrm{d}y + yx^{yz}\cdot\ln x\mathrm{d}z.$

2. $\dfrac{4}{7}\mathrm{d}x + \dfrac{2}{7}\mathrm{d}y.$ 3. $\mathrm{d}x - \mathrm{d}y.$ 4. $\Delta z = -0.119,\ \mathrm{d}z = -0.125.$

5. (1) $L(x,y) = 2x + 2y - 1.$ (2) $L(x,y) = -y + \pi/2.$ 6. $2.95.$

7. $1.021.$ 8. 约减少 $2.8\,\mathrm{cm}$.   9. 约 $14.8\,\mathrm{m}^3,\ 13.632\,\mathrm{m}^3$.

10. 最大绝对误差为 $0.24\,\Omega$，最大相对误差为 4.4%.

习题 9-4

1. $\dfrac{\mathrm{d}z}{\mathrm{d}t} = -(\mathrm{e}^t + \mathrm{e}^{-t}).$ 2. $\dfrac{\mathrm{d}z}{\mathrm{d}t} = \mathrm{e}^{\sin t - 2t^3}(\cos t - 6t^2).$ 3. $\dfrac{\partial z}{\partial x} = 4x,\ \dfrac{\partial z}{\partial y} = 4y.$

4. $\dfrac{\partial z}{\partial x} = (x^2 + y^2)^{xy-1}y[2x^2 + (x^2 + y^2)\ln(x^2 + y^2)],$

$\dfrac{\partial z}{\partial y} = x(x^2 + y^2)^{xy-1}[2y^2 + (x^2 + y^2)\ln(x^2 + y^2)].$

5. $\dfrac{\mathrm{d}z}{\mathrm{d}x} = \dfrac{\mathrm{e}^x(1+x)}{1 + x^2\mathrm{e}^{2x}}.$

6. (1) $\dfrac{\partial u}{\partial x} = 2xf_1' + yf_2',\ \dfrac{\partial u}{\partial y} = -2yf_1' + xf_2';$

(2) $\dfrac{\partial u}{\partial x} = \dfrac{1}{y}f_1',\ \dfrac{\partial u}{\partial y} = -\dfrac{x}{y^2}f_1' + \dfrac{1}{z}f_2',\ \dfrac{\partial u}{\partial z} = -\dfrac{y}{z^2}f_2';$

(3) $\dfrac{\partial u}{\partial x} = f_1' + yf_2' + yzf_3',\ \dfrac{\partial u}{\partial y} = xf_2' + xzf_3',\ \dfrac{\partial u}{\partial z} = xyf_3'.$

8. $\Delta u = 3f_{11}'' + 4(x + y + z)f_{12}'' + 4(x^2 + y^2 + z^2)f_{22}'' + 6f_2'.$

9. $-2\dfrac{\partial^2 f}{\partial u^2} + (2\sin x - y\cos x)\dfrac{\partial^2 f}{\partial u\partial v} + \dfrac{1}{2}y\sin 2x\dfrac{\partial^2 f}{\partial v^2} + \cos x\dfrac{\partial f}{\partial v}.$

10. (1) $\dfrac{\partial^2 z}{\partial x^2} = y^2 f_{11}'',\ \dfrac{\partial^2 z}{\partial x\partial y} = f_1' + y(xf_{11}'' + f_{12}''),\ \dfrac{\partial^2 z}{\partial y^2} = x^2 f_{11}'' + 2xf_{12}'' + f_{22}'';$

(2) $\dfrac{\partial^2 z}{\partial x^2} = \dfrac{y^2}{x^4}f_{11}'' - \dfrac{4y^2}{x}f_{12}'' + 4x^2y^2 f_{22}'' + \dfrac{2y}{x^3}f_1' + 2f_2'y,$

$\dfrac{\partial^2 z}{\partial x\partial y} = -\dfrac{y}{x^3}f_{11}'' + yf_{12}'' + 2x^3 yf_{22}'' - \dfrac{1}{x^2}f_1' + 2xf_2',\ \dfrac{\partial^2 z}{\partial y^2} = \dfrac{1}{x^2}f_{11}'' + 2xf_{12}'' + x^4 f_{22}''.$

习题 9-5

1. $\dfrac{\mathrm{d}y}{\mathrm{d}x} = -\dfrac{x+y}{y-x}.$ 2. $\dfrac{\partial z}{\partial x} = \dfrac{yz - \sqrt{xyz}}{\sqrt{xyz} - xy},\ \dfrac{\partial z}{\partial y} = \dfrac{xz - 2\sqrt{xyz}}{\sqrt{xyz} - xy}.$

4. $\dfrac{\partial z}{\partial x} = -\dfrac{2x}{2z - f'(u)},\ \dfrac{\partial z}{\partial y} = -\dfrac{2y^2 - yf(u) + zf'(u)}{y[2z - f'(u)]},\ u = \dfrac{z}{y}.$

6. $\dfrac{\partial^2 z}{\partial x^2} = -\dfrac{16xz}{(3z^2 - 2x)^3}$ $(3z^2 - 2x \neq 0$ 时$);$

$\dfrac{\partial^2 z}{\partial y^2} = -\dfrac{6z}{(3z^2 - 2x)^3}$ $(3z^2 - 2x \neq 0$ 时$).$

7. $-\dfrac{3}{25}$.

8. $\dfrac{\mathrm{d}x}{\mathrm{d}z}=\dfrac{z-y}{y-x},\ \dfrac{\mathrm{d}y}{\mathrm{d}z}=\dfrac{x-z}{y-x}$.

9. $\dfrac{\mathrm{d}z}{\mathrm{d}x}=\dfrac{2y-1}{1+3z^2-2y-4yz},\ \dfrac{\mathrm{d}y}{\mathrm{d}x}=\dfrac{2z-3z^2}{1+3z^2-2y-4yz}$.

10. $\dfrac{\partial u}{\partial x}=\dfrac{\sin v}{\mathrm{e}^u(\sin v-\cos v)+1},\ \dfrac{\partial u}{\partial y}=\dfrac{-\cos v}{\mathrm{e}^u(\sin v-\cos v)+1}$,

$\dfrac{\partial v}{\partial x}=\dfrac{\cos v-\mathrm{e}^u}{u[\mathrm{e}^u(\sin v-\cos v)+1]},\ \dfrac{\partial v}{\partial y}=\dfrac{\sin v+\mathrm{e}^u}{u[\mathrm{e}^u(\sin v-\cos v)+1]}$.

习题 9-6

1. 切线方程为 $\dfrac{x-2/3}{1/9}=\dfrac{y-3/2}{-1/4}=\dfrac{z-4}{4}$,

法平面方程为 $\dfrac{1}{9}\left(x-\dfrac{2}{3}\right)-\dfrac{1}{4}\left(y-\dfrac{3}{2}\right)+4(z-4)=0$.

2. 切线方程: $\dfrac{x-x_0}{1}=\dfrac{y-y_0}{m/y_0}=\dfrac{z-z_0}{-1/(2z_0)}$,

法平面方程: $(x-x_0)+\dfrac{m}{y_0}(y-y_0)-\dfrac{1}{2z_0}(z-z_0)=0$.

3. 切线方程为 $\begin{cases}x=0\\z=a\end{cases}$, 法平面方程为 $y=0$.

4. $M_1(-1,1,-1)$ 及 $M_2\left(-\dfrac{1}{3},\dfrac{1}{9},-\dfrac{1}{27}\right)$.

5. $x-y+2z=\pm3\sqrt{\dfrac{2}{3}}$.

6. 切平面方程为 $z=2x+2y-2$, 法线方程为 $\dfrac{x-1}{2}=\dfrac{y-1}{2}=\dfrac{z-2}{-1}$.

习题 9-7

1. $-\dfrac{2\sqrt{6}}{15}$.

2. $\dfrac{\sqrt{2}}{3}$.

3. $\dfrac{22}{\sqrt{14}}$.

4. $6\sqrt{14}/7$.

5. $\mathbf{grad}f(0,0,0)=-4\boldsymbol{j}-8\boldsymbol{k},\ \mathbf{grad}f(3,2,1)=10\boldsymbol{i}+14\boldsymbol{j}+2\boldsymbol{k}$.

6. $\lambda=-1$.

7. $\pi/2$.

8. 单位球面上所有点均使 $|\mathbf{grad}\,u|=1$ 成立.

9. (1) 图形(b); (2) 图形(c); (3) 图形(a).

习题 9-8

1. 极小值: $f(1,1)=-1$.

2. 极小值: $f(\pm1,0)=-1$.

3. 极小值: $f\left(\dfrac{1}{2},-1\right)=-\dfrac{\mathrm{e}}{2}$.

4. 极大值: $f\left(\dfrac{\pi}{3},\dfrac{\pi}{6}\right)=\dfrac{3\sqrt{3}}{2}$.

5. 极大值: 6, 极小值: -2.

6. 长为 $2\sqrt{10}$ 米、宽为 $3\sqrt{10}$ 米时, 所用材料费最省.

7. 当矩形的边长为 $2p/3$ 及 $p/3$ 时, 绕短边旋转所得圆柱体的体积最大.

8. 最长距离为 $\sqrt{9+5\sqrt{3}}$, 最短距离为 $\sqrt{9-5\sqrt{3}}$.

9. 生产 120 件产品 A、80 件产品 B 时所得利润最大.

10. $\theta=2.234p+95.35$.

11. $y = 8.518\,7e^{0.099\,9\,t}$.　　　12. $\begin{cases} a\sum\limits_{i=1}^{n} x_i^2 + b\sum\limits_{i=1}^{n} x_i + nc = \sum\limits_{i=1}^{n} y_i \\ a\sum\limits_{i=1}^{n} x_i^3 + b\sum\limits_{i=1}^{n} x_i^2 + c\sum\limits_{i=1}^{n} x_i = \sum\limits_{i=1}^{n} x_i y_i \\ a\sum\limits_{i=1}^{n} x_i^4 + b\sum\limits_{i=1}^{n} x_i^3 + c\sum\limits_{i=1}^{n} x_i^2 = \sum\limits_{i=1}^{n} x_i^2 y_i \end{cases}$.

13. 甲: 2 单位, 乙: 3 单位.

总习题九

1. $D = \{(x, y) \mid a^2 \le x^2 + y^2 \le 2a^2\}$.　　　2. (1) e; (2) 0.　　　3. 极限不存在.

4. $f(x, y)$ 在 $(0, 0)$ 点处连续.

5. (1) $\dfrac{\partial z}{\partial x} = ye^{-x^2 y^2}, \quad \dfrac{\partial z}{\partial y} = xe^{-x^2 y^2}$;

   (2) $\dfrac{\partial u}{\partial x} = \dfrac{z(x-y)^{z-1}}{1+(x-y)^{2z}}, \quad \dfrac{\partial u}{\partial y} = -\dfrac{z(x-y)^{z-1}}{1+(x-y)^{2z}}, \quad \dfrac{\partial u}{\partial z} = \dfrac{(x-y)^z \ln|x-y|}{1+(x-y)^{2z}}$.

7. $du = -\dfrac{xz}{(x^2+y^2)\sqrt{x^2+y^2-z^2}}dx - \dfrac{yz}{(x^2+y^2)\sqrt{x^2+y^2-z^2}}dy + \dfrac{1}{\sqrt{x^2+y^2-z^2}}dz$.

8. $x^y y^z z^x \left[\left(\dfrac{y}{x} + \ln z\right)dx + \left(\dfrac{z}{y} + \ln x\right)dy + \left(\dfrac{x}{z} + \ln y\right)dz\right]$.

9. $dz = e^{-\arctan\frac{y}{x}}[(2x+y)dx + (2y-x)dy], \quad \dfrac{\partial^2 z}{\partial x \partial y} = e^{-\arctan\frac{y}{x}}\dfrac{y^2-x^2-xy}{x^2+y^2}$.

10. $f_x(x, y) = \begin{cases} \dfrac{2xy^3}{(x^2+y^2)^2}, & x^2+y^2 \ne 0 \\ 0, & x^2+y^2 = 0 \end{cases}$, $f_y(x, y) = \begin{cases} \dfrac{x^2(x^2-y^2)}{(x^2+y^2)^2}, & x^2+y^2 \ne 0 \\ 0, & x^2+y^2 = 0 \end{cases}$.

11. 不可微.　　　12. (1) 两个偏导数存在; (2) 不连续; (3) 可微.

13. $e^{ax}\sin x$.　　　15. $xe^{2y}f''_{uu} + e^y f''_{uy} + xe^y f''_{xu} + f''_{xy} + e^y f'_u$.

16. $\dfrac{2(-1)^m (m+n-1)!(my+nx)}{(x-y)^{m+n+1}}$.

17. $\dfrac{\partial z}{\partial x} = -\dfrac{x+yz\sqrt{x^2+y^2+z^2}}{z+xy\sqrt{x^2+y^2+z^2}}, \quad \dfrac{\partial z}{\partial y} = -\dfrac{y+zx\sqrt{x^2+y^2+z^2}}{z+xy\sqrt{x^2+y^2+z^2}}$.

18. $\dfrac{\partial z}{\partial x} = \dfrac{z\dfrac{\partial F}{\partial u}}{x\dfrac{\partial F}{\partial u} + y\dfrac{\partial F}{\partial v}}, \quad \dfrac{\partial z}{\partial y} = \dfrac{z\dfrac{\partial F}{\partial v}}{x\dfrac{\partial F}{\partial u} + y\dfrac{\partial F}{\partial v}}, \quad u = \dfrac{x}{z}, \quad v = \dfrac{y}{z}$.

19. $dz = -\dfrac{1}{f'_2}[f'_1 dx + (f'_1 + f'_2)dy]; \quad \dfrac{\partial^2 z}{\partial x^2} = \dfrac{f''_{12}f'_1 - f'_2 f''_{11}}{f'^2_2} + \dfrac{f''_{21}f'_1 f'_2 - f''_{22}f'^2_1}{f'^3_2}$.

20. $\dfrac{z(z^4 - 2xyz^2 - x^2 y^2)}{(z^2 - xy)^3}$.

21. $\dfrac{dy}{dx} = -\dfrac{x(6z+1)}{2y(3z+1)}, \quad \dfrac{dz}{dx} = \dfrac{x}{3z+1}$.　　　22. 切平面方程: $x - y + 2z = \pm\sqrt{\dfrac{11}{2}}$.

23. 切线方程为 $\begin{cases} x=a \\ az-by=0 \end{cases}$，法平面方程为 $ay+bz=0$.　　　24. $\dfrac{x+3}{1}=\dfrac{y+1}{3}=\dfrac{z-3}{1}$.

26. $x_0+y_0+z_0$.

27. 方向导数 $y\cos\alpha+x\sin\alpha$，梯度 $\{y,x\}$，最大方向导数 $\sqrt{x^2+y^2}$，最小方向导数 $-\sqrt{x^2+y^2}$.

29. 在 $(0,0)$ 处，极小值 $f(0,0)=1$；在 $(2,0)$ 处，极大值 $f(2,0)=\ln 5+\dfrac{7}{15}$.

30. $x=\dfrac{ma}{m+n+p}$，$y=\dfrac{na}{m+n+p}$，$z=\dfrac{pa}{m+n+p}$.

31. 当 $p_1=80$，$p_2=120$ 时，厂家所获得的总利润最大，最大总利润为 $L_{\max}=605$（单位）.

32. (1) $x_1=0.75$（万元），$x_2=1.25$（万元）;　　　(2) $x_1=0$，$x_2=1.5$（万元）.

第10章　答案

习题 10-1

1. $\displaystyle\iint\limits_{D}\mu(x,y)\mathrm{d}\sigma$.　　　　　　　　3. 题设积分小于 0.　　　　　　4. C.

5. (1) $0\le\displaystyle\iint\limits_{D}xy(x+y)\mathrm{d}\sigma\le 2$;　　　　(2) $36\pi\le\displaystyle\iint\limits_{D}(x^2+4y^2+9)\mathrm{d}\sigma\le 100\pi$.　　　　7. 1.

习题 10-2

1. (1) $\pi^2/4$;　　　(2) $20/3$;　　　(3) 1;　　　　(4) $\pi^2-40/9$.

2. (1) $\mathrm{e}-\mathrm{e}^{-1}$;　　　(2) $\dfrac{1}{2}(1-\cos 2)$;　　　(3) $\dfrac{1}{6}\left(1-\dfrac{2}{\mathrm{e}}\right)$;　　　(4) $\dfrac{9}{8}\ln 3-\ln 2-\dfrac{1}{2}$.

3. (1) $\displaystyle\int_0^1\mathrm{d}x\int_x^1 f(x,y)\mathrm{d}y$;　　　　　　(2) $\displaystyle\int_0^1\mathrm{d}y\int_{\mathrm{e}^y}^{\mathrm{e}} f(x,y)\mathrm{d}x$;

(3) $\displaystyle\int_0^1\mathrm{d}y\int_{-\sqrt{1-y^2}}^{y-1} f(x,y)\mathrm{d}x$;　　　(4) $\displaystyle\int_0^1\mathrm{d}x\int_{1-x}^1 f(x,y)\mathrm{d}y+\int_1^2\mathrm{d}x\int_{\sqrt{x-1}}^1 f(x,y)\mathrm{d}y$;

(5) $\displaystyle\int_0^1\mathrm{d}y\int_y^{2-y} f(x,y)\mathrm{d}x$.

4. $2/3$.　　　7. $4/3$.　　　8. πa^2.　　　9. $V=\displaystyle\iint\limits_{x^2+y^2\le 1}|1-x-y|\mathrm{d}x\mathrm{d}y$.　　　10. $\dfrac{88}{105}$.　　　11. 6π.

习题 10-3

1. (1) $\displaystyle\int_0^{2\pi}\mathrm{d}\theta\int_0^3 f(r\cos\theta,\ r\sin\theta)r\,\mathrm{d}r$;　　　(2) $\displaystyle\int_0^{2\pi}\mathrm{d}\theta\int_1^2 f(r\cos\theta,\ r\sin\theta)r\,\mathrm{d}r$;

(3) $\displaystyle\int_{-\frac{\pi}{2}}^{\frac{\pi}{2}}\mathrm{d}\theta\int_0^{2\cos\theta} f(r\cos\theta,\ r\sin\theta)r\,\mathrm{d}r$.

2. (1) $\displaystyle\int_0^{\frac{\pi}{2}}\mathrm{d}\theta\int_0^a f(r\cos\theta,r\sin\theta)r\,\mathrm{d}r$;　　　(2) $\displaystyle\int_{\frac{\pi}{4}}^{\frac{\pi}{3}}\mathrm{d}\theta\int_0^{2\sec\theta} f(r\cos\theta,\ r\sin\theta)r\,\mathrm{d}r$;

(3) $\displaystyle\int_0^{\frac{\pi}{2}}\mathrm{d}\theta\int_{(\cos\theta+\sin\theta)^{-1}}^1 f(r\cos\theta,\ r\sin\theta)r\,\mathrm{d}r$.

3. (1) $\pi(e^9-1)$;　　(2) $\dfrac{3}{4}\pi a^4$;　　(3) $\dfrac{\pi}{4}(5\ln 5-4)$;　　(4) $-3\pi(\arctan 2-\pi/4)$.

4. (1) $\sqrt{2}-1$;　　(2) $\dfrac{9}{4}$;　　(3) $2-\dfrac{\pi}{2}$;　　(4) $\dfrac{\pi}{8}(\pi-2)$;　　(5) $\dfrac{\pi}{6a}$.

5. $\dfrac{a^4}{2}$.　　　6. $\dfrac{5}{12}\pi R^3$.　　　7. $\bar{x}=\dfrac{3}{5}x_0$, $\bar{y}=\dfrac{3}{8}y_0$.　　　8. $\left(0,\dfrac{3}{2\pi}\right)$; $\dfrac{\pi}{10}$.

9. $I_x=\dfrac{72}{5}$, $I_y=\dfrac{96}{7}$.　　　10. $t=\dfrac{1}{4}(1+e^2)$ 时, $I(t)$ 最小.　　　11. $\dfrac{1}{2}\pi ab$.

12. 2π.　　　13. $\dfrac{1}{4}(e-1)$.　　　14. $\ln 2\displaystyle\int_1^2 f(u)\,\mathrm{d}u$.

习题 10-4

1. (1) $\displaystyle\int_0^1\mathrm{d}x\int_0^{1-x}\mathrm{d}y\int_0^{xy}f(x,y,z)\,\mathrm{d}z$;　　　　(2) $\displaystyle\int_0^2\mathrm{d}x\int_1^{2-\frac{x}{2}}\mathrm{d}y\int_x^2 f(x,y,z)\,\mathrm{d}z$.

2. 18.　　　　4. $\dfrac{1}{364}$.　　　5. $\dfrac{1}{2}\left(\ln 2-\dfrac{5}{8}\right)$.　　　6. $\dfrac{17}{12}-2\ln 2$.　　　7. 2π.

9. $\pi^2 a^2 b(4b^2+3a^2)/4$.

习题 10-5

1. 2π.　　　2. $\dfrac{16}{3}\pi$.　　　3. $\dfrac{4}{5}\pi$.　　　4. $\dfrac{\pi}{20}$.　　　5. $\dfrac{1}{8}$.　　　6. 2π.　　　7. $\dfrac{\pi}{10}$.

8. 336π.　　　9. $\dfrac{59}{480}\pi R^5$.　　　10. $\dfrac{4}{5}\pi abc$.　　　11. $\dfrac{32}{3}\pi$.　　　12. $37:27$.

13. $\dfrac{2\pi R^5}{5}\left(1-\dfrac{\sqrt{2}}{2}\right)$.　　　14. $k\pi R^4$ (k 为比例系数).　　　15. $\left(0,0,\dfrac{3}{4}\right)$.　　　16. $\left(0,0,\dfrac{5}{4}R\right)$.

17. (1) $(0,0,7a^2/15)$;　(2) $112a^6\rho/45$.　　　18. $\boldsymbol{F}=-\dfrac{KM}{h^2}\boldsymbol{k}$.

总习题十

1. (1) $\dfrac{7}{8}+\arctan 2-\dfrac{\pi}{4}$;　　(2) $\dfrac{1066}{315}$;　　(3) $\dfrac{1}{4}\ln 2-\dfrac{15}{256}$;　　(4) $\left(2\sqrt{2}-\dfrac{8}{3}\right)a^{\frac{3}{2}}$.

2. (1) $\displaystyle\int_{-1}^0\mathrm{d}y\int_{\pi-\arcsin y}^{2\pi+\arcsin y}f(x,y)\,\mathrm{d}x+\int_0^1\mathrm{d}y\int_{\arcsin y}^{\pi-\arcsin y}f(x,y)\,\mathrm{d}x$;

　(2) $\displaystyle\int_0^a\mathrm{d}y\int_{\frac{y^2}{2a}}^{a-\sqrt{a^2-y^2}}f(x,y)\,\mathrm{d}x+\int_a^{2a}\mathrm{d}y\int_{\frac{y^2}{2a}}^{2a}f(x,y)\,\mathrm{d}x+\int_0^a\mathrm{d}y\int_{a+\sqrt{a^2-y^2}}^{2a}f(x,y)\,\mathrm{d}x$.

3. (1) $1-\sin 1$;　(2) $\dfrac{1}{2}\left(\dfrac{3}{4}e-e^{\frac{1}{2}}\right)$.　　　4. $A^2/2$.　　　7. 6.　　　8. $\dfrac{\pi}{4}a^4+4\pi a^2$.

9. $\dfrac{\pi}{2}$.　　　10. $\dfrac{9}{16}$.　　　11. $\dfrac{1}{2}(e-1)$.　　　12. $ae^{-a}-be^{-b}+e^{-a}-e^{-b}$.　　　13. 9π.

14. $\dfrac{\pi}{2}-1$.　　　16. $\dfrac{3}{32}\pi a^4$.　　　17. $\sqrt{\dfrac{2}{3}}R$.　　　18. $y=\dfrac{64}{15}x^2$.

19. $\dfrac{1}{12}Mh^2$, $\dfrac{1}{12}Mb^2$ ($M=bh\rho$ 为矩形板的质量).

20. $\dfrac{8}{5}a^4$.　　22. $\dfrac{1}{8}$.　　23. $\dfrac{28}{45}$.　　　　24. $\dfrac{\pi}{4}h^2R^2$.

25. $\displaystyle\int_0^1 \mathrm{d}y \int_0^y \mathrm{d}z \int_0^{1-y} f(x,y,z)\,\mathrm{d}x + \int_0^1 \mathrm{d}y \int_y^1 \mathrm{d}z \int_{z-y}^{1-y} f(x,y,z)\,\mathrm{d}x.$

26. $\dfrac{\pi}{3}$.　　27. $\dfrac{1}{4}\pi h^4$.　　28. 8π.　　29. $\dfrac{\pi}{8}$.　　30. $\dfrac{17}{420}\pi$.　　31. $\dfrac{32}{15}\pi a^5$.

32. $f'(0)$.　　　　34. $\dfrac{1}{\pi}(\mathrm{e}^{\pi t^4}-1)$.　　35. $\dfrac{2\pi}{3}(5\sqrt{5}-4)$.　　　　36. $\dfrac{1}{3}\pi a^2$.

37. $\dfrac{11}{30}\pi a^5$.　　　　38. $\pi\left[H\ln(a^2+H^2)+2a\arctan\dfrac{H}{a}-2H-2H\ln a\right]$.

39. $F_x=F_y=0,\ F_z=2\pi(R-\sqrt{R^2+H^2}+H)K$，引力方向同 z 轴正向.

第11章　答案

习题 11-1

1. (1) $I_x=\displaystyle\int_L y^2\mu(x,y)\,\mathrm{d}s,\ I_y=\int_L x^2\mu(x,y)\,\mathrm{d}s$；　(2) $\bar{x}=\dfrac{\displaystyle\int_L x\mu(x,y)\,\mathrm{d}s}{\displaystyle\int_L \mu(x,y)\,\mathrm{d}s},\ \bar{y}=\dfrac{\displaystyle\int_L y\mu(x,y)\,\mathrm{d}s}{\displaystyle\int_L \mu(x,y)\,\mathrm{d}s}.$

2. $2\pi a^2$.　　　　3. $\sqrt{2}$.　　　　4. $4a^{\frac{7}{3}}$.　　　　5. $\dfrac{2}{3}\pi\sqrt{a^2+k^2}\,(3a^2+4\pi^2k^2)$.

6. 9.　　　　7. $\dfrac{2ka^2\sqrt{1+k^2}}{1+4k^2}$.　　　　8. $2\pi a^2$.

9. 质心在扇形的对称轴上且与圆心距离 $a\sin\varphi/\varphi$.　　　　10. $2\pi a^2\sqrt{a^2+b^2}\,\mu$.

11. (1) $I_z=\dfrac{2}{3}\pi a^2\sqrt{a^2+k^2}\,(3a^2+4\pi^2k^2)$;

　　(2) $\bar{x}=\dfrac{6ak^2}{3a^2+4\pi^2k^2},\ \bar{y}=\dfrac{-6\pi ak^2}{3a^2+4\pi^2k^2},\ \bar{z}=\dfrac{3k\pi(a^2+2\pi^2k^2)}{3a^2+4\pi^2k^2}.$

习题 11-2

1. 2.　　　2. 0.　　　3. $\dfrac{1}{2}\mathrm{e}$.　　　4. -2π.　　　5. $\dfrac{1}{35}$.

6. $\dfrac{k^3\pi^3}{3}-a^2\pi$.　　　　7. $-\dfrac{87}{4}$.　　　8. $-2\pi a(a+h)$.　　　9. $y=\sin x(0\le x\le\pi)$.

10. (1) $\dfrac{25}{6}$；　(2) $\dfrac{10}{3}$；　(3) $-\dfrac{8}{3}$.　　　11. $\displaystyle\int_\Gamma \dfrac{P+2xQ+3yR}{\sqrt{1+4x^2+9y^2}}\,\mathrm{d}s.$

12. $\dfrac{\pi}{8\sqrt{2}}$.　　　　13. $mg(z_2-z_1)$.　　　　14. $2(\pi-1)$.

习题 11-3

1. 0.　　2. 8.　　3. 2π.　　4. $\dfrac{3}{8}\pi a^2$.　　5. a^2.　　6. $-\dfrac{1}{2}\pi a^2$.　　7. $\dfrac{\sin 2}{4}-\dfrac{7}{6}$.

8. $\dfrac{\pi}{2}$.   9. $\mathrm{e}^{\pi a}\sin 2a$.   10. $2S$.   11. π .   12. -2π .   13. $-\dfrac{79}{5}$.   14. $\dfrac{5}{2}$.

15. (1) $\dfrac{1}{2}x^2+2xy+\dfrac{1}{2}y^2$;   (2) $\dfrac{1}{3}x^3+x^2y-xy^2-\dfrac{1}{3}y^3$;   (3) $y^2\sin x+x^2\cos y$.

17. $\lambda=-1$, $\dfrac{\sqrt{x^2+y^2}}{y}-\dfrac{\sqrt{x_0^2+y_0^2}}{y_0}$.

18. (1) $\dfrac{1}{3}x^3-xy=C$;   (2) $\dfrac{1}{4}x^4-xy+\dfrac{1}{2}y^2=C$;   (3) 不是全微分方程;

(4) $\dfrac{x^3}{3}+xy^2+\dfrac{1}{2}y^2=C$;   (5) $x+y\mathrm{e}^{x/y}=C$;   (6) $x\sin y+y\cos x=C$.

习题 11-4

1. 该因子是曲面的法向量余弦的倒数.   2. $\dfrac{32}{9}\sqrt{2}$.   3. $\dfrac{1+\sqrt{2}}{2}\pi$.

4. $\pi a^3 h$.   5. $-\dfrac{27}{4}$.   6. $\dfrac{3-\sqrt{3}}{2}+(\sqrt{3}-1)\ln 2$.   7. $\pi a(a^2-h^2)$.

8. $\dfrac{\sqrt{2}}{2}\pi a^3$.   9. $\dfrac{1}{2}\sqrt{a^2b^2+b^2c^2+c^2a^2}$.   10. $2a^2$.

11. $\dfrac{2\pi}{15}(6\sqrt{3}+1)$.   12. $\left(0,0,\dfrac{4a}{3\pi}\right)$.   13. $\dfrac{4}{3}\rho_0\pi a^4$.

习题 11-5

1. $y=\sqrt{1-x^2-z^2}$ 的左侧为负侧; $y=-\sqrt{1-x^2-z^2}$ 的左侧为正侧.

2. $\dfrac{\pi}{6}$.   3. $4\pi a^3$.   4. $\dfrac{3}{2}\pi$.   5. $\dfrac{1}{2}$.   6. 4π .   7. $-\dfrac{\pi}{2}a^3$.

习题 11-6

1. $\dfrac{8}{3}\pi R^3(a+b+c)$.   2. $-12\pi a^5/5$.   3. 81π .   4. $2\pi a^5/5$.   5. $\dfrac{3}{2}$.

6. 16π .   7. -5π .   8. (1) 0;   (2) 108π .

9. (1) $\mathrm{div}A=0$;   (2) $\mathrm{div}A=y\mathrm{e}^{xy}-x\sin(xy)-2xz\sin(xz^2)$.

习题 11-7

1. $-\dfrac{2\sqrt{3}}{3}\pi$.   2. $-2\pi a(a+b)$.   3. -20π .   4. $\dfrac{1}{3}h^3$.   5. $2\pi a^3$.

6. $\mathrm{div}A|_{M_0}=4$, $\mathrm{rot}A|_{M_0}=-2k$.   7. $\mathrm{div}v=0$, $\mathrm{div}w=-2\omega^2$, $\mathrm{rot}v=2\omega k$, $\mathrm{rot}w=\mathbf{0}$.

8. 2π .   9. 0.   12. -2 .   13. e^{-2} .   14. $x^2yz+xy^2z+xyz^2+C$.

15. $xyz(x+y+z)+C$.

总习题十一

1. $\dfrac{1}{12}(5\sqrt{5}+6\sqrt{2}-1)$.   2. $\dfrac{256}{15}a^3$.   3. $\left(\dfrac{4a}{3\pi},\dfrac{4a}{3\pi},\dfrac{4a}{3\pi}\right)$.

4. $-\pi a^3/2$. 5. $1/2$. 6. $y=\sin x$. 7. $-|F|R$.

8. $-\dfrac{\pi}{4}a^3$. 9. (1) 0; (2) 2π; (3) -2π. 10. $\dfrac{25}{4}$. 11. e^2+5.

12. $f(x)=x^{-2}$ 时，场力所作的功与路径无关；$W=-\dfrac{3}{2}$. 13. $\dfrac{1}{2}\ln(x^2+y^2)$.

14. 236. 15. $\dfrac{x-y}{x^2+y^2}+C$. 16. $\dfrac{x^2}{y^3}-\dfrac{1}{y}=C$. 17. $\left(0,0,\dfrac{a}{2}\right)$.

18. $4\sqrt{61}$. 19. πa^3. 20. $\dfrac{7}{\sqrt{2}}\pi a^3$. 21. $\pi a^2[\sqrt{2}+(5\sqrt{5}-1)/6]$.

22. $\dfrac{4}{3}\pi R^2$. 23. $h^2 a^3/3$. 25. $a^3\left(2-\dfrac{a^2}{6}\right)$. 26. 34π.

29. (1) $f''(r)+f'(r)\cdot\dfrac{2}{r}$. 30. 1. 31. 12π.

32. $\mathrm{div}\boldsymbol{A}=z^2(y^2+\cos y)$; $\mathrm{rot}\boldsymbol{A}=(x^2\mathrm{e}^y-2z\sin y)\boldsymbol{i}+2x(y^2z-\mathrm{e}^y)\boldsymbol{j}-2xyz^2\boldsymbol{k}$;

$\mathbf{grad}(\mathrm{div}\boldsymbol{A})=z^2(2y-\sin y)\boldsymbol{j}+2z(y^2+\cos y)\boldsymbol{k}$.

33. $\dfrac{\sqrt{2}}{16}\pi$. 34. 2π. 35. $\arctan xyz+C$, $\pi/12$.

36. $\mathrm{e}^{x(x^2+y^2+z^2)}+C$. 37. 提示：$\dfrac{\partial v_x}{\partial x}+\dfrac{\partial v_y}{\partial y}+\dfrac{\partial v_z}{\partial z}=0$.

第12章　答案

习题 12-1

1. (1) $\dfrac{1+1}{1+1^2}+\dfrac{1+2}{1+2^2}+\dfrac{1+3}{1+3^2}+\dfrac{1+4}{1+4^2}+\dfrac{1+5}{1+5^2}+\cdots$;

(2) $\dfrac{1}{2}+\dfrac{1\cdot3}{2\cdot4}+\dfrac{1\cdot3\cdot5}{2\cdot4\cdot6}+\dfrac{1\cdot3\cdot5\cdot7}{2\cdot4\cdot6\cdot8}+\dfrac{1\cdot3\cdot5\cdot7\cdot9}{2\cdot4\cdot6\cdot8\cdot10}+\cdots$;

(3) $\dfrac{1}{3}-\dfrac{1}{3^2}+\dfrac{1}{3^3}-\dfrac{1}{3^4}+\dfrac{1}{3^5}-\cdots$; (4) $\dfrac{1!}{1^1}+\dfrac{2!}{2^2}+\dfrac{3!}{3^3}+\dfrac{4!}{4^4}+\dfrac{5!}{5^5}+\cdots$.

2. (1) $(-1)^{n-1}\dfrac{n+1}{n}$; (2) $(-1)^n\dfrac{n+2}{n^2}$; (3) $\dfrac{x^{n/2}}{2\cdot4\cdot6\cdots(2n)}$;

(4) $(-1)^{n-1}\dfrac{a^{n+1}}{2n+1}$; (5) $n^{(-1)^{n+1}}$; (6) $\dfrac{(2x)^n}{n^2+1}$.

3. (1) 收敛; (2) 收敛; (3) 发散.

4. (1) 收敛; (2) 发散; (3) 发散; (4) 发散; (5) 收敛; (6) 发散.

5. $\dfrac{aq^n}{1-q}$. 6. $1/4$. 7. $3/4$. 8. $a_n=\dfrac{1}{2n-1}-\dfrac{1}{2n}$, $s=\ln 2$.

9. (1) 收敛; (2) 收敛; (3) 发散.

习题 12-2

1. (1) 发散; (2) 收敛; (3) 收敛; (4) 收敛; (5) 收敛;

(6) 发散; (7) 发散; (8) $a>1$ 时收敛, $a\le 1$ 时发散.

第12章 答案   · 323 ·

2. (1) 发散; (2) 收敛; (3) 收敛; (4) 收敛; (5) 发散;

(6) $0<a<1$ 时收敛, $a>1$ 时发散, $a=1$ 且 $k>1$ 时收敛, $a=1$ 且 $k\leq 1$ 时发散;

(7) 收敛; (8) 收敛.

3. (1) 收敛; (2) 收敛; (3) 收敛; (4) 发散; (5) 发散; (6) 发散.

4. (1) 收敛; (2) 发散; (3) 发散.

5. (1) 当 $p>1$ 时收敛, 当 $p\leq 1$ 时发散;

(2) 当 $p>1$ 时收敛, 当 $p=1$ 时发散.

7. 当 $b<\alpha$ 时收敛; 当 $b>\alpha$ 时发散; 当 $b=\alpha$ 时不能确定.

9. $\lambda>2$ 时收敛; $0<\lambda\leq 2$ 发散.

习题 12-3

1. (1) 条件收敛; (2) 绝对收敛; (3) 绝对收敛;

(4) $a>1$ 时绝对收敛, $0<a<1$ 时发散, $a=1$ 时条件收敛;

(5) 绝对收敛; (6) 绝对收敛.

2. 条件收敛. 3. 条件收敛. 4. 条件收敛.

5. (1) $|x|<\dfrac{1}{\sqrt{2}}$ 时绝对收敛, $|x|\geq\dfrac{1}{\sqrt{2}}$ 时发散;

(2) $x\neq -k\,(k=1,2,\cdots)$, $p>1$ 时, 绝对收敛; $0<p\leq 1$ 时, 条件收敛; 当 $p\leq 0$ 时, 发散.

习题 12-4

1. (1) $[-1,1]$; (2) $[-3,3)$; (3) $(-\infty,+\infty)$; (4) $\left[-\dfrac{1}{2},\dfrac{1}{2}\right]$; (5) $(-5,5]$;

(6) $[-1,1)$; (7) $[1,3]$; (8) $[4,6)$; (9) $[-1,1]$.

2. (1) $1/e$; (2) 1.

3. (1) $1+x+\dfrac{x^2}{2!}+\dfrac{x^3}{3!}+\dfrac{x^4}{4!}+\cdots$; (2) $c+x+\dfrac{x^2}{2!}+\dfrac{x^3}{3!}+\dfrac{x^4}{4!}+\cdots$.

4. (1) $\dfrac{1}{(1-x)^2}$ $(-1<x<1)$; (2) $\dfrac{1}{x}[x+(1-x)\ln(1-x)]$ $(0<|x|<1)$, $0\,(x=0)$;

(3) $\dfrac{1}{2}\ln\dfrac{1+x}{1-x}$ $(-1<x<1)$.

5. xe^{x^2}, $3e$. 6. $\dfrac{a}{(1-a)^2}$. 7. $\dfrac{22}{27}$.

习题 12-5

1. (1) $\ln a+\sum\limits_{n=0}^{\infty}(-1)^n\dfrac{1}{n+1}\left(\dfrac{x}{a}\right)^{n+1}$, $(-a,a]$; (2) $\sum\limits_{n=0}^{\infty}\dfrac{(x\ln a)^n}{n!}$, $(-\infty,+\infty)$;

(3) $\sum\limits_{n=0}^{\infty}\dfrac{(-1)^n}{n!}x^{2n}$, $-\infty<x<+\infty$; (4) $\dfrac{1}{2}+\sum\limits_{n=0}^{\infty}(-1)^n\dfrac{(2x)^{2n}}{2(2n)!}$, $(-\infty,+\infty)$;

(5) $x+\sum\limits_{n=1}^{\infty}(-1)^n\dfrac{2(2n)!}{(n!)^2}\left(\dfrac{x}{2}\right)^{2n+1}$, $(-1,1)$; (6) $-\dfrac{1}{4}\sum\limits_{n=0}^{\infty}\left[\dfrac{1}{3^n}+(-1)^{n-1}\right]x^n$, $-1<x<1$.

2. $\sqrt[3]{x} = -1 + \dfrac{x+1}{3} + \displaystyle\sum_{n=2}^{\infty} \dfrac{2 \cdot 5 \cdot 8 \cdots (3n-4)}{3^n n!} (x+1)^n,\ [-2,0].$

3. $\displaystyle\sum_{n=0}^{\infty} \dfrac{(-1)^n}{4^{n+1}} (x-3)^n,\ -1 < x < 7.$

4. $\ln 2 + \displaystyle\sum_{n=1}^{\infty} \left[(-1)^{n-1} - \dfrac{1}{2^n} \right] \dfrac{(x-1)^n}{n},\ 0 < x \le 2.$

5. $1 - x + x^{16} - x^{17} + x^{32} - x^{33} + \cdots,\ |x| < 1.$　　　　　　6. $\displaystyle\sum_{n=1}^{\infty} n^2 x^{n-1},\ x \in (-1,1).$

7. $x^2 + \displaystyle\sum_{n=1}^{\infty} (-1)^n \dfrac{(2n-1)!!}{(2n)!!} \dfrac{x^{2n+2}}{2n+1},\ |x| \le 1.$　　　　8. $\dfrac{\pi}{4} + \displaystyle\sum_{n=0}^{\infty} \dfrac{(-1)^n}{2n+1} x^{2n+1},\ -1 \le x < 1.$

10. $\mathrm{erf} x = \dfrac{2}{\sqrt{\pi}} \left(x - \dfrac{x^3}{3} + \dfrac{x^5}{5 \cdot 2!} - \dfrac{x^7}{7 \cdot 3!} + \cdots + (-1)^n \dfrac{x^{2n+1}}{(2n+1) n!} + \cdots \right),\ |x| < \infty.$

习题 12-6

1. (1) 2.718 28；　　(2) 0.999 4．　　　2. (1) 0.494 0；　(2) 0.097 5．　　　　3. 约 3.83．

4. $\displaystyle\sum_{n=0}^{\infty} \dfrac{2^{n/2}}{n!} \cos\left(\dfrac{n\pi}{4} \right) x^n,\ -\infty < x < +\infty.$　　5. (1) 8；　(2) $\ln 2$．

习题 12-7

3. 一致收敛．

5. (1) 绝对收敛且一致收敛；　　　　(2) 一致收敛；　　　　(3) 一致收敛；

　　(4) 一致收敛且绝对收敛．

6. (1) $0 \le x < +\infty$；　　　(2) $x > 1$；　　　(3) $-\infty < x < -1,\ -1 < x < +\infty$．

习题 12-8

1. $\dfrac{1}{2} + \dfrac{2}{\pi} \displaystyle\sum_{k=1}^{\infty} \dfrac{\sin(2k-1)x}{2k-1} = \begin{cases} f(x), & (-\pi,0) \bigcup (0,\pi) \\ 1/2, & x = 0,\ \pm\pi \end{cases}.$

2. (1) $\pi^2 - x^2 = \dfrac{2\pi^2}{3} + 4 \displaystyle\sum_{n=1}^{\infty} \dfrac{(-1)^{n+1}}{n^2} \cos nx,\ -\pi < x < \pi$；

　　(2) $f(x) = \dfrac{\mathrm{e}^{2\pi} - \mathrm{e}^{-2\pi}}{\pi} \left[\dfrac{1}{4} + \displaystyle\sum_{n=1}^{\infty} \dfrac{(-1)^n}{n^2+4} (2\cos nx - n\sin nx) \right],$

　　　　　　　　　　　　　　　　　　$(x \ne (2n+1)\pi,\ n = 0,\pm 1,\pm 2,\cdots)$；

　　(3) $\sin^4 x = \dfrac{3}{8} - \dfrac{1}{2} \cos 2x + \dfrac{1}{8} \cos 4x,\ x \in [-\pi,\pi].$

3. $f(x) = \dfrac{16}{\pi} \displaystyle\sum_{n=1}^{\infty} \dfrac{(-1)^{n+1} n}{(4n^2-1)^2} \sin 2nx,\ x \in \left(-\dfrac{\pi}{2}, \dfrac{\pi}{2} \right).$

4. $f(x) = \dfrac{\pi}{4} + \displaystyle\sum_{n=1}^{\infty} \left[\dfrac{(-1)^n - 1}{n^2 \pi} \cos nx + \dfrac{(-1)^{n+1}}{n} 3\sin nx \right],\ x \in (-\pi,\pi),\ x \ne 0$；当 $x = 0$ 时，该级数收

敛于 0．

5. $\mathrm{sgn}\,x=\dfrac{4}{\pi}\displaystyle\sum_{k=0}^{\infty}\dfrac{\sin(2k+1)x}{2k+1}$, $\displaystyle\sum_{n=0}^{\infty}\dfrac{(-1)^n}{2n+1}=\dfrac{\pi}{4}$.　　　　　6. $\dfrac{\pi-x}{2}=\displaystyle\sum_{n=1}^{\infty}\dfrac{1}{n}\sin nx,\ x\in(0,\pi]$.

7. $2x^2=\dfrac{4}{\pi}\displaystyle\sum_{n=1}^{\infty}\left[-\dfrac{2}{n^3}+(-1)^n\left(\dfrac{2}{n^3}-\dfrac{\pi^2}{n}\right)\right]\sin nx,\ x\in[0,\pi)$;

$\qquad 2x^2=\dfrac{2}{3}\pi^2+8\displaystyle\sum_{n=1}^{\infty}\dfrac{(-1)^n}{n^2}\cos nx,\ x\in[0,\pi]$.

9. $\dfrac{\pi}{4}=\displaystyle\sum_{k=1}^{\infty}\dfrac{1}{2k-1}\sin(2k-1)x,\ x\in[0,\pi]$.

10. $x^3=\dfrac{\pi^3}{4}+\left(\dfrac{24}{\pi\cdot1^4}-\dfrac{6\pi}{1^2}\right)\cos x+\dfrac{6\pi}{2^2}\cos2x+\left(\dfrac{24}{\pi\cdot3^4}-\dfrac{6\pi}{3^2}\right)\cos3x+\cdots,\ x\in[0,\pi]$; $\pi^4/90$.

习题 12-9

1. (1) $3/2$;　(2) $-1/4$.　　　　　2. B.

3. $f(x)=-\dfrac{1}{2}+\displaystyle\sum_{n=1}^{\infty}\left\{\dfrac{6}{n^2\pi^2}[1-(-1)^n]\cos\dfrac{n\pi x}{3}+\dfrac{6}{n\pi}(-1)^{n+1}\sin\dfrac{n\pi x}{3}\right\}$,

$\qquad\qquad\qquad\qquad\qquad (x\neq3(2k+1),\ k=0,\pm1,\pm2,\cdots)$.

4. $f(x)=\displaystyle\sum_{n=-\infty}^{\infty}(-1)^n\dfrac{1-in\pi}{1+n^2\pi^2}\mathrm{sh}1\cdot e^{in\pi x},\ x\neq2k+1,k=0,\pm1,\pm2,\cdots$.

5. $f(x)=-\dfrac{8}{\pi^2}\displaystyle\sum_{k=1}^{\infty}\dfrac{1}{(2k-1)^2}\cos\dfrac{(2k-1)\pi x}{2},\ x\in[0,2]$.

总习题十二

1. 1.　　　2. 1.　　　4. (1) 发散；(2) 收敛；(3) 收敛；(4) 发散；(5) 收敛；(6) 收敛.

6. 0.　　7. $a>\dfrac{1}{2}$ 时收敛，$a\le\dfrac{1}{2}$ 时发散.　　9. (1) 条件收敛；(2)发散；(3) 条件收敛.

12. (1) $(-e,e)$;　　　　(2) $(-\sqrt2,\sqrt2)$;　　　　(3) $[1,3]$.

13. (1) $\dfrac{1}{2}\arctan x-x+\dfrac{1}{4}\ln\dfrac{1+x}{1-x}$ $(|x|<1)$;　　(2) $\left(\dfrac{x^2}{4}+\dfrac{x}{2}+1\right)e^{\frac{x}{2}},\ -\infty<x<+\infty$.

14. $\displaystyle\sum_{n=0}^{\infty}(-1)^n\dfrac{x^{2n+2}}{(2n+1)(2n+2)},\ -1\le x\le1$.　　15. $\displaystyle\sum_{n=1}^{\infty}\dfrac{nx^{n-1}}{2^{n+1}},|x|<2$.

16. $\displaystyle\sum_{n=0}^{\infty}\left(\dfrac{1}{2^{n+1}}-\dfrac{1}{3^{n+1}}\right)(x+4)^n,\ x\in(-6,-2)$.　　17. $-\displaystyle\sum_{n=1}^{\infty}\dfrac{x^{4n}}{n}+\displaystyle\sum_{n=1}^{\infty}\dfrac{x^n}{n},\ -1<x\le1$.

18. (1) $-\dfrac{1}{2}$;　(2) 0.　　　　19. 收敛域为 $0<x<2$；$s(x)=-\dfrac{(x-1)(x-3)}{(2-x)^2}$.

20. $2e^{\frac{1}{2}}$.　　　　21. $y^{(2k)}(0)=0$，$y^{(2k+1)}(0)=(-1)^{k+1}(2k)!,\ k\in\mathbf{N}$.

22. 1.648.　　　23. 0.487 4.　　　24. $-\dfrac{\pi^2}{12}$.

25. $f(x)=\dfrac{4l}{\pi^2}\displaystyle\sum_{n=1}^{\infty}\dfrac{1}{n^2}\sin\dfrac{n\pi}{2}\sin\dfrac{n\pi x}{l},\ x\in[0,l]$,

$$f(x)=\frac{l}{4}+\frac{2l}{\pi^2}\sum_{n=1}^{\infty}\frac{1}{n^2}\left[2\cos\frac{n\pi}{2}-1-(-1)^n\right]\cos\frac{n\pi x}{l},\ x\in[0,l].$$

26. $\dfrac{5}{2}-\dfrac{4}{\pi^2}\sum\limits_{k=1}^{\infty}\dfrac{\cos(2k-1)\pi x}{(2k-1)^2},\ -1\leqslant x\leqslant 1.$

27. $f(x)=\dfrac{\mathrm{e}^{\pi}-1}{2\pi}+\dfrac{1}{\pi}\sum\limits_{n=1}^{\infty}\left\{\dfrac{(-1)^n\mathrm{e}^{\pi}-1}{(n^2+1)}\cos nx+\dfrac{n[1-(-1)^n\mathrm{e}^{\pi}]}{n^2+1}\sin nx\right\}$

$$(-\infty<x<+\infty,\ x\neq k\pi,\ k=0,\pm1,\pm2,\cdots).$$

28. $f(x)=\dfrac{4}{\pi}\sum\limits_{n=1}^{\infty}\dfrac{1}{(2n-1)^2}\cos\left[(2n-1)\left(x-\dfrac{\pi}{2}\right)\right],\ x\in\left[-\dfrac{\pi}{2},\dfrac{3}{2}\pi\right].$

32. 0.　　　　　　　　　33. $f^{(n)}(0)=\begin{cases}0, & n=2m-1\\[2mm]\dfrac{(-1)^m}{2m+1}, & n=2m\end{cases},\ m=1,2,\cdots.$

35. (1) $\dfrac{\sqrt{3}}{4}b^2\sum\limits_{n=0}^{\infty}\left(\dfrac{3}{4}\right)^n$;　　(2) $\sqrt{3}b^2$;　　(3) 否.

图书在版编目（CIP）数据

高等数学：理工类. 下册/吴赣昌主编. —5 版. —北京：中国人民大学出版社，2017.7
21 世纪数学教育信息化精品教材　大学数学立体化教材
ISBN 978-7-300-24382-5

Ⅰ.①高… Ⅱ.①吴… Ⅲ.①高等数学-高等学校-教材 Ⅳ.①O13

中国版本图书馆 CIP 数据核字（2017）第 109636 号

21 世纪数学教育信息化精品教材
大学数学立体化教材

高等数学（理工类·第五版）下册
吴赣昌　主编
Gaodeng Shuxue

出版发行	中国人民大学出版社			
社　　址	北京中关村大街 31 号	邮政编码	100080	
电　　话	010－62511242（总编室）	010－62511770（质管部）		
	010－82501766（邮购部）	010－62514148（门市部）		
	010－62515195（发行公司）	010－62515275（盗版举报）		
网　　址	http://www.crup.com.cn			
经　　销	新华书店			
印　　刷	北京宏伟双华印刷有限公司	版　　次	2006 年 4 月第 1 版	
开　　本	720 mm×1000 mm　1/16		2017 年 7 月第 5 版	
印　　张	21 插页 1	印　　次	2025 年 2 月第 8 次印刷	
字　　数	429 000	定　　价	39.80 元	